재료선택과 설계개념을 강조한

기계 재료학

3판

이기성 지음

도서출판 홍릉

저자소개

이기성

KAIST 박사
미국 표준연구소(NIST) 연구원
한국에너지기술연구원 연구원
현재 국민대학교 기계공학부 교수

3판
재료선택과 설계개념을 강조한

기계 재료학

인　쇄: 2023년 5월 10일 3판 1쇄
발　행: 2023년 5월 22일 3판 1쇄

저　자: 이기성
발행인: 송 준
발행처: 도서출판 홍릉
주　소: 01093 서울시 강북구 인수봉로 50길 10
등　록: 1976년 10월 21일 제5-66호

전　화: 02-999-2274~5, 903-7037
팩　스: 02-905-6729
e-mail: hongpub@hongpub.co.kr
http://www.hongpub.co.kr
ISBN: 979-11-5600-102-7(93550)

정　가: 27,000원

머리말

기계재료학은 기계에 사용되는 재료의 중요성과 함께 다양한 소재들에 대한 특성을 배우고, 시스템에 적용하는 공학적인 능력을 키우는 학문이라고 할 수 있다.

기계란 두 가지 이상으로 이루어진 부품들이 상호작용하여 물리적으로 유효한 일을 하는 시스템인데, 일을 하는 동안 기계를 구성하고 있는 부품이나 소재의 변형이나 파손이 일어나서는 그 역할을 제대로 수행할 수 없다. 부품이나 소재를 잘못 선택하고 적용하여 시스템이 변형 또는 파손되는 사례는 일반기계 뿐만 아니라 자동차나 항공기 등 인간과 밀접한 기계에서도 찾아볼 수 있으며, 이러한 사례들은 공학적 뿐만 아니라 사회적으로도 심각한 문제를 일으키기도 한다. 따라서 기계가 일을 하는 동안 충분한 강도를 갖고 큰 에너지 손실이 없이 효율적으로 사용되기 위해서 재료의 선택과 적용은 매우 중요하다.

재료는 부품을 구성하고 있는 기본 물질로서, 매우 다양한 원소의 물질들로부터 공업용 재료가 제작되고 있다. 각각의 재료들은 모두 그 물리적, 화학적 특성이 서로 다르므로 기계공학도 입장에서는 어떤 재료를 선택하여야 할지 어려움이 있다. 그러나 재료를 크게 분류하면 금속, 세라믹스, 폴리머, 복합재료로 분류할 수 있다. 특히 기계공학도가 관심이 있는 기계적 특성, 기계적 거동 등은 분류된 재료들을 특징지어 이야기할 수 있다. 그러한 재료의 특성들을 본 교재를 통해 배워 나갈 수 있다.

본 교재는 국민대학교 교정에서 20년 이상의 강의 경험을 기반으로 기계재료학의 방대한 내용들을 설계 및 재료 선택적 관점에서 이해하고, 특히 힘에 대한 재료의 거동 측면에서 재료를 선정하고 적용하는 능력을 함양할 수 있도록 다음 몇 가지 관점을 특징으로 집필하였다.

첫째로, 설계의 개념을 강조함으로써 기존의 저서와는 다른 특징을 갖도록 하였다. 설계란 새로운 아이디어를 구체화시켜서 기존보다 개선된, 유용한 시스템을 개발하는 모든 과정을 의미하며, 본 교재에서는 이러한 설계의 개념을 강조하였다. 부록에서 다양한 재료설계 토론주제를 제시하고 이를 해결하는 과정을 통해 자연스럽게 설계의 과정을 배워나갈 수 있도록 하였다.

둘째로, 재료의 선택에 대한 개념을 강조함으로써 기존의 교재와는 다른 특징을 갖도록 하였다. 특히 가격적 측면, 무게 측면, 물성 측면에서 재료의 선택을 강조하였고, 탄성, 소성, 파손이 중요한 설계사례를 통해 기계적 거동 측면에서 최적의 재료를 선택해 나가는 과정을 배워나갈 수 있도록 하였다.

더 빠르고, 더 정확하며, 더 많은 정보를 요구하는 작금의 시점에 있어서 재료의 중요성은 더 이상 언급하지 않아도 될 정도로 매우 중요해지고 있다. 마찬가지로 더 강하고, 에너지를 덜 사용해도 되고, 더 많은 일을 행할 수 있는 기계의 개발은 재료의 개발과 함께 이루어져야 한다. 이러한 시대에 부응할 수 있는 학문의 기초를 다지는데 이 책이 조금이나마 도움이 된다면 그보다 더 기쁜 일은 없다고 하겠다.

끝으로, 이 책의 3판이 출판되기까지 많은 조언을 아끼지 않으신 국민대학교 기계공학부 김태우 교수님과, 편집 및 출판에 애써주신 도서출판 홍릉 여러분께 깊은 감사를 드린다.

2023년 5월
저자 이 기 성

차례

Chapter 1 기계재료학의 개념

1.1 기계재료의 정의 ··· 2
  1.1.1 기계, 부품, 재료 ··· 2
  1.1.2 재료 선택의 중요성 ··· 3
  1.1.3 설계의 중요성 ··· 4
1.2 기계재료의 종류 및 분류 ··· 6
  1.2.1 기계재료의 종류 ··· 6
  1.2.2 기계재료의 분류 ··· 7
1.3 재료선택의 기준 ··· 9
  1.3.1 재료선택의 기준–무게 ··· 9
  1.3.2 재료 선택의 기준–가격 ··· 11
  1.3.3 재료 선택의 기준–특성 ··· 14
1.4 연습문제 ··· 17

Chapter 2 기계재료 각론

2.1 금속 ··· 20
  2.1.1 철강 재료 ··· 23
  2.1.2 비철금속 ··· 28
  2.1.3 합금강 ··· 32
  2.1.4 금속재료의 명칭 ··· 35
  2.1.5 금속의 제조 공정 ··· 36
2.2 세라믹스 ··· 43
  2.2.1 세라믹 재료 ··· 43

2.2.2 엔지니어링 세라믹스 47
2.2.3 세라믹스의 제조 공정 48

2.3 플라스틱 53
2.3.1 플라스틱 재료 53
2.3.2 엔지니어링 플라스틱 59
2.3.3 플라스틱의 제조 공정 64

2.4 복합재료 67
2.4.1 복합재료 개론 67
2.4.2 섬유강화 복합재료 69
2.4.3 복합재료의 제조 공정 72

2.5 연습문제 77

Chapter 3 탄성의 기초 – 원자 결합 및 충진 구조

3.1 원자간 결합 82
3.1.1 이온결합 83
3.1.2 공유결합 86
3.1.3 금속결합 87
3.1.4 반데르 바알스(Van der waals) 결합 88
3.1.5 수소결합 89

3.2 충진 구조 90
3.2.1 최밀 충진 구조 91
3.2.2 기타 결정의 충진 구조 94
3.2.3 유리(glass) 및 폴리머(polymer)의 충진 구조 95

3.3 방향지수, 면지수 96

3.4 재료의 결함 98
3.4.1 점결함 99
3.4.2 선결함 100
3.4.3 면결함 100
3.4.4 부피결함 102

3.5 연습문제 104

Chapter 4 상평형도

4.1 상평형도의 개념 ········ 108
4.1.1 평형의 개념 ········ 108
4.1.2 상의 개념 ········ 110
4.1.3 상평형도 ········ 112

4.2 2성분계 상평형도 ········ 115
4.2.1 지렛대의 법칙 ········ 115
4.2.2 합금의 상평형도 ········ 117
4.2.3 Fe-C 상평형도 ········ 120

4.3 상변태 ········ 124
4.3.1 원자의 확산 ········ 125
4.3.2 상변화 ········ 128
4.3.3 상변태의 응용 ········ 129

4.4 연습문제 ········ 135

Chapter 5 탄성거동

5.1 거시적 탄성거동 ········ 142
5.1.1 응력 ········ 143
5.1.2 변형률 ········ 144
5.1.3 응력-변형률 곡선 ········ 146
5.1.4 탄성계수 ········ 147

5.2 재료별 탄성계수 ········ 148
5.2.1 금속, 세라믹스의 탄성계수 ········ 148
5.2.2 폴리머의 탄성계수 ········ 150
5.2.3 복합재료의 탄성계수 ········ 151

5.3 연습문제 ········ 155

Chapter 6 소성의 기초-전위

6.1 전위의 개념 ··· 160
- 6.1.1 재료의 이론 강도 ··· 160
- 6.1.2 전위의 정의 및 종류 ··· 161

6.2 전위의 강화 ··· 163
- 6.2.1 전위의 이동 ··· 163
- 6.2.2 전위의 증식 ··· 164
- 6.2.3 강화의 종류 ··· 166

6.3 전위와 입계 ··· 169

6.4 연습문제 ··· 172

Chapter 7 소성거동

7.1 거시적 소성거동 ··· 176
- 7.1.1 비선형 응력-변형률 곡선 ··· 176
- 7.1.2 영구 변형, 연성 ··· 178
- 7.1.3 네킹 ··· 180

7.2 항복강도, 인장강도 ··· 184

7.3 경도 ··· 187

7.4 유리와 폴리머의 소성거동 ··· 191

7.5 연습문제 ··· 197

Chapter 8 파괴

8.1 재료 파괴의 개념 ··· 202
- 8.1.1 파괴의 정의 ··· 202
- 8.1.2 연성파괴 ··· 203

8.1.3 취성파괴 204

8.2 응력집중 206
8.2.1 재료의 이론강도 206
8.2.2 응력집중 이론 207

8.3 거시적 파괴거동 209
8.3.1 탄성에너지 209
8.3.2 Griffith의 취성파괴 이론 210
8.3.3 파괴인성 212

8.4 파괴강도 값의 의미 214

8.5 연습문제 220

Chapter 9 환경을 고려한 파괴

9.1 피로파괴 224
9.1.1 피로파괴의 개념 및 분류 224
9.1.2 피로파괴 거동 및 메커니즘 227

9.2 크리프 파괴 232
9.2.1 크리프의 정의 및 파괴 232
9.2.2 크리프 메커니즘 238

9.3 산화 및 부식에 의한 파괴 242
9.3.1 산화 242
9.3.2 부식 246

9.4 마찰 및 마모에 의한 파괴 249
9.4.1 마찰 및 마찰계수 249
9.4.2 마모 252

9.5 연습문제 255

Chapter 10 전기, 자기, 열, 광학적 특성

10.1 전자적 특성 ········ 260
10.1.1 전자재료의 분류 ········ 260
10.1.2 전자이동 메커니즘 ········ 262
10.1.3 반도체 재료 ········ 263

10.2 자기적 특성 ········ 270
10.2.1 자성 재료의 분류 ········ 270
10.2.2 자기 이력 곡선 ········ 272

10.3 열적 특성 ········ 273
10.3.1 열용량 및 열팽창 특성 ········ 273
10.3.2 열전도 특성 ········ 276
10.3.3 열충격 특성 ········ 278

10.4 기타 특성 ········ 280
10.4.1 광학적 특성 ········ 280
10.4.2 내방사성 특성 ········ 282

10.5 연습문제 ········ 283

Appendix A 재료 시험

A.1 강도 시험 ········ 288
A.1.1 인장강도 시험 ········ 288
A.1.2 압축강도 시험 ········ 291
A.1.3 굽힘강도 시험 ········ 292

A.2 경도 시험 ········ 295
A.2.1 브리넬 경도 시험 ········ 296
A.2.2 비이커스 경도 시험 ········ 297
A.2.3 나노 압입 시험 ········ 299

A.3 파괴인성 시험 ········ 300
A.3.1 비이커스 파괴인성 시험 ········ 301

A.3.2 충격 시험 ···· 303

A.4 변형률 시험 ···· 304

A.5 비파괴 시험 및 미세조직 관찰 ···· 307

Appendix B 토론 과제

B.1 기계시스템의 재료설계 토론 ···· 312
B.1.1 팀워크와 팀 과제 수행 ···· 312
B.1.2 재료설계 과정 ···· 317
B.1.3 재료설계에 고려해야 할 재료 변수 ···· 319

B.2 재료설계 토론 주제 ···· 322
B.2.1 탄성이 중요한 설계 사례 ···· 323
B.2.2 소성이 중요한 설계 사례 ···· 332
B.2.3 파괴가 중요한 설계 사례 ···· 341

참고문헌 / 353

찾아보기 / 355

CHAPTER 1

기계재료학의 개념

1.1 _ 기계재료의 정의

1.2 _ 기계재료의 종류 및 분류

1.3 _ 재료 선택의 기준

1.4 _ 연습문제

1.1 기계재료의 정의

1.1.1 기계, 부품, 재료

기계(machine)는 적어도 2개 이상의 부품(component)으로 이루어졌으며, 부품들은 서로 상호작용을 하며 운동을 하고, 유효한 기계적 일을 한다. 일을 하는 동안 각 부품은 충분한 강도를 갖고 있어서 변형하거나 파손되어서는 안 된다. 즉 기계는 그림 1.1과 같이 기계를 구성하는 다수의 부품들로 이루어져 있으며, 각 부품들은 재료(material)로부터 만들어진다.

예를 들면 그림 1.2와 같이 자동차의 장치는 크게 차체, 엔진(기관), 샤시, 구동계 등으로 나눌 수 있는데 이들은 대략 20,000개 ~ 30,000개의 부품들로 이루어져 있다. 각 부품들이 상호 연결되어져서 서로 상호작용을 하며 운동을 하게 된다. 자동차에 시동을 걸게 되면 시동모터에 의해 플라이 휘일이 움직이게 되고, 플라이휘일과 연결된 크랭크샤프트가 움직이며 상호 연결된 피스톤이 하강 운동하며 동시에 흡기밸브가 열리면서 공기가 유입되게 되고, 이후 피스톤이 상하 운동을 하면서 흡, 배기밸브의 계폐가 순차적으로 이루어지고 흡, 배기밸브가 모두 닫혀있을 때 점화플러그에 의한 공기와 연료의 연소가 이루어지게 된다. 연료의 연소에 의해 엔진에서 발생한 힘은 기어 등 동력전달 장치에 의해 증폭되어 그 힘이 구동 바퀴에 전달되어지고 따라서 자동차가 일정한 거리를 일정한 속도 또는 가속도로 움직이는 일을 하게 된다. 이러한 자동차를 구성하는 부품들이 상호작용하며 움직이는 동안 부품들의 변형이나 파손이 일어나서는 안

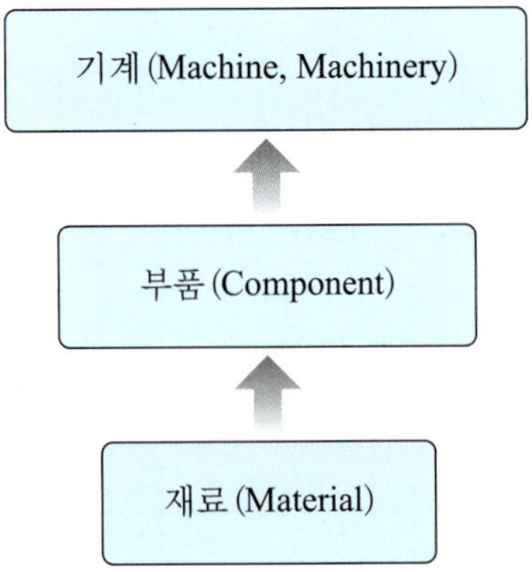

그림 1.1 기계, 부품, 재료

되는 것은 당연한 것이다. 하나의 부품이라도 변형이나 파손이 일어나면 문제가 발생한 부품뿐만 아니라, 그 부품과 연결되어 상호작용하는 부품에도 영향을 미치게 되어 궁극적으로 자동차가 유효한 일을 할 수 없기 때문이다.

부품은 각 기능에 맞게 적합한 재료(materials)들로 구성되어 있는데, 따라서 재료란 부품을 구성하고 있는 물질이나 원료를 말한다고 할 수 있다. 엔진오일 등과 같은 액상의 재료들도 물론 있지만, 본 교재에서는 기계를 구성하고 있는 재료란 일반적으로 원자들 간의 거리가 작아 충분한 결합력과 강도를 갖고 있는 고체(solid)를 의미한다.

1.1.2 재료 선택의 중요성

기계에 사용되는 부품들을 제조하는 데 있어서 재료의 선택(material selection)은 반드시 있어야 할 일이다. 재료를 올바르게 선택하여야 부품들이 제대로 기능할 수 있기 때문이다. 부품 및 여러 부품들로 구성된 기계를 얼마나 오랫동안 사용할 수 있는지는, 선택하여 사용한 재료가 얼마나 그 기능을 잃어버리지 않고 주어진 하중에 버티어 줄 수 있는지가 매우 중요하므로 재료의 선택은 매우 중요하다고 할 수 있다.

기계공학자가 기계를 제작함에 있어서는 부품을 제조하여야 하며, 각각의 부품은 화학조성을 갖고 있는 원료나 물질로부터 제작되어져야 한다. 이때 고려해

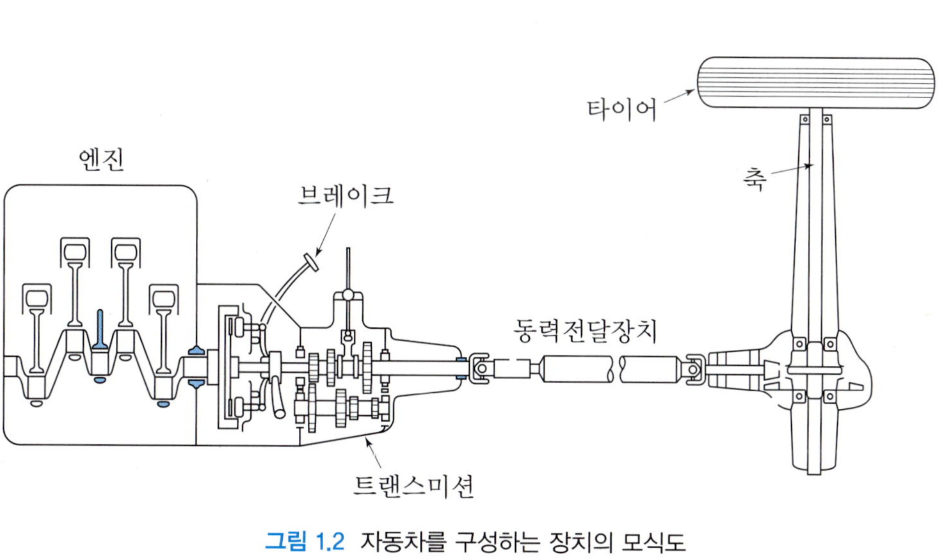

그림 1.2 자동차를 구성하는 장치의 모식도

야 할 가장 중요한 것은 재료로부터 제작된 부품의 성능일 것이다. 온도가 높은 환경에 사용된다면 주어진 열에 견딜 수 있는지, 힘을 받고 움직이는 부품으로 사용된다면 주어진 힘에 무너지지 않고 운동하는 것이 가능한지 등을 고려하여야 한다. 복잡한 형상을 갖도록 제작하여야 한다면 만들기는 쉬운지 알아보아야 하며, 재료의 원천인 광물의 양은 많이 있는지 가공을 함에 있어서 쉽게 가공이 되어 공정비용은 적절한지를 고려하여야 할 것이다. 또한 기계시스템에 적용되어 부품으로 사용될 때 오랫동안 사용이 가능할지도 고려하여야 한다.

표 1.1 재료 선택 기준의 예

기준	선택의 척도
성능	특성이 어떠한가?
디자인	얼마나 만들기 쉬운가? 보기에 아름다운가?
가격	성능 대비 가격이 싼 편인가? 경제적인가?
효율	입력 에너지 대비 일의 비가 큰가?
원료	쉽게 얻을 수 있는 원료인가?
수명	오래 사용하는 것이 가능한가?

이와 같이 재료를 선택하는 데에 있어서는 다양한 기준이 필요하다. 표 1.1에는 재료 선택의 기준이 될 만한 것들을 정리해 보았다. 얼마나 강도의 특성이 있는지 등을 좌우하는 성능, 얼마나 만들기가 쉬우며 심미성이 있는지를 좌우하는 디자인, 성능대비 가격, 에너지 손실이 없는 높은 효율, 원료를 쉽게 얻을 수 있는지의 여부, 재료가 적용되었을 경우의 수명 등, 기계의 용도와 사용 환경 등을 고려하여 최적의 재료를 선택해야 할 것이다.

1.1.3 설계의 중요성

기계 공학자에게 있어서 재료의 중요성은 점차 높아지고 있다. 재료의 올바른 선택 여부가 기계의 성능을 좌우한다고 해도 과언이 아니기 때문이다. 한편 재료가 기계에 적용되어 성능을 발휘하기 위해서는 그림 1.3과 같은 설계(design)

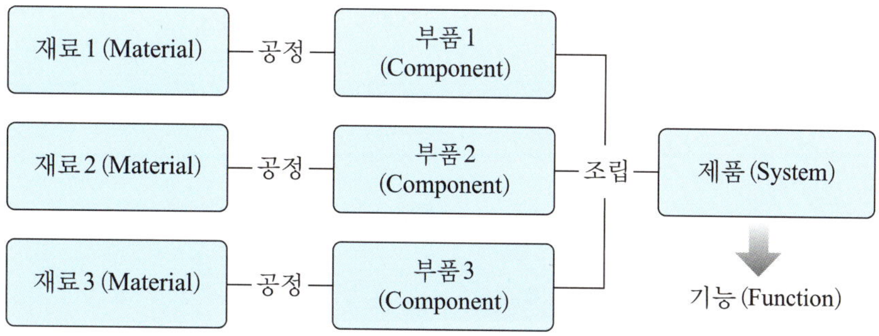

그림 1.3 재료 선택 및 설계

의 개념이 중요하다. 다양한 재료 군에서 어떤 재료를 선택하는 과정, 원하는 형상으로 가공하는 과정, 공학자의 창의적 아이디어를 시장(market)의 요구에 적용하는 과정, 적합한 기능을 위한 모든 과정에서 설계의 개념이 들어가야 한다.

설계(design)란 새로운 아이디어를 구체화시켜서 궁극적으로 시장에서 그리고 인간에게 유용한 제품을 개발하는 모든 과정을 의미한다. 형상학적 요소 등 미학적 디자인의 요소뿐만 아니라, 공학적 설계가 동시에 요구되는 시대의 개념이라고 할 수 있다.

공학은 안전하고 쾌적하고 편의성이 있도록 1차적 산물을 가공, 변경하여 제품을 제조함으로써 문명 발전에 기여해 오고 있고 삶의 부가가치를 높이고 있는데, 정보기술(IT)산업, 바이오(BT)산업, 나노(NT)산업 등 첨단 산업의 발전으로 정보가 빠른 속도로 공유되고 세계 시장이 통합되며 무한경쟁 시대에 들어서게 되었다. 이러한 시대에서 살아남기 위해서는 개인 발명가나 천재에 의존했던 과거에서 창의력, 순발력 등을 갖추고, 융합적 사고, 총체적 사고 능력을 할 수 있는 자들로 구성된 팀에 의존하는 팀워크 능력의 중요성이 갈수록 대두되고 있다. 따라서 공학자들에게는 공학문제 해결 능력과 이를 위한 설계 능력이 필요하게 되었으며, 이러한 설계에 있어서 재료 선택 능력의 중요성 또한 매우 요구된다고 할 수 있다.

창의성이란 현재보다 더 나은, 더 좋은 상태로 개선되는 생각(idea)을 말하며 그 생각을 실행하여 구체적 결과를 얻어야 한다(그림 1.4). 이러한 창의성은 유연하고 열린 사고인 개방적 사고에서 나올 수 있으며 팀 활동으로 증폭된다. 현재 상태의 문제를 정의할 수 있는 능력과 보다 개선된 상태로 문제 해결을 할 수 있는 능력이 요구된다. 또한 정답이 한 개가 아니라 다양한 답(open-ended

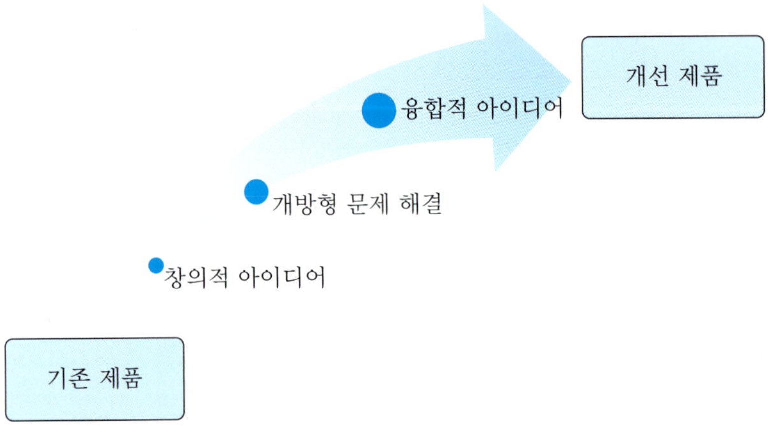

그림 1.4 설계 개념의 한 예를 나타낸 모식도

problem)이 나올 수 있다는 것을 인식하고, 팀 활동(team activity)을 통해 다양한 답을 생각해보는 습관을 길러야 한다. 필요성을 인식하고 문제를 정의하며 연구를 수행하고 분석하여 다양한 해결 방법을 생각해 보고, 결정해서 제작하는 모든 설계 과정에 있어서 공학재료가 그 대상 중 하나가 되어야 한다.

1.2 기계재료의 종류 및 분류

1.2.1 기계재료의 종류

기계에 사용하는 재료는 지구상에 약 50,000개 (세분하면 200,000종류) 이상이 있다고 알려져 있다. 기계공학자들은 이렇게 많은 재료의 종류 중에서 기계를 구성하고 있는 각 부품에 적합한 최적의 소재를 선택할 수 있는 능력이 있어야 한다. 부품 한 개를 제조함에 있어서 일반적으로 선택하여야 할 최종의 소재는 한 종류이다. 즉 50,000개 이상의 재료의 종류 중에서 한 개의 재료를 선택하여 적용시켜야 하는 것이다.

재료 선택을 잘못하게 되면 일반적인 기계류의 경우 문제가 되는 부품을 교체하면 되겠지만, 항공기나 선박, 우주선 등 사람의 안전 문제가 중요한 수송기계의 경우는 잘못된 재료 선택이 큰 재난을 일으키므로 매우 주의하여야 한다.

1943년 제 2차 세계대전 중 미국이 영국에 공급한 4700여척의 배 중 233척이 파손되는 일이 일어났는데, 이에 의해 파괴역학(fracture mechanics)의 중요성이 대두되었다.

1986년 챌린저호의 폭발로 4명의 탑승자가 발사 후 출발 73초 만에 모두 사망하는 안타까운 일이 일어났는데, 이는 고체연료 추진 로켓의 접속 연결 링이 추운 날씨로 열수축이 일어나 기밀성을 유지하지 못한 데 기인하였다.

또한, 2003년에는 미국의 우주왕복선 콜럼비아호의 탑승자가 사망하는 안타까운 일이 발생되었는데, 이는 동체에 발생되는 열로부터 동체를 보호해야 할 부품재료의 파손이 주요 원인으로 알려졌다.

이 밖에도 많은 항공기나 생활 주변 부품의 피로파괴로 사고가 일어나는 예가 종종 있으며 자동차가 다니는 교량이 피로하중으로 파손되는 경우도 있었다. 모두 사용 환경을 고려하지 않은 재료 선택으로 인하여 발생한 사고들이라고 할 수 있다.

1.2.2 기계재료의 분류

기계재료의 대상이 되는 재료의 수는 50,000개 이상이지만, 큰 분류로 구분할 수 있다. 크게 재료들은 금속(metal), 세라믹스(ceramics), 폴리머(polymer), 복합재료(composites)등으로 대분되며, 이 중에서도 기계재료로는 금속재료와 복합재료 그리고 엔지니어링 세라믹스나 엔지니어링 플라스틱이 많이 사용된다.

그림 1.5에 분류된 재료를 알기 쉽게 정리하였다. 금속은 철(Fe), 강(steel), 구리(Cu), 알루미늄(Al)과 같이 광택이 나는 소재이며 기계재료로 가장 많이 쓰인다. 금속은 철계금속(ferrous metal)과 비철금속(nonferrous metal)으로 분류된다. 강 중에서는 구조용 합금강, 공구용 합금강, 내식강, 내열강 등 합금이 많이 사용된다. 세라믹은 온도가 높고 마모에 강한 특수한 환경에 사용되며 기계재료로서는 알루미나(Al_2O_3), 지르코니아(ZrO_2), 탄화규소(SiC), 질화규소(Si_3N_4) 등 엔지니어링 세라믹스(engineering ceramics)가 기계재료로 사용된다. 세라믹스는 도자기, 유리, 내화물 같은 전통 요업재료가 사용되다가 파인세라믹스가 개발되었고, 현재는 탄소 나노튜브, 카본 섬유 등의 첨단소재도 활용이 기대되고 있다. 폴리머는 열가소성과 열경화성 폴리머로 대분되며, 일반적으로 기계적 특성이 낮고 열에 약해 기계재료로 많이 사용되지는 않지만 내열성이 우수하고 기계

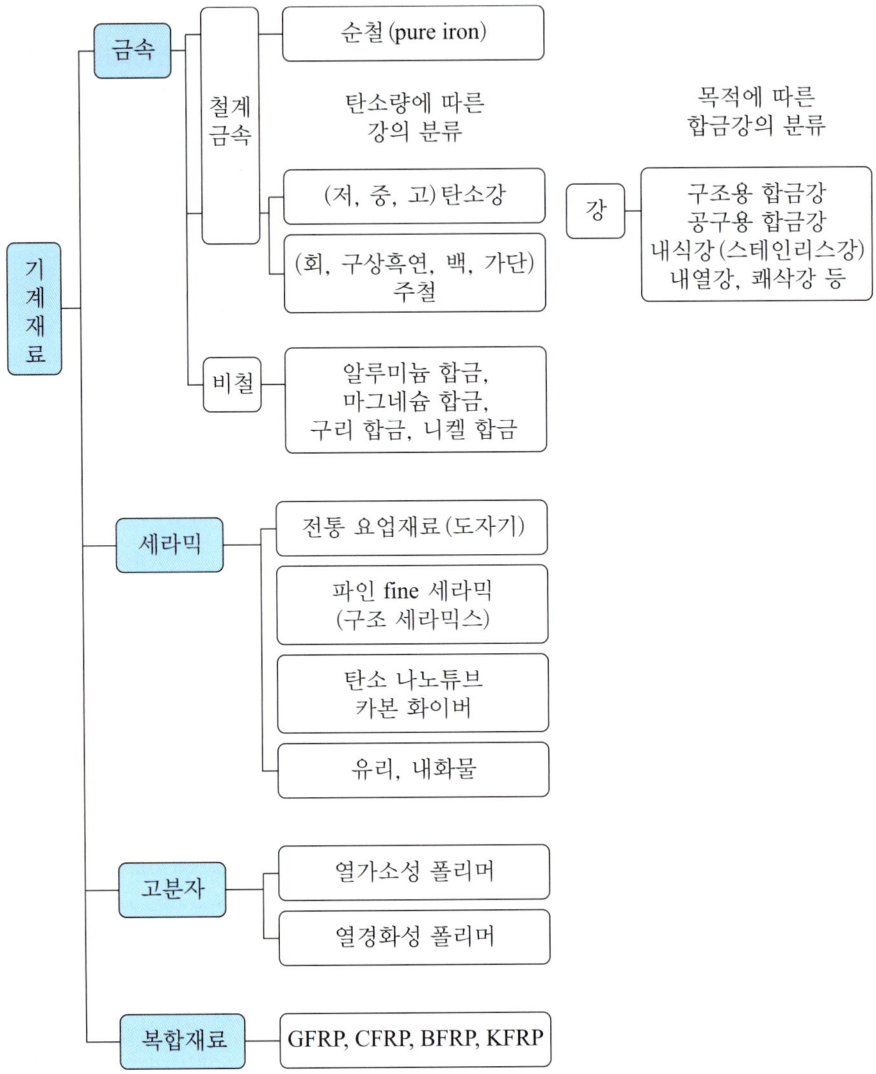

그림 1.5 기계재료의 분류

적 특성이 우수한 엔지니어링 플라스틱(engineering plastics)이 개발되어 그 용도가 확대되고 있다. 무게가 가볍고 성능이 좋은 소재 개발의 필요성과 함께 개발되고 있는 복합재료(composites) 역시 그 용도가 점차 확대되고 있는 추세이며, 특히 공업용 섬유(유리, 탄소, 붕소, 케블라 등) 로 강화된 플라스틱 복합재료(GFRP, CFRP, BFRP, KFRP)가 기계재료로 많이 사용된다.

1.3 재료선택의 기준

1.3.1 재료선택의 기준 – 무게

무게를 고려한 재료선택

기계 공학자에게 있어서 부품과 소재의 무게는 기계를 제작하는 데 있어서 고려해야 할 매우 중요한 요소이다. 부품소재의 무게가 기계의 에너지 효율과 매우 밀접한 관계가 있기 때문이다. 자동차의 연비를 높이는데 있어서 가벼운 소재를 사용하려는 것은 소재의 무게가 에너지 효율과 밀접하다는 것을 나타내는 좋은 예이다.

교량 등 정적인 구조물에 비하여 기계는 지속적으로 운동을 하는 기능을 하는 경우가 많다. 위치와 속도가 시간에 따라 변하며 그 변화 상태를 미분방정식을 통해 기술한다. 일반적으로 초기 속도와 질량 및 힘을 안다면 일정한 시간 후의 위치와 속도를 예측할 수 있다는 것이 미분방정식의 개념이다. 이와 같이 일정한 질량을 갖는 기계의 부품들이 시간에 따라 위치가 변하며 일정한 속도로 지속적으로 운동을 하게 되어 비로소 기계가 일을 할 수 있는 역할을 하게 되고, 각 부품들은 상호 연결되어 상호작용을 하며 지속적으로 운동하게 되므로 무거운 질량을 움직이게 하는 것 보다는 가벼운 질량을 움직이게 하는 것이 더 에너지 소모가 적을 것이다. 따라서 상대적으로 가벼운 질량을 갖도록 부품 소재를 선택해서 설계하는 것이 에너지 효율 측면에서는 유리하다고 말할 수 있다.

그러나 무게가 가볍다고 해서 아무 재료나 선택해서 기계재료로 사용해서는 안 된다. 사용 도중 변형이나 파괴가 일어나지 않고 오래 사용하여야 하는 것이 기계의 목적인데, 가볍다고 해서 성능이 낮은 재료를 선택해서는 오래 사용할 수 없기 때문이다. 따라서 1.3.3절에서 기술할 '특성(properties)'을 무게(weight)와 함께 고려하여야 한다. 또한 무게가 가볍고 성능이 우수한 재료라고 하더라도 가격(cost)이 터무니없이 비싸서 기계를 제작하여도 사용하는 소비자가 없다면 무의미하다. 1.3.2절에서 기술할 가격도 동시에 고려하여야 하는 것이다.

밀도를 고려한 재료 선택

일정한 부피(volume) 내를 재료의 질량(mass)이 채우는 정도를 밀도(density)라

1

고 한다.

$$질량/부피 = 밀도 \tag{1.1}$$

즉 주어진 부피가 재료의 일정한 질량으로 얼마큼 많이 채워지느냐에 의해서 밀도가 결정된다. 다시 말하면 밀도가 높다는 것은 일정부피 내를 일정 질량의 재료가 많이 채우고 있는 것이라고 말할 수도 있다. 일정한 질량을 고려한다면 부피가 작은 것이 밀도가 높아지게 된다. 한편 일정한 부피를 고려한다면 무게가 무거운 것이 밀도가 크게 되고, 무게가 가벼운 것이 밀도가 작게 된다. 기계를 제작함에 있어서 부피는 일정한 부피로 제한되는 경우가 많음을 고려할 때, 따라서 밀도가 작은 재료를 선택하는 것이 바람직하다.

표 1.2에 금속, 세라믹스, 폴리머의 일반적인 밀도와 무게를 상대적으로 나타내었다. 금속은 원자량이 무거운 철 등의 원소로 이루어져 있으므로 일반적으로 무게가 무겁고 따라서 밀도가 가장 크다. 반면 폴리머는 무게가 가벼운 탄소(C), 수소(H), 등으로 구성되어 있으므로 밀도가 가장 작다. 세라믹스는 금속과 비금속이 이온 또는 공유 결합되어 있는 경우가 많은데 원자량이 큰 금속에 비하여 질량이 가벼운 질소(N), 탄소(C), 산소(O), 붕소(B) 등과 결합하고 있으므로 무게가 금속보다는 가볍지만, 폴리머보다는 상대적으로 무겁다.

표 1.2 기계재료의 밀도와 무게

재료	밀도	무게	비고
금속	고밀도	무겁다	원자량 크다
세라믹스	금속보다 저밀도 폴리머보다 고밀도	금속보다 가볍다	N, O, C 등과 결합
폴리머	저밀도 충진	가장 가볍다	C, H 로 구성

다양한 기계재료 중 밀도 측정이 이루어진 일부 재료들에 대해 그 밀도를 그림 1.6에 나타내었다. 금속이 밀도가 높은 쪽에 위치해 있으며 폴리머는 가벼운 쪽에 위치해 있고, 세라믹스는 폴리머보다는 밀도가 크나, 금속보다는 일반적으로 작다. 복합재료의 경우 구성하고 있는 재료들에 의존해 중간 정도에 위치해 있음을 알 수 있다.

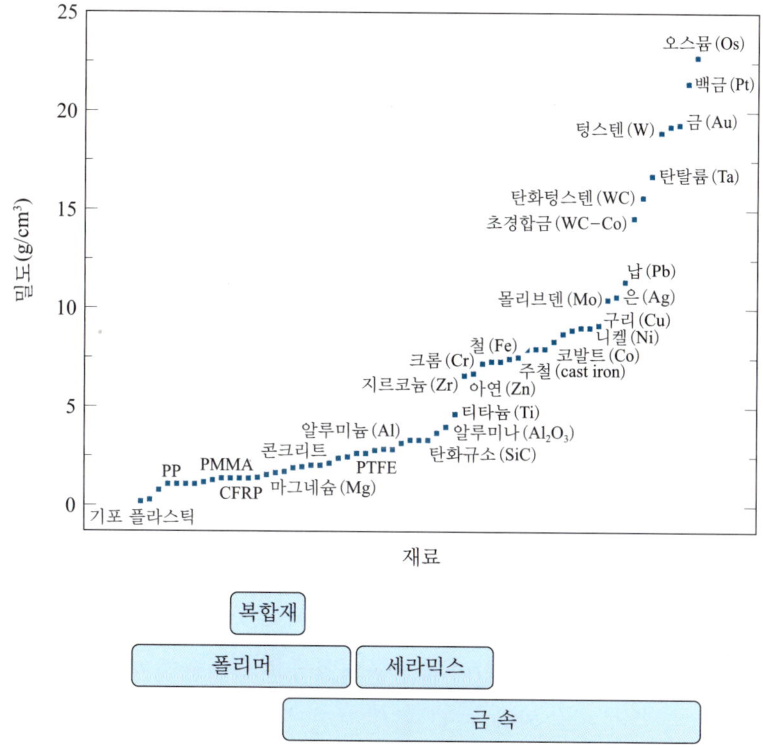

그림 1.6 기계재료의 밀도

1.3.2 재료 선택의 기준 – 가격

가격을 고려한 재료선택

공학(engineering)과 과학(science)은 서로 차이가 있는 학문이지만 공학은 과학을 응용하여 인류에게 많은 도움을 주는 학문이라고 말할 수 있다. 과학이 자연 자체를 탐구하는 학문이라면, 공학은 과학을 바탕으로 현실성을 고려하여 응용하는 학문이라고 할 수 있는 것이다. 따라서 기계를 제작 및 설계하기 위해 재료를 선택하는데 있어서 크기, 부피, 무게 등을 현실적 제한요소로서 고려하여야 하는데 특히 가장 중요한 현실적 제한요소로서 가격(cost)을 반드시 고려하여야 한다. 아무리 성능이 좋고 에너지 효율이 좋다고 하더라도 가격의 타당성이 적합하지 않다면 현실적으로 의미가 없을 수 있기 때문이다. 예를 들면 자동차를 설계하여 제조하는데 있어서 현재보다 10배로 가격을 높여 튼튼한 자동차를 만든다 하여도 비싼 가격으로 인하여 당장 팔리지 않는다면 공학의 의미가 없다고 할 수 있는 것이다.

기계재료의 가격은 재료의 원천이 되는 광물이 지구상에 얼마나 묻혀 있는가, 얼마나 효율적으로 생산할 수 있는가, 소비하는 양은 얼마나 많은 가에 의해 결정된다고 할 수 있다. 즉 재료의 공급과 수요에 의해 가격이 결정되어진다. 지하자원의 양이 적을수록, 생산효율이 낮을수록, 소비하는 양이 많을수록 가격은 높아지게 되며, 가격이 높아질수록 재료의 유용성(availability)은 일반적으로 감소하게 된다. 그러나 가격이 높다 하더라도 재료의 특성이 우수하여 충분히 활용할 가치가 있다고 생각이 들면 생산자나 소비자의 판단에 의해 사용될 수도 있다. 예를 들면, 우리가 집에서 사용하는 식기는 인류 역사가 발전함에 따라 변화되어 왔는데 처음에는 흙으로 빚은 그릇이 사용되다가 점차 청동과 황동 등의 금속이 사용되었고, 이후 현대에 이르러 플라스틱과 세라믹 그릇이 같이 사용되고 있다. 이렇게 변화되는 이유는 그 시대에 그 재질의 그릇이 가격과 유용성 측면에서 가장 유리하였기 때문이다. 한편 부유한 귀족의 집안에서는 아무리 비싸더라도 금과 은의 식기가 많이 사용되었다는 것은 가격이 비싸더라도 유용성 측면에서 가치가 있다고 판단되었음을 의미한다고 하겠다.

실제로 건물, 도로 등을 포함하여 가장 많이 사용되는 재료들을 무게별로 고려했을 때 세라믹 분야에서는 콘크리트가 가장 가격이 저렴하고 기계적 강도가 우수하여 가장 많이 사용되며, 금속 분야에서는 강(steel)이 가격이 적정하며 우수한 기계적 특성을 갖고 있어 많이 사용되고 있고, 플라스틱 분야에서는 폴리에틸렌, 폴리프로필렌 등이 우리 실생활에 많이 사용되고 있는데 그 이유는 저렴한 가격과 복잡한 형상으로의 가공이 쉽기 때문이다.

기계재료의 가격은 지하자원 량 및 수요공급에 의해 결정되는 원료의 가격과 이후 원료를 이용하여 제조하는 공정에서의 비용, 일정한 형상으로 가공하는 공정비용 등에 의해 결정된다. 표 1.3에서와 같이 상대적으로 원료 가격이 싸고 공정이 단순한 폴리머의 경우 가격이 가장 저렴하고, 상대적으로 원료 가격이 비싸며 공정에 열 등 에너지를 요하는 공정이 필수적이고 가공이 어려운 세라믹스의 가격이 상대적으로 높은 편이다. 반면에 금속은 금, 은 등의 귀금속을 제외하고는 폴리머와 세라믹스의 중간 정도이어서 기계재료로 사용되기에 적합한 가격을 갖고 있다. 한편 저가의 원료를 사용하거나 공정을 단축시키거나 또는 에너지 투입을 적게 하여 세라믹스의 단가를 낮추거나, 일반 폴리머 보다는 가격이 높지만 내열성과 기계적 특성이 우수한 엔지니어링 플라스틱의 사용이 증가하고 있다. 다음 그림 1.7에 대략적인 기계재료의 가격을 나타내어 도시하였다.

표 1.3 기계재료의 상대적 가격

재료	가격(cost)	제조공정
금속	60,000,000 ~ 450 $	공정이 길고 복잡하다
세라믹스	50,000,000 ~ 100$	공정에 비용이 소모된다
폴리머	40,000 ~ 1,000$	공정시간이 가장 짧다

기계재료를 선택하여 사용함에 있어서 기계 공학자들은 재료의 가격 변동도 항상 염두에 두어야 한다. 지하자원으로서의 광물의 양은 지금의 소비 패턴을 고려했을 때 충분한지도 미래를 위해 생각해야 한다. 얼마나 많이 남아 있는가? 얼마나 많이 사용하는가? 제조에 드는 에너지 측면, 또는 기계에 사용 시 에너지 효율 측면에서 얼마나 유용한가? 사용 후 재활용이 가능한가? 등을 고려하여 선택하여야 한다.

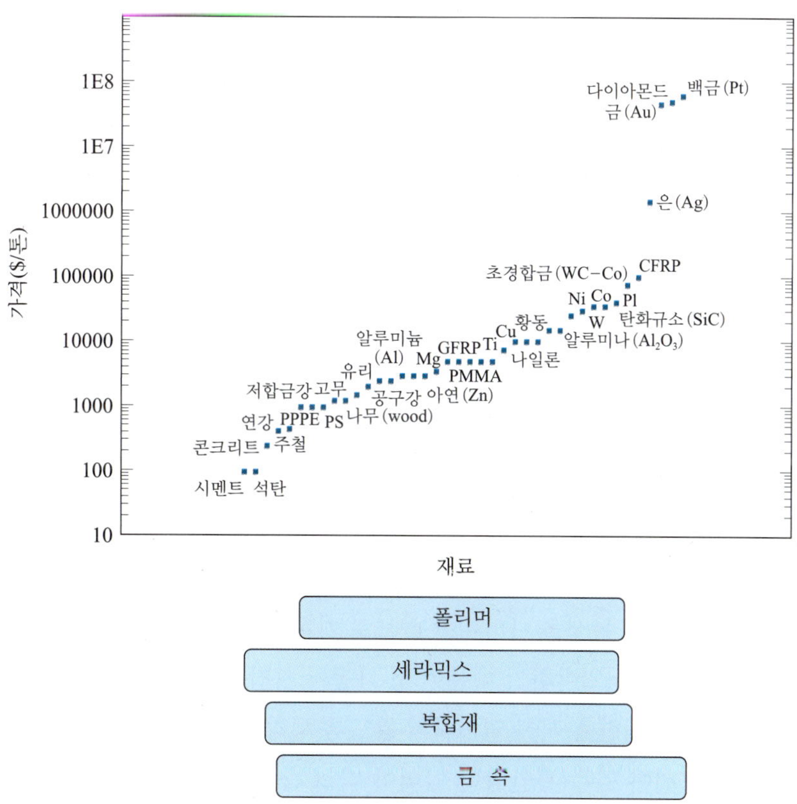

그림 1.7 기계재료의 가격

1.3.3 재료 선택의 기준 – 특성

■ 특성을 고려한 재료 선택

기계재료의 선택에 있어서 가장 중요한 결정 요소는 특성(property)일 것이다. 아무리 가볍고 가격이 싸다고 하더라도 기계에 사용되기에 적합한 특성을 내지 못하면 그 재료는 무용지물이기 때문이다. 비슷한 무게라면 특성이 우수한 재료를, 또 비슷한 가격이라면 특성이 우수한 재료를 선택하여야 그 재료를 기계재료로 오래 사용할 수 있다. 지구상에 50,000여 가지 이상의 재료가 존재한다고 하였는데 각 재료는 저마다의 서로 다른 특성 값을 나타낸다. 일부 비슷한 특성은 존재하더라도 모든 특성이 동일한 재료는 존재하지 않는다. 이렇게 고유한 특성을 나타내는 이유는 재료를 구성하는 원자들의 결합이나 배열 방식에 의해 구조가 각각 다르기 때문이며, 그 구조는 재료를 만드는 공정에 의해 다르게 된다.

재료의 특성에는 그림 1.8에서와 같이 열적 특성(thermal property), 기계적 특성(mechanical property), 화학적 특성(chemical property), 전자기 특성(electrical & magnetic property) 등이 있다. 열적 특성은 열과 재료의 상호관계에 의해 결정되는 특성으로서 열팽창계수, 열전도도, 열용량 등이 이에 해당한다. 기계적 특성은 재료와 힘의 관계에 의해 결정되는 특성으로서 강도, 경도, 인성 등이 그 특성을 나타낸다. 화학적 특성은 재료와 재료가 사용되는 환경에 의해 결정되는 특성이며, 예를 들면 금속이 녹슬지 않는 내부식성 등이 해당되며 전, 자기 특성은 전기전도도, 비저항, 유도자기 등 재료와 전자기의 상호관계에 의해 결정되는 특성이다. 이밖에도 재료와 빛의 관계에 의해 결정되는 광학적 특성(optical property)과, 방사선의 관계에 의해 결정되는 방사 특성(radiation property) 등이 있다.

실제로 많은 기계에서 선택되어져 사용되고 있는 재료에는 그렇게 사용되어지는 이유가 다 있으며, 특히 특성 측면에서 주어진 제한 조건에서 용도에 맞는 특성을 나타내기 때문이다. 자동차를 예를 들면 차체의 경우 얇은 고장력강이 사용되는데 효율적 연비를 위해 무게가 가벼워야 하므로 얇지만 외부 충돌에 대해 강한 특성을 나타내야 하므로 기계적 특성(강도와 인성)이 우수한 강(steel)이 사용되어져야하기 때문이다. 자동차 차창은 투명하고 가볍고 견고해야 하며, 빗물에 의한 부식이 일어나지 않도록 세라믹스 유리가 사용된다. 자동차 내장재는 쿠션이 있는 편안함이 있어야 하고 충돌의 사고에 다치지 않고 충격을 받아도 에너지를 흡수하는 특성이 있어야 하므로 다층구조의 플라스틱이 자동차 내부

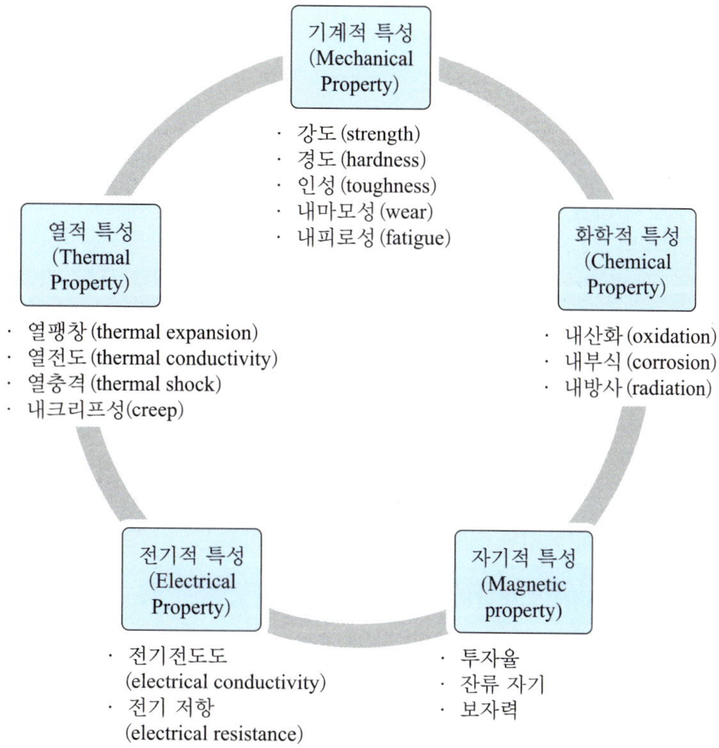

그림 1.8 기계재료의 특성

의 재료로 많이 사용된다. 그럼에도 불구하고 지속적인 에너지 연비의 향상, 쾌적한 운전 환경, 진동 없는 샤시, 공해 없는 엔진, 자율주행 자동차와 연관된 정보기술의 융합, 안전기술의 요구, 에너지, 환경과 연관된 신에너지를 활용한 자동차 개발 필요성 등과 맞물려 이에 필요한 재료의 기술은 꾸준히 발전하고 있다.

재료선택 및 설계를 위한 TIP

가벼운 재료, 높은 탄성

제품(기계, 기구)의 성능을 향상시키기 위하여, 제품을 구성하는 재료를 재료특성에 근거하여 선정할 수 있다(4쪽의 표1.1참조). 만일 가벼운 재료를 원한다면 밀도(ρ)가 작은 재료를 선정하면 되고, 변형이 작은 재료를 원한다면 탄성계수(E)가 큰 재료를 선택하면 된다. 또한, 가벼우면서도 변형이 작은 재료를 원한다면, 작은 밀도와 높은 탄성계수를 동시에 갖는 재료를 선정하면 된다. 그런데, 밀도가 작은 재료의 탄성계수가 반드시 높지 않을 수 있다. 재료특성에 기준하여 재료를 금속, 세라믹, 폴리머로 구별할 때에, 폴리머의 밀도가 비교적 작지만 폴리머의 탄성계수는 다른 재료의 특성 값에 비하여 높지 않다. 이러한 사실과 그 이유를 이 교재의 2장, 3장과 5장에서 배울 것이다. 제품을 구성하는 재료선택을 위한 체계적인 방법은 영국 캠브리지 대학 아쉬비(Ashby)교수의 책(참고문헌 참고)에 잘 기술되어 있다.

배를 젓는 노(oar)의 재료의 선택

배가 앞으로 나아가도록 젓는 노의 재료는 가벼우면서도 굽힘변형이 작은 재료로 구성되어야 노를 젓는 기능을 잘 수행할 수 있다. 아쉬비 교수에 의하면, 선정지수($\frac{\sqrt{E}}{\rho}$)가 클수록 노(oar)에 바람직한 재료이다. 예를 들어 강(스틸)은 폴리머에 비하여 탄성계수 값이 높은 장점이 있지만, 반면 밀도가 높은 단점이 있다. 일반적으로 나무는 밀도가 스틸보다 훨씬 작으면서 탄성계수도 적절히 높은 재료이며 경제적인 재료이므로, 목재가 노의 재료로 널리 사용되어왔다. 두 가지 이상의 구성 재료를 적절히 조합하여 혼합할 때는 선정지수가 더 커질 수 있으며, 조정경기의 노(oar)재료로 이제 널리 사용되고 있다. 두 가지 이상의 재료를 기계적으로 혼합하게 되는 복합재료에 대하여 본 책의 2장에 기술한다. 가벼우면서도 변형이 작은 목재를 사용한 예로써, 미국 라이트(Wright)형제가 비행기 동체의 재료로 나무를 선택한 것을 예로 들 수 있다.

장대높이뛰기용 막대의 선택

장대높이뛰기용 봉을 구성하는 재료에 필요한 특성은 여러 가지이다. 우선, 운동자가 장대를 들고 뛰어야하므로 가벼워야한다. 즉, 작은 밀도(ρ)가 필요하다. 노(oar)의 경우와는 달리, 장대가 굽힘변형이 잘 되어야 한다. 즉, 탄성계수(E)가 아주 높아서는 안된다. 또한 장대가 굽힘변형되는 과정에서 장대가 부러지면 안된다. 즉, 충분히 큰 강도(σ)가 필요하다. 이를 종합하면, 장대가 굽힘변형될 때 많은 탄성에너지가 장대에 크게 저장된 후, 그 에너지를 방출하면서 운동자가 높이 올라 갈 수 있게 된다. 따라서 앞의 사례연구에서와는 다른 재료선정지수인 ($\frac{\sigma^2}{\rho E}$)가 클수록 바람직한 재료가 된다. 장대높이뛰기용 재료로 오래전에 사용되어왔던 것은 목재였으나, 다양한 재료특성을 만족하는 복합재료로 제조된 장대가 개발되어 운동선수용으로 채택되었다. 테니스 라켓 역시 굽힘변형으로 에너지를 저장하였다가, 에너지를 방출하면서 공을 상대방으로 보내는 역할을 한다. 따라서, 장대높이뛰기용 막대의 구성 재료와 유사한 특성을 가져야 한다. 1960년대의 테니스라켓의 재료가 목재였다면, 1970년대에는 알루미늄(금속)을 사용한 테니스라켓이 유행되었으며, 그 후 복합재료로 제조된 테니스라켓이 널리 사용되고 있다. 이 책의 부록B에는 더 다양한 재료설계 토론주제를 다루고 있다.

1.4 연습문제

1.4.1 기계, 부품, 재료를 각각 정의하시오.

1.4.2 재료 선택의 중요성에 대해 논하시오.

1.4.3 설계(design)란 무엇인지 정의하고, 설계에 요구되는 공학자의 능력에는 무엇이 있는지 토의하시오.

1.4.4 재료는 지구상에 50,000개 이상이 있으며, 크게 분류하면 4가지가 있다. 각각 무엇인지 쓰시오.

1.4.5 어느 공학자가 파이프를 절단하여 무게를 측정하였더니 300g이 측정되었다. 또한 부피를 정확히 측정하였더니 38.46cm^{3}이었다. 밀도를 계산하고, [그림 1.6]으로부터 어떤 재료인지를 추정하시오.

1.4.6 다음 표에는 재료 A ~ D에 대해 가격, 무게, 기계적 특성이 나타나 있다. 다양한 특성 중에도 힘을 많이 받고 구동하는 기계라서 기계적 특성만을 고려하기로 한다.

재료	가격	무게	강도
A	100,000원	1kg	500MPa
B	500,000원	1kg	500MPa
C	100,000원	0.5kg	500MPa
D	100,000원	1kg	200MPa

(1) A와 B 만을 비교했을 때 어느 재료가 적합한가? 그 이유는?
(2) A와 C 만을 비교했을 때 어느 재료가 적합한가? 그 이유는?
(3) A와 D를 비교했을 때 어느 재료가 적합한가? 그 이유는?

1.4.7 자동차와 연관된 재료 기술의 최근 동향에 대해 조사하고 토론하시오.

1.4.8 다음 보기의 재료를 밀도가 작은 (일정 부피 고려 시 무게가 가벼운) 순서대로 재료를 나열하시오.

> **보기**
> 콘크리트, 철, 텅스텐, 폴리프로필렌

1.4.9 다음 보기의 재료를 가격이 높은 순서대로 나열하시오.

> **보기**
> 알루미나, 알루미늄, 백금, 폴리스티렌

1.4.10 다음 보기 중

(1) 재료의 밀도가 가장 높은 재료는?

(2) 가격이 가장 저렴한 재료는?

> **보기**
> 다이아몬드, 초경 합금, 탄화규소, 시멘트, 폴리에틸렌, PMMA, 금

1.4.11 다음 보기 중 밀도가 가장 큰 금속은?

> **보기**
> 납(Pb), 구리(Cu), 철(Fe), 알루미늄(Al), 마그네슘(Mg)

CHAPTER 2

기계재료 각론

2.1 _ 금 속
2.2 _ 세라믹스
2.3 _ 플라스틱
2.4 _ 복합재료
2.5 _ 연습문제

2.1 금속

기계에 가장 많이 사용되고 있는 재료는 금속(metal)이다. 힘에 의하여 변형되는 연성과 전성이 있어 가공이 용이하거나, 융점이 낮은 경우는 주조(casting)로 대량생산도 가능하기 때문이다. 또한 금속은 적절한 강도와 인성을 갖고 있다. 주변에서 볼 수 있는 대표적인 금속은 철(Fe), 알루미늄(Al), 구리(Cu)를 꼽을 수 있다. 일반적으로 금속은 대부분 광택이 있고 불투명한데, 이는 빛을 반사하는 특징이 있기 때문이다. 금속은 그림 2.1의 모식도와 같이 단원자 분자로 이루어져 있다. 즉 철(Fe)의 경우 철이라는 한 개의 원자가 모여 분자를 이루며, 구리 분자는 구리의 원자들만으로 구성되어 있다. 이들 원자들 간에는 금속결합을 하고 있어서 비교적 높은 기계적 강도를 갖으며, 융점(녹는점)도 높은 편이다. 전자들이 원자핵의 구속을 받지 않고 자유롭게 떠다닐 수 있어 전압차가 발생하면 전자의 이동이 쉽게 일어나 전기전도도가 높고, 열전도도 역시 다른 재료에 비해 크다.

기계 금속 재료의 원자, 분자들은 3차원 공간을 메움에 있어서 매우 규칙적인 구조를 갖고 배열하고 있다. 그림 2.2의 (a)처럼 구조를 대표할 수 있는 원자에 의하여 이루어진 단위를 단위정(unit cell)이라고 하며, 이 동일한 단위정이 그림의 (b)처럼 x축, y축, z축 방향으로 주기적으로 (periodic) 반복되는 구조로 형성되는 전체의 구조를 결정(crystal)이라고 한다. 즉 결정은 단위정이 반복되는 반복성(repeatability)과 규칙성(regularity)이 특징이다. 금속은 대부분이 상온에서 결정

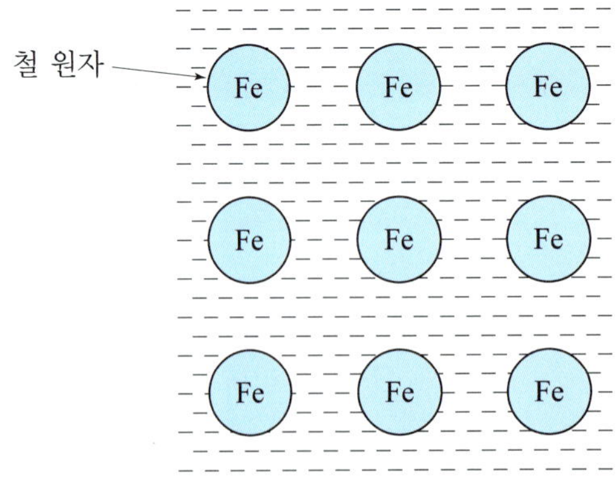

그림 2.1 단원자 분자를 나타내는 금속의 모식도

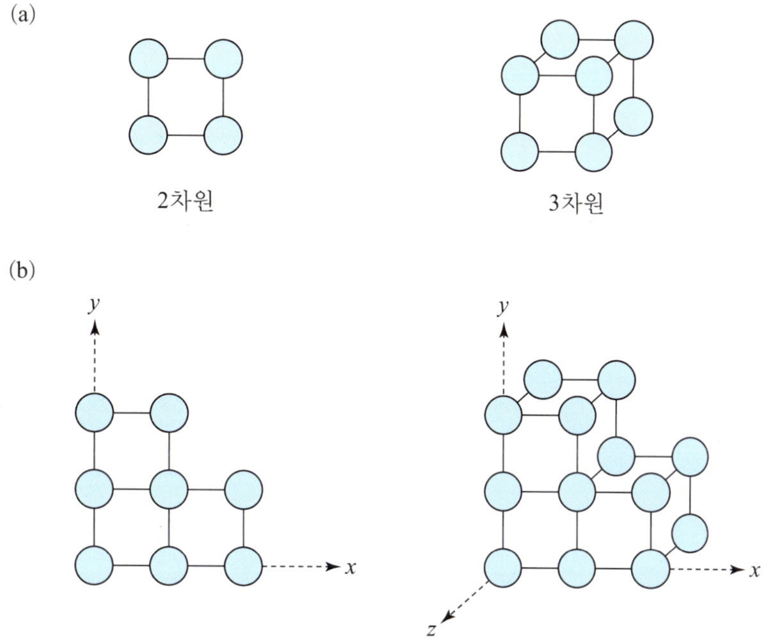

그림 2.2 결정을 대표하는 (a) 단위정(unit cell) 및 단위정이 반복되어 형성되는 (b) 결정의 모식도

입자로 된 고체로서, 원자들이 작은 공간에 충진되어 있으므로 밀도 및 용융점이 높고 경도가 크다. 밀도는 4.5g/cm^{3}을 기준으로 이보다 큰 밀도를 갖는 금속을 중금속, 알루미늄, 마그네슘, 티탄 등과 같이 작은 밀도를 갖는 금속을 경금속이라고 한다. 참고로 밀도와는 별도로 금, 은, 백금 등 광택이 특히 뛰어나고 가격이 고가이며, 기계적, 화학적인 특성이 우수한 금속을 귀금속이라고 한다.

금속은 고체 상태에서는 결정으로 존재한다. 결정의 특징은 원자가 규칙적으로 배열되어 있다는 것이다. 결정의 종류로는 단위정의 모양에 따라 여러 가지가 있지만, 대표적인 금속재료의 결정구조에는 체심 입방 구조(B.C.C, body centered cubic), 면심 입방 구조(F.C.C, face centered cubic), 육방 최밀 충진 구조(H.C.P., hexagonal close packed)의 구조가 많으며, 각각의 단위정을 그림 2.3에 나타내었다.

체심 입방 구조는 정육면체의 구조의 체심에 원자 1개가 위치하며 8개의 각 모서리 부분에 원자들이 위치하는 구조로 그릴 수 있으나, 단위정 내에는 2개의 원자가 포함되어 있다. 그 이유는 정육면체의 체심에 원자 1개가 위치하며, 8개의 모서리에 위치하는 원자들은 앞, 뒤, 좌, 우 동일한 단위정에 의해 공유되어

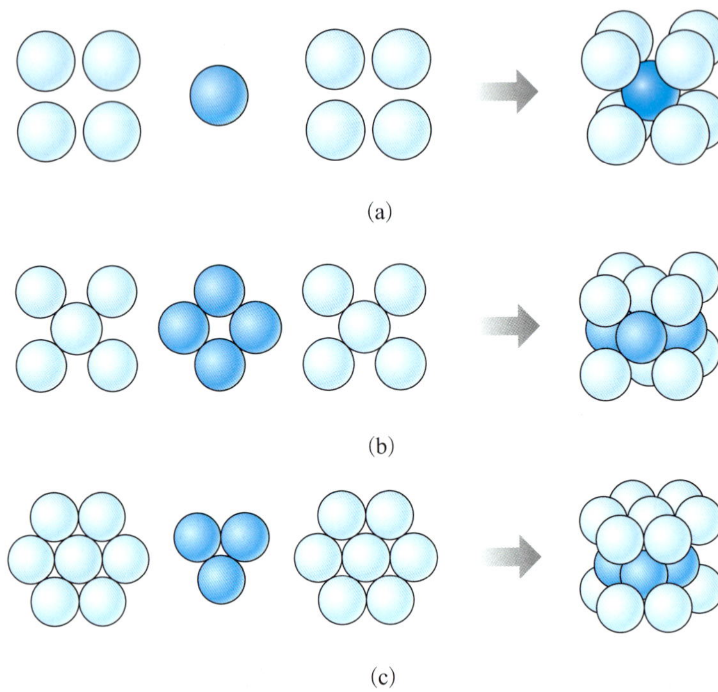

그림 2.3 금속의 대표적인 결정의 단위정구조, (a) 체심 입방 구조(BCC), (b) 면심 입방 구조(FCC), (c) 육방 최밀 충진 구조(HCP)

있으므로 각 모서리에는 1/8개의 원자가 있다고 가정할 수 있기 때문이다. 면심 입방 구조는 모든 모서리에 원자들이 각각 1개 위치하고 6개의 각 면의 면 중심에 원자 1개가 각각 위치하는 구조로 그릴 수 있다. 단위정 내에는 총 4개의 원자가 포함되어 있다. 그 이유는 정육면체의 6개의 각 면에 원자가 1/2씩 포함되어 있고, 각 모서리에 1/8씩 포함되어 있기 때문이다. 육방 최밀 충진 구조는 단위정을 중심으로 볼 때 육각 구조의 위와 아랫면의 각 모서리 및 중앙에 원자가 각각 1개씩 위치하고, 기둥 길이의 중앙 부위에 삼각형의 형태로 원자들이 위치하는 구조로 나타낼 수 있다.

이와 같은 단위정들이 x, y, z축 방향으로 규칙적으로 반복되어 결정이 되고 이러한 결정이 재료들을 만들게 되므로, 외부의 힘에 견디는 내력이 발생하는 이유가 되며, 또한 외부의 열이나 화학적 환경에도 견딜 수 있게 된다.

대표적인 기계시스템인 자동차에는 무게 비를 기준으로 할 때 금속이 가장 많이 사용되고 있다. 차의 외관을 구성하는 차체의 강판에 47%의 금속강(steel)이 사용되고 있으며, 열을 받고 계속 동작해야 하는 엔진 재료에는 주철(cast iron)이 16%, 토오크(torque)에 대한 저항성 및 내열성이 요구되는 구동 시스템에 합금강이 15%정도가 사용되고 있으며, 연비 향상의 요구에 맞물려 알루미늄이나 마그네슘 합금이 기존의 엔진재료 합금을 대체해 나가고 있다.

2.1.1 철강 재료

기계에 사용되는 금속 소재는 철(Fe)의 함유 여부에 의해 대분한다. 즉 철에 탄소가 첨가된 철강(steel)이 함유된 금속을 철강 재료, 철강이 주 성분이 아닌 금속을 비철금속으로 분류한다.

■ 철강 재료

기계에 가장 많이 사용하는 금속재료는 철강 재료이다. 철강 재료는 철(Fe)에 탄소(C)가 첨가된 재료이다. 철(Fe)자체는 연성이 있고 기계적 힘에 약한 특성을 보이며 전기를 전도하는 성질을 나타낸다. 따라서 철은 기계재료로 사용되기에는 한계가 있어서 탄소(C)를 첨가하게 되며, 첨가된 탄소에 의해서 강도, 경도 등 그 기계적 특성이 증가하게 된다. 이러한 재료를 강(steel)또는 철강 재료라고 부른다. 아래 표 2.1에 철강 재료의 종류를 정리하여 나타내었다.

표 2.1 철강 재료의 종류

기준		선택의 척도
순철(iron)		Fe – C 0.03%
강(steel)	아공석강 공석강 과공석강	Fe-C 0.03~0.8% Fe-C 0.8% Fe-C 0.8~2.11%
주철(cast iron)	아공정 주철 공정주철 과공정 주철	Fe-C 2.11~4.3% Fe-C 4.3% Fe-C 4.3~6.67%
특수 강 (alloy)	Fe-C기반	Ni, Cr, Cr-Mo, Ni-Cr, M-Cr-Mo 첨가 등
공구용 특수강(tool alloy)	Fe-C 기반	Cr, W, V, Mo, C 첨가 등
스테인리스강(stainless alloy)	Fe-C 기반	Cr 또는 Cr-Ni 첨가
초경 합금	WC 기반	Co, TiC, TaC 첨가 등

철을 제조할 때 불순물이 함유되지 않는 철을 제조하기는 쉽지 않다. 따라서 순철로 일컬어지는 것도 탄소량이 0.03% 포함되어 있다. 그러나 철이 99.97%이상으로 대부분이 철(Fe)로 구성되어 있다. 순철은 상온에서 자성을 띄는 강자성체이지만 온도가 상승하면 768°C부근(A_2 변태점이라 부름)에서 자성이 약화되어 상자성체가 되며, 온도를 계속 상승하면 912°C(A_3 변태점)과 1394°C(A_4 변태점)의 온도에서 결정 구조가 변화하게 된다.

이 순철에 탄소를 첨가하면 강해지게 되는데, 탄소의 첨가량에 따라 아공석강, 공석강, 과공석강으로 분류한다. 공석강은 탄소가 0.8%첨가된 강을 말하며, 이를 기준으로 탄소량이 적게 첨가되면 아공석강, 많이 첨가되면 과공석강이라고 한다. 아공석강은 탄소가 무게비로 0.03~0.8% 첨가된 강을 말하며, 과공석강은 탄소가 0.8~2.11%첨가된 강을 말한다. 결과적으로 강은 철에 0.03~2.11% 정도의 탄소를 첨가하여 제조하게 되며, 단지 최대 2%만 첨가되어도 기계적 특성 등이 향상되어 기계재료로 많이 사용된다.

철에 탄소가 첨가되면 일반적으로 강도, 경도 등이 증가하며 인성과 충격치는 감소하게 되는데 이는 탄소가 많아지면서 가늘고 긴 막대 구조인 시멘타이트(cementite)의 분율이 증가하는 미세조직(microstructure)의 변화가 있기 때문이다. 다음 그림 2.4의 모식도에 페라이트와 시멘타이트가 혼재된 펄라이트(pearlite)조직을 갖는 탄소강에서 시멘타이트의 초기 성장 모습 (그림 2.4a) 및 그 분율이 증가한 모습(b)을 나타내었다. 한편 탄소가 첨가되면, 탄소의 성질에 의해 비열과 전기저항은 증가하게 되고, 비중과 열팽창계수, 탄성률, 열전도도는 감소한다. 온도가 높아지면 탄소강의 강도와 경도는 감소하고, 인성은 증가하다가 감소한다. 탄소강은 온도를 변화시킴에 따라 여러 가지 취성이 나타날 수 있는데 청열취성, 적열취성, 상온취성, 고온취성, 냉간취성(저온취성) 등이 그것이다. 200~300°C에서는 강의 강도는 크지만 연신율이 작아져 취성이 나타나는데, 이 온도 범위에서 강은 청색의 산화피막을 만들게 되어 이를 청열취성이라고 일컫는다. 적열취성은 황(S)이 많은 강을 고온 처리할 때 나타나는 취성이다. 상온취성은 강 중의 인(P)에 의해, 예를 들면 Fe_3P의 화합물에 의해 발생하는 취성이며 이러한 인은 냉간취성의 원인이 되기도 한다. 강에 함유된 구리(Cu)의 함유량이 0.2%로 되면 고온에서 취성을 일으키는데 이를 고온취성이라고 한다. 냉간취성은 온도가 낮아짐에 따라 강도가 증가하여 충격치 등이 상온 이하에서 현저히 감소한다.

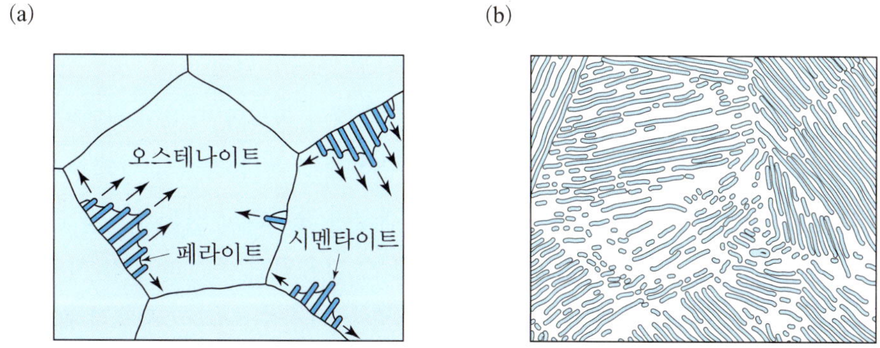

그림 2.4 탄소강의 미세 조직 (a) 시멘타이트의 초기 성장 모습 및 (b) 시멘타이트의 분율이 증가한 모습의 모식도

강을 불순물 없이 제조하기는 매우 어려워서, 일반적으로 다른 원소들이 포함되는데 대표적인 원소는 규소(Si), 망간(Mn), 인(P), 황(S) 등이 있으며, 제조공정에 따라 산소, 질소, 수소 등의 기체 가스가 포함되기도 한다. 규소가 첨가되면 경도, 강도 등이 증가하여 연신율이 감소되지만 결정입자의 크기를 증가시켜 가단성, 전성, 충격치를 감소시킨다. 망간이 첨가되면 강도, 경도, 인성을 증가시켜 고온 가공이 쉽도록 해준다. 황과 결합하면 고온에서 적열취성을 방지한다. 인이 있으면 경도, 강도가 증가되지만 연신율, 충격치를 감소시키고 가공 시 균열이 발생하고, 흑연화를 촉진한다. 구리 역시 인장강도, 탄성한도, 내식성을 증가시킨다. 반면 황은 강도, 연신율, 충격치를 모두 감소시키고, 유동성과 용접성을 나쁘게 한다. 질소는 경도와 강도를 증가시킬 수는 있으나 산소는 적열취성을 일으키고 수소는 균열의 원인이 되어 바람직하지 않다.

■ 주철

탄소량이 2.11%이상 첨가된 철계 금속을 주철(castiron)이라고 한다(표 2.1참조). 4.3%보다 적은량(2.11~4.3%)의 탄소가 첨가된 것을 아공정 주철, 과량(4.3~6.67%)의 탄소가 첨가된 것을 과공정 주철이라고 한다. 주철은 탄소량이 4.3% 근방까지 많아짐에 따라 용융점이 탄소강보다 낮아지게 되므로 유동성이 좋아져서 주조 등의 공정으로 복잡한 형상을 쉽게 만들 수 있다. 또 제조 후에는 다소의 취성이 있어 잘 깨지지만 내마모성과 마찰저항이 뛰어나고 압축강도가 우수하다는 장점이 있다. 이밖에도 단위 무게 당 가격이 저렴하고, 녹이 잘 생기지 않는다는 특징이 있다. 단, 탄소가 강보다 많아지므로 취성이 높아 인성이 낮고, 소성가공이 어려우며 용접성이 나쁜 단점이 있다.

주철에서 탄소는 성분 원소와 냉각 속도에 따라서 시멘타이트와 흑연의 상태로 존재한다. 주철에 함유된 황(S) 원소는 유동성을 나쁘게 하여 주조성을 떨어뜨린다. 황의 양이 과다하면 취성이 증가하고 강도가 감소한다. 망간이 황과 결합하면 황화망간이 된다. 규소가 함유되면 주철의 냉각 시 수축을 감소시킨다. 규소(Si)량이 많거나 망간(Mn)량이 적을수록 그리고 냉각 속도가 늦을수록 주철 내 흑연의 양이 많아진다. 주철에 함유된 인(P)은 용융점을 낮출 수 있으나 과다하면 취성이 증가된다.

탄소와 규소의 양에 따른 주철의 조직을 나타낸 상태도를 마우러 조직도(Maurer's diagram)라고 한다. 흑연화 촉진제로서는 Si, Ni, Al, Ti, Co, P 등이 사용되고, 흑연화 방지제로서는 Mo, S, Cr, Mn, V, W 등이 사용된다. 이러한 흑연의 양과 크기, 미세구조 등은 주물의 특성에 영향을 미친다. 시멘타이트는 냉각 속도가 클 때 그리고 탄소의 양이 많을 때 Fe_3C상으로 존재하며, 파단면의 색에 따라 회주철과 백주철로 구분한다. 회주철의 미세조직은 페라이트 기지상 또는 페라이트 + 펄라이트의 조직으로 흑연이 판상으로 존재하고, 백주철은 시멘타이트와 펄라이트로 구성되어 있다.

주철의 종류에는 페라이트와 흑연으로 이루어진 보통주철, 편상흑연주철 중 25kg/mm^2(약 250MPa)이상의 인장강도를 갖는 고급주철, Ni, Cr, Mo, Cu, Si, Ti, V, Al등이 첨가되어 내열성, 내마모성, 내충격성, 내식성, 내화학성 등을 향상시킨 합금주철 등이 있으며, Mn을 첨가하여 처리한 냉경(chilled)주철, Mg, Ce, Ca을 첨가하여 처리한 구상흑연주철, 백주철의 주물을 열처리하여 인성을 높여 단조가 가능하도록 처리한 가단주철이 있다.

보통주철의 미세조직은 페라이트와 편상 모양의 흑연에 펄라이트가 다소 함유되어 있는 조직이다. 고급주철은 펄라이트의 기지에 미세하고 활처럼 구부러진 흑연이 고르게 분포되어 있는 조직을 갖고 있다.

합금주철은 특수주철이라고도 하며 보통주철에 합금 원소를 한 가지 또는 여러 종류의 합금을 동시에 첨가하여 특성을 향상시킨다. Cr은 흑연화를 방지하며 내식성, 내열성을 향상시키고, Ni은 흑연화를 촉진하면서 내열, 내산화, 내알카리성, 내마모성을 향상시킨다. Mo은 내마모성을 향상시키고 Cu는 0.25~5% 첨가하여 경도를 증가시키고 내마모성, 내식성을 향상시킨다. Si은 가장 강력한 흑연화 촉진제로서 내열성이 향상되며, Al역시 강력한 흑연화 원소의 하나로 표면 산화 막을 만들어 산화 저항성을 향상시키고 10%이상 첨가하여 내열성을 증대시킨다. 반면 Ti이나 V은 각각 0.3%이하, 0.1 ~ 0.5%정도의 적은 양을 첨가하며, 강한 탈산제로서 또는 조직을 미세하고 균일하게 만들기 위해 각각 첨가한다.

칠드주철의 금형에 접촉된 부분은 시멘타이트로 구성된 백주철로, 내부는 페라이트 + 펄라이트 조직인 회주철로 구성되어 연성이 큰 조직으로 된다. 구상흑연주철은 첨가물 처리에 의해 구상화된 흑연이 분포한 조직으로서, 열처리나 첨가물(Mg, Ce, Ca 뿐만 아니라, Ni, Cr, Mo, Cu)에 의해 조직을 개선하며 페라이트형, 펄라이트형, 페라이트 + 펄라이트형, 시멘타이트형 등으로 분류할 수 있다. 구상흑연주철은 편상에 비하여 강도, 내마모성, 인성뿐만 아니라 내열성, 내식성도 우수하여 자동차용 부품 소재에 폭넓게 사용되고 있다. 가단주철은 주조성과 함께 단조가 가능한 성질을 부여하여 연강에 가까운 강도와 연신율을 가져 자동차 부품 및 관 이음쇠 등에 사용된다. 가단주철에는 흑심과 백심, 두 종류가 있으며, 백심가단주철은 산화철로 둘러싼 상태로 900°C 정도로 가열하여 탈산시킨 것으로 파면이 백색인 조직을 갖는다. 반면, 흑심가단주철은 백주철을 900°C에서 뜨임 처리하여 시멘타이트를 흑연화 하여 표면은 백색이지만 내부가 흑색인 조직을 갖으며 우수한 기계적 성질을 나타낸다.

주철과 같이 주조는 가능하지만 주철에 비하여 주조가 어려운 강을 주강이라고 한다. 단조 공정에 비하여 가공 공정을 감소시킬 수 있으며 대량 생산이 가능하고 균일한 조직의 재료를 만들 수 있는 특징이 있다. 주강은 망간(Mn)의 함유량에 따라 저망간강과 고망간강으로 분류한다. 저망간강은 0.9 ~ 1.2%의 망간이 첨가된 펄라이트계 강이며 Ni-Cr 주강과 비슷한 기계적 특징을 나타내어 롤러 등에 이용된다. 고망간강은 12%의 망간이 첨가된 주강으로 내마모성과 인성이 높아야하는 부품에 활용된다.

합금강

합금강은 철강 재료보다 기계적 특성이 높은 강을 말한다. 철강 재료의 기계적 강도, 경도, 인성, 내피로성 등을 향상시키고, 내식, 내마모성을 증가시키기 위해 철(Fe), 탄소(C)이외에 다른 원소들을 첨가한다. 합금강에 대해서는 2.1.3 절에서 다시 기술하고자 한다.

2

2.1.2 비철금속

비철금속은 철(Fe)이나 철강(Fe-C)이 포함되지 않은 금속을 말하며, 일반적으로 기계재료로 사용되기에는 강도, 경도 등 기계적 특성이 낮아서 다른 금속을 첨가하여 합금화(alloy)하여 사용되고 있는 것이 대부분이다.

■ 구리

구리(Cu, Copper) 자체는 연성이 있고 전기전도도가 높아 도선 등 주로 전기재료로 사용되는 재료이다. 구리의 밀도는 8.96g/cm^{3}이고 용융점은 1083°C이다. 전기와 열을 잘 통하나 자성은 갖지 않는다. 유연하여 가공이 쉬우며 내식성도 보호피막이 생겨 우수한 편이다. 그러나 해수에는 침식되며, 진한 황산이나 질산에 용해된다.

구리에 다른 금속을 첨가하면 강해지기 때문에 기계재료로 사용한다. 대표적인 예가 구리(Cu)에 주석(Sn)을 첨가하여 제조된 청동(bronze)합금, 구리에 아연(Zn)을 첨가하여 제조된 황동(brass)합금 등이 사용된다. 청동의 경우 주석량이 증가함에 따라 강도, 경도는 증가하고 연신율은 주석 4%에서 최대값을 나타낸다. 황동의 경우는 아연량이 증가함에 따라 기계적 강도가 최대 40%향상되고, 연신율은 아연 량이 30%일 때 최대값을 나타낸다.

청동은 주석 함유량이 증가함에 따라 밀도, 선팽창은 큰 변화가 없으나 전기전도도가 감소한다. 대기 및 해수 중 내식성이 우수하나, 산과 알칼리에는 약하다. 청동의 종류로는 청동 주물, 베어링용 청동, 인청동, 알루미늄 청동 등이 있다. 황동은 아연 함유량이 증가함에 따라 밀도가 감소하며, 아연 첨가량이 40%까지는 전기 및 열전도도가 감소하나, 그 이상에서는 증가하다가 50%에서 최대치를 보인다. 황동은 화학적 작용에 의해 탈 아연 부식, 응력 부식균열, 고온 탈아연 현상이 일어날 수 있으므로 주의해야 한다. 황동의 종류로는 아연의 함유량에 따라 5~20%의 아연이 첨가된 톰백(Tombac), 30%의 아연이 첨가된 7:3 황동, 40%의 아연이 첨가된 6:4 황동이 있으며, 청동 주물에 비하여 절삭성과 주조성이 우수한 황동 주물, 기타 특수 황동이 있다.

2

알루미늄

알루미늄(Al, Aluminum)은 보오크사이트($Al_2O_3 \cdot 2H_2O$)를 수산화나트륨(NaOH)으로 처리하여 알루미늄 산화물(Al_2O_3)로 제조한 후, 이를 전기분해하여 제조한다. 가볍지만 연성이 있어 변형성이 높으므로 그 자체로는 기계재료로 사용하기 어렵고 음료수 캔 등 변형이 잘 되어야 하는 소재, 또는 도전율과 열전도율이 구리 다음으로 좋아 전기적 용도에 많이 응용되고 있다. 마그네슘(Mg), 베릴륨(Be) 다음으로 가벼운 금속이고, 도전율, 열전도율이 구리 다음으로 높은 값을 갖는다. 알루미늄의 또 다른 특징은 표면에 생기는 알루미나의 보호피막으로 내식성이 매우 우수하다는 것이다. 이 밖에도 알루미늄은 유동성이 작고 수축률은 크고, 염산, 황산, 알칼리 수용액에 약하고 해수에 침식되는 단점이 있다. 알루미늄은 상변화가 일어나는 변태점이 없다는 것도 특징이다.

알루미늄 합금은 Al-Cu-Si, Al-Si, Al-Mn, Al-Mg-Si 등의 합금 등이 기계재료나 자동차 재료로 많이 사용되고 있는데 이는 열간 또는 냉간가공성이 다른 금속보다 좋으므로, 특성이 우수하면서도 비중이 가벼운 장점이 있기 때문이다. 알루미늄은 크게 주물용과 가공용으로 나눌 수 있고, 주물용 알루미늄 합금으로서 주조에 적합한 라우탈(Lautal, Al-Cu-Si)합금, 주조성은 좋으나 절삭성은 좋지 않고 약한 실루민(Silumin, Al-Si)합금이 있다. 가공용 알루미늄 합금에는 알민(Almin, Al-Mn), 알드레이(Aldrey, Al-Mg-Si)합금 등의 내식용 알루미늄 합금과, 항공기, 자동차 등에 사용하는 두랄루민(Duralumin, Al-Cu-Mg-Mn) 합금, 두랄루민에 Mg의 함유량을 증가시킨 초두랄루민(Super-duralumin) 등이 있다.

알루미늄 합금은 공정온도 부근으로 가열, 급랭시켜 과포화 고용체를 얻는 용체화 처리, 120 ~ 200°C정도로 가열해서 과포화 성분을 석출시키는 인공시효처리, 용체화 처리 온도와 인공시효 온도 중간 온도까지 가열하여 잔류 응력을 제거하여 재질을 연하게 만드는 풀림공정 등 열처리를 통해 강하게 만든다.

마그네슘

마그네슘(Mg, Magnesium)은 마그네사이트(Magnesite) 등을 전기 분해하여 제조된다. 알루미늄과 함께 가벼운 금속이며, 금속 중에서 가장 비중이 낮다($1.74g/cm^3$). 이는 철의 비중이 7.8, 알루미늄이 2.7인 것을 생각하면 동일한 부피의 기계 시스템을 제작하는 데 있어서 가벼운 물체를 만들 수 있으므로 항공기 등에 사용되어져 왔다. 단지 가공성과 내식성이 좋지 않은 단점이 있어서 많이 활용되지 않았으나 강도 및 절삭성을 향상시켜 다양한 주물과 압연물로 제공함으로써 자동차 엔진재료 등에 그 사용량이 증가하고 있다.

마그네슘은 자체보다 Mg-Al-Zn, Mg-Mn, Zr 또는 Zr-Th을 첨가한 합금 등 Mg의 합금화를 통해 우수한 기계재료로서 폭넓게 사용되고 있다. Mg 합금의 Al은 약 7%, Zn 3.5%, Mn은 약 0.5%정도 함유되는 것이 주조품으로 쓰인다. 기계적 성질은 알루미늄 합금의 주물과 같은 정도로서 피절삭성이 매우 좋다. 마그네슘에 Zr을 첨가하여 주조성을 향상시키고, 여기에 토륨(Thorium)을 동시에 첨가하여 크리프의 기계적 특성이 우수한 합금을 제트엔진 등에도 적용하고 있다.

티타늄

비중은 4.5로 무거운 편이지만 고온 특성 및 기계적 특성이 우수하여 항공기엔진이나 터빈 재료로 사용된다. 용융점이 1700°C로 매우 높아 고온에서도 안정하고 기계적 특성이 특히 우수하여 고온용 기계재료로 많이 사용된다.

티타늄(Ti, Titanium)은 회색의 금속으로 비강도가 높고, 변태점이 880°C로 높아 고온까지 안정한 조직을 갖는다. 열팽창계수도 작고 내식성이 우수하다. 티탄 합금으로는 Ti-Mn, Ti-Al, Ti-Cr계가 널리 사용되고 있으며 고온 특성과 기계적 특성이 모두 우수하다. 이 밖에도 Sn, Fe, Mo, V 등을 첨가하여 합금화한다. 특히 Mo과 V을 첨가하면 내식성을 향상시킬 수 있다.

니켈

니켈 역시 비중은 무거운 편이지만 내열성이 우수하여 티타늄과 함께 항공기엔진이나 터빈 재료로 많이 사용된다. 니켈(Ni, Nickel)은 흰색 금속으로 내식성이 강하고 열전도도가 좋으며 연성이 좋은 특징이 있다. 이들의 내열성은 철강 등 다른 금속에 비하여 우수하여, 500°C이상의 온도에도 견딜 수 있으며, 니켈은 내열성, 내식성이 강하고 열전도도가 좋은 특징이 있다. 질산에는 약하나 염산, 황산, 알칼리에는 저항성이 우수하다. 니켈 합금에는 큐프로 니켈, 콘스탄탄, 모넬메탈, 니크롬, 인코넬, 알루멜-크로멜 등의 합금이 많이 상용화되어 쓰이고 있다. 큐프로 니켈(Cupro-nickel)은 10 ~ 30%의 니켈을 함유한 것으로 연성이 가장 크고, 강도, 내식성이 우수하다. 콘스탄탄(Constantan)은 40 ~ 50%의 니켈을 함유하며, 전기저항이 크고 온도계수가 작아 열전대(thermocouple)등으로 사용된다. 모넬메탈(Monel metal)은 니켈 함유량이 65 ~ 70%나 되어 내열성, 내식성, 내마모성 및 연신율이 크다. 니크롬(Nichrome)은 Fe 0 ~ 25%, Ni이 50 ~ 90%, 기타 Cr으로 이루어진 합금으로 전기저항성이 증가하는 특징이 있다. 인코넬(Inconel)은 내열 및 내식 합금으로 900°C이상에서도 산화저항성이 우수하다. 알루멜-크로멜(Alumel-Chromel)에서 알루멜은 3%Al이 첨가된 Ni-Al합금이고, 크로멜은 10%Cr이 첨가된 Ni-Cr 합금으로 최대 1200°C에서도 사용이 가능한 고온 측정용 열전대로 사용된다. 이 밖에도 Ni-Fe 합금으로는 36%Ni, 0.2%C, 0.4%Mn 등이 첨가된 인바(Invar), Ni, Fe, Cr, Mn, Si, C의 합금으로 인바 중의 일부를 Cr으로 치환한 엘린바(Elinvar), 42 ~ 48% Ni이 첨가된 플래티나이트(Platinite), 78.5%의 Ni이 첨가되어 Hysteresis 손실이 적어 고주파 변압기의 철심으로 사용하는 퍼말로이(Permalloy) 가 있다.

기타 비철금속

이 밖에도 비철금속으로는 주석(Sn), 납(Pb), 아연(Zn)과 그 합금 등이 많이 사용된다.

주석은 용융점이 낮고 상온 가공 경화가 없고 소성 가공이 쉬워 주석 도금 철판에 많이 사용되고 땜납 등의 성분으로 사용된다. 주석 합금에는 0.4%Cu를 첨가하여 내식성이 우수한 튜브에 사용한다.

납에는 납과 주석의 합금인 연납과 450°C 이상의 융점을 갖는 경납이 있다. 납은 비중이 크고 연한 특징이 있고 융점이 낮으며 내식성이 뛰어나 수도관, 케이블 피복, 납 축전지용 극판에 쓰이며, 납 합금에는 As, Ca, Sb 등이 함유된 합금 등이 있다.

아연은 가공성이 좋아 아연판으로 건전지 재료나 인쇄용 판재로 사용되며 아연-알루미늄계 합금과 아연-알루미늄-구리계 합금이 사용된다. 대기 중에 습기와 이산화탄소와의 반응으로 표면에 얇은 막이 생겨 내식성이 우수하다. 특히 4%Al, 0.4%의 Mg, 1%Cu가 첨가된 아연 합금은 용융점이 낮고 유동성이 좋아 다이캐스팅용 합금으로 불리며 자동차 부품 및 일반 기계 부품에 사용되고, 여기에 4%Al, 3%Cu 및 소량의 Mg를 첨가하여 자동차, 항공기 등에 사용한다. 한편 약 4%의 Al을 함유한 아연-알루미늄계 합금은 강인성이 높다.

비철금속으로서 귀금속이 있는데 보석 등에 사용하는 금(Au), 은(Ag), 백금(Pt), 팔라듐(Pd), 이리듐(Ir), 오스뮴(Os), 루테늄(Ru) 등이 있으며, 이들은 공기나 물과의 반응이 일어나지 않아 오랜 시간 동안 원래의 금속 상태를 유지하는 특징이 있다. 금을 제외하고는 순금속보다는 합금으로써 기계재료에 첨가되어 사용된다.

2.1.3 합금강

어떤 고체의 원자들에 다른 성분의 고체 원자들이 녹아들어가 굳어진 것을 고용체(solid solution)이라고 하며, 금속의 고용체를 합금(alloy)이라고 한다. 합금강은 특수강이라고도 하며, 합금과는 다른 개념으로, 주로 철강재료(Fe-C)에 니켈(Ni), 크롬(Cr), 몰리브덴(Mo), 텅스텐(W), 바나듐(V)등을 첨가하여 강도, 경도, 인성 등 기계적 특성을 향상시키고 내마모성을 향상시켜 각종 기계재료에 폭넓게 사용된다. 기계적 특성 향상뿐만 아니라 고온에서 기계적 특성이 저하되지 않게 하기 위해 합금화하거나 단접, 용접, 담금질성을 향상시키기 위해서 또는 전기전도율을 낮추기 위해서도 합금을 만들기도 한다. 니켈-크롬(Ni-Cr), 크롬-몰리브덴(Cr-Mo) 등을 같이 첨가하기도 한다.

합금강에는 구조용 특수강, 공구용 특수강, 특수 용도용 특수강, 내식내열강, 기타 합금강이 있다.

■ 구조용 특수강

구조용 특수강은 경도, 인성을 향상시키기 위해 특수 원소를 첨가한 강인강과 표면 경도를 증가시키기 위해 표면을 경화시킨 표면 경화강이 있다.

강인강에는 Ni을 1.2 ~ 5.2%첨가시켜 인성, 내마모성, 내식성을 증가시킨 Ni강, 0.28 ~ 0.48%C의 탄소강에 0.9 ~ 1.2%의 Cr을 첨가시켜 담금질성을 좋게 하고 경도와 인장강도를 증가시킨 Cr강, Cr강에 담금질성이 좋고 용접을 쉽게 하고 고온고압에 강하도록 0.15 ~ 0.3%의 Mo을 첨가한 Cr-Mo강, 1.0 ~ 1.5%의 Ni을 Cr과 함께 첨가하여 담금질성을 좋게 한 Ni-Cr강, 여기에 보다 담금질성을 좋게 하기위해 0.15 ~ 0.3%의 Mo을 추가로 첨가한 Ni-Cr-Mo강 등이 있다.

표면 경화강은 침탄 또는 질화법에 의해 표면에 Ni, Cr 또는 Ni, Cr, Al을 확산시켜 특성을 좋게 만든 합금이다.

공구용 특수강

공구용 특수강은 공구에 사용되는 합금으로써 피삭재를 효과적으로 절삭, 연삭해야 하므로 경도와 내마모성, 인성이 크고 온도가 올라가도 높은 경도를 유지하여야 한다. 높은 특성을 나타내도록 하려면 열처리가 쉽고 제조 취급이 쉬운 것이 좋다.

고속도강은 경도 강도가 우수하고 고온 경도, 고온 강도도 우수한 텅스텐(W) 또는 크리프 저항성과 내식성이 우수한 몰리브데늄(Mo)이 약 18%, 크롬(Cr)이 4%, 바나듐(V)이 1%첨가된 0.8%의 탄소(C)가 첨가된 합금이며, W계는 1300°C 부근에서, Mo계는 1220°C 부근에서 열처리한 후 급랭 및 550°C에서 뜨임하여 제조하여 절삭공구로 사용한다.

탄소공구강의 고온에서의 경도 특성을 유지시키고 담금질에 의해 생기는 손상을 방지하기 위해 Cr, W, V, Mn 등을 첨가한 강을 합금 공구강이라고 한다.

한편 초경 합금(WC-Co)은 경도 등 기계적 특성이 매우 우수한데 이는 제 2 상의 첨가에 의해 결정 입도를 미세하게 만들 수 있기 때문이다. 초경 합금은 금속과 세라믹이 조합된 서멧(cermet)의 대표적인 소재이다. 이러한 합금강은 강도, 경도, 인성뿐만 아니라 내피로성도 우수하며, 연성이 감소한다. 새로운 소재의 첨가로 용융점은 일반적으로 낮아지며, 내식성이 나빠지는 단점도 있다.

내식 내열강

철강 재료에 Cr 또는 Cr-Ni을 첨가한 강은 내식, 내열, 스테인리스강(stainless steel)이 많이 사용된다. 첨가된 Cr이 공기 중의 산소와 만나 얇은 피막이 표면에 도피되어 더 이상의 산화를 막아주어 더 이상의 부식을 방지함으로써 내식성이 향상된다.

12%를 기준으로 이보다 적게 첨가한 강을 내식강, 그 이상 첨가한 강을 스테인리스강이라고 한다. Cr계 스테인리스강에는 페라이트계와 마르텐사이트계 스테인리스강이 있고, Cr-Ni계 스테인리스강에는 오스테나이트 스테인리스강이 있는데 Cr이 18%, Ni이 8%인 석출경화형 스테인리스강이 사용된다.

한편 자동차 배가스의 관에는 배가스의 높은 온도에 의해 내열성도 있어야 하므로 고Cr강, 고Ni강 등의 내열강이 사용된다. 내열강에는 페라이트계와 오스테나이트계의 강 두 종류가 있다.

■ 기타 합금강

기타 합금으로써 발전기, 변압기, 전동기의 철심 및 소자로서 사용되는 규소강 (0.08%C, ≤4.5%Si 첨가된 강)과 W, Co, Cr 등 잔류 자기가 커서 이용되는 자석강, Ni-Mn, Ni-Cr-Mn의 비자성강이 전자기용 특수강으로 사용된다. 한편 온도에 따라 열팽창계수, 탄성계수 등이 변하지 않는 불변강 합금이 있는데 그 종류로서는 200°C이하에서 선팽창계수가 매우 작아 줄자, 표준 자, 시계 추, 온도조절용 바이메탈 등에 사용되는 인바(Invar), 온도에 의한 탄성률 변화가 크지 않아 지진계, 정밀기계에 사용되는 엘린바(Elinvar), 스프링, 태엽, 기상관측용 기구에 사용하는 코엘린바(Coelinvar), 인바보다 선팽창계수가 작은 초불변강(Super invar), 전구의 도입선에 사용되는 플래티나이트(Platinite) 등이 있다.

주조용 경질합금은 화학 성분이 W, Cr, Co가 주성분이며 여기에 Ni, Cr, Mo이 첨가된 합금으로 스텔라이트(Stellite)가, 소결 초경 합금(WC-Co)으로는 위디아(Widia), 카아볼로이(Carboloy), 텅갈로이(Tungalloy, WC-TiC-Co계) 등의 경질공구용 합금이 쓰인다.

금속 중에서도 1000°C의 높은 고온까지도 사용할 수 있는 합금을 초내열합금(superalloy)라고 한다. 초내열합금은 크게 Ni, Co, 또는 Fe-Ni을 기본으로 하여 여러 첨가 상들을 혼합하여 제조한다. 니켈기 초내열합금은 주로 강도가 필요한 고온 소재에, 코발트기 초내열 합금은 주로 열 피로에 대한 강도가 필요한 고온부품에 사용된다. 고온에서의 다양한 용도 및 내열성에 저항하기 위해서는 기지상에 많은 원소들이 첨가되어 고용 강화(solid solution strengthening), 석출 강화(precipitation strengthening), 분산 강화(dispersion strengthening)시킨 합금들이 사용되어 높은 온도에서도 우수한 크리프 강도(creep strength), 고온피로저항성 (high thermal fatigue resistance), 내부식성 등 우수한 기계적 특성을 갖는 합금들이 사용되고 있다. 예를 들면 Ni에 Al과 Ti을 첨가하고 Nb를 첨가하면 $Ni_3(Al,Ti)$로 구성되는 새로운 상이 형성되는데 이 상에 의해 기계적 특성이 향상된다.

기계 구조용 강재는 원하는 치수로 가공하는 경우가 많으므로 절삭성을 향상시키기 위해 몇 가지 원소를 첨가한 강을 쾌삭강이라고 한다. 현재 사용되는 쾌삭강에는 황(S), 납(Pb)과 동시에 인(P)을 첨가한 복합 쾌삭강이 있으며, 제강할 때 칼슘(Ca)에 의한 탈산으로 생성된 탄산 생성물을 갖는 칼슘 쾌삭강이 있다.

비정질합금은 금속합금의 냉각 속도를 크게 하여 과냉각 상태의 고체로 구성된 재료로서 비평형 상태인 비정질 고상 상태의 합금을 말한다. 비정질 합금은 결정입계가 없고 균질하여 강도, 경도, 인성, 연성 등의 기계적 특성이 높으며 내식성, 자기 특성이 매우 우수하다. Ni-B, Ni-P, Co-P 등의 합금 계는 전기화학 도금법으로 제조하거나 용융합금을 빠른 냉각 속도로 급랭하여 응고시킨다. Ge, Si, Fe 등은 진공 속에서 금속 가열 증기를 제조한 후 기판에 응집하여 제조한다.

2.1.4 금속재료의 명칭

금속재료는 철강, 비철금속 등으로 분류하지만 사용 용도에 따라 명칭을 붙인다. 한국 규격으로 KS의 강재 기호를 정해서 명칭을 정하는데 그 예를 다음 표 2.2에 나타내었다. 예를 들면 SB는 일반 구조용 압연강재를 말하며, 스프링강의 명칭은 SPS이다. 또 기계재료 기호를 S45C, SS41, SNCM 등으로 표기하여 부르기도 하는데 첫 번째 자리인 S는 보통 재질을 표시하여 여기서는 강(steel)의 첫 번째 영문 머리글자 S로 표기하며, 둘째 자리는 규격명, 제품명, 용도, 첨가 원소의 부호, 탄소의 함유량 등 다양한 의미로 표시하는데 45는 0.45%의 탄소가 함유되었다는 의미이다. SS41의 두 번째 S는 일반 구조용 압연재를 말한

표 2.2 KS의 강재 기호와 명칭

KS 강재 기호	재료의 명칭
SS	일반 구조용 압연강재
SM	기계 구조용 탄소강재
SK	자석강
SC	주강
SEH	내열강
SKH	고속도강 공구강재
SWC	용접 보조용 압연강재
STC	탄소공구강
SPS	스프링강
SNC	니켈크롬강
SBV	리벳용 압연강재
STD	다이스 강

다 NCM은 니켈-크롬- 몰리브덴의 합금강을 말한다. 기계재료 기호의 세 번째 자리는 종류 표시, 최저 인장강도 표시, 형상을 나타내는 기호 표시, 제조를 나타내는 기호를 표시하는 다양한 의미가 있으며 C는 탄소, 41은 최저 인장강도의 의미를 각각 나타낸다.

2.1.5 금속의 제조 공정

금속은 금속의 원료를 용융시키고 불순물을 제거하는 공정을 거친 후 일정한 틀에 넣어 강괴를 만들거나, 압연 또는 연속 주조를 통해 판을 만들고, 이들을 가공하여 금속판이나 강봉의 형태로 제작한다.

용광로 등에 금속의 원료를 넣고 용융시켜서 선철을 제조하는 공정을 제선 공정이라고 하며, 얻어진 선철의 불순물을 제거하여 정화하는 공정을 제강 공정이라고 한다. 불순물이 제거된 강을 주조나 압연 등을 통해 강괴나 판을 만드는 공정을 가공 공정이라고 한다. 가공 공정에는 강판이나 봉강 형태로 롤러를 통과하는 압연 공정이 있다.

■ 제선 공정

그림 2.5에 제선 공정의 모식도를 나타내었다. 철의 원료인 철광석, 탄소의 원료인 코우크스를 첨가제인 융제로 사용되는 석회석과 함께 용광로에 투입하면 약 800°C의 온도에서 다음 식과 같이 철로 환원이 일어나게 되며,

$$FeO + CO = Fe + CO_2$$

환원된 철은 1600°C정도에서 충분히 용융되어 용광로의 아래로 흘러 밑에 고이게 되는데 이를 용선이라고 하며 이를 주형에 주입하여 선철을 제조한다. 참고로 용광로의 크기는 하루 동안 생산된 선철의 무게를 톤(ton)으로 표시하여 나타내며, 통상 100~2000톤의 용광로가 많이 사용된다.

■ 제강 공정

선철은 다음 그림 2.6과 같은 제강 공정을 통해 불순물이 제거된다. 즉 제강 공정은 선철의 불순물을 제거하기 위해 선철을 재가열시켜 용해시킴으로써 정련하는 공정을 말한다. 즉 정련은 불순물 등을 산화시켜 순도가 높은 금속을 만드는

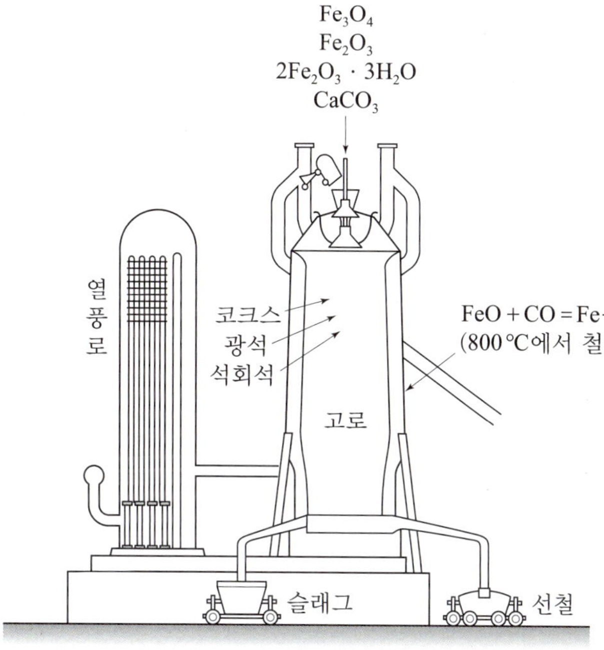

그림 2.5 제선공정의 모식도

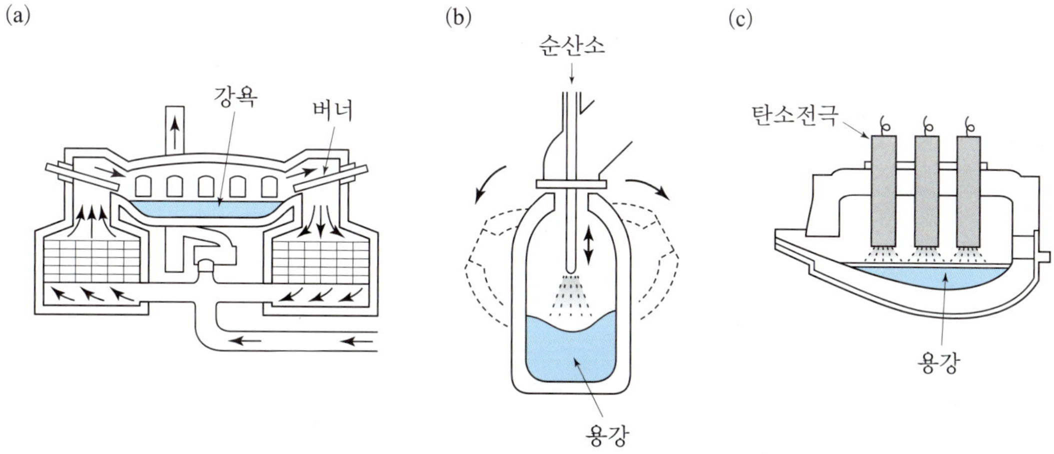

그림 2.6 제강 공정의 모식도, (a) 평로 제강법, (b) 전로 제강법, (c) 전기로 제강법

것을 말한다. 제강 공정은 사용하는 로에 따라 바닥이 넓은 평로를 사용하는 평로 제강법, 로에 산소를 불어넣어 산화 연소시켜 정련하는 전로 제강법, 전열을 이용해 용해시켜 강을 만드는 전기로 제강법등이 많이 사용된다.

평로는 1회에 용해할 수 있는 최대량을 톤으로 표시하여 통상 25 ~ 400톤의 평로가 사용된다. 평로 제강법에는 염기성 평로법과 산성 평로법으로 분류할 수 있는데, 염기성 평로법은 백운석, 마그네시아 등 염기성 내화재를 사용하여 정련하여 극연강 등을 제조한다. 산성 평로법은 규석과 같은 산성 내화재를 사용하는 것으로 고품질 강을 제조한다. 전로 역시 1회에 제강할 수 있는 량을 톤으로 표시하며 전로 제강법에도 염기성, 산성 전로법이 있다. 전로법은 강철의 대량생산에 이점이 있고 일관된 작업으로 짧은 시간에 제강할 수 있다는 장점이 있으나 산소, 질소 등의 가스가 혼합되기 쉽다. 전기로 제강법 역시 1회에 용해할 수 있는 최대량을 톤으로 표시하여 1~40톤의 로가 사용된다. 전기로는 전력비는 들지만 연료 계통의 설비가 필요 없으며 온도 제어가 쉽고, 우수한 고품질의 강을 만들 수 있다는 장점이 있다.

강괴 및 주조, 압연공정

이상과 같이 정련된 용강에 탈산제를 넣어 탈산시킨 후, 주형에 주입하여 응고하여 강괴를 얻는다. 그림 2.7에 강괴의 모양과 종류에 대한 모식도를 나타내었다. 강괴에는 평로 또는 전로에서 정련된 용강을 가볍게 탈산시킨 림드강, 강력 탈산제를 첨가하여 충분히 탈산시킨 후 강괴의 상부를 10~20%정도 잘라낸 킬드강, 림드강과 킬드강의 중간 정도로 탈산시킨 세미킬드강 등이 있다.

탈형시켜 얻어진 강괴를 다음 그림 2.8과 같이 주조, 압연 등을 거쳐 최종적으로 강판, 봉상 등의 형태로 기계재료에 사용될 금속을 얻게 된다.

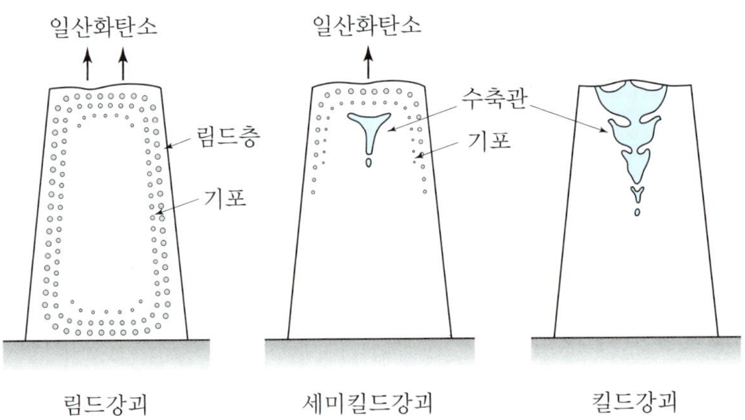

그림 2.7 제선, 제강공정을 거쳐 제작된 강괴

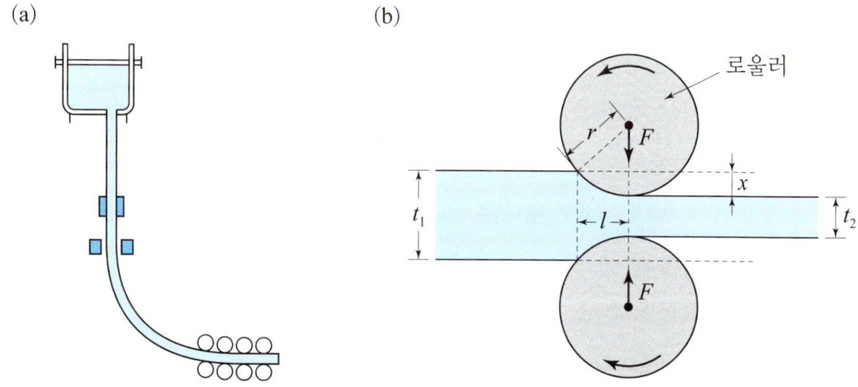

그림 2.8 금속의 가공 공정 (a) 연속 주조공정, (b) 압연 공정

■ 소성 가공법

한편 금속의 소성을 이용하여 가공하는 소성 가공법에는 온도에 따라 냉간 가공, 열간가공이 있으며, 롤러 사이에 판재를 통과하여 가공하는 압연 가공, 상대적으로 작은 크기의 구멍으로 금속을 뽑아내는 압출이나 인발 가공, 일정한 모양이 되도록 미리 제조한 프레스 사이에 넣고 압축력을 가하여 가공하는 프레스 가공, 해머(hammer)등으로 두들기거나 가압하는 기계적 방법으로 가공하여 일정한 모양을 제조하는 단조 가공 등이 있다. 이러한 가공 시 소성변형이 일어나도록 공정을 반복시키면 재료의 경도와 강도는 증가하고 취성이 생기며 연신율이 감소하는데 이러한 현상을 가공경화(work hardening)라고 한다. 어떤 재료는 가공경화된 후부터 시간이 지남에 따라 기계적 성질은 변화하지만 일정시간이 지난 후에는 일정해지는데 이러한 현상을 시효경화(age hardening)라고 한다. 이러한 시효경화를 일정한 온도에서 일어나도록 인공적으로 조작해주는 것을 인공시효(artificial ageing)라고 부른다.

■ 금속의 열처리

금속은 그 특성을 목적에 따라 변화시키기 위해서 적정 온도에서 열처리 공정을 거치는 경우가 많다. 열처리의 목적은 첫째, 기계재료로서 필요한 특성을 개량하기 위해 실시되며 강도, 경도, 인성, 연성 등의 기계적 특성의 향상을 위한 경우, 내마모성의 향상을 위한 경우, 내식성의 향상을 위한 경우, 변형의 방지를 위해 시효 변화나 잔류응력 변화, 조직 변화를 위해 열처리 하는 경우이다. 둘째는 재료의 가공성 개량을 위해 실시되며, 피삭성을 향상시키기 위해서나 소성가공성을 향상시키기 위해 실시된다. 셋째는 제조공정으로서 열처리하는 경우로 흑연화 풀림공정, 수소제거 풀림공정, 표면 처리, 분말야금의 소결 처리 등이 그 예이다.

열처리 방법은 열, 시간 싸이클에 따라 가열과 냉각 조작을 통해 금속의 질적 가공을 하게 되며, 미시적으로는 금속 내에 일어나는 확산(diffusion)또는 무확산 변태(diffusionless transformation)를 이용한다. 고온 유지(시효)에 의해 합금의 고용화 또는 냉각에 의해 새로운 상을 석출시켜 미세조직을 열처리를 통해 바꿀 수 있다.

일반 열처리 공정에는 다음 표 2.3과 같이 풀림(annealing), 불림(normalizing), 담금질 (quenching), 뜨임(tempering) 등이 사용된다.

1) 풀림 – 단조 작업을 거친 금속은 강하고 조직이 불균일하다. 풀림은 이러한 금속들의 내부 응력을 제거하고 조직을 균일하게 하며, 가공을 용이하게 할 목적으로 적절 온도로 가열했다가 서냉하는 공정으로, 조직이 균일화되고 연화되는 효과가 있다. 풀림에는 완전풀림, 저온풀림 그리고 구상화풀림이 있다. 완전풀림은 용융상태에서 응고시킨 주강이나 장시간 고온에서 유지된 강을 A_3 변태점(912°C)이상 30~50°C의 온도 범위에서 일정시간 가열한 후 냉각한다. 저온풀림은 냉간 가공 등에 의해 형성된 응력이나 변형을 제거하기 위해 600~650°C의 온도에서 가열하여 서냉하는 방법이다. 구상화풀림은 펄라이트 내의 시멘타이트에 의한 절삭성을 향상시키기 위해 조직을 구상화하기 위한 방법으로서, 600~700°C의 온도에서 일정시간 가열한 후 냉각시킨다. 풀림에 의해 재료의 연성이 증가된다.
2) 불림 – 불림은 912°C보다 50°C 높은 온도에서 가열 후 공냉하여 단조, 압연 등의 소성가공이나 주조로 거칠어진 조직을 미세화하고 잔류 응력을 제거할 수 있다. 재료의 입자와 미세조직이 미세화되어 강도, 경도가 크게 증가하며, 연신율, 인성도 어느 정도 증가하는 특징이 있다.
3) 담금질 – 담금질은 오스테나이트 상태의 온도(727°C)보다 약 50°C높은 온도에서 가열 후 물이나 기름내에서 급랭하여 재료를 경화시켜 단단하게 만드는 공정이다. 이러한 열처리 공정에 의해 페라이트에 탄소가 고용된 마르텐사이트(martensite)의 미세조직을 얻을 수 있다. 즉 탄소가 고

용된 γ고용체의 오스테나이트 (γ-Fe + C)를 급랭하면, 탄소가 고용된 α 고용체의 페라이트(α-Fe + C)로 바뀌게 되며(Ar″변태라고 함) 이 고용체가 마르텐사이트 조직을 갖는다. 이러한 조직을 갖는 고용체의 원자들이 확산(diffusion)되도록 시간을 제어하여(Ar′ 변태라고 함), α고용체의 페라이트(α-Fe + C)에 시멘타이트(Fe_3C)로 구성된 펄라이트(pearlite)가 된다. 그러나 담금질 조직은 모두 마르텐사이트나 펄라이트 조직이 되는 것은 아니며, 냉각 속도에 따라 마르텐사이트(martensite), 오스테나이트(austenite), 트루스타이트(troostite), 소르바이트(sorbite)등의 4종류로 구분한다. 마르텐사이트 조직은 오스테나이트 조직을 가열한 후 급랭시켜 탄소를 과포화 상태로 만든 α-Fe의 조직으로서 그 미세조직은 침상이어서 강도와 경도가 크다. 내식성도 높고 전성이 작다. 오스테나이트는 그 조직을 유지하기 위해 급랭하여 고온 조직을 상온에서도 유지시킨 조직으로서, 경도는 낮으나 연신율이 크다. 트루스타이트는 냉각이 불충분하여 오스테나이트 조직이 페라이트와 시멘타이트로 변하는 조직이다. 소르바이트는 트루스타이트보다 냉각 속도가 느릴 때 생기는 조직이다. 이들의 경도를 상호비교하면, 마르텐사이트가 가장 높아서 오스테나이트나 트루스타이트보다 높다. 트루스타이트는 소르바이트보다 높으며, 소르바이트는 펄라이트보다, 펄라이트는 페라이트 보다 높다. 강을 급랭할 때 냉각액이 접촉하는 면은 냉각 속도가 커서 마르텐사이트 조직이 되나 내부로 갈수록 냉각 속도가 상대적으로 작아지므로 트루스타이트 또는 소르바이트 조직이 될 수 있다. 이와 같이 재료의 부위에 따른 냉각 속도의 차이로 특성의 차이가 생기는 현상을 질량효과라고 한다. 담금질에 의해 재료의 강도, 경도가 증가한다.

4) 뜨임 – 뜨임은 취성의 감소와 담금질한 강에 점도를 부여할 목적으로 727°C(A_1 변태점) 보다 낮은 온도로 가열, 서냉하며 경도는 감소하고 파괴인성, 연성이 증가한다. 뜨임한 강을 가열할 때 일어나는 변화를 자세히 살펴보면, 잔류 오스테나이트는 100°C 부근에서 마르텐사이트로 변하기 시작하고, 마르텐사이트는 250°C에서 급격하게 트루스타이트로 변화한다. 400°C이상에서는 소르바이트로 변하기 시작하여 600°C에서 상변태가 완료되며, 650°C까지 가열하면 펄라이트가 된다. 즉 뜨임온도가 높아질수록 경도를 감소시키고 연성이 증가하게 된다. 뜨임에는 사용 목적에

2

표 2.3 금속의 일반 열처리 공정

구분	목적	열처리 온도	효과
풀림 (annealing)	내부응력 제거, 가공 용이	적절 온도로 가열, 서냉	조직의 균일화, 연화
불림 (normalizing)	C < 0.03%	A_3(912°C)보다 50°C 고온에서 가열후 공냉	소성가공이나 주조로 거칠어진 조직을 미세화, 잔류응력 제거
담금질 (quenching)	단단한 조직	A_1(727°C)보다 50°C 고온에서 가열후 급냉	재료를 경화, ferrite에 C가 고용(martensite 조직)
뜨임 (tempering)	취성의 감소 담금질한 강도에 점도 부여	A_1 이하의 온도로 가열, 서냉	경도 감소, 연성 증가

따라 저온뜨임과 고온뜨임이 있는데, 저온뜨임은 담금질에 의해 생긴 잔류응력을 제거하고 어느 정도의 경도를 필요로 할 경우 약 150°C 부근에서 뜨임하는 것을 말한다. 고온뜨임은 강인성을 주기 위해 담금질한 강을 500 ~ 600°C 부근에서 뜨임하는 것을 말한다.

표면 경화법

강의 인성은 유지하고 표면 경도만을 높이기 위해 강재의 표면만 가열하여 경화하는 공정이 유용하게 사용되고 있다. 담금질을 하면 경도가 증가함과 동시에 인성은 감소하므로, 표면 경도만을 향상시킬 필요가 있을 때 사용하는 방법을 표면 경화법이라고 한다.

표면 경화법에는 물리적 표면 경화법과 화학적 표면 경화법으로 나누며, 물리적 표면 경화법은 고주파 전류를 통해 강재의 표면을 가열하는 고주파 경화법, 산소-아세틸렌 화염으로 0.4% 탄소강의 표면만을 가열하여 오스테나이트 조직을 갖게 한 후 물로 급랭하여 담금질하는 화염 경화법이 많이 사용된다. 고주파 경화법은 코일을 재료의 안쪽과 바깥쪽에 장치시키고 코일에 전류를 통하면 재료 내에 맴돌이 전류(eddy current)가 유도되어 표면만 가열되는 원리를 이용하며, 가열 후 물로 급랭시켜 표면만 경화시킨다. 한편 화학적 표면 경화법은 저탄소강을 침투시키기 위해 장시간 가열하여 급랭하는 침탄법, 암모니아로 표면을 경화시키는 질화법, 시안화칼륨에 염화물이나 탄산염 등을 첨가, 용해시켜 탄소와 질소를 강의 표면에 침투시키는 시안화법 등이 있다. 침탄법은 저탄소강으로 표면 경화시키고자 하는 재료의 표면을 싼 뒤에 노 속에 넣고 900~950°C의 온도로 오랫동안 가열한 후 급랭시키며, 침탄 시키려고 하는 소재로서 목탄, 코우크스 분말을 사용하는 고체침탄법과 메탄, 프로판 등 탄화수소계 가스를 이용한 가스침탄법이 있다. 시안화법에서 염화물이나 탄산염의 첨가량은 40~50%이며, 용해 온도는 600~900°C이다. 질화법은 암모니아 내의 질소가 철과 화합하여 질화물이 형성되게 하는 방법으로서 500~550°C정도의 온도에서 50~100시간 유지하여 경도가 침탄법보다 높고, 경화에 의한 변형이 작다. 질화처리 후 열처리가 필요 없다.

이 밖에도 표면 경화법에는 금속침투법, 숏피닝(shot peening), 하드페이싱(hard facing)방법이 있다. 금속침투법은 표면에 Cr, Al, Si, B, Zn 등을 침투시켜 내열층, 내식 층을 만드는 방법으로서, 크롬을 침투시키는 크로마이징(chromizing), 알루미늄을 침투시킨 칼로라이징(calorizing), 실리콘을 침투시킨 실리코나이징(siliconizing), 보론을 침투시킨 보로나이징(boronizing), 아연을 침투시킨 세라다이징(sheradizing)등이 있다. 숏피닝법은 500μm에서 1mm크기의 강, 주철 등의 작은 입자를 표면에 고속으로 분사시켜 가공경화에 의해 표면경도를 높이는 방법이다. 잔류 응력의 부과로 강도를 높일 수도 있으나 반복하중에 대해서는 피로한도를 증가시킨다. 하드페이싱은 금속의 표면에 스텔라이트(stellite, Co-Cr-W)나 경합금등의 금속을 용착시키거나 세라믹 분말을 분사하는 용사법 등의 방법으로 표면 경화층을 형성시키는 기술을 말한다.

2.2 세라믹스

2.2.1 세라믹 재료

세라믹스(ceramics)는 비금속 무기재료를 총칭하며, 주기율표의 금속원소와 비금속원소 간의 화합물로 이루어진다. 규소(Si)와 산소(O)가 결합하면 흙의 주요 성분인 규소 산화물(SiO_2)이 되며, 금속의 알루미늄(Al)과 산소(O)가 결합하면 알루미나(Al_2O_3)라는 세라믹스가 된다. 이와 같이 금속에 산소가 결합된 세라믹스를 산화물이라고 하며, 질소(N)와 금속이 결합된 질화물, 탄소(C)가 결합된 탄화물, 붕소(B)가 결합된 붕화물 세라믹스가 기계용 구조 재료로 많이 활용된다.

주변에서 흔히 볼 수 있는 세라믹스로는 도자기, 내화물, 시멘트, 유리 등을 들 수 있다. 식기, 꽃병 등으로 사용되는 도자기, 건축물에 많이 사용되는 콘크리트(시멘트에 자갈을 섞은 것), 주택의 창문, 자동차 유리, 유리병이나 유리잔 등의 유리, 용광로의 내화재, 건축물의 벽돌 등의 내화물 등은 우리 주변에서 쉽게 발견될 수 있다.

세라믹스의 초기 분말의 입도를 마이크로(μm)나 나노(nm)크기로 감소시켜 제조한 첨단 파인세라믹스(fine ceramics)는 전자 정보, 바이오, 에너지, 우주항공 분야 등에서 폭넓게 응용되고 있다. 초기 분말 크기를 평균 1μm 보다 작은 것들을 사용하여 성형, 소결하면 최종 제품의 입자 크기 역시 μm 단위의 작은 크기가 되어 기계적 특성이 향상되고 내열성 또한 향상된다. 기존과 같은 공정으로 단지 분말을 고순도의 작은 입도를 갖는 것으로 바꾸어 제조할 때 최종 입자 크기를 보다 미세하게 만들고 특성을 향상시킨 제품을 제조하는 것이 가능하게 되는 것이다. 또 전도체에 비해 전기가 반만 통하는 반도체(semiconductor)의 핵심 재료는 처음에는 실리콘(Si)을 중심으로 진행되었지만 현재는 화합물 반도체가 많이 사용되어 세라믹의 비중이 매우 높으며, 전하를 축적하는 유전체, 전자의 흐름을 차단하는 용도로서 절연체 등에 세라믹스가 사용되고 있다.

이러한 세라믹스의 구조는 그림 2.9와 같이 단원자 분자인 금속에 비하여 금속과 비금속의 화합물로 이루어져 있으므로 이원자 분자 이상의 구조를 갖고 있고, 그 화학 결합은 금속과 비금속 간의 이온결합, 공유결합에 기초하고 있으므로 강도와 경도, 내마모성이 특히 우수하다. 금속과 비금속으로 이루어진 화합물중 금속 원자들은 전자를 쉽게 잃어버려 양이온이 되고, 비금속 원자는 받아들인다. 또는 전자를 서로 강하게 공유한다. 따라서 금속보다 전자가 전도되기 어려워 유전 성질이 높고, 금속보다 열이나 화학적 환경 하에서 안정한 특징이 있어서 내열성, 내마모성, 내부식성 소재로 세라믹스가 활용되고 있다. 세라믹스는 인장응력에는 약하나 압축응력에는 강하다. 즉 금속 결합보다 상대적으로 강한 이온, 공유결합에 의해 변형에 매우 큰 힘이 필요하다. 소성이 잘 일어나는 플라스틱에 비하여 세라믹스는 탄성적인 소재이다. 그러나 세라믹스는 너무 단단해서 충격에 약해 쉽게 균열이 가고 깨지는 단점이 있다.

세라믹스는 금속과 마찬가지로 결정(crystal)이 대부분이며, 금속과 같이

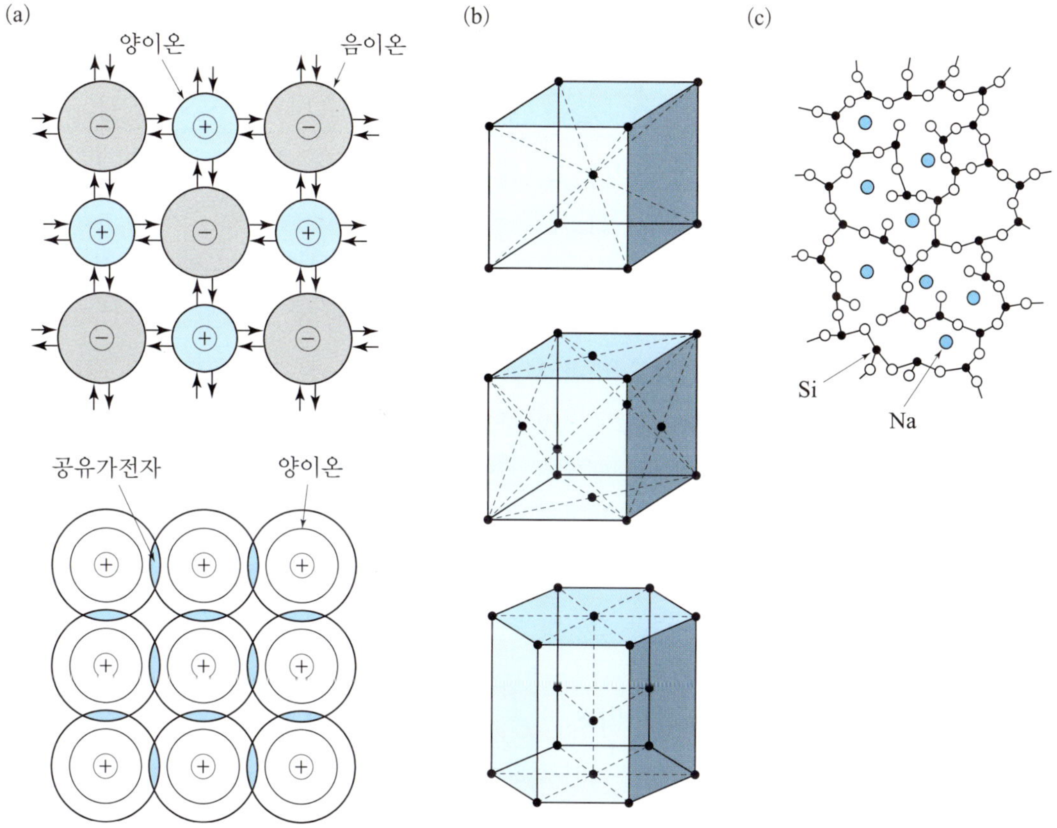

그림 2.9 세라믹스의 (a)화학 결합, (b) 결정 구조, (c) 비정질(유리) 구조

BCC, FCC구조를 기반으로 한 결정 구조가 많다. 그러나 모든 세라믹스가 결정은 아니며, 유리(glass)와 같은 경우는 그 구조가 국부적으로는 결정이지만 전체적으로 보면 규칙성이 없는 비정질(amorphous) 구조를 갖는다. 유리는 비정질구조에 의하여 결정보다 성긴 구조를 이루고 있는데(opened structure), 이러한 구조에 의해 빛을 투과시킬 수 있는 장점이 있다.

세라믹스 재료를 소재에 따라 구분하면 산화물(oxide), 질화물(nitride), 탄화물(carbide) 등으로 나눌 수 있다.

산화물 세라믹스

산화물은 금속과 산소가 결합된 화합물로서 금속 등은 산소에 노출되면 부식되기 쉬우나 세라믹스는 산화에 대한 저항성이 매우 높다. 또한 그 결합이 이온결합, 공유결합성이 높아 단단하고 기계적 강도 또한 우수하며 융점이 금속보다 높다. 내열성이 강하므로 주로 고온에 사용하는데 고온에 사용 가능한 파인세라믹스 재료 중에는 Al_2O_3, ZrO_2, SiO_2, MgO 등과 같은 화합물이 사용된다. 금속(Al, Zr, Mg 등)과 산소(O)가 일정한 몰 비로 결합되어 있다.

산화물 세라믹스는 상온에서 뿐만 아니라 700~800°C 이상의 높은 온도에서도 모양과 특성이 변하지 않는 특징이 있는데, 이는 금속 중 철의 녹는점이 1538°C, 알루미늄의 녹는점이 930°C 정도인 반면, Al_2O_3는 2050°C, ZrO_2는 2070°C 이상에서 열분해하며, MgO와 SiO_2는 녹는점이 각각 2800°C, 1723°C로 금속보다 높기 때문이다.

산화물 세라믹스 중에서도 온도에 따른 길이나 부피의 변화, 즉 열팽창이 작은 저팽창 산화물 세라믹스로는 뮬라이트(mullite, $3Al_2O_3 \cdot 2SiO_2$), 코디어라이트(cordierite, $2MgO \cdot 2Al_2O_3 \cdot 5SiO_2$), 티탄산알루미늄 ($Al_2TiO_5 = Al_2O_3 \cdot TiO_2$) 등이 있다.

탄화물, 질화물 세라믹스

탄화물, 질화물은 내열성이 우수하여 고온에서의 강도가 높고, 상온에서도 경도와 내마모성이 특히 높다.

탄화물은 질화물보다도 경도가 매우 높은 세라믹스 중 하나로서 탄화규소(SiC), 탄화티탄(TiC), 탄화붕소(B_4C) 등 금속 또는 붕소가 탄소와 결합되어 있는 화합물이다. 탄화물의 녹는점은 대략 2000~3000°C로서 산화물 세라믹스보다 높다. 탄화규소의 경도 값은 2550~3000kgf/mm^{2}으로서 160kgf/mm^{2}의 경도 값을 갖는 철 금속보다 10배 이상 월등하고 알루미나 세라믹스(2300kgf/mm^2)보다도 우수하다. 탄화규소는 내열성과 내열충격성이 우수하여 고온의 기계 구조용 세라믹스로서 폭넓게 사용되고 있고 열전도도가 높고 반도성이 있어 각종 방열 세라믹스 및 반도성 세라믹스로도 활용되고 있다.

질화물 세라믹스는 질화규소(Si_3N_4), 사이알론(Sialon), 질화붕소(BN), 질화티타늄(TiN) 등과 같이 질소(N)원소와 결합한 화합물로서 녹는점이 산화물보다 높아 2000°C보다 높으며, 탄화규소와 함께 내열충격성이 우수하다. AlN은 금속보다는 적지만 세라믹스 중에서 열전도도가 높아서 기판용 재료, 세라믹 히터로 많이 사용된다.

2.2.2 엔지니어링 세라믹스

세라믹스 중에서도 열적, 기계적 기능이 우수하여 기계재료로 많이 사용하는 세라믹스를 엔지니어링 세라믹스(engineering ceramics)라고 한다. 이러한 엔지니어링 세라믹스의 대표적인 소재로는 알루미나(Al_2O_3), 지르코니아(ZrO_2), 질화규소(Si_3N_4), 탄화규소(SiC) 등이 있다.

2

알루미나

알루미나 세라믹스는 금속인 알루미늄에 산소가 결합하여 형성된다. 경도와 내마모성이 우수하여 노즐, 다이스, 자동차 공구강 등 내마모재료로 사용되며, 절연성이 있어서 자동차의 점화플러그의 전기를 차단해야 하는 절연체 부분에 사용된다. 융점이 2050°C로 높아 내열성이 우수하고 다른 엔지니어링 세라믹스에 비하여 분말 가격이 저렴하여 범용적인 엔지니어링 세라믹스로 많이 사용되고 있다.

지르코니아

지르코니아 세라믹스는 금속인 지르코늄(Zr)과 산소가 결합하여 형성되며, 일반적으로 세라믹스가 파괴인성이 낮아 취성이 있는 것이 단점이나 지르코니아 세라믹스는 다른 엔지니어링 세라믹스에 비하여 파괴인성이 가장 높은 재료로 알려져 있다. 인성이 높아 공구, 다이스, 노즐 등에 사용되고 있고, 열전도도가 낮아 열을 차단하는 열차폐 재로 활용되어 가스터빈 블레이드, 연소기 부품, 엔진 부품 열차단 코팅재에 사용되고 있다. 또 산소 이온을 전도하는 특징이 있어서, 자동차의 배가스 부분에 산소의 양을 검출하는 산소 센서에 사용된다.

탄화규소

탄화규소 세라믹스는 규소 분말과 탄소를 배합한 원료를 가열하면 규소 분말이 환원되어 만들어진다. 경도가 높고 내마모성이 좋아 연마재, 절삭공구로 많이 사용된다. 특히 열팽창계수가 낮고, 열전도도가 높아 열충격성이 우수하여 자동차 디젤엔지 부품 예를 들면 피스톤 헤드, 밸브부품의 소재로 많이 사용된다. 또 열교환기, 기계 밀봉재(mechanical seal), 공구류 등 내열재료로도 쓰인다. 한편, 다른 엔지니어링 세라믹스에 비하여 반도성을 나타내어 반도체로도 사용된다.

2

질화규소

질화규소 세라믹스는 금속 규소 분말과 질소 가스 또는 암모니아 가스로부터 만들어진다. 탄화규소와 마찬가지로 열팽창계수가 낮고 열전도도가 높아 열충격성이 우수하여 자동차 부품 소재, 노즐류, 고온에서 높은 강도가 요구되는 부재, 내화학성과 내부식성 소재로 많이 사용되고 있다.

2.2.3 세라믹스의 제조 공정

세라믹스는 용융점이 높아서 금속과 같이 용융하여 제조하게 되면 많은 에너지와 비용이 소모되므로 열을 가하여 분말을 굳혀서 만드는 것이 일반적이다. 즉 금속, 폴리머와 같이 출발원료를 녹여서 만들지 않고 출발 분말을 굳혀서 소결(sintering)등의 과정을 거쳐 제조한다. 세라믹스는 미세한 크기의 분말을 일정한 모양을 갖는 틀에 넣어 압력을 가해 성형한 후 이를 소결로에서 소결시킨 후 다이아몬드로 연삭, 절삭하여 최종적인 제품을 만든다.

다시 말하면 세라믹스의 원료가 되는 광물을 일정한 크기 이하로 분쇄하는 공정, 분쇄된 원료를 혼합하거나 균일화시켜 분말을 제조하는 원료 처리 공정, 용매를 증발시키는 건조 공정, 얻어진 원료 분말들로부터 다양한 형상의 압분체를 제조하는 성형 공정, 성형 보조제를 제거하기 위한 탈지공정, 성형체에 열을 가하여 단단한 물체로 제조하는 소결 공정, 소결된 물체를 다이아몬드, 초경 등 세라믹스보다 우수한 물성을 갖는 공구로 가공하는 공정 등을 거쳐 세라믹스 제품을 제조하게 된다.

원료 처리 공정

세라믹스 원료가 되는 광물을 분쇄하여 cm 또는 mm 크기의 조립의 분말을 평균입도가 mm 또는 1μm 이하의 미립이 되게 만드는 공정을 분쇄 공정이라고 한다(그림 2.10의 (a)). 분쇄를 통해 어느 정도 크기 이하로 미립화된 분말은 용매와 단단한 볼 매개체 (ball medium), 분산을 돕는 첨가제 등과 함께 미분쇄와 함께 혼합이 되는데 이 공정을 볼 밀링 공정(ball milling)이라고 한다. 볼 밀링은 다음 그림 2.10의 (b)처럼 용기 내에 분말과 연마용 볼, 성형 보조제, 용매를 넣은 후 용기가 자전하며 회전함으로써 연마용 볼에 의해 분쇄가, 용매에 분산된 분

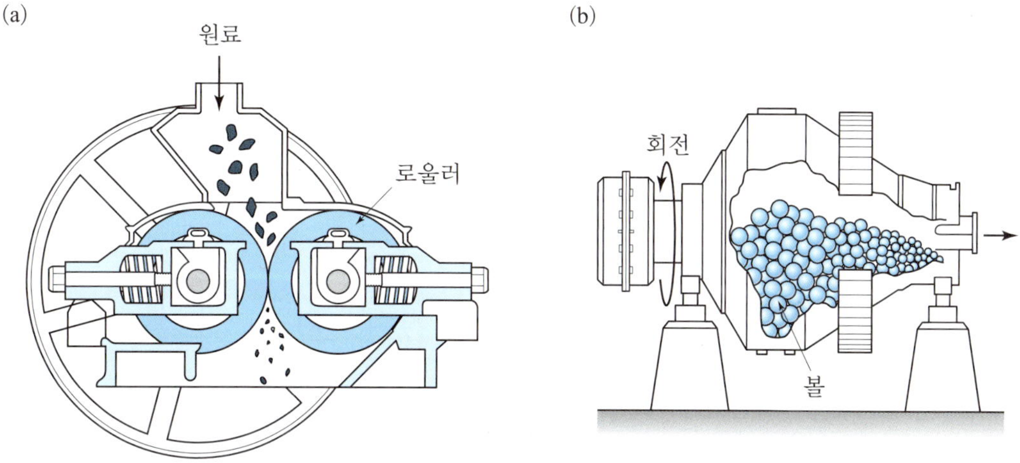

그림 2.10 원료 처리 공정 중 (a) 분쇄 공정, (b) 원료 혼합(ball mill) 공정

말들의 회전에 의해 혼합이 이루어진다. 용매를 사용하지 않고 건식법으로 분쇄와 혼합을 하기도 하지만, 일반적으로 균일한 혼합을 위해서는 용매를 사용하는 습식법을 많이 사용하여 제조한다.

분말을 제조할 때 성형 보조제로서 유기물을 첨가하기도 하는데, 분말을 결합시키는 결합제(binder), 분말들을 용매에 잘 분산시키는 분산제(dispersant), 첨가된 유기물들의 엉킨 고분자 사슬을 풀어주는 가소제(plasticizer), 기타 금형 틀에서 성형체가 잘 분리되도록 이형제를 첨가하기도 한다. 혼합 후에는 혼합 원료를 건조하여 용매를 제거하여 최종 분말을 제조한다.

원료의 특성은 최종 세라믹스 제품의 특성을 좌우하므로 잘 제어하여야 하는 특성 중 하나이다. 특히 분말의 순도, 입자 크기, 입자 분포 등은 최종 제품의 열적, 화학적, 기계적 특성에 큰 영향을 미친다. 예를 들면 출발 입도 크기가 적으면 강도가 높을 가능성이 있다. 또 분말의 표면적 등은 반응성과 관계하므로 중요하다고 할 수 있다. 높은 표면 에너지를 갖는 작은 입자 크기의 분말은 결합력을 높일 수 있고 기계적 강도를 향상시킬 수 있다.

■ 성형 공정

원료 처리 공정에서 용매를 증발시켜 건조시킨 분말들을 일정한 형상을 갖는 틀에 넣고 압력을 가해 일정한 모양을 갖는 성형체를 제조하는 공정을 성형 공정이

2

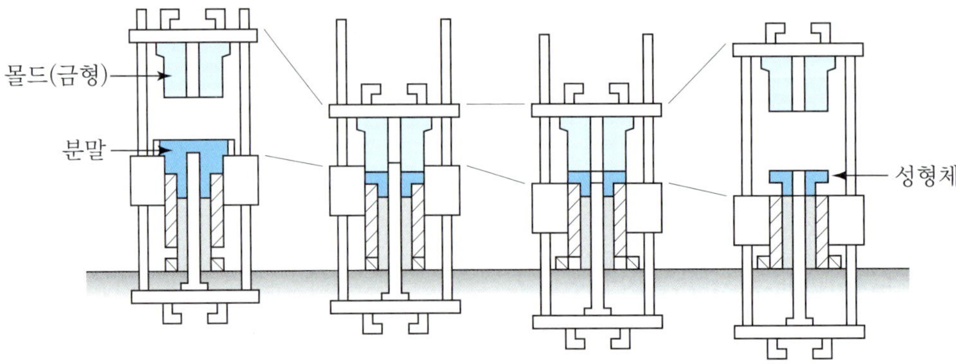

그림 2.11 성형 공정을 나타내는 모식도

라고 한다. 다음 그림 2.11에 가압에 의해 압분체를 얻는 성형 공정을 나타내었다. 분말을 충전하여 프레스로 가압하고, 가압된 성형체를 탈형시켜 얻게 된다.

성형체의 모양이 복잡할 경우에는 분말에 가소성을 부여한 후 플라스틱 성형법을 이용하여 성형하기도 한다. 즉 성형 보조제를 많이 첨가한 후 플라스틱처럼 압출이나 사출성형에 의해서도 세라믹스를 제조하기도 한다. 성형에 의해 다루기 쉬운 충분한 밀도를 갖도록 제조하게 되고 원하는 형상으로 제작하게 된다. 세라믹 분말은 일반적으로 탄성이 크므로 분말들의 재배열이 쉽게 일어나도록 윤활제를 첨가하기도 한다.

성형 시 가압 방법에 따라 일축 가압(uniaxial pressing)방법과 보다 높은 밀도를 갖고 균일한 충진을 위해 정수압 성형(cold isostatic pressing)방법이 많이 사용된다. 일축가압 방법은 금형의 틀에 성형 보조제가 첨가된 세라믹스 분말을 넣고 z축의 방향으로 가압하는 방법이며 보통 건식 상태에서 성형한다. 일축 가압 방법은 성형 밀도가 일정치 않아 성형 시 결함이 생기기도 하는 문제점이 있다. 정수압 성형은 액체에 방수능이 있는 고무 또는 몰드 내에 샘플을 넣고 유체가 있는 용기 내에서 유체에 정수압을 가하여 압력의 균일한 전달에 의해 성형하는 방법으로 2000kg/cm^{2}의 높은 압력까지도 성형이 가능하고, 균일한 밀도로 성형할 수 있으며 금형의 마모 문제를 감소시킬 수 있다는 장점이 있다. 또한 일축가압 방법으로는 성형이 어려운, 직경 대비 길이가 긴 튜브 등의 제품을 정수압 가압 성형법으로 제조할 수 있다.

■ 탈지 공정

성형 시 사용된 결합제 등의 유기 보조제는 가급적 늦은 승온 속도로의 열처리를 통해 제거하게 되는데 이러한 공정을 탈지 공정이라고 한다. 일반적으로 세라믹스의 성형 시 사용한 성형 보조제는 사슬 구조의 고분자 재료이고, 탄소 원자들의 공유결합이 열에 의해 끊어져 기화시키기 위해서는 온도와 열처리 시간, 분위기를 적절히 제어하여야 한다. 승온 속도를 높일 경우 급작스런 사슬의 파쇄가 동시에 일어나 기포, 균열 등 많은 결함을 남기고 제거가 되므로 가급적 1°C/min 미만의 늦은 속도로 천천히 온도를 올리다가 원자들의 기화가 일어나는 온도에서 수시간 유지해주어야 좋다. 만약 잔류 탄소가 많이 남게 되면 산소 분위기에서 탄소를 태우는 것도 좋은 방법이다. 부피비로 30%이상 폴리머를 많이 첨가한 성형체의 경우는 1°C/hr 미만의 매우 늦은 속도로 탈지하여 폴리머 보조제를 제거하기도 한다.

■ 소결 공정

소결 공정은 열처리에 의해 분말 입자 간의 중심 거리가 감소되어 수축하여 응결되는 것을 말한다. 일반적으로 전기로(electrical furnace)에 의해 균일하게 세라믹스 성형체를 가열하여 소결한다. 열이 가해지면 세라믹스 입자 또는 입계를 통한 확산(diffusion)이 일어나면서 그림 2.12와 같이 중심 거리가 감소한다. 중심 거리가 감소하면서 입자끼리 응결이 일어나 강도가 증가하고 단단해진다. 소결에 의하여 수축이 일어나는 경우가 대부분이므로 수축률을 고려하여 제품을 제조하여야 한다. 이와 같이 열에 의해 입자간 중심 거리가 응결되어 중심 거리가 감소하는 이유는 입자간 계면을 따라서 또는 고상에서 기상으로 원자들이 열에너지에 의해 움직이기 때문에 가능하다. 고상에서 기상으로 확산될 때의 구동력은 입자간 형성되는 곡선의 곡률에 의해 좌우된다. 소결 시 일부 고체의 입자가 열에너지에 의해 녹아 액상을 수반하면, 액상에 모세관압이 발생하고 퍼져서 두 입자 간 소결을 보다 낮은 온도에서도 효율적으로 일으킬 수 있다.

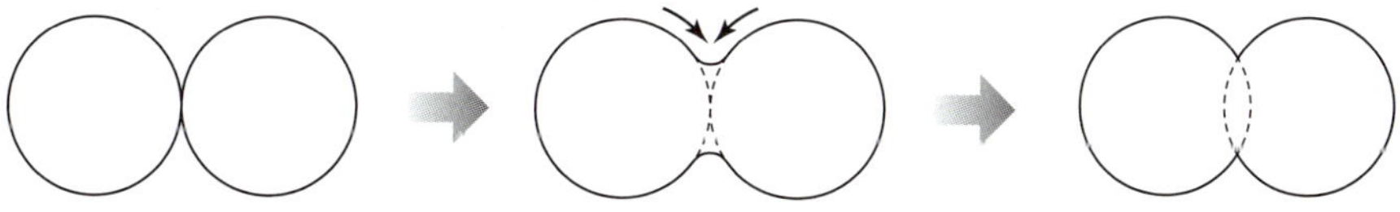

그림 2.12 소결 공정에 의한 원자 간 중심 거리의 수축

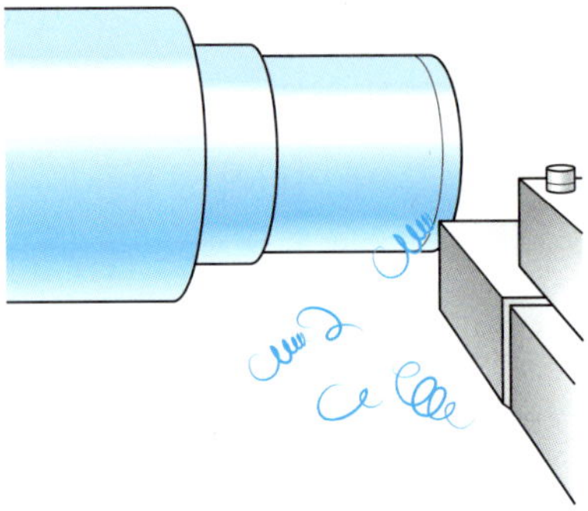

그림 2.13 원통 연삭에 의한 가공 공정

소결 시에 세라믹스 제품 내에 기공(pore)이 존재하면, 열에 의해 전반적인 기공의 총 부피는 감소하지만 기공 크기가 반드시 적어지는 것은 아니며, 큰 기공과 작은 크기의 기공이 혼합되어 있을 때는 큰 기공은 더 커지고 작은 크기는 더 작아지는 현상이 일어난다.

가공 공정

소결을 통해 단단한 물체로 제조된 소결체는 치수공차를 맞추기 위해 가공을 하게 되는데 평면연삭, 원통연삭(그림 2.13), 절삭, 연마 등의 기계 가공이 이용된다. 이때 가공 시 결함이나 잔류 인장응력이 생성되지 않도록 유의해야 한다. 일반적으로 세라믹스는 경도와 내마모성 등 기계적 특성이 우수하므로, 세라믹스보다 경도가 높은 다이아몬드 공구 등이 사용된다.

따라서 세라믹스는 많은 에너지를 소모하는 소결 공정이나 비싼 공구를 사용한 가공 공정으로 인하여 가격이 비싼 소재이며, 내열성이나 내마모성, 내화학성이 요구되는 특수한 환경의 기계 구조용 재료로 사용된다.

2.3 플라스틱

2.3.1 플라스틱 재료

플라스틱(plastic)재료는 우리 주변에서 쉽게 관찰될 수 있는 재료이다. 가정의 부엌에서도, 냉장고 문을 열어서도, 욕실에 들어가서도 사무실, 컴퓨터 등에도 많은 플라스틱이 사용되고 있다.

다음 그림 2.14처럼 플라스틱은 기존의 소재를 대체해오고 있다. 음료수 병으로서 무게가 무거운 유리가 사용되다가, 상대적으로 무게가 가벼운 플라스틱(PET)으로 대체되어 사용되고 있고, 마트 등에서는 비닐(PE) 등이 물건을 담는 용도로 많이 사용되고 있다. 자동차의 엔진을 식혀주기 위한 그릴 등의 소재로

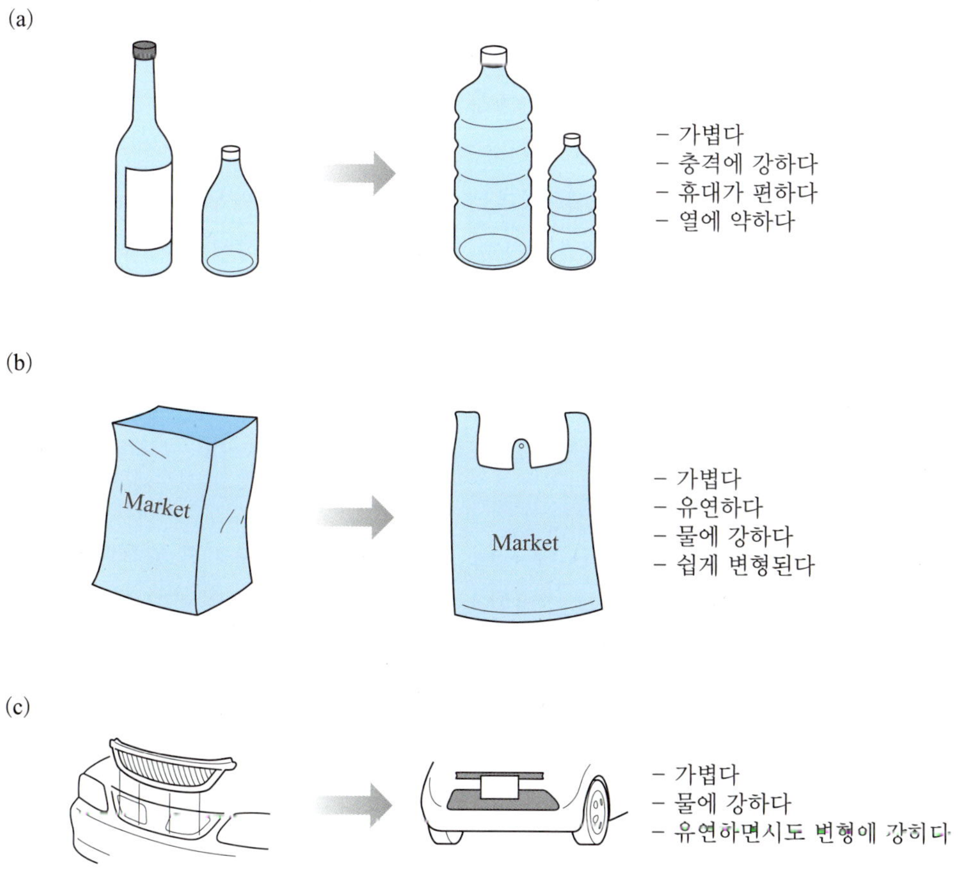

그림 2.14 플라스틱 소재에 의한 대체의 예. (a) 음료수 병, (b) 비닐, (c) 자동차 그릴

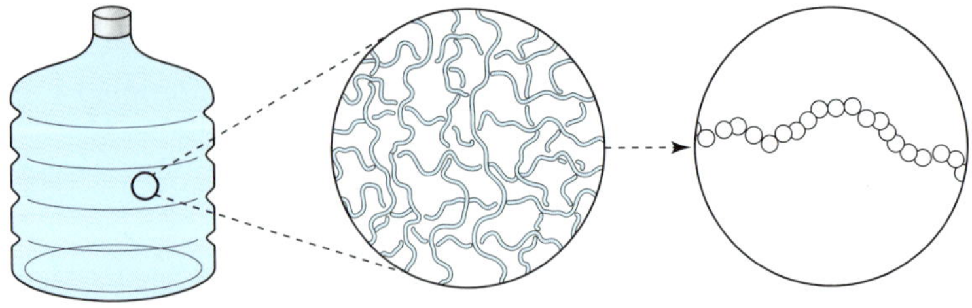

그림 2.15 플라스틱을 이루는 기본 구조

는 기존의 금속에서 엔지니어링 플라스틱으로 대체가 되고 있다.

플라스틱은 가벼울 뿐만 아니라 금속이나 세라믹스에 비하여 가격이 저렴하고 다 사용하고 나서는 열을 가해 용융시켜 다시 제조하는 재활용이 가능하다는 측면에서 매우 효율적이다.

유기물은 분자량에 따라 저분자와 고분자로 나눌 수 있는데, 분자량이 1,000 이하는 저분자, 1000 ~ 10,000까지는 중간분자라고 하며, 고분자는 일반적으로 분자량 10,000 이상을 갖는 유기물을 말한다.

플라스틱이란 탄소(C) 원자와 수소(H) 원자로 이루어진, 합성수지가 대부분인 고분자(polymer)를 원료로 한 고체를 말한다. 나무수지, 녹말, 단백질, 천연고무, 가죽 등은 천연수지라고 하며, 인공수지는 합성수지인데 기계재료로 사용하는 폴리머는 대부분 합성수지이다. 한편 기계재료로는 분자량이 많은 폴리머(polymer)가 많이 사용되므로 이후로는 플라스틱 대신 폴리머라고 명명하고자 한다. 폴리머는 다음 그림 2.15처럼 모노머(monomer)라는 기본 구조로 이루어져 있으며, 또한 각 모노머는 탄소와 수소로 이루어진 고분자 사슬을 기본 구조로 이루어져 있다.

폴리머는 탄소(C)원자와 수소(H)원자로 이루어져 있으며 기본 화학 결합은 공유결합과 반데르 바알스 결합(Van der Waals)을 하고 있다. 그림 2.16과 같이 공유결합은 탄소와 탄소간의 결합으로서 상대적으로 강한 결합으로 이루어진 반면, 고분자 사슬 간에는 상대적으로 약한 반데르 바알스 결합을 하고 있다. 이러한 약한 결합에 의해 폴리머 구조는 금속이나 세라믹스의 결정 구조와는 다르게 매우 불규칙한 구조를 나타내고 있으며, 이러한 구조를 비정질 구조(amorphous structure)라고 한다. 세라믹스의 유리는 전체적으로 보면 불규칙하지만 국소적으로 (locally) 관찰하면 SiO_2라는 정사면체로 이루어진 규칙성은 존

(a)

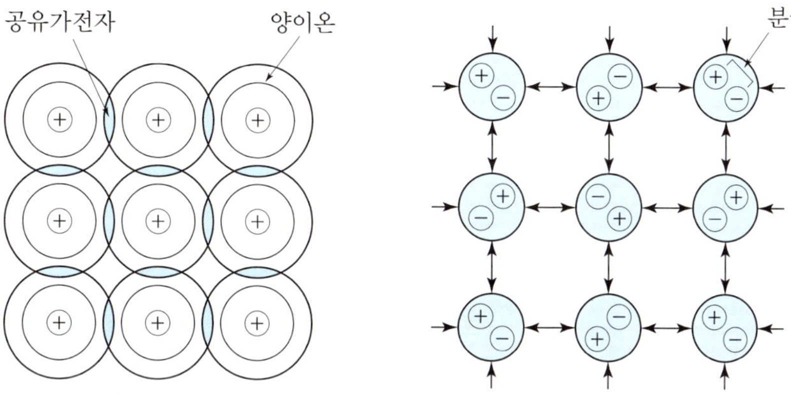

(b)

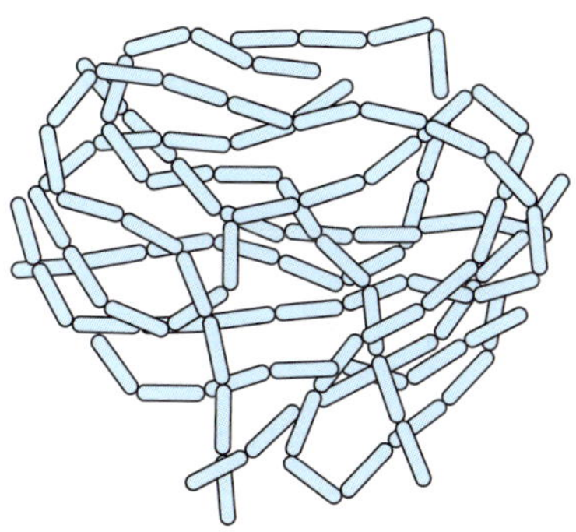

그림 2.16 폴리머의 미시 구조, (a) 공유 및 반데르 바알스 결합, (b) 비결정 구조

재하는 반면, 폴리머 재료의 구조는 국소적으로도 불규칙하다.

한편 폴리머의 구조는 거시구조(macrostructure)로서 구분이 가능한데 다음 그림 2.17과 같이 선형고분자 구조, 가지형 고분자 구조, 가교결합형 구조, 망상고분자 구조로 나눌 수 있다. 선형고분자로는 폴리에틸렌(PE), 폴리프로필렌(PP), 폴리메틸 메타크릴레이트(PMMA), 나일론(nylon) 등의 폴리머가 있으며, 폴리스티렌(PS)은 대표적인 가지형 고분자이다. 고무는 대표적인 가교결합형 구조를 하고 있으며, 망상고분자로는 페놀, 에폭시, 멜라민, 우레아 수지 등이 있다. 일반적으로 (a),(b)의 구조를 갖는 것을 열가소성 폴리머(thermoplastics)라고 하며 온도를 가열하면 부드러워지다가 녹으며, 냉각하면 다시 고체로 되돌아온다. 가교결합이나 망상고분자 구조를 갖는 폴리머는 열경화성 폴리머

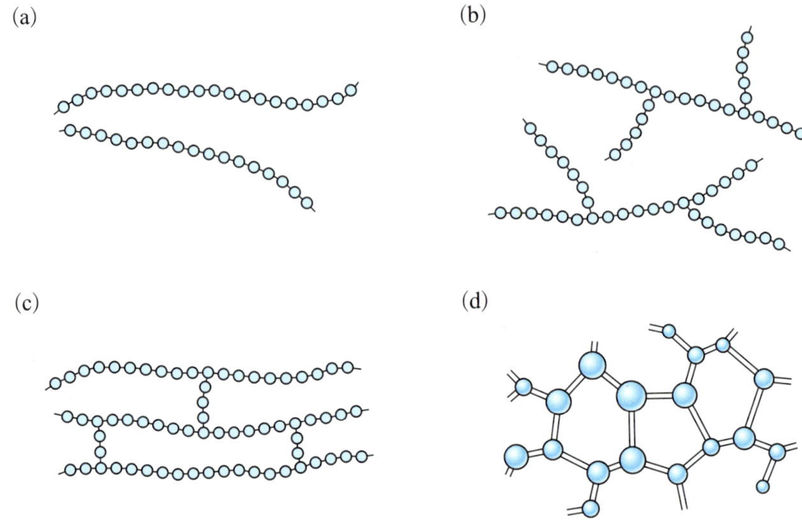

그림 2.17 폴리머의 구조, (a) 선형고분자 구조, (b) 가지형 고분자 구조, (c) 가교결합형 구조, (d) 망상고분자 구조

(thermosetting plastics)라고 하며, 온도를 높여도 부드러워지지 않으며 오히려 굳어질 수 있다. 이들 구조는 3차원적 공유결합을 하고 있기 때문이다.

다음에 다양한 폴리머의 재료에 대해 살펴보고자 한다.

■ PE

폴리에틸렌(PE, polyethylene)은 유동성이 좋고 수분투과도가 낮다. 화학적으로 안정하여 내화학 약품성이 우수하다. 전기적 특성이 양호하며, 특히 고주파 영역에서 절연성이 뛰어나다.

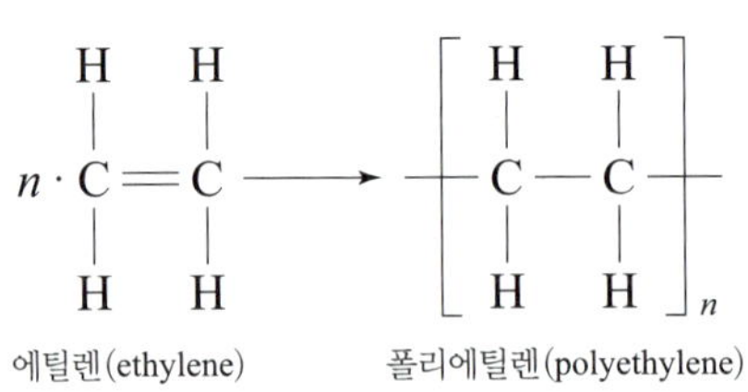

포장용 필름재로 많이 사용되며, 전화 케이블의 시설재, 전선 절연재로 사용된다. 병의 마개나 뚜껑, 맥주 콘테이너, 석유통 등에도 사용된다.

PP

폴리프로필렌(PP, polypropylene)은 폴리머 중 가장 가벼운 편에 속한다. 고온 특성이 좋아 내열성이 우수하다. 강도와 강성이 우수하며, 단 충격 강도는 나쁘다. 폴리에틸렌보다 투명성과 표면 광택이 양호하며 단단하다. 내약품성은 폴리에틸렌과 비슷하며 폴리에틸렌과 마찬가지로 유동성이 좋아 성형성이 좋다. 흡습성이 거의 없으며 전기 절연성과 고주파 전기 특성도 우수하다.

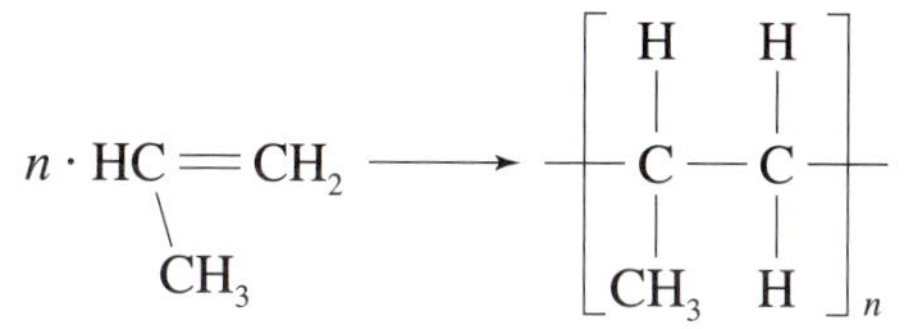

프로필렌(propylene) 폴리프로필렌(polypropylene)

식기, 물통, 목욕 용품 등 가정 용품과 완구, 잡화품으로 많이 제작된다. 인스트루먼트 패널, 글러브 박스 등 자동차 내장재의 사출 성형품으로 사용되고 화학 장치 부품이나 라이닝 재료로도 사용된다.

PS

폴리스티렌(PS, polystyrene)은 상온에서 단단한 폴리머로 투명하여 다양한 착색이 가능한 장점이 있어 폭넓게 사용된다. 유동성이 좋아 성형성이 우수하다. 열변형 온도가 70°C 이하로 낮은 것이 단점이다. 전기 절연성이 우수하고 빛에 대한 변색 등에 대한 저항성이 우수하다. 형광등이나 태양 자외선에는 열화가 일어날 수 있다.

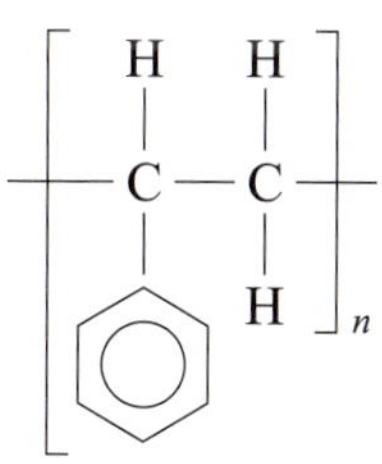

폴리스티렌

각종 완구와 주방 용품 등 일용품에 사용되고, 공업 용품의 하우징에도 사용되며 발포된 것은 단열재나 건축재로도 사용된다. 과일 컨테이너나 인스턴트 식

2

품용기로도 사용된다.

ABS

ABS 수지(acrylonitrile-butadiene-styrene resin)는 유백색의 반투명 폴리머로서 착색이 자유롭고 성형성이 우수하다. 내충격성 등 기계적 강도가 우수하고 열변형 온도가 100°C 정도로 우수하다. 금속도금도 쉬운 편이다.

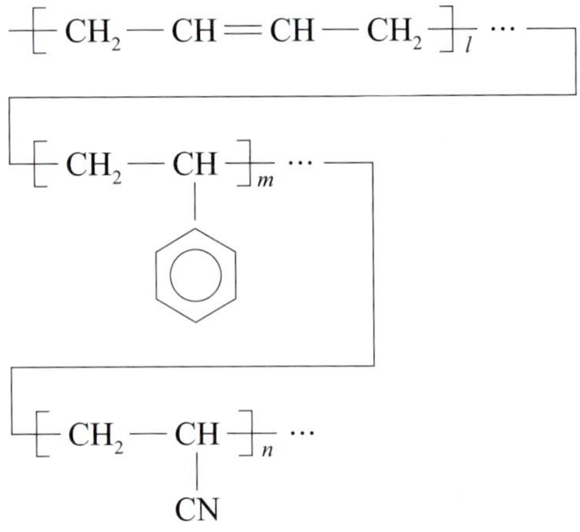

ABS 수지

냉장고, 세탁기, 청소기, 선풍기, 라디오, TV 등 가전제품에 많이 사용되고 있고, 라디에이터 그릴, 인스트루먼트 패널, 도어 패널, 건전지 덮개 등 자동차 내외장재료로 사용된다. 완구, 가방 등 잡화용으로도 사용되며 사무기기, 광학기기, 가구, 악기 등에도 사용된다.

PUR

폴리우레탄(PUR, polyurethane)은 가볍고 반발 탄성이 뛰어나며 반복 압축피로 강도가 우수하고 단열성, 내마모성이 뛰어나다. 산화에 대한 저항성이 우수하며 흡수성이 작은 특징을 나타낸다.

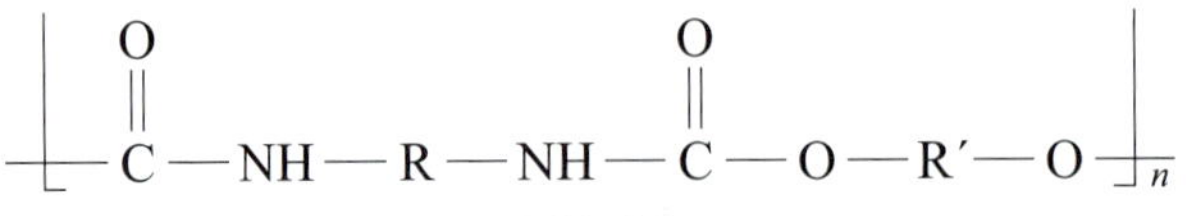

폴리우레탄

자동차의 타이어, 쿠션재, 시트, 실내 바닥재 등에 사용되고 벨트, 패킹재에 사용된다. 단열재와 구조재로도 사용된다.

PVC

PVC(polyvinyl chloride)는 보온력이 우수하고 절연성, 내노화성이 우수하며 내충격성은 조금 나쁘지만 기계적 강도가 우수하다. 자외선을 투과시키며 가소제를 넣으면 연질화가 된다.

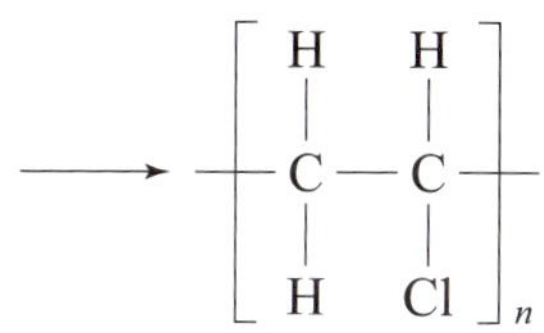

폴리(염화비닐)

파이프 재료로 많이 사용되며 전선 피복재, 농업용 비닐 필름, 식품 용기, 인스턴트 용기로도 사용된다.

기타 범용 폴리머

기타 범용 폴리머로서는 EVA, PMMA, 기타 열경화성 수지가 있다. EVA(ethylene-vinyl acetate copolymer)는 투명하고 강인한 병 등 의약품, 식료품 등의 용기와 포장 재료로 사용되는 폴리머이며, 폴리메틸 메타크릴레이트(PMMA, polymethyl methacrylate)는 항공기의 방풍 유리나 TV의 앞면 유리, 사진기의 렌즈 등에 사용된다. 기타 열경화성 수지로서 페놀수지(PF)는 베이클라이트(bakelite)라고도 하며, 절연재로 사용되고 엔지니어링 플라스틱으로도 개발되어 브레이크용 피스톤, 타이밍 기어에도 적용되고 있다. 멜라민수지(MF)은 고전압하에서의 파손 저항성이 우수하여 소켓류, 휴즈 상자에 이용된다. 우레아수지(UF)는 단단하고 내약품성, 내용제성이 우수하여 버스 손잡이, 약품용기 덮개로 사용된다. 에폭시 수지는 접착제와 도료에 사용된다.

2.3.2 엔지니어링 플라스틱

범용 폴리머의 사용온도는 100°C를 넘게 사용하기 어려운 반면, 그 이상 300°C

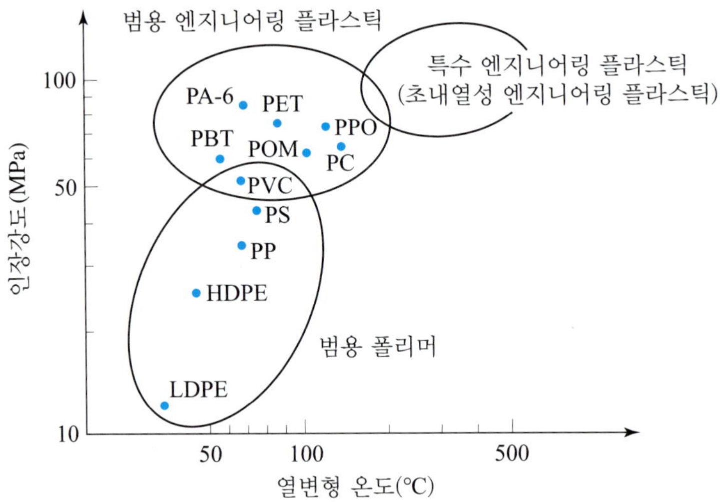

그림 2.18 범용 폴리머 군과 엔지니어링 플라스틱 군의 비교

의 온도까지 사용할 수 있고, 특히 기계적 강도가 범용 폴리머보다 우수하여 최대 1,000kgf/cm^2(약 100MPa)의 강도를 나타내어 기계재료로서 활용도가 높은 열적, 기계적 기능이 우수한 폴리머를 엔지니어링 플라스틱(engineering plastics)이라고 부른다.

엔지니어링 플라스틱은 이미 자동차의 전장 제품 등의 대체가 활발히 이루어질 정도로 공업적으로 활용이 되고 있다. 자동차 범퍼, 자동차 조명 덮개 등 많은 부품들이 엔지니어링 플라스틱 소재로 대체되어 사용되고 있다. 엔진 재료의 기어 부품에도 열과 힘을 받는 곳이어서 높은 내열성, 기계적 강도 및 가벼운 무게가 요구되므로 엔지니어링 플라스틱이 많이 사용되고 있다. 그림 2.18에 엔지니어링 플라스틱의 사용 온도와 기계적 강도를 범용 폴리머 군과 비교하여 나타내었다.

PC

폴리카보네이트(polycarbonate)는 열변형 온도가 130°C 이상으로 높아 범용 폴리머보다 내열성이 우수하며, 굽힘강도, 압축강도, 내충격성등 기계적 특성이 우수한 엔지니어링 플라스틱 중 하나이다. 특히 폴리카보네이트는 투명한 폴리머라는 장점이 있어서 공업적으로 많이 활용되고 있다.

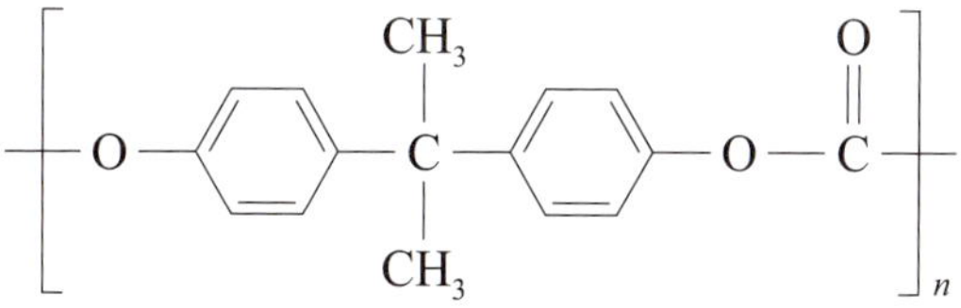

폴리카보네이트

투명하므로 광학 용도의 정밀 부품에 많이 사용되고, 투명성뿐만 아니라 내충격성이 우수하여 전기 분야, 가전 분야, 카메라 부품으로 사용된다. 또한 우수한 내충격성으로 자동차 범퍼에 사용되어 금속을 대체하고 있다.

PET

폴리에틸렌 테레프탈레이트(PET, polyethylene terephthalate)는 디메틸 테레프탈레이트와 에틸렌글리콜의 에스테르 교환 반응, 고온 에스테르화 반응을 통해 PET를 합성한다. PET는 우수한 내열성, 기계적 특성, 전기적 특성및 투명성을 나타내어 음료수 용기, 자동차 전장품, 조명 기구와 열기구, 전자기기 부품 등에 사용된다.

POM

폴리아세탈(polyacetal, polyoxymethylene)은 인성이 높을 뿐만 아니라, 내피로성, 내크리프성, 내마모성 등의 특성이 우수하고 내식성이 우수하며, 엔지니어링 플라스틱 중 가격이 비싸다.

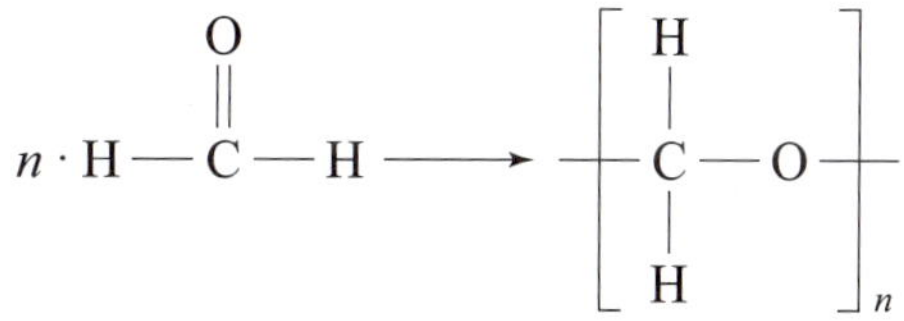

포름알데히드 폴리(옥시메틸렌)

컴퓨터나 사무용품, 전자기 부품, 자동차 엔진이나 전장 부품, 자동차 미터계용 부품 등의 금속 대체 부품으로 사용되며, 기어, 캠, 베어링 등에도 사용된다.

PA

나일론(nylon)이라고도 하는 폴리아미드(polyamide)는 인장강도, 충격강도가 우수하고 내마모성, 윤활성이 우수하며 내화학 약품성이 뛰어나다. 표 2.4에 주요 폴리아미드의 화학 구조식을 나타내었다.

표 2.4 주요 폴리아미드의 화학 구조식

단량체	고분자	구조
카프로락탐	폴리(ε-카프로락탐) (나일론-6)	$\left[-NH-\overset{O}{\overset{\|}{C}}-(CH_2)_5- \right]$
핵사메틸렌디아민 아디핀산	폴리(헥사메틸렌 아디파미드) (나일론-6,6)	$\left[-NH-(CH_2)_6-NH-\overset{O}{\overset{\|}{C}}-(CH_2)_4-\overset{O}{\overset{\|}{C}}- \right]$
핵사메틸렌디아민 세바신산	폴리(헥사메틸렌 세바카미드) (나일론-6,10)	$\left[-NH-(CH_2)_6-NH-\overset{O}{\overset{\|}{C}}-(CH_2)_8-\overset{O}{\overset{\|}{C}}- \right]$
이소프탈로일 클로라이드 *m*-페닐렌 디아민	폴리(*m*-페닐렌 이소프탈아미드) (노멕스)	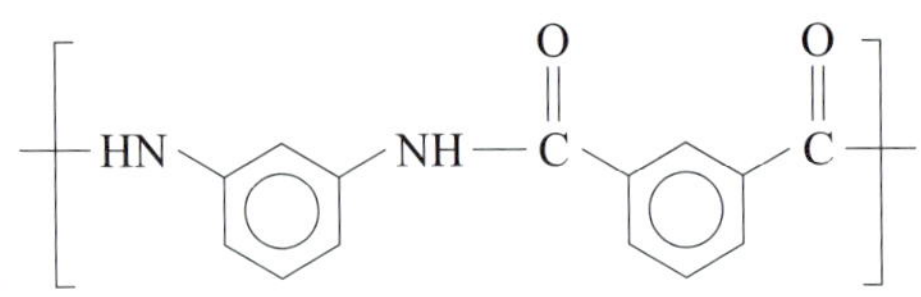
테레프탈로일 클로라이드 *p*-페닐렌 디아민	폴리(*p*-페닐렌 테레프탈아미드) (케블라)	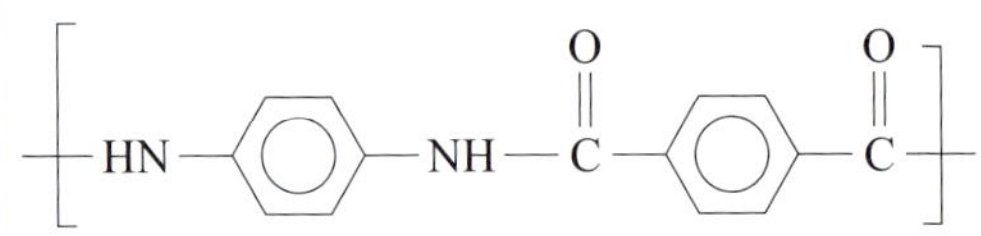

일반 기계용품, 자동차 부품, 섬유재, 각종 전기, 전자부품, 건재부품, 운동용품 등에 사용된다.

PPO

폴리페닐렌옥사이드(polyphenylene oxide)는 우수한 역학적 성질과 우수한 전기적 성질을 갖고 있고 내열성, 난연성 등이 우수하다. 치수정밀도가 우수한 특징이 있다.

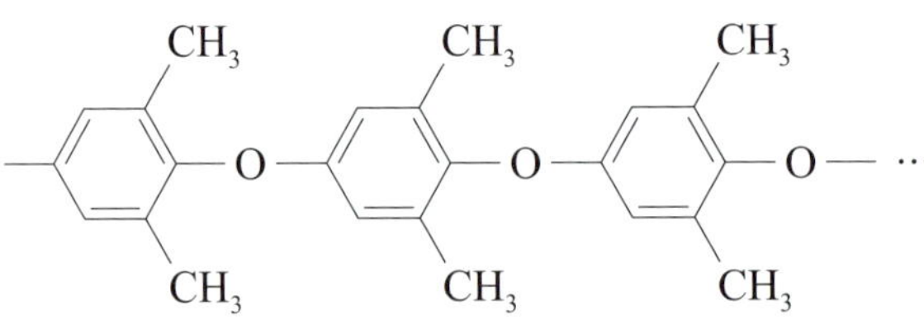

폴리(페닐렌 옥사이드)

전자기 통신 분야, 자동차 분야, 급배수 부품 등에 사용된다.

2

PBT

폴리부틸렌 테레프탈레이트(polybutylene terephthalate)는 성형성 및 성능이 우수하고 박막 및 정밀 성형이 가능하며 내약품성이 가장 우수하다.

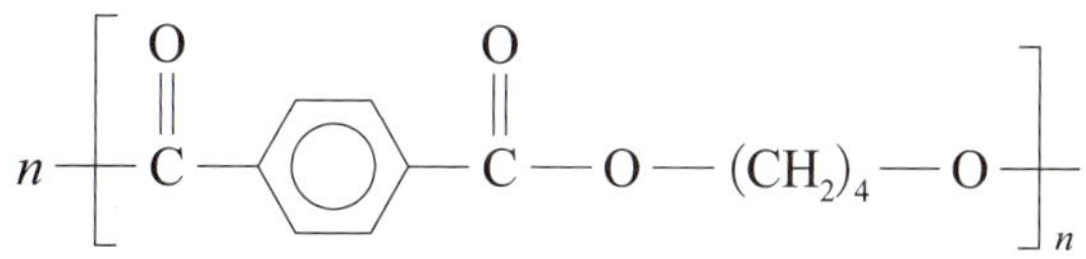

폴리(부틸렌 테레프탈레이트)(PBT)

전자부품, 경량 자동차 부품 등에 사용된다.

PES

지금부터 기술할 엔지니어링 플라스틱은 특히 내열성이 우수한 수지이다. 폴리에테르 설폰(polyether sulfone)은 160°C 이상의 내열성이 우수한 폴리머이며, 내용제성, 치수안정성, 산화저항성이 우수하다. 또한 우수한 내약품성을 나타낸다.

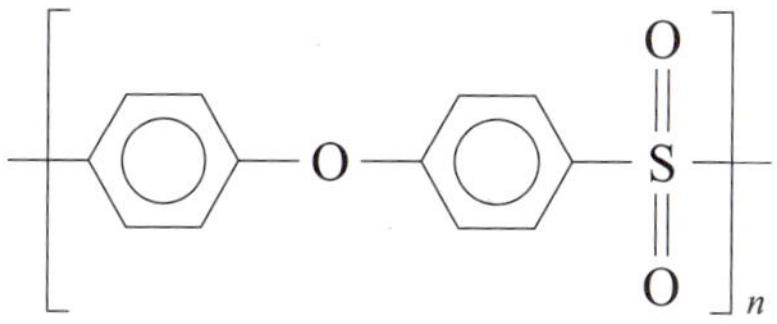

코일, 퓨즈홀더, 커넥터, 케이스 등 전자기 부품과 기어 박스, 베어링 리테이너, 카뷰레이터 등의 자동차 부품, 내열 롤러, 기어, 용접용 핸들 등 기계부품에 사용된다.

PTFE

폴리 테트라플루오로에틸렌(poly tetrafluoroethylene)은 불소수지의 일종으로 내열성, 내약품성이 우수하고 고주파 절연성이 매우 우수하다. 낮은 마찰계수를 나타내고 비점착성의 특징이 있다. 상업용으로는 테플론으로 잘 알려져 있다.

$$\left[CF_2 - CF_2 \right]$$

초고주파용 절연 부품, 슬리브, 튜브류, 패킹, 개스킷, 여과포에 사용되며 낮은 하중 하에서 기어, 베어링, 피스톤링에 사용된다.

■ PEEK

폴리에테르 에테르케톤(polyether ether ketone)은 200 ~ 250°C 범위의 온도에서도 내열성이 있으며 난연성, 내약품성, 강성, 내방사선이 있다. 고성능이나 고가이므로 특수 용도로 사용된다. 내열수성도 양호하고 높은 마모 저항성을 나타낸다.

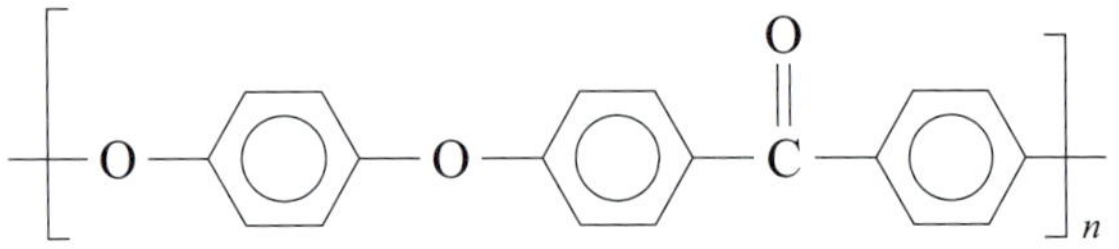

PEEK

항공기용 및 원자력발전소용 특수 전선피복재, 열수펌프의 하우징, 보일러 급수 센서용 하우징, 내열 패킹재, 내열 섭동기계 부품에 사용된다.

■ PI

폴리이미드(polyimide)는 내열성이 가장 우수하여 260°C의 온도에서도 견디는 내열성이 있다. 기계적 강도, 충격 강도도 우수하며 고온에서 절연성이 있다. 치수안정성이 양호하며 높은 마모저항성을 나타낸다.

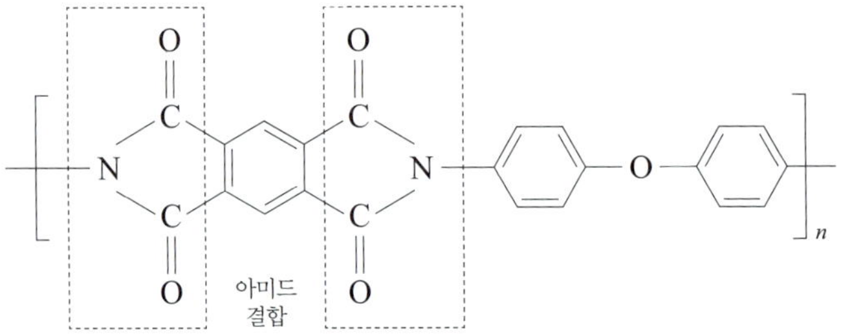

폴리이미드

내열 전기절연재, 항공기용 엔진 부품, 엔진 커버, 레이더 돔, 보조 날개, 방향타 조작 풀리 등에 사용되며 자동차 부품으로서는 변속기 부품, 드라이브 샤프트, 엔진 부품 등에 사용된다.

2.3.3 플라스틱의 제조 공정

원료를 용융시켜서 불순물을 제거하고 가공 공정을 거쳐야 하는 금속재료나, 높은 온도에서의 열처리에 의해 분말들을 굳히고 난 후 비싼 공구로 가공을 하여

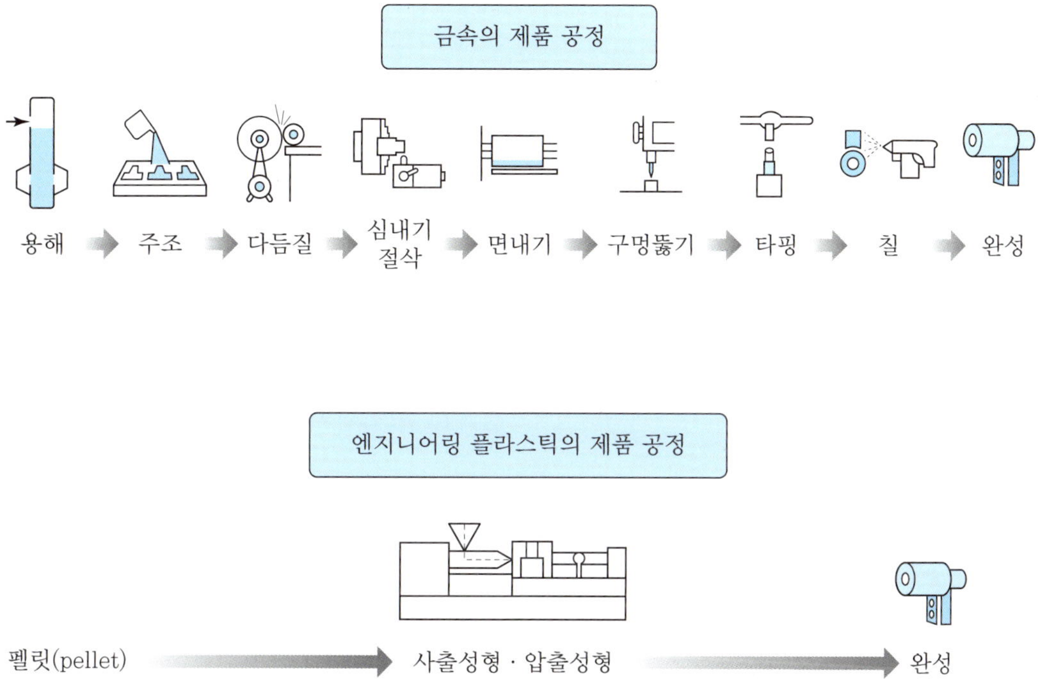

그림 2.19 금속과 폴리머 제조 공정의 비교

야 하는 세라믹스 재료에 비하여 폴리머 재료는 공정이 매우 단순하므로, 상대적으로 저가의 제품을 빠르게 제조할 수 있어서 매우 경제적이다.

그림 2.19와 같이 다양한 공정을 거쳐야 하는 금속과 비교할 때, 폴리머는 원료인 펠릿(pellet)을 혼련(kneading)에 의해 용융, 혼합시킨 후 원하는 틀에 통과시켜 압출, 사출시키는 공정만 거치게 되면 쉽게 제품을 얻을 수 있음을 알 수 있다.

폴리머의 제조 공정은 크게 압출과 사출 공정이 많이 사용되며 전처리로서 원료 혼련 공정을 거치게 된다. 이 공정은 금속의 압연 공정과 비슷하게 서로 반대방향으로 회전하는 블레이드가 고온 상태에서 폴리머 원료들을 반용융시켜 높은 점도의 물질들을 가압하며 혼합시키는 공정이다(그림 2.20).

압출은 다음 그림 2.21(a)와 같이 일정한 크기의 다이스 금형에 고온에서 혼련된 폴리미드을 일정한 압력으로 밀어내는 공정이며, 사출은 2.21(b)와 같이 미세한 구멍(hole)으로 혼련된 폴리머를 스크루의 압력으로 고온 상태에서 사출시켜 금형에 차들어가게 하는 방법으로 제조하게 된다.

2

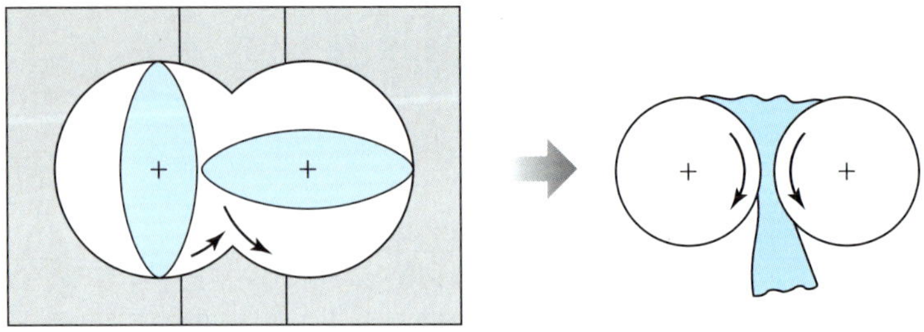

그림 2.20 폴리머의 원료 혼련 공정 모식도

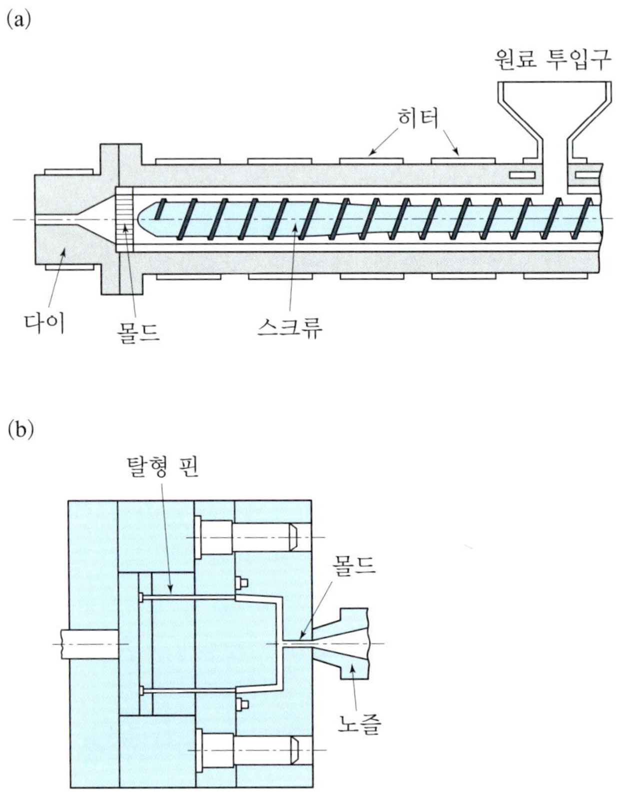

그림 2.21 폴리머의 대표적인 성형 공정, (a) 압출 공정, (b) 사출 공정

2.4 복합재료

2.4.1 복합재료 개론

복합재료(composites)란 특정한 필요에 의해 2종 또는 그 이상의 다른 재료를 사용하여 제조된 재료를 말한다. 복합화를 통해 복합재를 구성하고 있는 각 재료들의 장점을 활용하고, 상호간의 결점을 보완할 수 있다.

복합재료는 오래 전부터 인류가 활용해 온 소재이다. 점토 내에 볏짚을 넣어 벽돌을 만들어 사용하여 왔고, 우리가 현재 흔히 볼 수 있는 건축 소재인 콘크리트는 시멘트, 모래, 자갈의 복합 소재이다. 또 건축물의 견고한 강도와 내구성을 위해 철근 구조에 콘크리트를 붓는 현장을 쉽게 목격할 수 있다.

복합재료가 사용된 대표적인 사례는 높이뛰기 도움 막대에서 찾아볼 수 있다. 처음에는 나무 등이 사용되다가 신기록이 경신되는데 복합재료가 기여를 했기 때문이다. 복합재료로 사용된 높이뛰기 도움막대는 탄성계수가 월등히 높기 때문에 막대의 휘어짐과 복원에 의한 탄성력으로 기록 경신에 기여할 수 있었다. 또한 테니스 채, 골프채 등 스포츠 용품에도 탄소복합재료 등이 사용되어 공의 반발계수를 높이고 있다. 경주용 자동차의 차체에도 탄소섬유 강화 플라스틱의 사용으로 무게를 줄이면서 고속을 내는데 복합재료가 기여하고 있다. 또한 비행기의 동체는 가벼운 금속에서 섬유강화 플라스틱으로 대체되었다.

복합재료는 일반적으로 개별 재료에 비하여 가벼우면서도 (저밀도), 높은 강도와 높은 탄성계수를 나타내어 비강도(강도/무게)와 비강성(강성/무게)이 높은 장점이 있다. 단, 고가이며 제조 공정이 다소 유해한 단점이 있다.

복합재료는 금속, 세라믹스, 폴리머에 관계없이 2종의 재료 이상이 상호 섞인 재료를 말하는데 여기서 섞인 재료가 금속-세라믹, 폴리머-세라믹, 금속-폴리머 등으로 꼭 다른 소재가 섞여야 하는 것은 아니다. 즉 금속-금속, 세라믹-세라믹, 폴리머-폴리머라 하더라도 서로 성분이 다른 재료가 섞였다면 복합재료라고 부른다. 단, 금속-금속간 복합재료는 합금(alloy)이라고 부르며 이것도 복합재료의 일종이지만, 대부분의 기계 구조용 금속재료는 합금으로 이루어져 있으므로 금속으로 분류하는 것이 일반적이다.

다음 표 2.5에 금속, 세라믹스, 폴리머기지 복합재에 대한 예를 나타내었다.

2

복합재료에는 섬유상, 분산형, 적층형 구조가 있으며 그림 2.22에 그 모식도를 나타내었다. 일반적으로 부피로 계산하였을 때 부피비가 많은 재료를 기지상(연속상), 부피비가 적은 재료를 분산상이라고 하며, 일반적으로 강도와 탄성계수가 높은 상을 분산상으로 사용한다. 섬유상 구조에 있어서 섬유의 강도와 탄성계수가 높으며, 섬유의 분율은 일반적으로 기지상에 비해 낮으므로 섬유상이 분산상이 된다. 한편 적층형 구조는 샌드위치 구조의 경우 상호 부피분율이 비슷하므로 기지상과 분산상을 정의하는 것이 의미가 없다.

표 2.5 복합재의 다양한 예

분산상	금속 기지	세라믹 기지	폴리머 기지
금속	금속-금속 적층판	세라믹 촉매담체	도전성 고무
세라믹스	입자분산 강화금속	ZrO_2강화세라믹	입자충전 폴리머
폴리머	금속-폴리머 적층판	폴리머 혼합 시멘트	케블라 강화 수지

분산형 복합재는 입자 형태로 분산되는 것이 일반적이며 그 특성은 섬유상 특성의 중간 정도 된다. 분산강화형 복합재료로는 알루미나 분산형 알루미늄, 알루미나 분산 니켈 또는 니켈-크롬합금 등이 있다. 나노세라믹 입자분산 폴리머도 실용화되고 있다. 섬유강화형 복합재료 중 폴리머는 섬유강화 플라스틱(FRP, fiber reinforced plastic)이 현재 많이 사용되고 있는데 이 중에는 탄소섬유 강화플라스틱(CFRP, carbon fiber reinforced plastic), 유리섬유 강화플라스틱(GFRP, glass fiber reinforced plastic) 등이 있으며, 세라믹스는 탄소섬유강화 탄소, 섬유강화 세라믹스, 섬유강화 콘크리트 등이 있다. 금속으로는 세라믹 섬유강화 금속소재가 있다. 적층강화형 복합재료로는 섬유강화 플라스틱, 섬유강화 금속 등과 벌집형 샌드위치패널 등이 항공기 단열재로 사용된다.

한편 기지(matrix)상이 금속인 경우는 금속기지 복합재(MMC, metal matrix composite), 세라믹스인 경우는 세라믹스기지 복합재(CMC, ceramic matrix composite), 폴리머인 경우는 폴리머기지 복합재(PMC, polymer matrix composite)라고 분류한다.

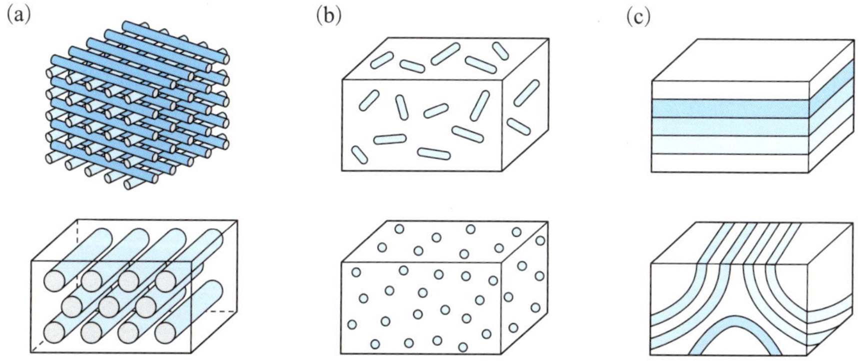

그림 2.22 복합재료의 모식도, (a) 섬유강화 복합재, (b) 분산형 구조, (c) 적층형 구조

2.4.2 섬유강화 복합재료

기계재료로 사용되는 복합재료로는 섬유상으로 강화한 복합재료가 많이 사용된다. 섬유는 공업용 섬유로서 가느다란 실의 형태로 제조되므로 결함이 존재할 가능성이 적어 강도와 강성이 높다. 즉 무게 대비 강도와 강성을 획기적으로 높일 수 있으므로 가벼우면서도 성능이 좋아야 하는 기계용 부품으로 섬유강화 복합재료가 많이 사용된다.

섬유강화 복합재료는 기지상의 종류에 따라 폴리머기지 섬유강화 복합재(polymer matrix fiber reinforced composite), 금속기지 섬유강화 복합재(metal matrix fiber reinforced composite), 세라믹기지 섬유강화 복합재(ceramic matrix fiber reinforced composite)등으로 분류되며, 폴리머기지 섬유강화 복합재가 기계재료로서 많이 사용된다.

섬유의 종류로는 케블라 섬유, 유리섬유, 탄소섬유, 붕소섬유 등이 있으며 이들이 첨가된 폴리머 복합재료를 각각 다음과 같이 약어로 표기한다.

- 케블라 섬유강화 플라스틱(KFRP): Kevlar fiber reinforced plastic
- 유리섬유 강화 플라스틱(GFRP): Glass fiber reinforced plastic
- 탄소섬유 강화 플라스틱(CFRP): Carbon fiber reinforced plastic
- 붕소섬유 강화 플라스틱 (BFRP): Boron fiber reinforced plastic

위 중 케블라는 플라스틱 중 강성이 큰 폴리머이며 유리, 붕소는 세라닉 소재이다.

다음 표 2.6에 다양한 섬유강화 복합재료의 예를 나타내었다.

표 2.6 섬유강화 복합재료의 예

섬유상	금속 기지	세라믹 기지	폴리머 기지
탄소	탄소피막 금속	탄소-탄소 복합재	탄소섬유강화 에폭시
유리	유리섬유강화 Al	유리섬유강화 시멘트	유리섬유강화 폴리에스테르
탄화규소	SiC 섬유강화 Ni	SiC-SiC 복합재	SiC 섬유강화 폴리머 전해질

섬유는 일반적으로 기지상보다 강도와 탄성계수 등의 기계적 특성이 높다. 섬유를 인장축에 평행한 방향으로 배열하면 그 때의 탄성계수는 다음과 같이 계산되어,

$$E_{\text{composite}} = E_f V_f + E_m(1 - V_f)$$

복합재의 탄성계수는 섬유상 보강에 의해 증가한다. 윗 식에서 E는 탄성계수를 의미하며, V_f는 섬유의 부피분율이고, f와 m은 각각 섬유(fiber)와 기지상(matrix)을 의미한다.

만약 복합재가 구속된 상태를 가정하여 변형률이 일정하다고 가정하면, 응력은 탄성계수에 정비례하게 되므로, 윗 식은 아래와 같이 응력 σ, 즉 강도의 척도로도 계산할 수 있다.

$$\sigma_{\text{composite}} = \sigma_f V_f + \sigma_m(1 - V_f)$$

섬유의 배열이 다음 그림 2.23과 같이 인장축과 같은 방향으로부터, 즉 수직선으로부터 θ 만큼의 각도로 바뀐다면 응력이 섬유배열방향에 따라 다음과 같이 변화한다.

$$\sigma_1 = \cos^2\theta \cdot \sigma$$
$$\sigma_2 = \sigma_3 = \sin^2\theta \cdot \sigma$$
$$\tau_{12} = \sin\theta \cdot \cos\theta \cdot \sigma$$

여기서 σ_1은 섬유배열에 평행한 응력이고, σ_2, σ_3는 그에 수직한 응력들이다.

$$\tau_{23} = \tau_{31} = 0$$

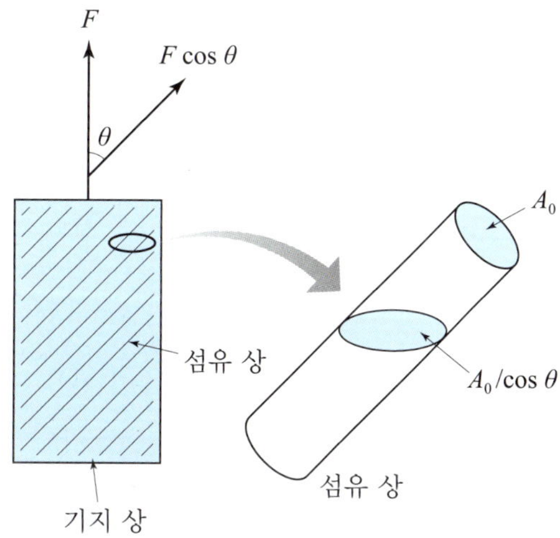

그림 2.23 섬유강화 복합재에서 섬유배향효과

만약에 심유배열 방향이 인장축에 수직인 방향까지 바뀐다면, 복합재료의 강도는 다음 식과 같이 감소된다.

$$\sigma_{\text{composite}} = 1 / \{(V_f / \sigma_f) + (1 - V_f) / \sigma_m\}$$

분산상이 섬유상이 아닌 입자상(particle)인 경우 복합재료의 강도는 섬유배열이 인장축에 평행인 경우보다는 낮지만, 인장축에 수직인 경우보다는 높다. 그 식은 다음과 같다.

$$\sigma_{\text{composite}} = \sigma_m(1 - V_p) + K_c V_p \sigma_p$$

V_p는 입자의 부피분율, σ_p는 입자의 강도, K_c는 재료상수 값이다.

한편 적층형 복합재료에 있어서 두께분율이 각각 t_A인 A소재와, t_B인 B소재가 적층되었을 경우 응력은 다음 식과 같이 주어진다.

$$\sigma_{\text{composite}} = \sigma_A t_A + \sigma_B t_B$$

섬유 길이가 증가하면 강도와 탄성계수는 증가하다가 포화되는 값을 보이며, 복합 재료의 응력-변형률 곡선을 살펴보면, 기지상이 취성을 보인다 하더라도 섬유상의 응력지지에 의해 그림 2.24와 같이 곡선 밑의 면적이 넓어지는 특성을 보여 파괴인성이 증가하는 경향을 보인다.

2

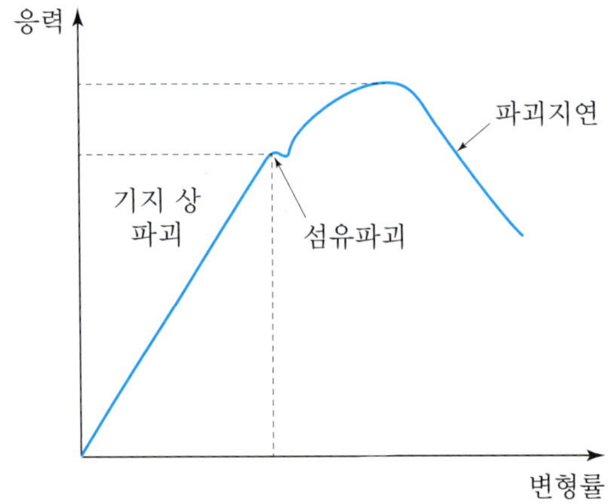

그림 2.24 섬유강화 복합재의 전형적인 응력-변형률 곡선

이는 섬유상이 강하기 때문에 균열이 섬유상의 계면을 따라 진전하고 이때 에너지가 소모되기 때문에 인성을 증가시키는 데 기여할 수 있기 때문이다. 섬유의 계면을 따라 파괴되어 마치 섬유가 뽑히는 현상(pullout)에 의해 파괴가 일어나는데 이때 필요한 힘은 섬유의 직경 및 전단강도 τ가 중요한 변수가 되며, 섬유를 파괴시키는 데 필요한 힘은 섬유 직경 및 파괴강도가 중요한 변수가 된다. 즉 섬유로 강화된 세라믹스는 섬유를 파괴시키는 데 필요한 힘이나 pullout에 필요한 힘이 크므로 기지상이 파괴된다 하더라도 섬유가 파괴된 기지상을 잡아주고 있으므로 전체적인 파괴가 지연되고, 외력에 의한 에너지가 흡수된다.

2.4.3 복합재료의 제조 공정

일반적인 복합재료는 압축성형 공정이나 트랜스퍼 성형 공정에 의해서도 많이 제조된다. 그림 2.25 (a)는 압축성형 공정, (b)는 트랜스퍼 성형 공정의 모식도를 나타낸 그림이다. 압축성형 공정은 몰드에 원료를 투입한 후 형상을 갖고 있는 펀치로 원료를 가압하여 성형한다. 일반적으로 단순한 모양의 제품을 성형할 때 많이 사용하는 방법이다. 트랜스퍼 성형 공정은 몰드에 원료를 투입한 후 형상을 갖고 있는 몰드 내로 가압, 압출 혹은 사출하여 성형한다. 일반적으로 유동성이 좋은 원료로 성형할 때 많이 사용하는 방법이다.

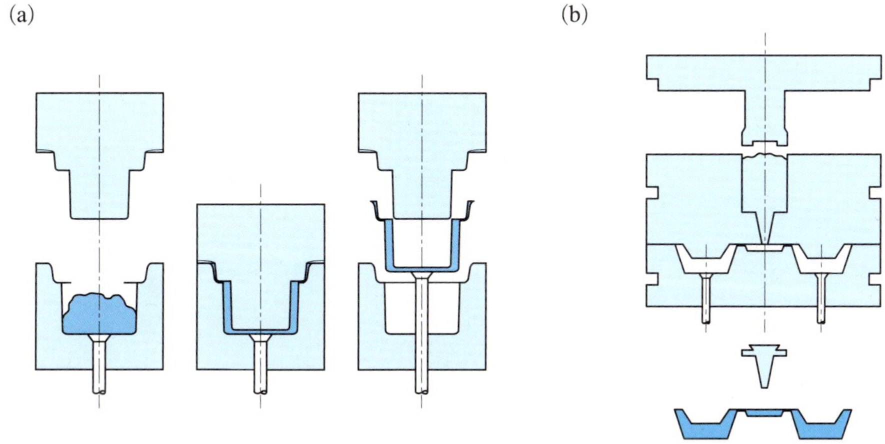

그림 2.25 복합재료 성형 공정의 모식도, (a) 압축성형 공정, (b) 트랜스퍼성형 공정

입자 강화형 복합재료의 경우 DMC 공정 또는 SMC 공정에 의해 두 가지 이상의 원료를 혼합하여 제조한다. 그림 2.26에 DMC(dough moulding compound) 공정, 그림 2.27에는 SMC(sheet moulding compound)의 모식도를 나타내었다. 그림 2.26의 DMC 공정을 살펴보면, 한쪽 투입구에는 강화재로서 유리(glass)나 필러(filler)를 첨가하고, 다른 투입구에는 기지(matrix)상인 레진(resin)상을 첨가하여 서로 반대 방향으로 회전하는 z-블레이드 믹서(blade mixer)를 사용하여 원료를 상호 혼합한다. SMC 공정은 레진페이스트를 투입하는 사이에 유리 입자들을 분무하여 혼합이 이루어지게 하며, 이때 롤러를 사용하여 두 가지 이상의 원

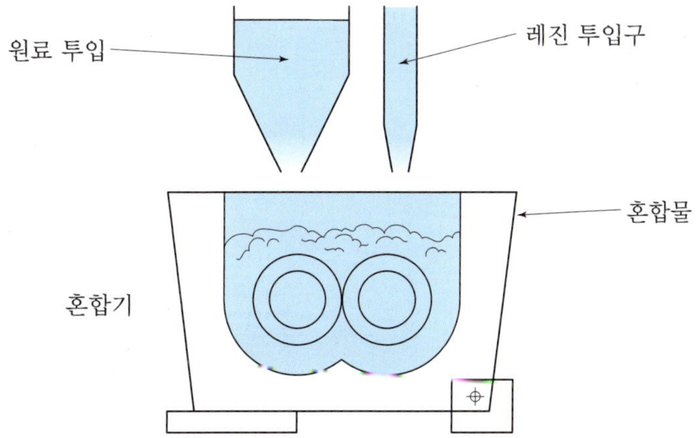

그림 2.26 복합재료 DMC 공정의 모식도

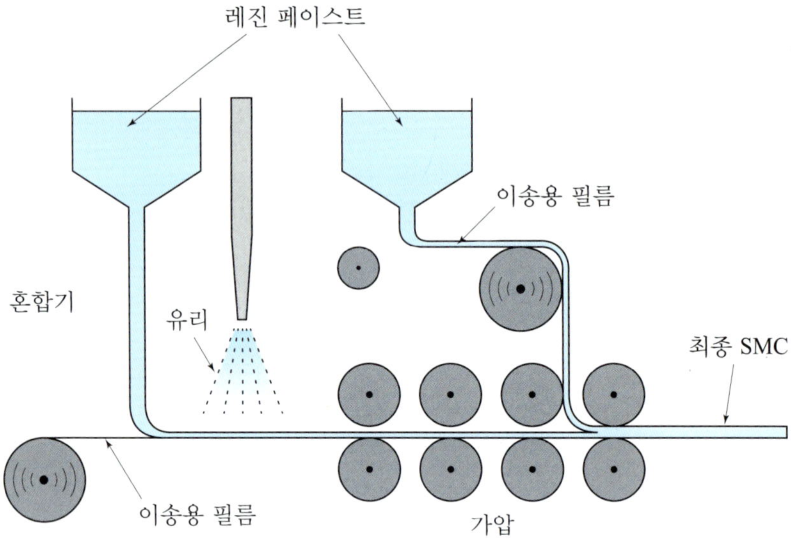

그림 2.27 복합재료 SMC 공정의 모식도

료가 균일하게 혼합하도록 공정이 이루어진다.

섬유강화 복합재료는 리프트(RIFT) 공정과 오토클레이브(autoclave) 공정에 의해 제조된다. 그림 2.28, 2.29에 각 공정에 대한 모식도를 나타내었다. 리프트(RIFT, resin infusion under flexible tooling)공정은 섬유로 강화된 시트를 유연한 멤브레인과 몰드 사이에 넣고 공기를 빼면서 레진을 주입하여 혼합시키는 방법이다. 몰드에 진공 상태가 걸리게 되며, 유동성이 좋은 원료로 성형할 때 사용한다. 오토클레이브 공정은 강화재인 prepreg 주위에 이형필름, 혼합된 직조섬유 레이어 들을 층층히 쌓고 고온에서 압축하여 성형하는 방법으로, 진공 상태가 걸린 상태에서 제조한다. 일반적으로 고품질의 제품을 제조할 때 사용하는 방법이다.

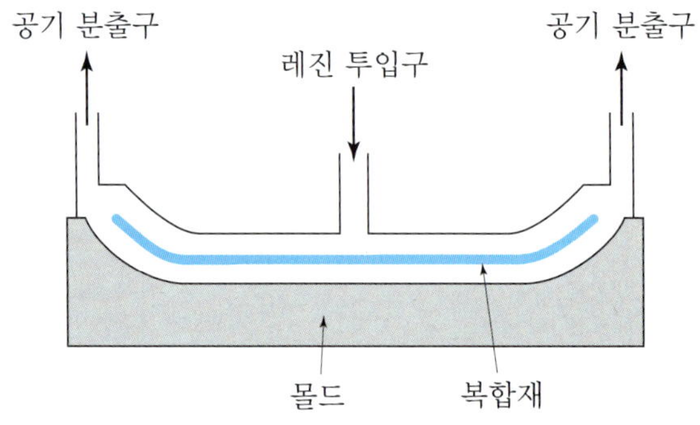

그림 2.28 복합재료 RIFT 공정의 모식도

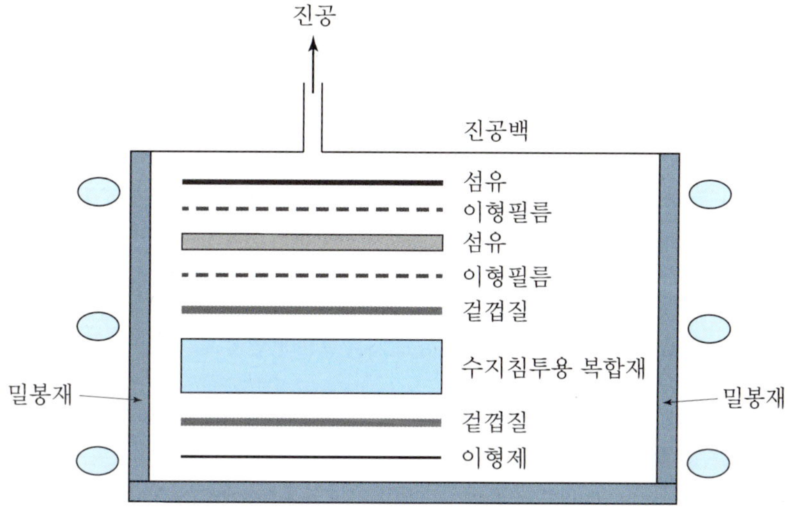

그림 2.29 복합재료 오토클레이브(autoclave) 공정의 모식도

2

재료선택 및 설계를 위한 TIP

합금은 다 좋은가?

금속은 두 개 이상의 금속들이 혼합된 합금의 개발로 지금도 그 특성향상이 꾸준히 이루어지고 있다. 각 금속들을 섞어 만들어진 합금의 특성은 각 금속들보다 우수한 특성이 있어서 활용이 된 경우가 많다. 그러나 섞어서 만든다고 그 특성이 모두 다 좋아지는 것은 아니다. 하나의 특성이 좋아지면 다른 특성은 나빠질 수 있다. 예를 들면 합금화에 의해 항복강도는 향상되지만, 강도의 향상에 의하여 단단해지면 쉽게 깨질 수 있다. 따라서 재료의 사용 용도에 맞게 특성을 미리 설계하고 재료를 만드는 기술이 중요하다.

가벼운 금속이 있다는데

금속은 자동차의 엔진재료로 많이 사용된다. 주철 등은 복잡한 형상의 엔진을 쉽게 제작할 수 있다. 그러나 피스톤, 실린더 등은 지속적으로 움직이어야 하는 기계부품이므로 가볍고 마찰열에 대한 특성이 우수하여야 한다. 연비효율 향상이 요구됨에 따라 상대적으로 철에 비해 밀도가 작은 가벼운 알루미늄 합금이 사용되고, 알루미늄 합금보다도 가벼운 마그네슘 합금도 활용이 늘어날 것으로 기대되고 있다.

가격이 저렴한 세라믹스는 없을까?

세라믹스는 금속이나 플라스틱에 비해 제조공정이 많고 높은 열과 에너지가 소모되며, 가공이 어려워 가격이 비싸다. 그럼에도 상대적으로 저렴한 엔지니어링 세라믹스를 꼽으라면 알루미나(Al_2O_3)가 있다. 알루미나는 분말가격이 다른 엔지니어링 세라믹스 보다 저렴하면서도 경도 등의 기계적 특성이 높아 내마모성이 우수해야 하는 기계부품에 많이 사용된다.

엔지니어링 플라스틱의 대체위력

플라스틱은 제조공정이 단순하여 가격이 저렴하고, 밀도가 작아 무게가 다른 재료들 보다 가볍다는 큰 장점이 있음에도 불구하고 기계재료로 많이 활용되지 못하였다. 그 이유는 기존의 범용 플라스틱들이 100℃이상을 견디지 못하고 기계적 특성 역시 취약하기 때문이었다. 그러나 보다 내열성이 우수하고 기계적 특성이 우수한 엔지니어링 플라스틱의 개발로 기존의 재료들을 점차로 대체하고 있다. 기존에 많이 사용되고 있는 범용 플라스틱재로 만든 가정용품을 대체해 나가고 있고, 카메라를 비롯한 전자부품, 자동차, 항공기 부품에도 엔지니어링 플라스틱의 대체속도는 매우 빠르다.

비행기 동체, 복합소재

비행기는 가벼워야 잘 뜨고, 움직일 때 드는 에너지 소모가 적다. 1,2차 세계대전 때만 해도 무게가 가벼운 금속이나 목재가 비행기의 동체로 사용되었다. 그러나 현대의 대부분의 비행기 동체 소재는 섬유강화 플라스틱이 많이 사용된다. 이는 플라스틱의 가벼운 무게와 공업용 섬유의 우수한 기계적 특성이 맞물린 결과이다. 가벼워야 하고 특성이 우수하여야 하는 항공기 동체의 요구조건에 딱 들어맞은 것이다. 게다가 복합재료를 만들 때 오토클레이브 공정 등으로 일체형으로 만들 수 있어서, 금속부품들을 만들어 볼트, 너트 등으로 조립하거나 용접할 필요가 없게 되었다.

2.5 연습문제

2.5.1 철(Fe)에 탄소(C)가 첨가되면 다음의 성질은 어떻게 변하는가?

① 강도 ② 경도 ③ 인성 ④ 비중

⑤ 열팽창계수 ⑥ 전기전도도

2.5.2 대표적인 엔지니어링 세라믹스 4개의 화학 조성식을 쓰시오.

2.5.3 범용 폴리머와 엔지니어링 플라스틱의 구분이 되는 사용 온도(°C)와 강도 (kgf/cm^2)값의 기준은?

2.5.4 다음은 섬유강화 복합재료들의 약어이다. 각각의 경우에 있어서 섬유 재료는 무엇인지 쓰시오.

① GFRP ② CFRP ③ KFRP ④ BFRP

2.5.5 다음 보기의 재료들을 각각 다음의 세 가지 분류 중 하나를 선택하여 기입하시오.

금속 (metal):

세라믹 (ceramic) :

폴리머(polymer) :

보기

폴리에틸렌(PE), 강철(steel), 알루미나(Al_2O_3), 주철(cast iron), 석회석($CaCO_3$), 마그네슘(Mg), ABS수지, 아연(Zn), 탄화규소(SiC), PMMA, 지르코니아(ZrO_2), 폴리아미드(polyamide)

2.5.6 다음 KS 재료 기호 중 탄소공구강을 표시하는 것은?

① SKH ② SK ③ STC ④ PWR

2.5.7 다음 중 티타늄(Ti)의 특성 중 틀리게 기술 한 것은?

① 비중은 4.5, 융점은 1600°C 정도 된다.

② 내식성이 우수하여 해수, 화학 약품에 침식되지 않는다.

③ 응력과 피로강도가 크다.

④ 티탄합금은 가격이 싸서 많이 사용된다.

2.5.8 금속을 가열한 다음 급속히 냉각시켜 재질을 경화시키는 열처리 방법은?

① 풀림 ② 뜨임 ③ 담금질 ④ 불림

2.5.9 주철에서 강도가 가장 큰 흑연 형상은?

① 미세한 편상 ② 구상 ③ 괴상 ④ 조대한 괴상

2.5.10 분말 소결법은 금속의 제조 공정인 주조, 단조, 절삭 등에 비하여 장점이 있다. 다음 중 장점에 속하지 않는 것은?

① 용융점이 대단히 높은 세라믹스에도 이용할 수가 있다.

② 불순물, 편석 등의 불균일성을 피할 수 있어 균일한 소재가 된다.

③ 제품의 모양 및 크기에 제한이 없고, 소결성이 나쁜 품질에도 응용할 수 있다.

④ 가공성이 극히 나쁜 재료로서 상당히 복잡한 모양을 한 제품으로 만들 수 있다.

2.5.11 다음 중 시멘타이트의 성분은?

① Fe + Mn ② Fe + S ③ Fe + C ④ Fe + P

2.5.12 냉간 가공을 할 때 다음의 기계적 성질 중 감소되는 것은?

① 경도 ② 항복점 ③ 인장강도 ④ 연신율

2.5.13 탄소강에서 탄소의 양이 증가함에 따라 나타나는 현상 중 틀린 것은?

① 열전도도의 감소 ② 비열 증가 ③ 비중 감소 ④ 전기저항 감소

2.5.14 탄소강에서 상온취성의 원인이 되는 원소는?

① 황(S) ② 인(P) ③ 망간(Mn) ④ 규소(Si)

2.5.15 다음 중 초경 합금 공구강을 구성하는 탄화물이 아닌 것은?

① WC ② TiC ③ TaC ④ Fe_3C

2.5.16 다음 중 엔지니어링 플라스틱이 아닌 것은?

① EVA ② polyacetal ③ polycarbonate ④ polyimide

2.5.17 복합재료의 제조 공정 중 고온의 로 내에서 직조섬유 레이어 들을 층층히 쌓고 압축하여 성형하는 방법은?

① 압축성형 공정 ② 트랜스퍼 공정

③ 리프트(RIFT) 공정 ④ 오토클레이브(autoclave) 공정

2.5.18 쾌삭강에서 절삭성을 높이기 위해 첨가하는 원소가 아닌 것은?

① 황(S) ② 납(Pb) ③ 인(P) ④ 철(Fe)

2.5.19 열처리의 목적으로 옳지 않은 것은?

① 경도를 높이기 위하여 담금질 하였다.

② 담금질 후 인성을 증가시키고 취약해지는 것을 막기 위해 템퍼링 하였다.

③ 결정립의 미세화, 방향성 증가, 편석 제거, 균일 상태로 하기 위해 응력 증가의 어닐링을 하였다.

④ 조직의 연화와 기계 가공성을 적당한 상태로 만들기 위하여 풀림 처리하였다.

2.5.20 철강의 표면에 Si을 침투 확산시켜 내식성을 향상시키는 것은?

① 크로마이징(chromizing)

② 보오론나이징(boronizing)

③ 실리코나이징(siliconizing)

④ 카로라이징(colorizing)

2.5.21 과공석강의 탄소함유량(무게비%)는 얼마인가?

① 0.03-0.8 ② 0.8 ③ 0.8-2.0 ④ 2.0-4.3

2.5.22 금속, 세라믹, 폴리머의 제조 공정에 대해 논하고, 가장 경제적인 공정과 최종 제품이 고가인 공정에 대해 논하시오.

CHAPTER 3

탄성의 기초 – 원자 결합 및 충진 구조

3.1 _ 원자간 결합
3.2 _ 충진 구조
3.3 _ 방향지수, 면지수
3.4 _ 재료의 결함
3.5 _ 연습문제

3.1 원자간 결합

기계에 사용되고 있는 재료들을 구성하고 있는 것은 원자(atom)이며, 원자가 어떤 힘과 방식으로 결합하고 있느냐에 따라서 재료의 내력이 결정된다. 현대 물리학이 발전함에 따라서 더 이상 쪼갤 수 없는 기본 단위가 더 이상 원자가 아님이 알려졌지만 여기서는 화학 결합을 기반으로 한 원자 간 결합을 기술하고자 한다.

전술하였듯이 기계재료는 대부분 고체로 이루어져 있으며 고체는 어느 정도 강성(rigidity)을 갖고 있다. 약한 힘을 가하여도 고체 재료는 변형이나 파손되지 않는데 그 이유가 원자 간 결합력이 외력보다 강하기 때문이다.

원자와 원자 간에는 어떤 힘에 의해 결합되어 있어서 공과 공을 스프링에 의해 연결한 구조와 비슷하다고 생각하면 된다. 그림 3.1의 (a)처럼 두 개의 공을 서로 반대 방향으로 잡아당겼다가, (b)처럼 놓으면 스프링의 복원력에 의해 제자리로 돌아오는데 이러한 성질을 탄성(elasticity)이라고 하며, 이 복원력이 클수록 탄성이 크다고 말한다. 따라서 기계재료의 탄성을 이해하려면 우선적으로 원자 단위에서의 힘에 대한 재료의 거동을 이해하여야 한다.

원자간 결합(interatomic bonds)은 주결합(primary bond)과 부결합(secondary bond)으로 나눌 수 있다. 이온결합(ionic bond), 공유결합(covalent bond), 금속결합(metallic bond)은 상대적으로 강한 힘으로 결합되어 있어 주결합으로 분류되며, 반데르 바알스 결합(Van der Waals bond), 수소결합(hydrogen bond)은 상대적으로 약한 힘으로 결합되어 있어 부결합으로 분류된다. 약한 결합은 일반적으로 몰당 10kcal보다 적은 에너지로 결합되어 있다.

(a) (b)

그림 3.1 스프링으로 연결된 원자 모델

3.1.1 이온결합

이온결합은 양이온과 음이온 간의 정전기적 인력에 의한 화학 결합을 말한다. 대표적인 결정으로서 염화칼륨(KCl)은 이온결합을 하고 있는 물질이다. 보어의 원자 모델은 그림 3.2와 같이 원자핵을 중심으로 전자들이 원형의 궤도 또는 전자 껍질에 위치하게 되며, 원자핵을 중심으로 가장 가까운 궤도($n = 1$)에는 원자들이 2개 들어갈 수 있고, 두 번째($n = 2$), 세 번째 궤도($n = 3$)에는 총 8개의 원자들이 들어가면 안정화된다.

한편 s, p, d, f의 오비탈에 전자가 들어가는 순서는 다음과 같다.

1s 2s 2p 3s 3p 4s 3d 4p 4d 4f ⋯

위에서 1은 그림 3.2에서와 같이 첫 번째 전자 껍질($n = 1$), 2는 두 번째 전자 껍질($n = 2$), 3은 세 번째 전자 껍질($n = 3$) 등에 해당한다.

또한 각 오비탈에는 s 오비탈은 2개, p 오비탈은 6개, d 오비탈은 10개, f 오비탈은 14개까지 최대로 들어갈 수 있다.

따라서 염화칼륨(KCl)의 칼륨원자(K)는 원자번호 19, 염소원자(Cl)는 원자번호 17으로서

$$^{19}\mathrm{K}: 1s^2\ 2s^2\ 2p^6\ 3s^2\ 3p^6\ 4s^1,$$
$$^{17}\mathrm{Cl}: 1s^2\ 2s^2\ 2p^6\ 3s^2\ 3p^5$$

로 쓸 수 있다.

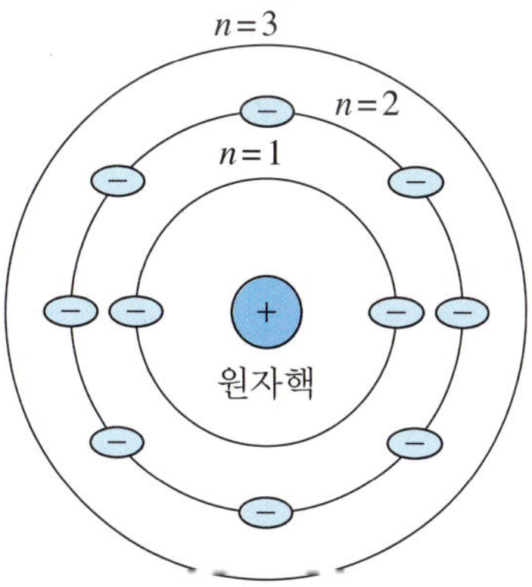

그림 3.2 보어의 원자 모델

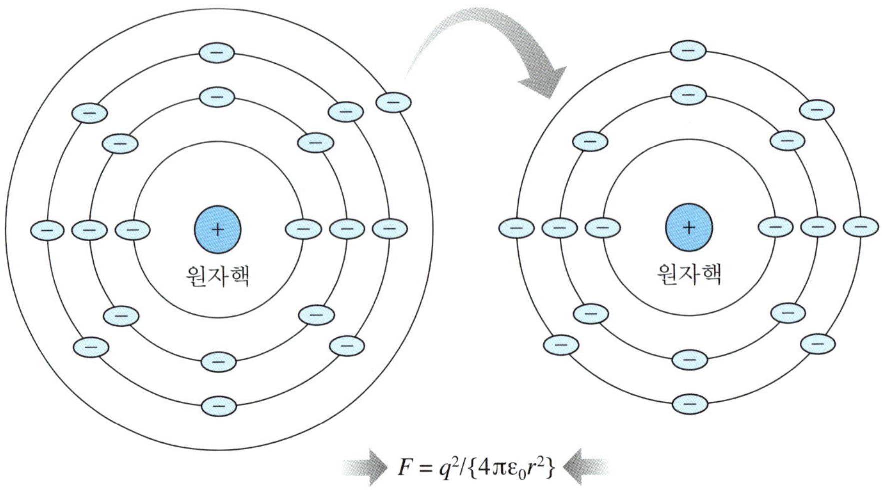

그림 3.3 K^+ 이온과 Cl^- 이온 간의 이온결합

즉 K는 그림 3.3과 같이 첫 번째 전자 껍질은 원자가 2개 들어가 꽉 차게 되며, 두 번째, 세 번째 전자 껍질은 2 + 6 = 8개로 역시 꽉 차게 된다. 그러나 네 번째 전자 껍질에는 1개의 전자만 차게 된다. 반면 Cl은 첫 번째 전자 껍질에 2개, 두 번째 전자 껍질에 8개로 꽉 차게 되지만, 세 번째 전자 껍질에는 2 + 5 = 7개로 한 개의 전자가 부족하게 된다. 따라서 K 원자는 최외각 전자 껍질(n = 4)에 전자 1개가 남고, Cl 원자는 최외각 전자 껍질(n = 3)에 전자가 한 개 부족하게 되므로 K 원자는 전자 1개를 Cl에 주고, Cl은 전자를 받으면서, K 원자는 K 양이온으로(K^+), Cl 원자는 Cl 음이온으로(Cl^-) 바뀌게 되며 두 이온 간에는 정전기적 인력(electrostatic force)이 작용하여 두 이온 간 중심 거리가 줄어들면서 결합을 하게 된다.

이를 화학식으로 나타내면 다음과 같다.

$$K + \text{energy} = K^+ + e^-$$
$$Cl + e^- = Cl^- + \text{energy}$$

이들의 총 식은

$$K + Cl + \text{energy} = K^+ + Cl^-$$

가 된다.

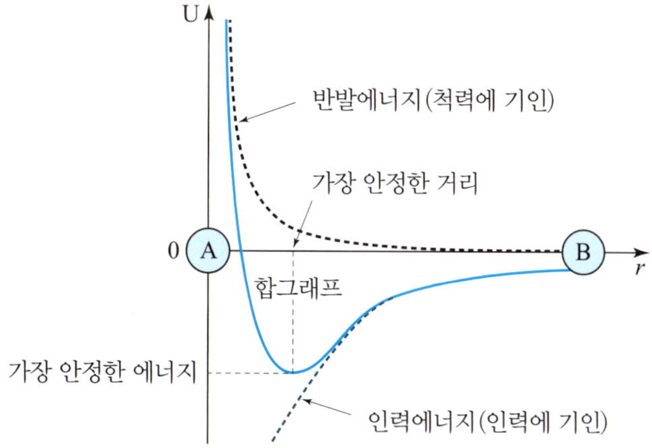

그림 3.4 두 이온 간의 거리에 따른 에너지 곡선

이 때 작용하는 인력의 힘 F는 다음 식과 같이 된다.

$$F = q^2/4\pi\epsilon_0 r^2$$

여기서 q는 하전량, ϵ_0은 진공 중에서의 유전상수, r은 원자간 거리이다. 즉 원자 간 거리가 가까울수록 제곱에 반비례하여 인력의 힘은 커지며, 전자를 많이 주고받을수록 하전량이 증가하므로 인력은 증가한다.

그러나 두 이온 간 거리가 너무 가까워지면 서로 밀어내는 척력이 작용하게 되며, 두 이온 간에는 가장 에너지가 작은 안정화된 거리가 존재한다. 그림 3.4에는 두 이온 간 거리에 따른 에너지 변화를 그래프로 나타내었다. 인력에 의한 에너지는 힘을 거리에 대해 적분한 값으로 음수의 값이므로 계속 감소하지만, 거리가 매우 가까워지면 에너지는 r^n에 반비례(n은 정수)하여 증가하게 되며, 두 에너지를 합한 것이 중앙에 나타낸 바와 같은 합 그래프가 된다.

서로 다른 결합력을 갖는 A와 B 재료의 포텐셜 우물(potential well)을 그림 3.5에 비교하였다. 포텐셜 우물의 깊이가 깊을수록 결합력이 강하여 두 이온을 분리하기 어려우며, 열적으로도 융점이 높다. 따라서 그림에서는 A 재료의 결합력이 더 강하다. 표 3.1에 NaCl, LiF, Al_2O_3의 결합력과 융점을 나타내었다. 이들의 포텐셜 우물의 모양 역시 서로 다를 것이다.

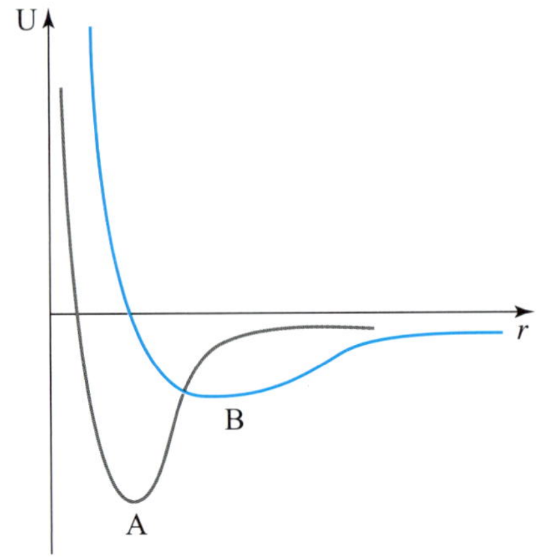

그림 3.5 서로 다른 결합력을 갖는 재료들의 포텐셜 우물

표 3.1 몇 가지 재료들의 화학적 결합력과 융점 데이터

분자	결합력(kcal/mole)	융점(℃)
NaCl(염화나트륨)	183	810
LiF(플루오린화 리튬)	240	870
Al_2O_3(알루미나)	3618	2050

3.1.2 공유결합

공유결합은 원자들이 전자를 주고받는 것이 아니라, 전자를 서로 공유하여 결합하는 것을 말한다. 전자들을 상호 공유하므로 매우 강한 힘으로 결합한다. 원자들이 각 전자를 함유하고 있을 때에 비해서 전자를 공유할 경우 에너지 상태가 낮아진다.

플루오린(F) 분자는 대표적인 공유결합 물질이다. 플루오린 원자의 원자번호는 9번으로서,

$$^{9}F: 1s^2\ 2s^2\ 2p^5$$
$$^{9}F: 1s^2\ 2s^2\ 2p^5$$

로 표시될 수 있으므로 첫 번째 전자 껍질은 모두 전자들로 찼으나, 두 번째 전자 껍질은 2 + 5 = 7개로 전자 1개가 부족하다. 따라서 나머지 전자 1개를 다른 F

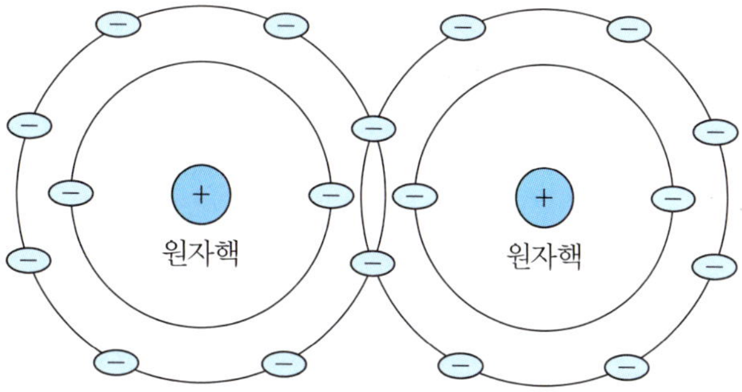

그림 3.6 공유결합을 나타내는 F_2의 분자궤도

원자의 전자와 공유하여 F_2 분자가 되면서 안정화된다(그림 3.6). 공유결합도 이온결합과 마찬가지로 인력과 척력이 작용하여 에너지가 가장 작은 거리에서 안정화된다.

폴리머는 대부분 탄소와 수소로 이루어진 화합물로서 탄소와 탄소 간에는 강한 공유결합을 한다.

공유결합 물질은 방향성이 있는 특징이 있다. 예를 들면, 실리콘 재료의 경우, 실리콘과 실리콘 간에 공유결합을 하고 있는데, 그 결합력은 방향에 따라 다른데 이를 방향성이 있다고 말한다.

3.1.3 금속결합

금속재료는 주로 금속결합을 하고 있는데 이는 자유롭게 떠다니는 자유전자(free electron)들과 양이온 간의 인력에 의해 결합된다. 이온결합, 공유결합과 다르게 전자가 원자핵의 구속을 받지 않아 전기를 잘 통해 전자전도도와 열전도도가 높으며, 불투명하고, 방향성이 없다. 전자가 구속받지 않고 자유롭게 이동하므로 전자 구름(cloud), 전자 가스(gas)라고 부르기도 한다. 그림 3.7에 금속결합의 모식도를 나타내었다. 금속은 원자들의 충진 밀도가 높은 편이다.

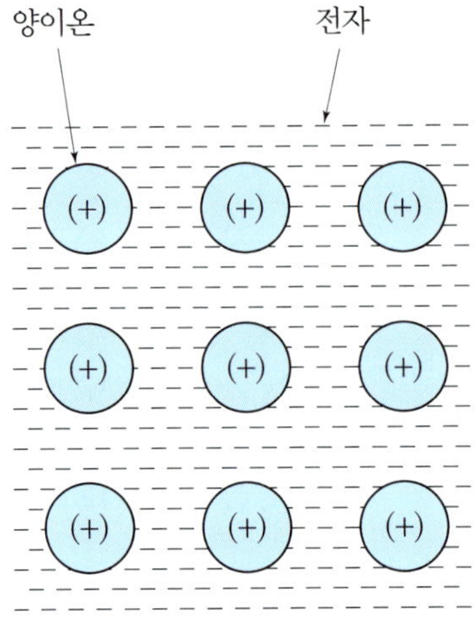

그림 3.7 금속결합을 나타내는 모식도

3.1.4 반데르 바알스(Van der waals) 결합

반데르 바알스 결합은 원자핵 주위로 전자들이 궤도를 따라 움직이다가 순간적으로 궤도를 벗어나 생기는 쌍극자(dipole)들 간의 약한 인력에 의한 결합을 말한다. 즉 전자하전의 순간적 비대칭에 의해 발생하는 쌍극자 간의 결합이다. 그림 3.8에 반데르 바알스 결합의 모식도를 나타내었다.

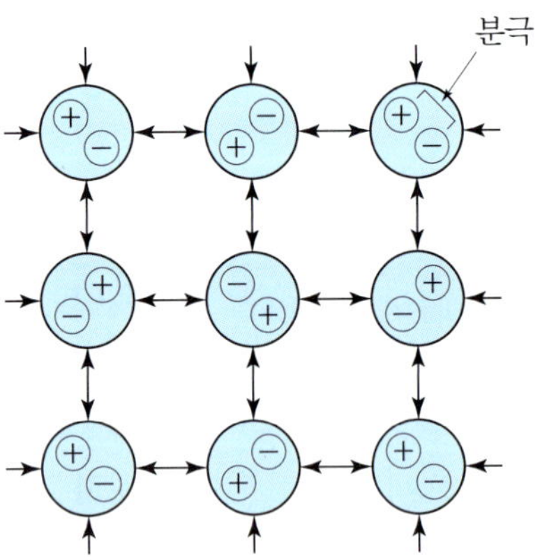

그림 3.8 반데르 바알스 결합을 나타내는 모식도

이 인력은 매우 약한 인력이며 방향성이 없다. 이 결합으로 기체의 액화가 가능하며 기체를 분리하는 것이 가능하다. 반데르 바알스 결합은 나노 단위나 원자 단위에서 중요한 힘으로 대두되고 있다.

쌍극자 모멘트(dipole moment)가 강하면 강할수록 구조 간의 결합력이 증가하게 된다. 재료의 유전상수는 이 쌍극자 모멘트와 관계한다.

3.1.5 수소결합

수소 결합은 질소(N), 산소(O), 불소(F) 등의 원자와 수소를 포함하는 분자에서 수소의 정전기적 인력으로 결합된다. 이는 수소원자가 질소, 산소, 불소 등과 만날 때 공유전자의 일부를 잃어버려 양으로 하전 되고, 상대 원자들은 음으로 하전 되어 순간적인 정전기 인력이 발생하여 이루어진다. 그림 3.9에 물 분자의 산소원자와 수소원자 간의 수소결합의 예를 나타내었다.

상온에서 물은 수소원자 두 개와 산소원자 한 개로 결합되는데,

$$^{8}O: 1s^2\ 2s^2\ 2p^4$$
$$^{1}H: 1s^1$$
$$^{1}H: 1s^1$$

이는 산소원자의 경우 최외각 전자가 2개 부족하므로, 2개의 수소에서 전자 한 개씩을 상호 공유하여 결합을 하게 된다. 따라서 물분자 간에는 순간적으로 수소결합이 형성되는데 이는 수소가 공유전자의 일부를 잃어버려 양으로 하전되고 산소는 음으로 하전 되어 정전기적 인력이 발생하기 때문이다. 이 결합력은 일반적으로 반데르 바알스 결합력 보다는 강하지만, 이온결합, 공유결합, 금

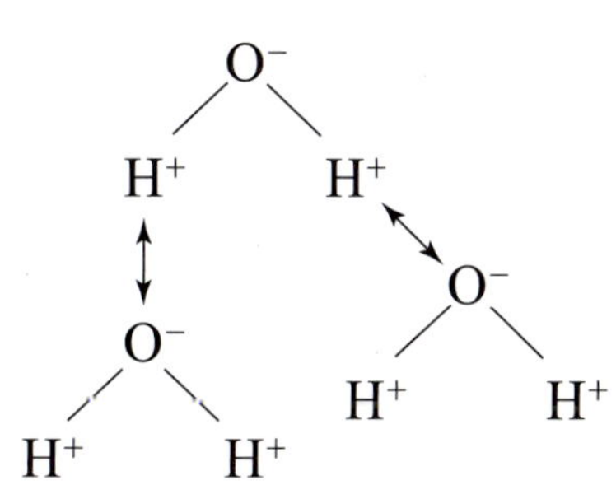

그림 3.9 수소결합의 한 예

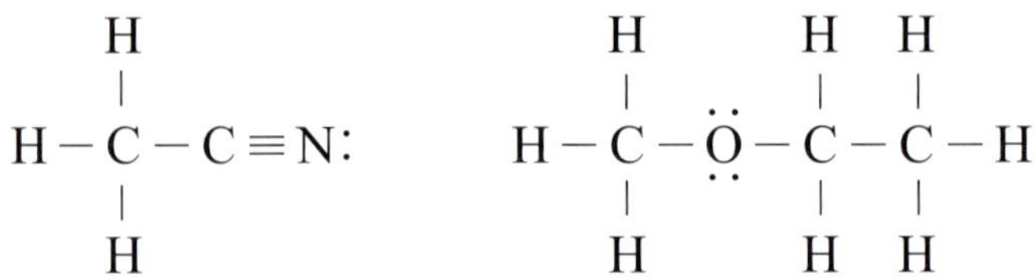

그림 3.10 비공유 전자쌍을 갖는 폴리머 사슬의 예

속결합보다는 약하다.

또한 폴리머 사슬에서 공유되지 않은 전자쌍(unshared electron pairs)이 있는 경우 수소가 결합하여 전자를 공유하는 경우도 있다. 그림 3.10에 비공유 전자쌍을 갖는 폴리머 사슬의 예를 나타내었다.

물이 높은 온도까지 잘 끓지 않는 이유가 바로 수소결합 때문이다.

3.2 충진 구조

재료가 어느 정도 외력에 버티는 내력, 즉 강성(stiffness, rigidity)이 있는 이유는 지금까지 살펴 본대로 원자들 간에 일정한 힘으로 화학 결합되어 있기 때문이며, 더불어 일정한 부피 내를 원자들이 채우고 있는 충진(또는 충전) 구조(packing structure)를 이루고 있기 때문이다. 원자간 결합력뿐만 아니라 원자의 배열 및 충진 구조는 재료의 녹는점(melting point)이나 탄성계수(elastic modulus), 강성(stiffness) 등 재료의 특성에 영향을 미치므로 매우 중요하다. 다음 식에 의하면

$$E = (S_o / r_o)$$

탄성계수 E는 원자결합력 또는 재료의 강성과 관련 있는 S_o에 비례하고 원자간 최소 거리 r_o에 반비례한다. 즉 충진 밀도가 높아 원자간 거리 r_o가 작고, 원자 결합력이 강해 강성 S_o가 높으면 재료의 탄성계수는 높게 된다.

기계재료는 고체인 경우가 많고 금속, 세라믹스 재료는 결정인 경우가 많은데 이는 단위(unit cell)정을 3축 방향으로 주기적으로 반복해서 쌓아나가면

이루어지는 구조로서, 그림 2.3과 같이 체심 입방 구조(B.C.C., body centered cubic), 면심 입방 구조(F.C.C., face centered cubic), 육방 최밀 충진 구조(H.C.P. hexagonal close packed) 등이 대표적인 결정 구조이다. 이러한 결정 구조들은 일반적으로 일정한 부피 내를 원자들로 조밀하게 충진하고 있다.

그러나 모든 재료들이 조밀하게 충진되는 구조를 갖는 것은 아니다. 유리는 국부적으로는 규칙적인 단위정 구조를 갖지만, 전체적으로는 충진 밀도가 낮은 구조를 갖고 있다. 폴리머의 경우는 국부적으로도 불규칙적이어서 단위정이 존재하지 않으며 비결정(noncrystalline)고체이다.

3

3.2.1 최밀 충진 구조

원자들을 구형의 단단한 공으로 가정할 경우, 동일한 크기의 공을 일정 부피 내에 조밀하게 쌓으려면 어떻게 쌓아야 할까? 3차원 보다 단순한 2차원적으로 한 번 생각해 보자. 다음 그림 3.11처럼 두 가지 방법으로 공을 쌓는 방법을 생각해 보면, (a)보다는 (b)가 보다 더 조밀하게 쌓는 방법이라는 것을 알게 된다. 즉 (b)의 충진 밀도는 (a) 보다는 높다.

이와 같이 3차원적으로도 주어진 부피 내를 최대로 충진하는 구조가 알려져 있는데 이러한 구조를 최밀 충진 구조(close packed structure)라고 한다. 최밀 충진 구조에는 2가지가 있는데 면심 입방 구조(F.C.C., face centered cubic)와 육방 최밀 충진(H.C.P., hexagonal close packed) 구조이다. 면심 입방 구조는 그림 3.12의 (a)처럼 정삼각형을 이루는 공 6개를 기본으로 쌓고, 그 위에 역삼각형을 이루는 공 6개를 쌓고, 그 위에 또 다른 역삼각형의 공들을 역삼각형의 아래 공에 위치한 역삼각형의 사이 공간에 오도록 쌓는 ABCABC··· 구조로 층을 쌓으면 최밀 충진 구조가 된다. 하나의 공을 생각할 때 같은 평면에 인접한 공의 수는 6개, 위

(a)

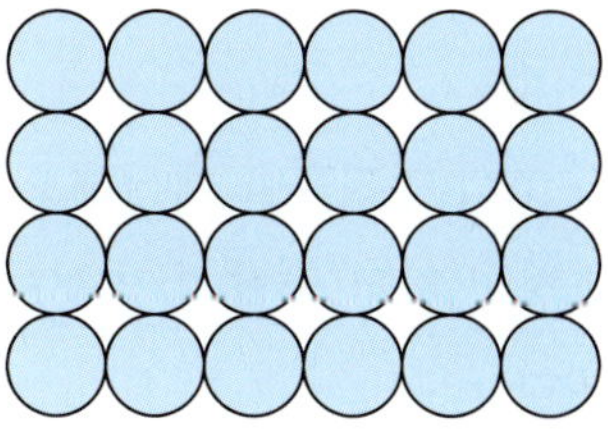

(b)

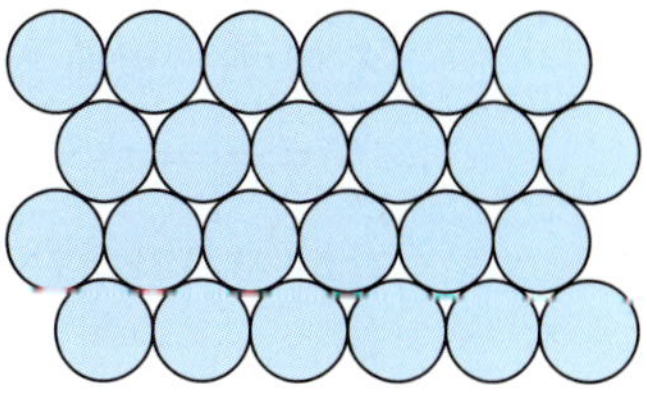

그림 3.11 2차원 충진의 예

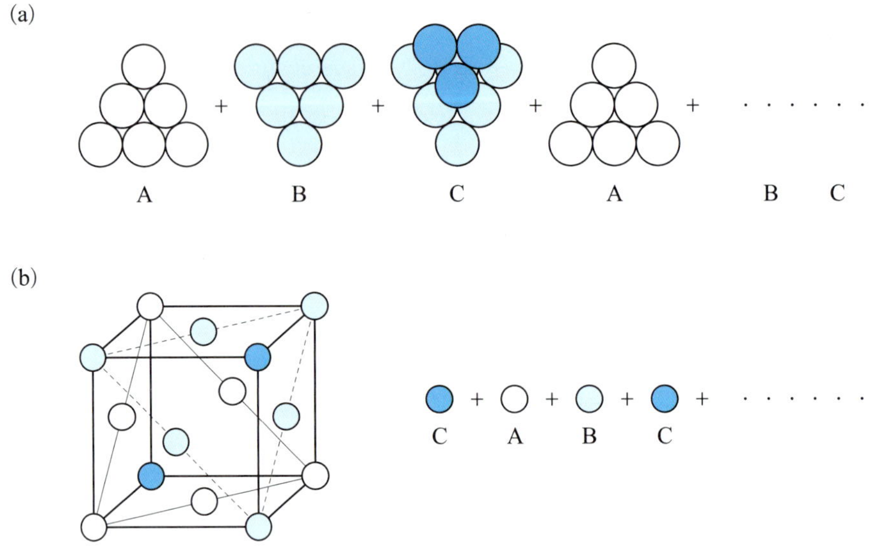

그림 3.12 최밀 충진 구조를 이루는 (a) ABCABC로 쌓는 순서 및 (b) 면심 입방 구조의 쌓는 순서

로 3개, 아래로 3개가 되어 총 12개가 되는데 이러한 최인접한 원자의 수, 즉 가장 가까운 거리에 위치하는 원자들의 수를 원자의 배위수(coordination number)라고 한다. 이러한 구조가 왜 면심 입방 구조가 되는지는 그림 3.12의 (b)의 면심 입방 구조를 대각선을 중심으로 삼각형을 그리고 쌓아져 나가는 순서를 생각하면 쉽게 알 수 있다.

한편 육방 최밀 충진 구조(H.C.P.)는 ABAB…의 순서로 쌓게 되며 그림 3.13의 (a)에 기본 구조의 충진을 나타내었고, 육방 최밀 충진 구조에서의 쌓는 순서를 그림 3.13의 (b)에 나타내었다.

면심 입방 구조와 육방 최밀 충진 구조의 충진율은 0.74로서 동일하다. 즉 동일한 크기의 단단한 공을 쌓을 경우, 0.74이상의 충진율을 얻는 것은 불가능하며, 0.74가 최대 충진 밀도 값이다. 이는 100%의 부피 내를 74%의 고체가 충진된다는 의미로, 26%는 공 간의 간극(interstices)들이 비워지는 구조로 쌓을 수밖에 없다(그렇게 쌓는 것이 최선이다).

두 결정 구조 중 면심 입방 구조의 충진율을 계산해보기로 하자. 그림 3.14와 같이 정사각형의 한 변을 a라고 하고 하고 공의 반경을 R이라고 하면, 정사각형의 부피는 $a \times a \times a = a^3$이 된다.

다음으로 정육면체 안의 공의 개수를 구하면 모서리에 있는 각각의 원자들은

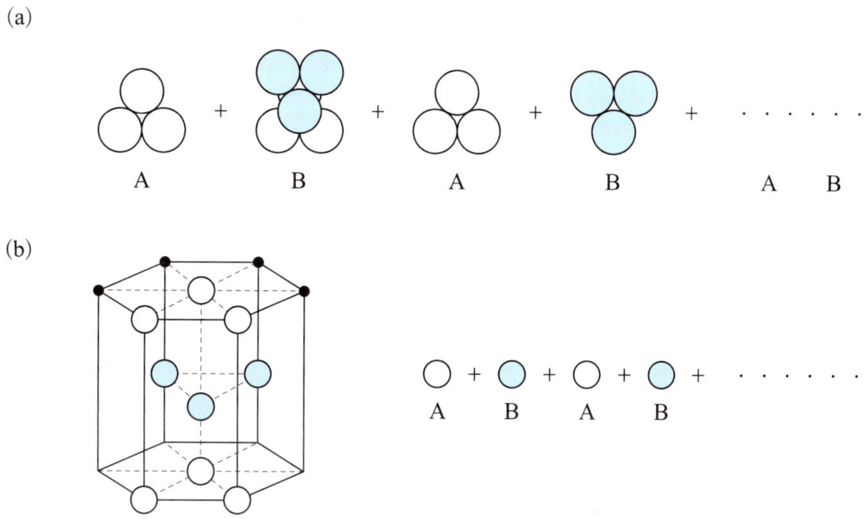

그림 3.13 육방최밀 충진 구조의 (a) ABAB로 쌓는 순서 및 (b) 육방최밀 충진 구조

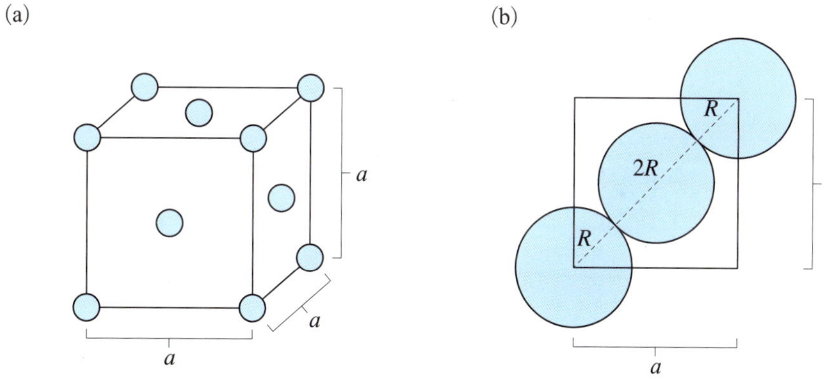

그림 3.14 면심 입방 구조의 (a) 전체 구조 및 (b) 위 평면도

8개의 단위정을 공유하고, 면심에 있는 원자들은 2개의 단위정과 공유하므로, $1/8 \times 8$개/단위정 $+ 1/2 \times 6$개/단위정 $= 1 + 3 = 4$개, 즉 한 개의 단위정(unit cell)안에는 공이 4개가 들어있다. 그 다음으로 공의 반경 R과 한 변의 길이 a와의 관계를 구하면, 그림 3.14의 (b)의 도식을 고려할 때

$(a^2 + a^2)^{1/2} = 4R$의 식으로부터

$a = 4/2^{1/2} \times R$이 된다.

따라서 충진율 = 공 4개 × (공 1개의 부피)/정육면체의 부피가 되므로, 4 × $(4\pi R^3)/3a^3 = 0.74$가 얻어진다.

3.2.2 기타 결정의 충진 구조

최밀 충진 구조는 아니지만 면심 입방 구조, 육방 최밀 충진 구조와 함께 금속, 세라믹스의 흔한 결정 구조 중 하나는 체심 입방 구조(B.C.C., body centered cubic)이다. 그림 2.3의 (a)와 같이 입방정의 체심에 원자 1개가 있고, 각 모서리 8개에 원자들이 위치한 구조이며, 이의 충진율은 0.68로서 최대값인 0.74보다는 낮은 밀도를 갖는다.

결정이라고 해서 다 입방정(cubic)인 것은 아니며, 그림 3.15와 같이 다양한 형태의 결정 구조가 있다.

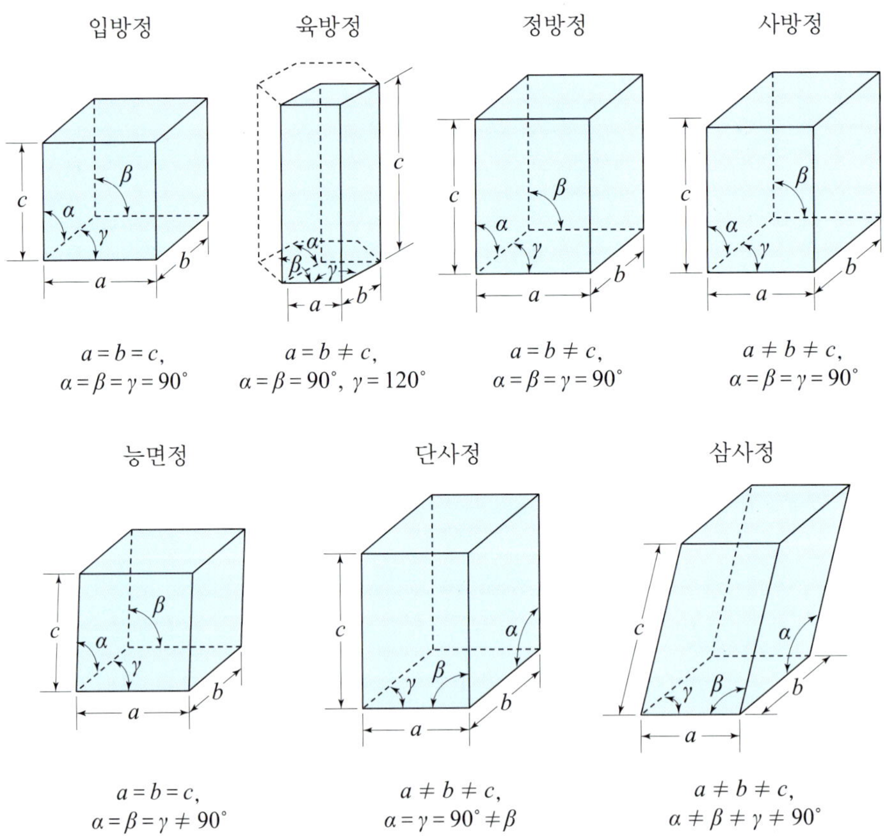

그림 3.15 다양한 결정 구조의 단위정

3.2.3 유리(glass) 및 폴리머(polymer)의 충진 구조

유리(glass)는 그림 2.9의 (c)처럼 SiO^{4-}의 똑같은 정사면체 구조를 단위정으로 갖고 있지만, 3축으로 동일하게 충진되어 쌓여 나가는 게 아니라 한 모서리 산소 원자를 중심으로 다양한 각도를 이루며 결합하기 때문에 거시적으로 볼 때 불규칙적인 구조를 갖는다. 또한 Na_2O, CaO 등의 원소가 첨가되면 정사면체 간의 결합을 끊어주게 되어 빛을 그 사이로 투과하게 만들어주므로 유리가 투명하게 되는 이유가 된다. 그림 3.16에 유리의 온도와 부피와의 관계를 결정과 비교하여 나타내었다. 액체는 원자와 원자 간의 거리가 상대적으로 크므로 상대적으로 높은 온도에서 부피가 크다. 온도를 서냉하면 어느 순간 상변태가 일어나는 온도에서 급격히 부피가 줄어들면서 고체가 된다. 반면, 액체를 급랭하게 되면 원자들이 제 자리를 찾아갈 시간이 부족하게 되어 상대적으로 불규칙적인 구조를 이루게 되므로 부피가 큰 유리가 형성된다.

폴리머의 경우는 금속, 세라믹스에 비하여 충진 밀도가 매우 낮다. 이는 폴리머는 탄소와 수소로 이루어진 고분자 사슬 구조로 이루어져 있기 때문이다. 탄소와 탄소 간에는 강한 공유결합을 하고 있지만, 고분자 사슬 간에는 약한 반데르바알스의 힘으로 결합되어 있다. 따라서 폴리머는 그림 2.16의 (b)와 같이 가장 불규칙한 사슬 구조를 갖는 비결정상 고체(noncrystalline solid)이다.

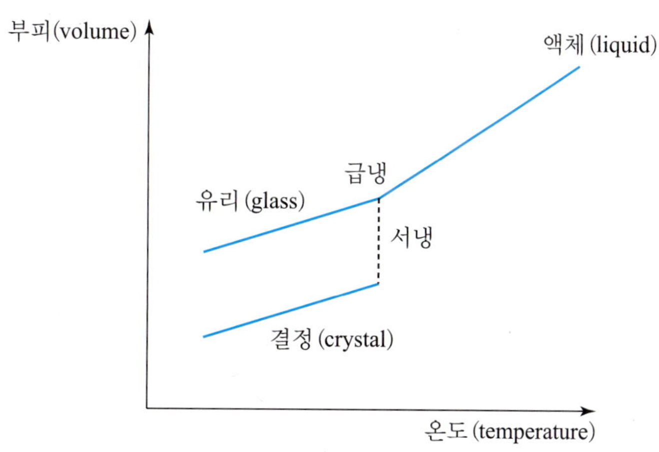

그림 3.16 유리의 온도와 부피와의 관계

3.3 방향지수, 면지수

결정학을 연구하는 사람은 각 결정의 단위정에서 면들과 방향에 대해서 이름을 붙여주는데 특히 밀러(Miller)라는 사람이 면지수(plane indices)와 방향지수(direction indices)를 결정하는 방법을 제안하였다. 여기서는 간단히 면과 방향의 이름을 결정하는 방법을 예를 들어 살펴보기로 한다.

그림 3.17의 단위정에서 빗금친 면적에 해당하는 면의 이름을 결정하여 보자.

첫째로, 그림 3.17의 각 축과 면이 가로지르는 좌표 점을 읽는다. 그림에서는 a축과 만나는 점은 $1/2$, b축과 만나는 점은 1, c축과 만나는 점은 없다(만나지 않으므로 좌표를 ∞로 놓는다).

둘째로 좌표로 설정한 값의 역수를 취한다. a축은 $1/2$의 역수인 2, b축은 1의 역수인 1, c축은 ∞의 역수인 0을 취한다.

면지수의 경우 소괄호로 묶어준다. $(x\ y\ z)$식으로 표현한다. 빗금친 면의 면지수는 (2 1 0) 면이다.

그림 3.18과 같이 비슷한 면의 모양은 결정 내에 매우 많다. 서로 비슷한 이러한 면들을 다 묶어 면의 family라고 하며 중괄호로 묶어 표현한다. {0 1 0}으로 표시하면 면지수의 family를 의미한다.

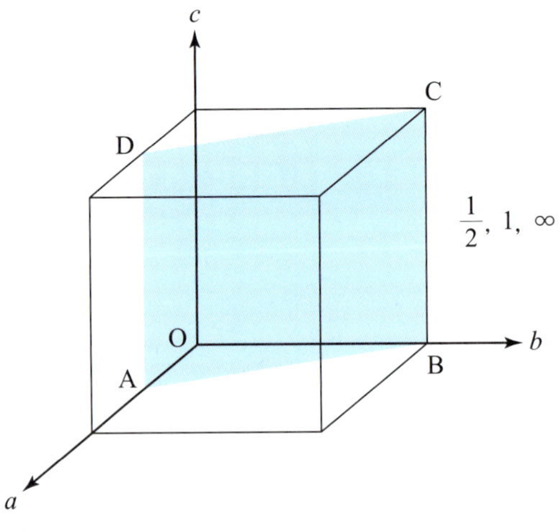

그림 3.17 면지수의 예

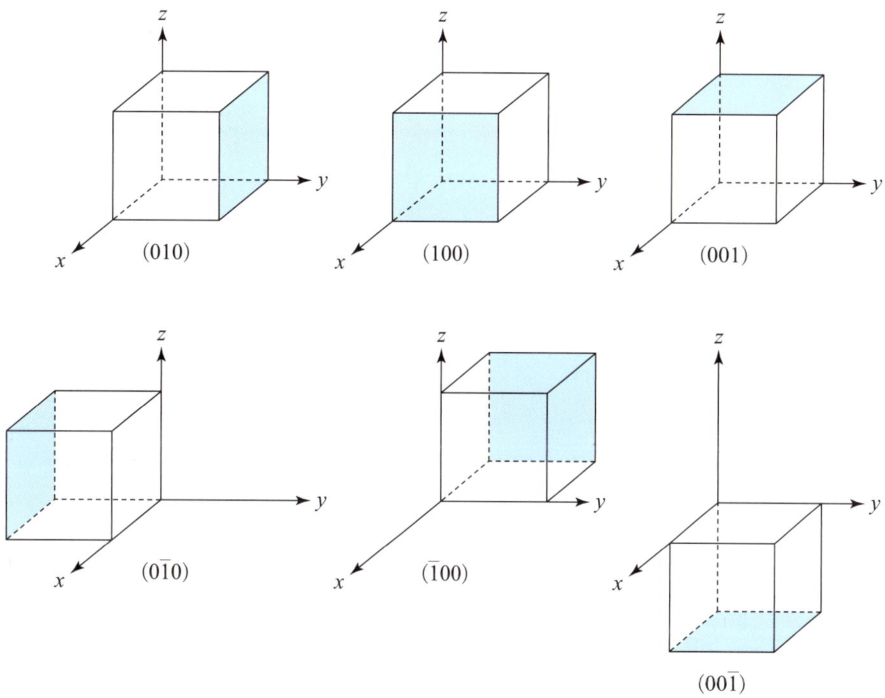

그림 3.18 면지수 족(family)의 예

방향지수를 정의하는 방법은 면지수를 정의하는 방법과 약간 다르다. 방향은 주어진 면을 빗금으로 나타내는 것이 아니라 그림 3.19처럼 화살표로 나타낸다.

첫째로, 그림 3.19의 화살표 끝을 x, y, z축에 각각 투영했을 때 각 축과 만나는 점을 좌표로 읽는다. 그림에서 x축과 만나는 점은 1/2, y축과 만나는 점은 1/2, z축과 만나는 점은 1이다.

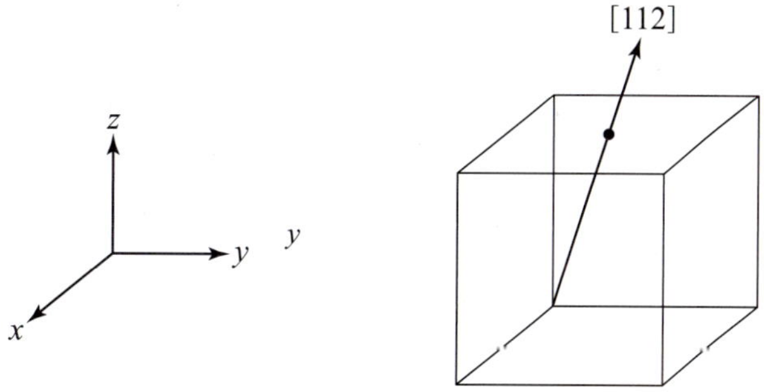

그림 3.19 방향지수의 예

3

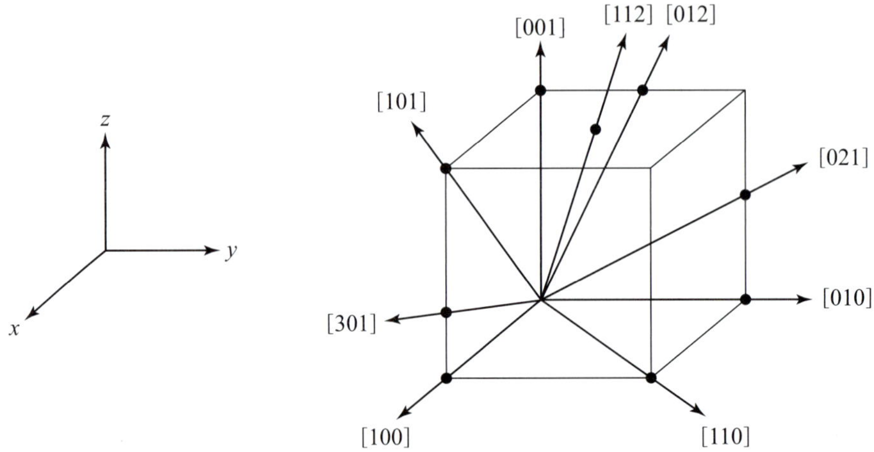

그림 3.20 다양한 방향지수의 예

둘째로 분모가 있는 경우 분모의 값을 곱하여 가장 작은 비의 정수가 되게 한다. 즉, x와 y축의 경우 $1/2 \times 2 = 1$이 되고, z축의 경우 $1 \times 2 = 2$가 된다.

마지막으로 방향지수의 경우 대괄호로 묶어준다. [x y z]식으로 표현한다. 그림의 화살표는 [1 1 2]이다.

한 화살표 방향과 비슷한 모양의 방향 역시 그림 3.20과 같이 같은 결정 내에서도 찾을 수 있다. 비슷한 방향들을 다 묶어 방향의 family라고 하며, $< x\ y\ z >$ 식으로 표현한다.

3.4 재료의 결함

재료는 원자들의 강한 화학결합과 일정 부피를 채우는 충진성으로 강성 등의 내력을 갖고 있어서, 어느 정도 외력에도 버틸 수 있다. 특히 결정은 원자들의 규칙적이고 반복적인 구조를 갖고 있다.

그러나 미시적으로 보면 재료들은 많은 결함(defects)들을 포함하고 있다. 원자 배열이 규칙적인 실제의 결정들도 여러 종류의 결함들을 갖고 있는데 그 이유는 결함을 갖는 것이 열역학적으로 에너지가 낮아 안정한 상태이기 때문이다. 결함에는 점결함(point defect), 선결함(line defect), 면결함(interfacial defect), 부피결함(bulk defect) 등이 있다.

결함은 재료의 특성을 좌우하므로 중요하다. 특히 계면결함의 경우 기계공학에 있어서 중요하며 예를 들면 일정한 부피 내에 계면이 많을수록 전위가 많이 존재할 수 있고 따라서 항복강도가 증가한다. 균열과 같은 부피결함은 재료의 파괴강도와 밀접한 관계가 있다.

3.4.1 점결함

점결함은 0차원적 결함으로 원자들이 있어야 할 자리를 이탈하여 발생하거나, 원자 사이에 상대적으로 크기가 작은 원자의 침입에 의해 일어난다. 점결함의 크기는 약 10^{-8}cm정도이다. 외부에서 힘이나 에너지를 공급받았을 때 최종적인 구조 변화 후가 에너지 적으로 낮은 상태라면, 원자들은 움직일 수 있다. 에너지 적으로 높은 상태라 하더라도 그 상태가 준안정 상태(metastable state)라면 또한 일어날 수 있다.

그림 3.21에 대표적인 점결함을 나타내었는데, 원자 자리에서 원자를 잃어버려 발생하는 공공결함(vacancy)과 원자의 이동으로 침입형 결함(interstitial)이 생기는 경우에 점결함이 발생한다. A라는 용매 금속에 B라는 용질 금속이 고용될 때 B 금속이 A 자리를 대체(substituion)하기도 하고 B의 크기가 작다면 A 격자 사이에 침입하기도 한다. 용매원자 대신 용질원자가 들어간 고용체를 치환형 고용체, 용질원자가 용매원자 사이로 들어간 고용체를 침입형 고용체라고 한다.

일반적으로 공공 결함이 있으면 재료의 기계적 성질은 감소하게 되며, 침입에 의한 응력의 변화여부에 따라 기계적 성질이 변하게 된다.

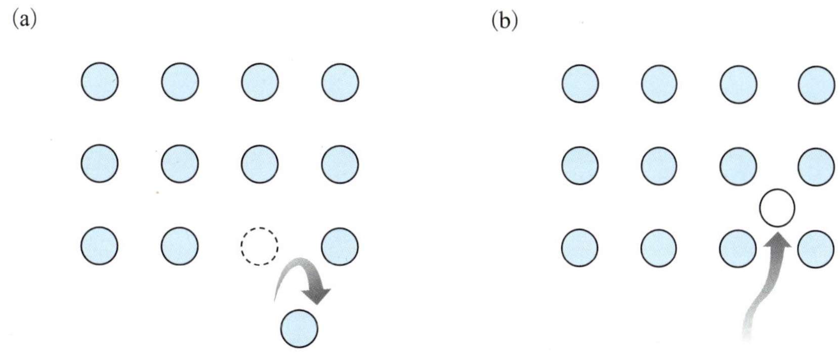

그림 3.21 점결함의 종류, (a) 공공결함(vacancy), (b) 침입형 결함(interstitial)

3.4.2 선결함

선결함은 1차원적 결함으로 외력에 의해 원자들의 이동이 있고 단위정의 모양이 변화하여 생기는 결함이다. 대표적인 예가 금속에서 발생하는 전위(dislocation)가 선결함이다. 금속이 전단력을 받게 되면 각 위치에서 원자들이 힘의 방향으로 밀리면서 변형이 일어나고 전위가 발생하게 되는데, 이 전위는 위에서 관찰하면 선의 형태로 보이게 된다. 그림 3.22에 전단응력에 의해 발생한 선결함(전위)의 모식도를 나타내었다. 이러한 선결함은 기계재료의 소성과 밀접한 관련이 있다. 선결함은 $10^{-7} \sim 10^{-3}$cm의 범위를 갖는다.

전위결함이 있으면 밀도가 낮을 경우는 기계적 성질이 저하하지만, 전위의 밀도가 증가하면 강도와 경도 등은 증가하며 너무 큰 밀도에서는 취성이 생겨 인성이 감소한다.

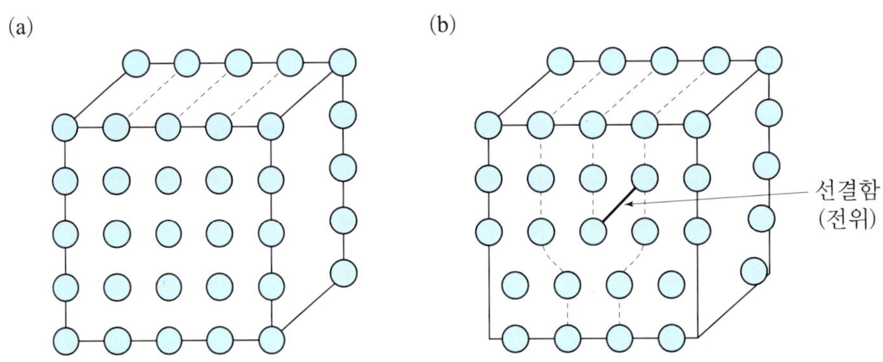

그림 3.22 선결함. (a) 완전 결정(ideal crystal), (b) 전위를 포함하고 있는 결정

3.4.3 면결함

면결함은 2차원적 결함으로서 2차원 평면적으로 완전 결정과 다른 모습을 나타내는 결함이다. 면결함은 $10^{-6} \sim 10^{0}$cm 정도의 크기를 갖고 있다. 면결함에는 대표적으로 두 종류가 있는데 표면결함(surface)과 계면(interface)결함이 있으며, 일반적으로 면결함은 에너지 적으로 높은 준안정 상태이다.

계면결함에는 다음과 같이 네 종류가 있다.

1. 고체와 기체간의 계면인 자유표면(free surface)은 화학 등에서 중요하다.

2. 전자 구조의 변화가 있는 영역 간의 계면으로 도메인(domain)이라고 한다. 이 계면은 전자공학에서 중요하다.
3. 같은 상의 입자(grain)들 간의 계면, 즉 원자 배열의 차이로 생기는 계면으로서 기계공학에 있어서 중요하다.
4. 다른 상간의 계면은 다상계면(interphase boundary) 이라고 하며 화학 조성(chemical composition)에 차이가 있다.

자유 표면은 원자들의 한쪽이 결합이 끊어져 있기 때문에 열역학적으로(에너지 적으로) 매우 불안정하다. 따라서 흡착 등에 의해 에너지가 낮은 쪽으로 변화하려는 경향이 있다. 표면 에너지는 새로운 표면을 형성시키기 위한 일정한 면적당의 에너지로 정의되며, 가능한 낮은 에너지 상태로 존재하려는 특징이 있다. 표면의 원자는 내부 원자와는 화학결합 수가 다르다. 즉 표면에 위치하는 원자는 표면 방향으로의 결합이 끊어져 있다. 그림 3.23(a)에 표면결함을 나타내었는데, 표면(A위치)에 있는 원자는 내부(B위치)에 있는 원자와 다르게 결합 수가 하나 적게 되어 에너지 적으로 높은 상태가 되어 불안정하다.

계면의 경우는 그림 3.23(b)와 같이 원자 배열의 방향이 서로 다른 두 개의 입자(grains)들이 만나 생성되는 결함으로서 계면 부근에는 공간이 형성된다. 즉 입계(grain boundary)는 원자들의 배열 방향(orientation)에 차이가 있어서 발생한다. 입계 주위에는 공간이 있어 열린 구조(opening structure)를 갖는다. 전위의 경우 변형이 일어나면서 이동하다가, 계면의 열린 공간에 위치하기 쉬워 전위가 계면에 존재하여 전위밀도 증가에 의해 강도가 증가된다. 즉 입계에는 많은 전위(dislocation)들이 존재할 수 있다. 따라서 입계는 자유표면의 에너지보다는 작지만, 어느 정도의 계면에너지를 갖고 있다.

입계를 갖고 있는 고체를 다결정(polycrystalline)이라고 하며, 이러한 입계가

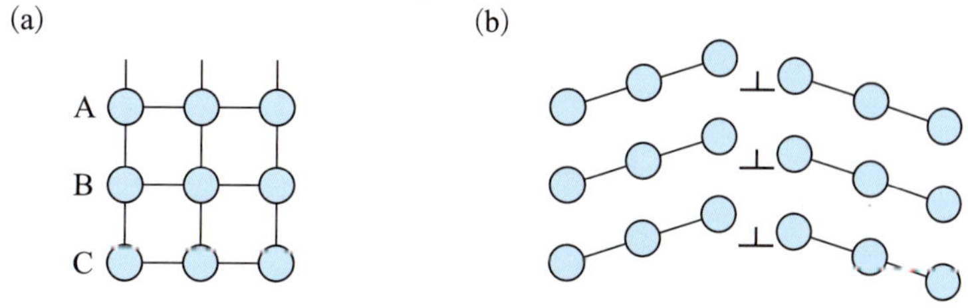

그림 3.23 면결함, (a) 표면(surface) 및 (b) 계면 (interface)

없는 결정을 단결정(single crystal)이라고 한다. 입자들은 주로 그 직경을 측정화하여 나타낸다. 일정 부피 내에 입계가 많으면 직경이 작고, 입계분율이 적으면 입자의 평균 직경은 크다. 이는 입자의 크기를 제어함으로써 계면의 분율을 제어할 수 있으므로, 계면분율의 제어로 재료의 기계적 특성을 변화시킬 수 있음을 의미한다. 재료를 구성하는 입자의 크기를 mm에서 μm 단위로, μm에서 nm 단위로 작게 하여 계면의 분율을 증가시켜 그 결과 항복강도나 경도가 높은 재료들을 개발하고 있다.

3

3.4.4 부피결함

부피결함은 3차원적 결함으로서 결함이 부피를 갖고 있는 형태로 존재한다. 대표적인 부피결함은 균열(cracks)과 개재물(inclusion)등이 있으며 $10^{-2} \sim 10^{2}$cm의 범위이다. 부피결함의 예를 그림 3.24에 나타내었다.

부피결함은 바람직하지 않은 결함으로서, 이는 재료가 취성이 있는 경우 균열이 존재하면 응력이 집중되어 쉽게 파손되며, 개재물에 의한 주위 원자들의 변형으로 파손이 쉽게 일어날 수 있기 때문이다.

금속의 부피결함은 철이나 철광석을 제조하는 공정 도중 형성될 수도 있고, 주조, 단조 압연 등의 가공 도중 형성될 수도 있다. 개재물(inclusion)은 원하지 않는 제 2상의 일반적인 결함이다. 주조결함으로는 기체의 개재 또는 부피 차에 의해 공공(cavity, hole)이 형성되기 쉽고 단조결함은 균열(crack), 그리고 기타 용접이나 접합 시에도 균열 등의 결함이 형성된다. 단조 시 균열은 심하게 변형된 부분에서 형성되며 0.1cm이하의 작은 크기의 균열이 형성되어 강도저하를 일으킨다. 용접 시에는 큰 열적응력이 균열을 야기할 수 있다. 또 표면 균열이나 스크래치 등도 주된 부피결함 중 하나이다.

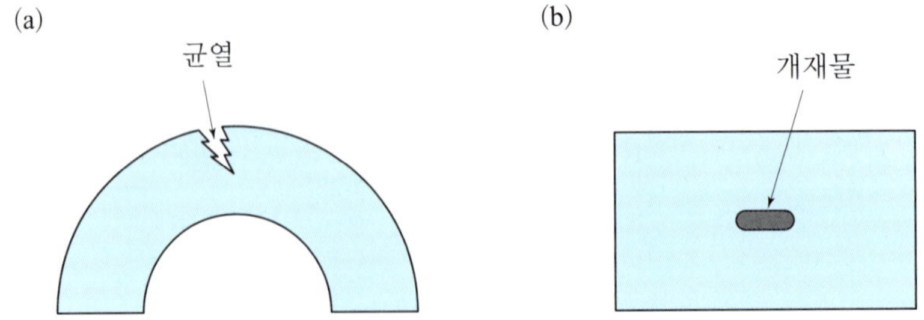

그림 3.24 부피결함, (a) 균열(crack) 및 (b) 개재물(inclusion)

재료선택 및 설계를 위한 TIP

원자간 결합이 왜 중요한가?

기계의 구성물질인 부품은 재료로 이루어져 있다. 재료는 또한 가장 기본단위인 원자로 이루어져 있다. 원자간 결합이 중요한 이유는, 원자 단위에서의 힘과 결합을 이해하여야 재료의 내력을 이해할 수 있기 때문이다. 또한 그러한 내력들이 소재의 기계적 특성을 결정하기 때문이다. 따라서 각 원자결합들이 재료의 특성에 어떻게 영향을 미치는 지를 이해하는 것이 중요하다.

3

충진밀도를 74%보다 더 높게 할 수는 없을까?

원자들을 충진시키는(쌓는) 방법은 재료의 특성을 결정하는 중요한 인자이다. 원자를 쌓는 방법은 밀도라는 특성을 결정한다. 일정한 부피 내에 고체가 많이 포함되도록 하면 밀도를 높일 수 있다. 충진밀도가 74%라는 것은, 재료를 이루는 기본단위를 원자로 가정하고, 원자가 구형이라는 모델을 가정하여 계산하면 최대로 조밀하게 쌓을 수 있는 밀도가 74%라는 의미이다. 원자가 구형이 아니라면 이야기는 달라진다. 어느 모양이든 일정한 공간 내에 규칙적으로 쌓아갈수록 원자간 결합수를 증가시키는 방법이 될 수 있다. 따라서 충진밀도를 보다 높일 수 있다면 더 강한 재료를 만들 수도 있을 것이다.

강한 소재를 만들기 위해서는?

강한 소재를 만들기 위해서는 원자적 관점에서 볼 때 첫째, 원자간 결합이 강해야 하고, 둘째 충진밀도가 높아야 한다. 예를 들면 공유결합이 이온결합보다 일반적으로 강하고, 이들은 금속결합보다 강하며, 수소결합이나 반데르 바알스 결합은 약하다. 따라서 주로 이온과 공유결합을 하고 있는 세라믹 소재가 제일 강하고 금속결합을 하고 있는 금속이 그 다음으로 강하며, 고분자 사슬 간 반데르 바알스 결합을 하고 있는 폴리머는 가장 기계적 특성이 약하다. 그러나 이는 일반적인 이야기이며 소재의 종류에 따라 또 결합의 방향에 따라서도 달라질 수 있다. 충진밀도도 가장 높은 충진밀도를 갖는 면 위에서 쉽게 원자의 이동이 일어날 수 있다.

3.5 연습문제

3.5.1 두 이온 간의 힘은 $F = q^2/4\pi\epsilon_o r^2$이다. 거리 r에 따른 에너지 U의 식을 유도하시오.

3.5.2 두 이온간 거리에 대한 에너지 곡선으로부터, 거리에 대한 힘의 곡선을 그래프로 나타내고, (1) 가장 안정한 거리에 해당하는 힘을 포텐셜 우물 에너지 곡선에 대응시키고, (2) 두 이온을 분리시키는 데 필요한 최대값에 해당하는 힘을 에너지 곡선에 대응시키시오.

3.5.3 다음 표에 원자부피(atomic volume) V, 녹는점(melting temperature) T_M, 이 몇몇 금속에 대해 주어졌다. 만약, $T_M = \{EV\}/\{Ak\}$, 이라면, 탄성계수를 각각 구하고, 주어진 그림에서 어느 재료가 가장 포텐셜 우물의 깊이가 깊을지를 답하시오. k는 볼츠만 상수(Bolzmann's contant = 1.381 × 10^{-23}J/K)이고 A는 재료상수(material constant = 88)이다.

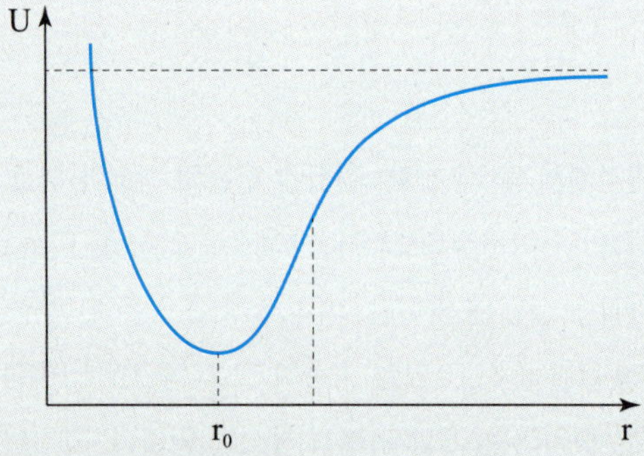

Material	V × 10^{29}(m^3)	T_M(K)
Nickel	1.09	1726
Copper	1.18	1356
Aluminum	1.66	933
Iron	1.18	1753

3.5.4 표 3.1의 NaCl, LiF, Al_2O_3 세 가지 소재의 결합력과 융점 데이터를 참고하여 포텐셜 우물의 대략적인 그림을 그려보시오.

3.5.5 이 재료를 구성하는 원자들은 공유결합이 강하며, 거리 r만큼 떨어져 있는 원자의 포텐셜 에너지가 U이면 $U = -A/r^2 + B/r^{10}$으로 쓸 수 있다. 거리 $r = 0.5\text{nm}$ 일 때 두 원자가 가장 안정하며 그 에너지가 -10eV일 때, 분자를 파괴하는데 요구되는 힘과 임계 거리를 각각 구하시오.

3.5.6 금속, 세라믹스, 폴리머를 구성하는 원자들 간의 일반적인 화학결합은 무엇인가?

금속:

세라믹스:

폴리머:

3.5.7 $E = (S_o/r_o)$의 식을 유도하시오.

3.5.8 체심 입방 구조(B.C.C.)의 충진율을 구하시오.

3.5.9 밀러 지수(Miller indices)에 의하여 삼각형 면의 이름을 표기하시오. 단 정육면체 모서리의 길이는 1이다.

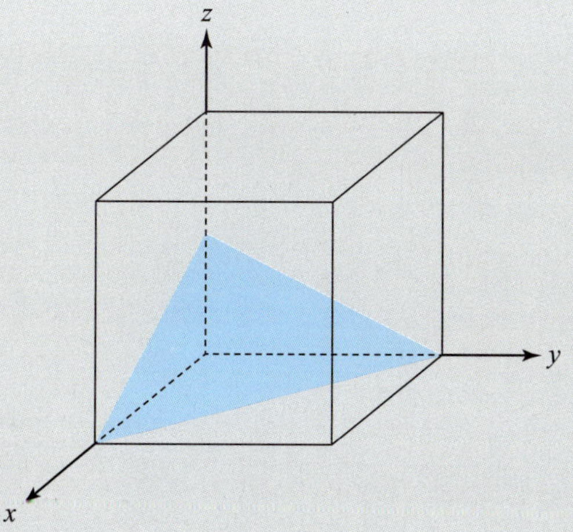

3

3.5.10 밀러지수에 의하여 평면에 위치하는 화살표 방향의 각각의 이름을 표기하시오. 단 정육면체 모서리의 길이는 1이다.

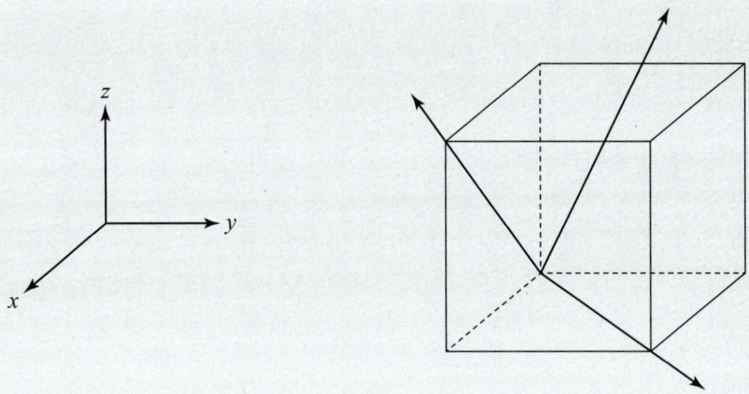

3.5.11 정육면체의 단위 정(unit cell)내에 다음 면들을 그리시오,
(001), (011), (112), (201)

3.5.12 FCC구조 내의 (111)면에는 얼마나 많은 < 110 > 방향이 포함되어 있는지 답하고 이들을 하나의 방향족으로 표기하시오.

3.5.13 점결함, 선결함, 면결함, 부피결함이 재료의 기계적 성질에 미치는 영향을 각각 논하시오.

3.5.14 금속은 일반적으로 열과 전기가 잘 통하는 재료이다. 그 이유를 화학결합 관점에서 논하시오.

CHAPTER **4**

상평형도

4·1 _ 상평형도의 개념
4·2 _ 2성분계 상평형도
4·3 _ 상변태
4·4 _ 연습문제

4.1 상평형도의 개념

4.1.1 평형의 개념

평형(equilibrium)이란 에너지를 적게 갖고 있어서 가장 안정한 상태를 말한다. 다음 그림 4.1에서는 물체의 3가지 상태가 나타나있다. (a)의 상태는 물체의 좁은 면이 바닥에 있는 상태로서 무게 중심이 높아 불안하기는 하지만 외부에서 힘이 주어지지 않는 한 오랜 시간 이 상태로 있을 수 있는데 이러한 상태를 준안정 상태(meta-stable state)라고 한다. 만약 어떤 외력이 가해진다면 무게 중심이 높은 불안정 상태(unstable state)인 (b)에서 무게 중심이 낮은 안정 상태(stable state)인 (c)로 변하게 된다. 무게 중심이 낮은 상태로 매우 오랫동안 있을 수 있으며 이러한 상태를 평형 상태(equilibrium state)라고 한다. 물이 높은 곳에서 낮은 곳으로 이동하는 것처럼 에너지가 높은 상태에서 낮은 상태로 이동하게 되며, 이러한 움직임 동안 물체가 갖고 있던 에너지를 방출하게 된다.

금속, 세라믹 등 기계재료의 구조는 규칙적인 경우가 많지만 미시적으로 관찰하면 재료는 일반적으로 많은 결함을 함유하고 있다. 이는 그러한 결함을 함유하는 것이 에너지 적으로 유리하기 때문이다. 즉 평형을 이루기 위해서 재료는 많은 결함을 갖게 되며 따라서 매우 순수한 재료를 만들기는 쉽지 않다.

평형에는 3가지 종류가 있으며, 기계적 평형(mechanical equilibrium), 열적 평형(thermal equilibrium), 화학적 평형(chemical equilibrium)이 있다 (그림 4.2).

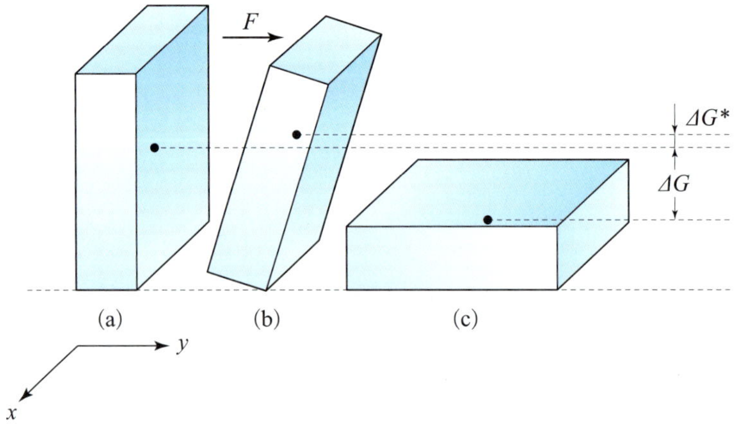

그림 4.1 물체의 (a) 준안정 상태, (b) 불안정 상태 (c) 안정한 상태 (평형 상태)

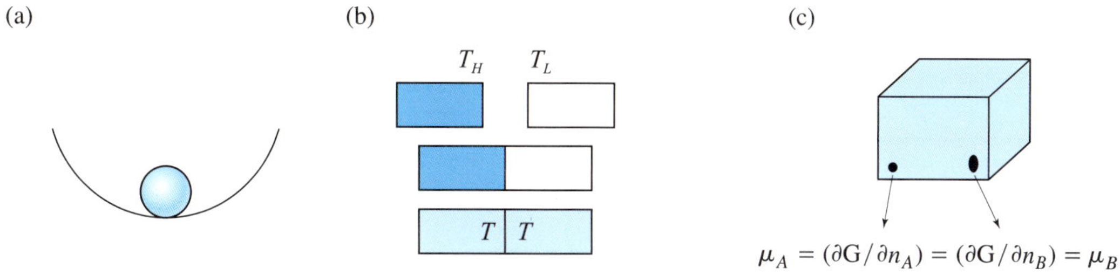

그림 4.2 평형의 예. (a) 기계적 평형, (b) 열적 평형, (c) 화학적 평형

이는 재료의 환경이 온도 (열적), 힘 또는 압력(기계적), 그리고 대기(화학적)에 노출된 환경이라는 것으로부터 쉽게 이해할 수 있다.

그림 4.2의 (a)에서와 같이 기계적 평형에 대해 생각해 보자. 움푹한 그릇의 끝에 탁구공을 떨어뜨리면 탁구공은 왔다갔다 진동 하다가 그릇의 위치에너지가 가장 낮은 바닥에 멈추게 될 것이다. 이와 같은 평형을 기계적 평형이라고 한다. 열적 평형은 (b)에서와 같이 온도가 상대적으로 높은 막대를 (막대온도 T_H), 온도가 낮은 막대 (막대온도 T_L)와 접촉하였을 때, 열은 온도가 높은 곳에서 낮은 곳으로 흐르게 되어 막대의 온도는 $T_L < T < T_H$의 중간의 온도로 변하게 된다. 이러한 평형을 열적 평형이라고 한다. 화학적 평형은 임의의 두 지점에서의 화학적 퍼텐셜(chemical potential)이 같음을 의미하는데 화학적 퍼텐셜은 후술할 깁스 자유에너지(Gibbs free energy), G를 몰농도 n에 대해 편미분한 값이다. 즉 몰농도의 변화에 대한 에너지의 변화를 말하며 두 지점이 이 값이 서로 같다는 것은 화학적 평형을 이루고 있음을 의미한다.

그림 4.3에는 자동차 엔진의 실린더 내의 피스톤의 운동의 한 예를 나타내었다. 4싸이클 엔진의 경우 흡기-압축-팽창-배기의 싸이클로 작동하게 되는데, 피스톤이 상승하여 기체가 압축되는 단계를 생각해 보자. 보일의 법칙에 의해 압력이 증가하면 부피가 감소하게 되는데,

$$P_1V_1 = P_2V_2$$

이때 내부 에너지 변화 ΔE는 $\Delta E = P\Delta V$가 되며, 일정 압력이라면 부피의 감소가 일어났으므로 $\Delta V < 0$이므로 $\Delta E < 0$이다.

한편 무질서도 S(randomness)는 S_1에서 S_2로 증가하여, 무질서도의 변화 ΔS는 $\Delta S = S_2 - S_1 > 0$ 이 된다.

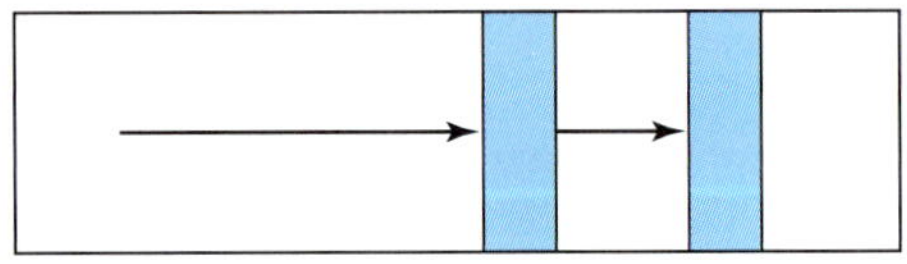

그림 4.3 자동차의 피스톤 운동에 의한 부피의 변화

한편 깁스(Gibbs)라는 화학자는 이 내부에너지의 변화 ΔE와 무질서도(엔트로피, entropy)의 변화 ΔS로부터

$\Delta G = \Delta E - T\Delta S$라는 식을 정의하였으며, 평형으로 가는 방향에 있어서의 $\Delta E < 0$이고, $\Delta S > 0$이므로 $\Delta G < 0$이 된다.

즉 이 값이 낮을수록 열역학적으로 평형 상태라고 정의한다. 여기서 T는 온도이다. 만약 어느 화학방정식이 다음과 같다면,

$$A + B = AB$$

A라는 원자가 B라는 원자와 일정온도, 일정 압력에서 반응하여 AB라는 분자가 될지를 열역학적 평형 상태로 알아볼 수 있다. 즉,

$$\Delta G = G_{AB} - [G_B + G_A] < 0$$

이라면 위의 반응은 일어날 수 있다. 준안정 상태로 존재할 수도 있으므로 위의 반응식이 항상 일어나는 것은 아니다. 그러나 열역학적으로 안정한 상태로 가능한 방향이라는 것은 제시할 수 있다. 반면 $\Delta G > 0$이라면 AB라는 분자로 변화될 수 없다. 따라서 G값의 변화는 반응이 일어날지 안 일어날지를 제시할 수 있는 중요한 기준이 된다.

4.1.2 상의 개념

상(phase)이란 고상(solid phase), 액상(liquid phase), 기체상(gas phase)과 같이 구분이 가능한 것을 말하며 균질한 성질의 물질로 구성되어 있다. 다음과 같이 3가지의 특징이 있다.

1. 물리적으로 구별이 가능해야 한다(physically distinct).
2. 상의 어느 부분 이든 상호 균질하다(homogeneous).

3. 기계적으로 분리가 가능해야 한다(mechanically separable).

한편 같은 고체상이라고 하더라도 다른 재료의 원자 배열을 포함하고 있다면, 같은 고체이지만 다른 상(phase)이라고 한다. 단, A 금속이 B 금속과 섞여 고상의 고용체(solid solution)를 이룰 때, 즉 B 금속이 A 금속원자의 격자를 차지하고 있다거나, A 금속원자 사이의 간격에 들어가 용융된 상태에서 합금이 되어 기계적인 방법으로 구분이 어려울 때는 하나의 상이라고 정의한다.

반면에 성분(component)이란 어느 물질을 원자든 분자든 관계없이 서로 다른 종류로 구분할 수 있다면 우리가 그것을 성분이라고 부른다. 예를 들면 철(Fe)은 1개의 원자이므로 1성분이다. 물(H_2O)은 수소(H)와 산소(O) 2개의 원자들로 이루어졌지만, 원자들은 서로 구별할 수 없는 1개의 분자를 구성하므로 1성분이다. 1성분으로 된 것을 1성분계 (one component system), 2성분으로 된 것을 2성분계(binary system)라고 하며, 3원계(ternary system), 4원계 등도 있다. 금속 재료의 예로서 Fe와 C가 단순히 물리적으로 섞여있는 합금의 경우는 Fe 원자 1 성분과 C 원자 1 성분으로 이루어진 재료이므로 2성분이다. 반면 C가 고용되어 Fe_3C가 되었다면 1성분이다. Fe_3C와 Al로 이루어진 합금은 Fe, C, Al 3개의 원자로 이루어졌지만 1개의 Fe_3C 분자와 1개의 Al 원자로 이루어졌으므로 2성분이 된다.

상평형도는 이와 같이 각 성분(component)들이 또는 성분 간 혼합물(mixture)들이 주어진 환경에서 어느 상(phase)이 안전한지를 영역을 구분하여 나타낸 그림을 말한다. 여기서 환경이란 재료 주위의 온도(temperature), 압력(pressure), 화학적 환경을 말한다. 예를 들면 대기압과 0°C의 상태에서 물은 고체인 얼음으로 바뀌게 되며 따라서 0°C와 대기압의 환경 하에서 H_2O라는 성분은 고상임을 그래프로 나타낸다. 또, 대기압과 100°C이상의 상태에서 물은 기체인 수증기로 바뀌게 되어 H_2O라는 성분은 기상임을 그래프로 나타내고, 그 중간의 온도에서는 액상임을 구분하여 상평형도(phase equilibrium diagram)에 나타낸다.

위와 같이 주어진 온도와 압력 하에서 어느 상이 가장 안정한지를 열역학적으로 G(Gibbs free energy) 값을 모두 계산하여 가장 낮은 G 값을 갖는 상만을 표시하여 정보를 주는 그림을 상평형도(phase equilibrium diagram)이라고 한다. 실험적으로는 열분석(thermal analysis) 장비를 이용해 시간에 따른 온도곡선으로부터 상의 변화가 생기는 온도와 그 때의 상을 파악한다.

4

이러한 상평형도는 기계에 사용하는 재료를 결정함에 있어서, 재료의 용융이 일어나거나 기화가 일어나면 문제가 발생할 경우 그 정보를 미리 파악하기 위해서 매우 중요하다. 즉 기계재료에 최소한으로 가해져야 하는 사용 온도나 허용 가능한 힘을 결정할 수 있기 때문에 중요한 정보를 줄 수 있다. 또 금속의 경우 용융에 의해 제조를 하므로 최종 제품을 얻기 위한 여러 가지 처리의 방법을 예상할 수 있고, 처리 조건을 결정하는 데 주요한 지침이 된다. 즉 온도와 압력, 조성에 대한 정보를 미리 상평형도로부터 파악할 수 있는 것이다.

4.1.3 상평형도

상평형도(phase equilibrium diagram)는 일반적으로 어느 성분에 대해서 주어진 온도와 주어진 압력 하에서 안정한 상을 표현하거나, 일정한 압력 하에서 각 온도에서의 주어진 성분들의 안정한 상을 표현한 그림이다. 앞 절에서 살펴본 바와 같이 주어진 온도와 압력 하에서 안정한 상들이 변하기 때문으로서, 이는 각 상들의 G값이 주어진 조건에서 서로 다르기 때문이다. 즉 평형 상태를 결정하는 상은 G값이 가장 낮은 값을 갖는 상이다.

그림 4.4에는 물(H_2O)의 상평형도를 나타내었다. 3차원적 상평형도와 2차원적 상평형도를 각각 그림에 나타내었다. 3차원적 상평형도는 온도, 압력, 성분(component)을 각 축으로 하는데, 물의 성분은 이미 결정되었으므로 한 성분에 대해 나타낸 단면만 생각하면 온도에 따른 압력의 변화에 대한 그래프를 그림 4.4(b)와 같이 얻을 수 있다.

물의 온도-압력 상평형도에서 대기압 1atm을 고정시킨다면, 액체인 물(L)은 0°C에서 고체(S)로 상이 변하며, 100°C에서 기화되어 기체(V)의 상이 된다. 즉 1기압에서 0°C 이하의 온도에서는 고체가 안정하고, 0°C부터 100°C까지는 액체가 안정하며, 100°C 이상의 온도에서는 기체가 안정하다. 이는 평형을 이루는 각 상의 G값이 다른 상들의 G값보다 낮기 때문이다. 예를 들면 1기압 및 0°C부터 100°C까지의 온도 범위에서는 액체의 G값이 고체나 기체의 G값보다 낮은 값을 나타내어 액체의 상이 평형 상태를 이루게 된다. 만약 1기압 보다 압력이 약간만 더 낮아져도, 액체가 기체로 되는 온도는 100°C보다 낮게 된다. 기압이 더 낮아져서 압력이 0.006 기압이 되면 고체가 되는 온도는 0.0075°C로 상승하게 된다.

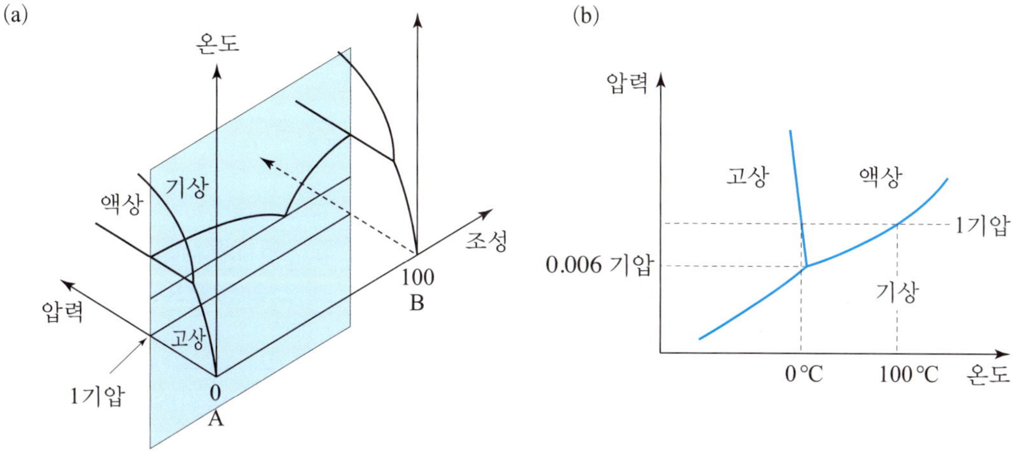

그림 4.4 물(H_2O)의 열역학적 상평형도, (a) 3차원 상평형도, (b) 2차원 상평형도

기계재료의 상평형도는 일반적으로 3차원보다는 2차원적으로 많이 표현된다. 순수한 물의 상평형도의 경우에는 그림 4.4(b)와 같이 온도 및 압력에 따른 상의 변화를 나타내었다. 반면 재료의 경우는 성분의 혼합조성과 온도에 따른 상의 변화로 상평형도를 나타낸다. 이는 특히 금속의 경우 기계를 제조할 경우 합금을 제조하여 사용하는 경우가 많고 열처리 등 온도를 높여서 제조하기 때문이고, 또 가스터빈, 증기터빈, 보일러 등 온도가 높은 곳에 기계를 사용하는 경우가 많기 때문이다. 우리가 사용하는 기계들은 대부분 1기압(대기압) 상태에서 사용되므로, 조성 및 온도에 대한 상의 변화로 상평형도를 나타낸다.

다음 그림 4.5에 기계 금속 합금의 상평형도의 예를 나타내었다. 그림의 x축은 합금을 구성하는 성분 및 혼합 조성들로 표현되며, 세로축 y축은 온도로 표시된다. 그리고 그림에는 각 온도와 각 조성에서 안정한 상들을 나타내었다. 이 그림으로부터 각 조성과 각 온도에서 어느 상이 안정한지에 대한 정보를 알 수 있다. 예를 들면 그림의 점선 부분에 주목하면 (a)의 1500°C 영역에서는 액체가 안정하여 액체로 존재하며, (b)의 1300°C 영역에서는 액체와 고체가 혼합되어 존재하고, (c)의 900°C 영역에서는 고체가 열역학적으로 안정하여 고체 상태로 존재하게 된다. 예를 들어 A가 60%, B가 40% 섞여있는 합금은 온도를 올림에 따라 액체가 형성되고 높은 온도에서는 완전히 액체로 바뀌는 것을 알 수 있다. 각 영역에서 각 상들이 안정한 이유는 G값이 안정한 상들이 서로 다르기 때문이다. 즉 그림에서와 같이 (a)의 1500°C 영역에서는 액체의 G 곡선이 고체의 G곡선보

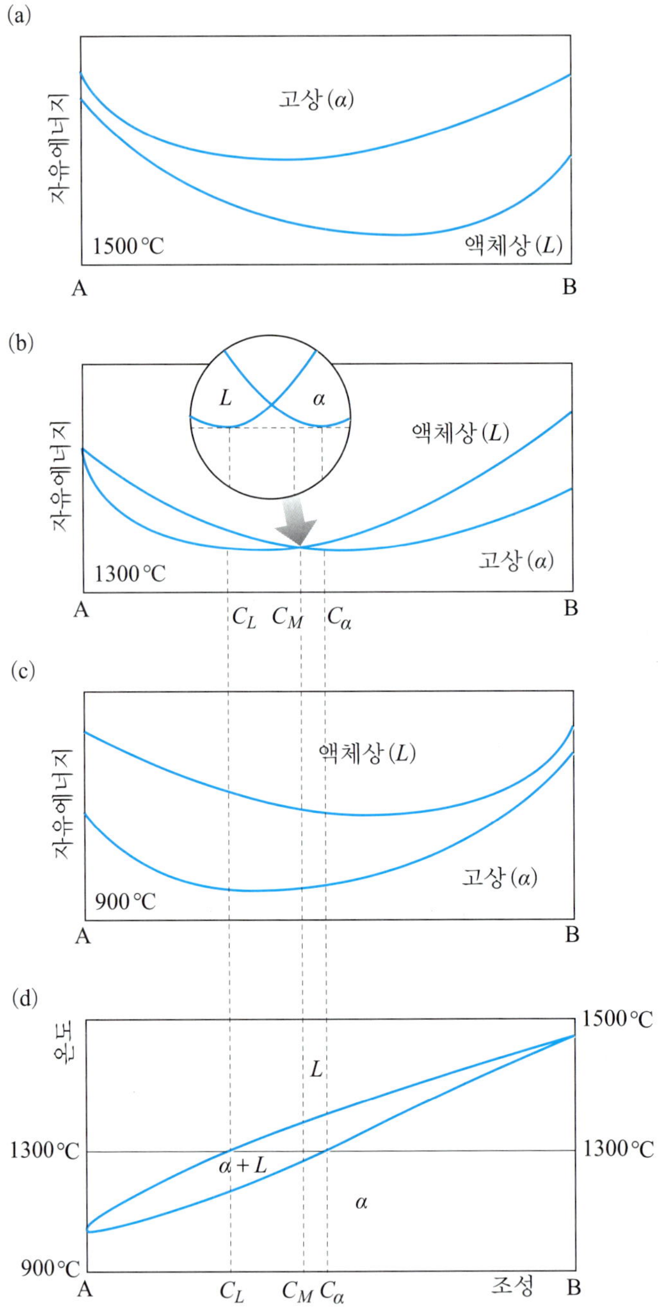

그림 4.5 합금의 상평형도, (a) 1500℃, (b) 1300℃, (c) 900℃에서의 조성에 따른 자유에너지 곡선 및 (d) 조성-온도의 2차원적 상평형도

다 모두 낮은 값을 나타내고 있다. 따라서 1500°C에서는 모두 액체로 존재하게 된다. 반면 (c)와 같이 900°C 영역에서는 거꾸로 고체의 G 곡선이 액체의 G 곡선보다 모두 낮은 값을 나타내어 모두 고체로 존재하는 이유가 된다. 한편 중간 지점의 온도인 1300°C의 영역에서는 고체의 G 곡선과 액체의 G 곡선이 서로 교차하게 된다. 이때 각 곡선의 최소값을 이으면 공통접선을 그릴 수 있게 되는데, 이 공통 접선 내에서 두 개의 상들이 공존하게 된다.

4.2 2성분계 상평형도

4.2.1 지렛대의 법칙

상평형도의 X축의 조성, 그리고 두 개의 상이 혼합되어 있을 때 각 성분의 분율은 지렛대의 법칙(lever rule)에 따라 읽어주면 된다.

그림 4.6의 상평형도에는 고체만 존재하는 영역(α, α는 A와 B가 혼합된 고용체이다), 고체와 액체가 혼합되어 있는 영역($\alpha + L$), 액체만 존재하는 영역(L)으로 구성되어 있고, α와 $\alpha + L$영역을 구분 짓는 선을 고상선(solidus line), $\alpha + L$ 영역과 L 영역을 구분 짓는 선을 액상선(liquidus line)이라고 한다. 즉 고상선, 액상선이 상평형도 각 영역의 경계선에 해당한다.

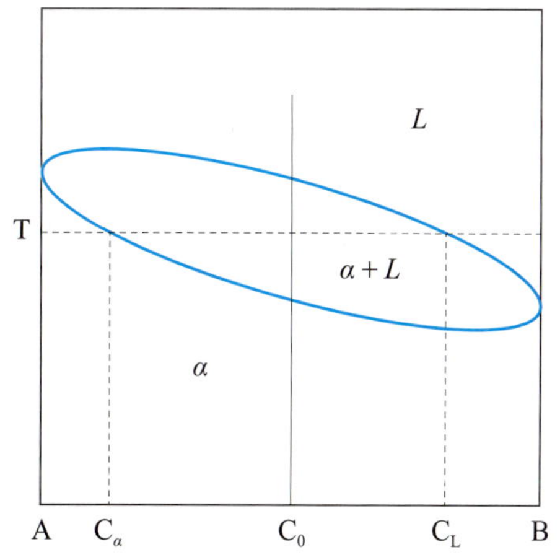

그림 4.6 지렛대 법칙을 설명하기 위한 상평형도

이 상평형도에서 지렛대의 법칙에 의하여 A, B의 각 분율을 결정하기 위에서 조성 c_o를 선택하여 세로로 선을 긋는다. 조성 c_o는 A와 B가 혼합된 조성이며, A와 B 각각의 분율은 다음과 같이 구한다. A의 분율은

$$X_A = (B - c_o)/(B - A)$$

이고, B의 분율은

$$X_B = (c_o - A)/(B - A)$$

가 된다.

4

만약 조성 c_o의 온도를 상온에서 T로 올렸을 때 상의 변화와 분율을 알고 싶으면 다음과 같이 구하면 된다. 조성 c_o의 세로 선을 먼저 그은 후, 알고자 하는 온도 T를 선택하여 가로로 선을 긋는다. 가로의 선이 액상선(liquidus line)과 만나는 교점을 C_L, 고상선(solidus line)과 만나는 교점을 C_α라고 하면, 성분 A, B가 혼합된 조성 c_o의 온도를 T로 올렸을 때 구성하는 상의 종류와 A, B의 각 분율을 상평형도 및 지렛대의 법칙에 의해 구할 수 있다.

조성 c_o의 온도를 T로 올렸을 때 평형으로 존재하는 상들은 온도 T의 수평선과 조성 c_o의 수직선이 만나는 교점에 해당하는 영역에 표시된 상을 읽어주면 된다. 그림에서와 같이 해당 영역은 $\alpha + L$ 영역으로서, 고체와 액체가 공존하는 영역이다. 즉, 조성 c_o를 온도 T로 올리면 고체와 액체가 혼합되어 있게 된다. 그 때 각각의 고체와 액체의 양이 지렛대의 법칙에 의해서 결정된다. 고체의 분율은

$$X_\alpha = (C_o - C_L)/(C_\alpha - C_L)$$

이고, 액체의 분율은

$$X_L = (C_\alpha - C_o)/(C_\alpha - C_L)$$

가 된다.

지렛대의 법칙에 의한 고체와 액상의 분율을 증명해보기로 하자.

조성 C_L에서 온도를 올리면 온도 T에서 모두 액상이 되고, 조성 C_α에서는 온도를 내리면 온도 T에서 모두 고상 α가 된다. 한편 조성 C_o에서는,

$$C_o = C_\alpha f_\alpha + C_L f_L$$

으로 표현된다. 여기서 C는 농도(concentration)이며, f는 분율(fraction)이다.

두 개의 상 즉 α와 L만이 안정한 상이므로, $f_\alpha + f_L = 1$이 된다. 따라서

$$C_o = C_\alpha f_\alpha + C_L(1 - f_\alpha) = C_\alpha f_\alpha + C_L - C_L f_\alpha$$

윗 식을 정리하면

$$C_o - C_L = (C\alpha - C_L) f_\alpha$$

따라서

$$f_\alpha = (C_o - C_L)/(C_\alpha - C_L)$$

또 $f_L = 1 - f_\alpha$이므로,

$$f_L = 1 - [(C_o - C_L)/(C_\alpha - C_L)] = (C_\alpha - C_L - C_o + C_L)/(C_\alpha - C_L)$$
$$= (C_\alpha - C_o)/(C_\alpha - C_L)$$

으로 윗 식들이 증명된다.

4.2.2 합금의 상평형도

합금의 상평형도에는 평형 상태도의 모양에 따라, 그리고 변하는 상의 종류에 따라 그림 4.7과 같이 크게 네 종류의 상평형도가 있다. 액상이 개재되는 공정합금(eutectic alloy), 포정합금(peritectic alloy)과 고상만이 개재되는 공석합금(eutectoid alloy), 포석합금(peritectoid alloy)의 네 종류이다.

공정합금은 2개의 금속 성분이 용융되어 액상을 이루지만, 냉각에 의해 고체로 될 때는 2개의 금속성분이 혼합된 조직으로 변화한다. 즉, 냉각 시 다음과 같이 변한다.

$$L \rightarrow \alpha(s) + \beta(s)$$

상평형도의 각 영역에서는 서로 다른 현미경 구조(미세조직, microstructure)를 갖게 되는데 그 대표적인 Bi-Cd 합금의 예를 그림 4.8에 나타내었다. 공정 조성보다 왼쪽에 있는 합금을 아공정 합금, 오른쪽에 있는 합금을 과공정 합금이라고 하는데 두 합금의 미세구조는 서로 다르다. Bi에는 Cd이 Cd에는 Bi가 첨가되면 용융점이 낮아진다는 것을 상평형도로부터 알 수 있다(조성에 따른 융점의 변화를 살펴보라!). 상평형도에서 E점에 해당하는 조성의 재료를 용융 상태에서 냉각시키면 일정 온도 140°C에서 Bi과 Cd이 혼합된 공정이 생기며, 이때의 온도

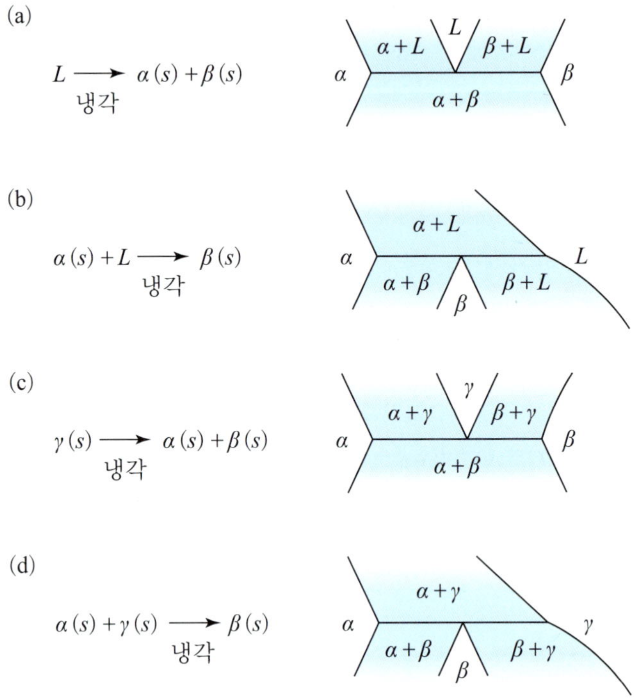

그림 4.7 2성분계 합금의 종류, (a) 공정합금, (b) 포정합금, (c) 공석합금, (d) 포석합금의 상평형도

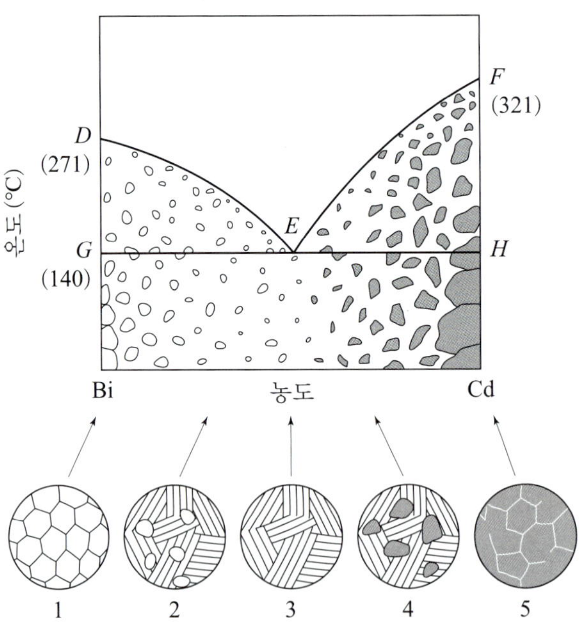

그림 4.8 Bi-Cd합금 상평형도와 재료의 미세구조

를 공정 온도(eutectic temperature)라고 한다. 이때의 미세구조는 두 개의 금속이 기계적으로 혼합된 조직을 형성한다.

미세구조를 살펴보면 Bi 100%, Cd이 0%인 재료의 미세조직은 Bi 입자들만으로 구성되어 있다. *E*점에 해당하도록 Cd이 첨가된 Bi 액상을 냉각하여 140°C의 온도가 되면 Bi과 Cd이 교대로 층상으로 존재하는 공정 조직이 형성된다. Cd 양이 이보다 줄어든 조성에서는 140°C의 온도를 거쳐 상온으로 냉각한 경우 공정 조직과 포화된 Bi이 존재하며, Cd 양이 많은 경우 그 반대로 포화된 Cd이 존재한다.

공정 합금에 있어서 2종 이상의 금속원소가 간단한 원자비로 결합되어 별개의 물질이 형성되기도 하는데, 이 화합물을 금속간 화합물(intermetallic compound)이라고 한다. 이 화합물은 별개의 금속과는 다른 새로운 특성을 갖는 것이 특징이다. 예를 들면 금속간 화합물의 경도 값은 이를 구성하고 있는 본래의 금속들과 비교하면 월등히 우수한 값을 나타낸다. 그림 4.9에 금속간 화합물의 예를 나타내었다. 금속간 화합물에는 Fe_3C와 같은 탄소강이나 주철, Cu_3Sn과 같은 청동, $CuAl_2$와 같은 알루미늄 합금, Mg_2Si, $MgZn_2$와 같은 마그네슘 합금 등이 있다.

포정합금은 액상이 개재되어 있으며, 금속 *A*에 다른 금속 *B*를 첨가했을 때 그림 4.7(b)와 같이 용융점이 점차로 하강(또는 *B*에 *A*를 첨가했을 때는 상승)하는 특징을 나타낸다. 냉각 시 다음과 같이 변한다.

$$\alpha(s) + L \rightarrow \beta(s)$$

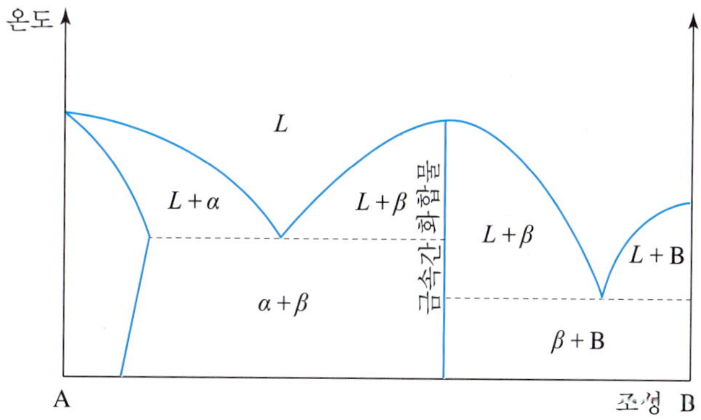

그림 4.9 금속간 화합물을 포함하는 상평형도

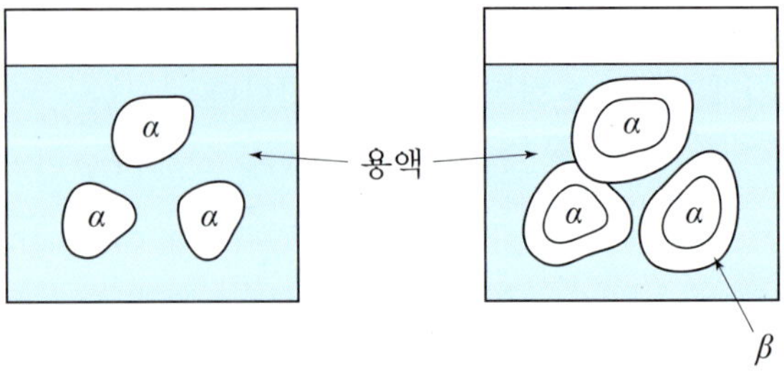

그림 4.10 포정합금에서 포정반응이 일어나는 모식도

포정 반응이 진행됨에 따라 액상에 α 상이 석출되고 그 후에 β 상이 형성되다가 온도가 매우 낮아지면 모두 β 상으로 변화한다. (그림 4.10)

실제 공업적으로 이용되는 합금 중에는 고체 상태에서 상변화를 하는 합금이 대단히 많다. 이 중에서도 공석합금은 냉각 시

$$X(s) \rightarrow \alpha(s) + \beta(s),$$

포석합금은

$$\alpha(s) + \gamma(s) \rightarrow \beta(s)$$

의 반응을 나타낸다. 참고로 다음 식과 같이

$$L \rightarrow L + \beta(s)$$

액상에서 액상과 고상과 다른 종류의 액상을 동시에 생성하는 반응을 편정 반응(monotectic)이라고 한다.

4.2.3 Fe-C 상평형도

다음 그림 4.11은 기계재료로 많이 사용하고 있는 강(steel)의 기본 평형 상태도 그림이다. 이 상평형도는

$$\delta(s) + L \rightarrow \gamma(s)$$

의 포정 반응과,

$$\gamma(s) \rightarrow \alpha(s) + Fe_3C(s)$$

의 공석 반응 및

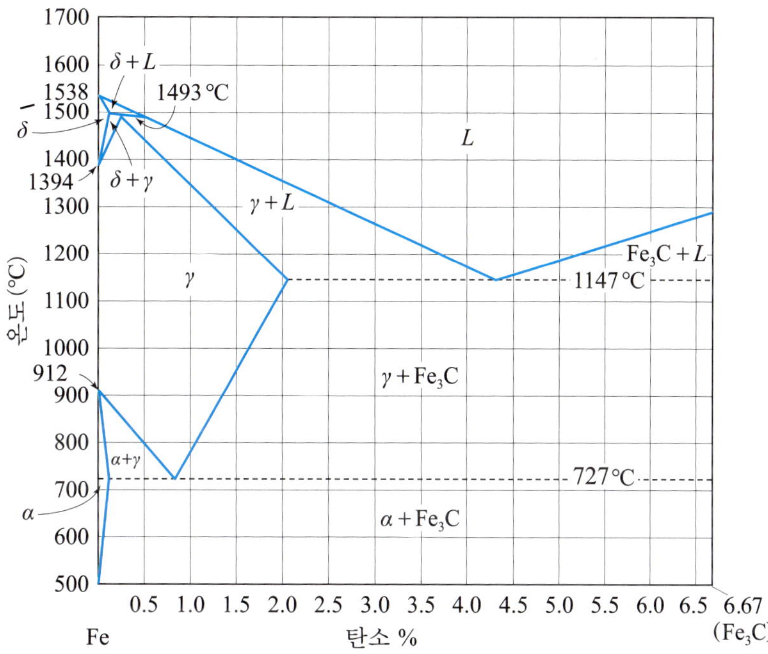

그림 4.11 Fe-C 상평형도

$$L \rightarrow \gamma(s) + Fe_3C(s)$$

의 공정 반응을 포함하고 있다.

순수한 철(pure iron)의 상변화는 상평형도의 가장 좌측의 수직선만 보면 된다. 순철은 α, γ, δ의 3개의 동소체가 있으며, 온도가 상승함에 따라 다음과 같이 상변화가 일어난다.

$$\alpha\text{-Fe(BCC구조)} \leftrightarrow \gamma\text{-Fe (FCC구조)} \leftrightarrow \delta\text{-Fe (BCC 구조)}$$

즉 순철은 912°C의 온도까지는 BCC 구조인 α상으로 존재하다가, 912°C부터 FCC 구조인 γ상으로 변화하여 1394°C까지 안정하다. 1394°C부터는 BCC 구조인 δ상으로 변화하여 1538°C까지 안정하다. 이러한 구조 변화는 온도를 냉각할 때도 동일한 온도에서 동일하게 발생한다. 이와 같이 온도가 높아지거나 낮아짐에 따라 한 결정 격자가 다른 결정 구조로 변하는 현상을 변태(transformation)라고 한다. 1538°C부터는 액상으로 용융된다. 따라서 순철이 기계재료로 사용되어져야 한다면 1538°C 이하에서 사용되어야 한다.

γ 상에서 α 상으로 또는 그 역으로 상변화가 일어나는 온도는 912°C로서 A_3

변태점이라고 정의하며, δ 상에서 γ 상 또는 그 반대로 상변화가 일어나는 온도인 1394°C는 A_4 변태점이라고 정의한다. 참고로 철의 결정 구조는 변화가 없이 자기적 성질만 변화하는 점을 A_2 변태점이라고 정의하며 순철의 퀴리점(curie temperature)이라고도 한다. 그 온도는 768°C이다.

순철의 용융온도는 상평형도의 가장 왼쪽의 수직선에서 액상으로 변하는 온도에 해당하며 약 1538°C이다. 순철에 탄소(C)가 첨가되면 δ 상의 철과 액상이 공융하게 되며 용융점이 감소하게 된다. 한편 순철 Fe에 C를 6.67wt%첨가한 Fe_3C의 경우, 조성은 주어진 상평형도에서 가장 우측의 수직선을 생각하면 된다. 727°C까지는 α + Fe_3C가 안정하다가 온도가 상승함에 따라 1147°C까지는 γ + Fe_3C가 안정하며, 그 이후는 Fe_3C 상과 액상이 공존한다. 모두 액상이 되는 점은 우측의 수직선에서 액상과 액상 및 Fe_3C 상의 영역 간의 경계점에 해당한다. 액상이 되고 나서 다시 냉각을 하면 시멘타이트(Fe_3C)가 석출되기 시작한다.

만약 Fe에 C가 1wt% 첨가된 조성의 경우는 주어진 상평형도에서 1.0의 숫자의 수직선을 생각하면 된다. 600°C에서 안정한 상은 α와 Fe_3C 상이다. 727°C에서는 공석온도이므로 α 상과 γ 상, Fe_3C 상이 공존하게 된다. 850°C라면 γ 상으로 변화되며, 액상이 처음 생기는 온도는 약 1350°C이다. 기계재료로서 용융을 허락하지 않는다면, 사용 가능한 최고 온도는 1350°C가 된다. 1400°C에서 안정한 상은 γ 상과 액상이며, 각 상의 분율은 앞에서 살펴본 지렛대의 법칙에 의해서 구할 수 있다.

Fe에 C가 혼합되는 2성분계에서 균일한 용융 액상을 천천히 냉각하게 되면 온도에 따라 그리고 탄소 함유량이 얼마인가에 따라 서로 다른 현미경 구조를 갖는 조직이 형성된다. 이러한 구조를 미세구조 또는 미세조직(microstructure)라고 하며, 재료가 어떤 미세구조를 갖느냐에 따라 기계적 성질이 달라진다. Fe-C 상평형도에서 상 자체의 개념도 중요하지만 미시적인 관점에서 재료의 미세조직의 제어도 매우 중요하다. 탄소강이 탄소 함유량에 따라서, 어느 온도에서 제조했는가에 따라, 또 어느 고온에서 어떻게 냉각했는가에 따라 미세조직이 다르게 형성되기 때문이다.

1147°C의 온도에서 γ-Fe에 시멘타이트의 최대 고용도를 나타내는 탄소의 최대 함량은 2.11%이다. 최대 2.11%의 C를 혼합하여 생기는 현미경 구조를 갖는 광물을 오스테나이트(austenite)라고 하며, α-Fe에 최대 0.0218%의 C를 혼합하여 생기는 현미경 구조를 갖는 광물을 페라이트(ferrite)라고 한다.

γ-Fe + 0.77%의 C가 혼합된 고용체가 727°C에서 페라이트(ferrite)와 시멘타이트(cementite, 6.67% C가 혼합된 Fe_3C의 단단한 공정조직)로 구성된 광물로 분리된 조직을 펄라이트(pearlite) 라고 한다 (그림 2.4 참조). 2.11%의 C 및 Fe_3C 시멘타이트의 공정조직을 레데뷰라이트(ledeburite)라고 하며, 4.3%C인 주철에서 이러한 조직이 나타난다. 이 주철의 온도를 계속 상승시키면 1148°C의 온도 사이에서 모두 액상이 된다.

그림 4.11의 Fe-C 상평형도에서 고온의 영역 (727°C 이상의 온도를 살펴보라)에서는 탄소량에 따라 다르지만, γ-Fe(austenite)가 넓은 범위에 걸쳐 존재하는 것을 알 수 있다. 좁은 범위의 영역에 존재하는 α-Fe(ferrite)의 영역과 비교된다고 할 수 있다. 즉 이러한 온도 범위에서는 오스테나이트가 안정한 영역이다. 그림 4.12에 약 1147°C의 온도에서 0.5%의 탄소가 함유된 γ-Fe(austenite) 만으로 구성된 탄소강의 미세조직을 상평형도 위에 나타내었다. 그러나 727°C이하의 온도에서는 오스테나이트가 더 이상 안정하지 않고, 페라이트(α-Fe)와 시멘타이트(Fe_3C)의 화합물이 안정한 것을 알 수 있다. 따라서 오스테나이트의 미세조직은 더 이상 존재하지 않고, 그림 4.12의 A와 같이 페라이트(그림의 흰색)와

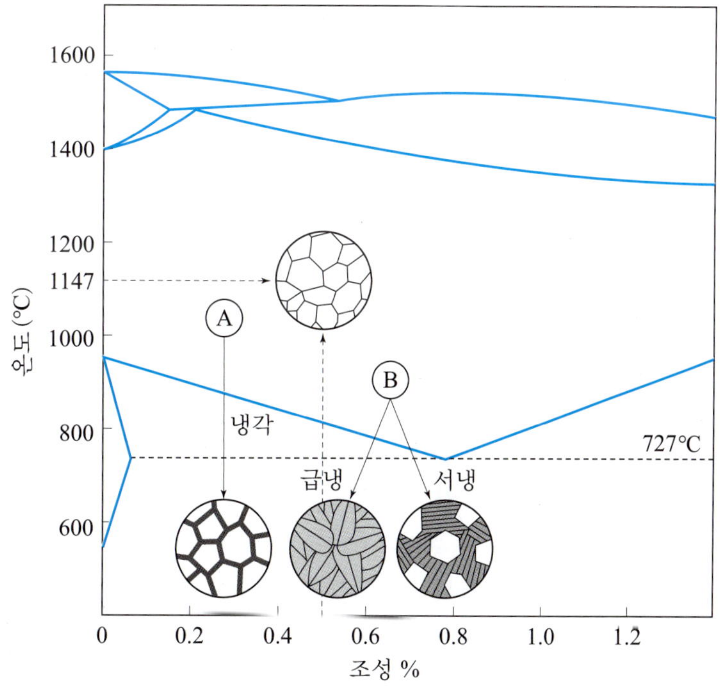

그림 4.12 Fe-C 상평형도에서의 다양한 미세조직을 나타내는 예

4

펄라이트(페라이트 + 시멘타이트, 그림의 검은색)로 구성된 조직으로 변화함을 알 수 있다. 탄소량에 따라 그 미세조직의 달라짐을 살펴볼 수 있는데, 탄소량이 상대적으로 적은 A에서 냉각한 경우와, 상대적으로 많은 B에서 냉각한 경우 서로 다른 미세조직이 얻어진다는 것을 알 수 있다. 탄소량이 상대적으로 많은 B에서 냉각한 경우 냉각 후 시멘타이트를 포함한 펄라이트 상(흰색과 검은색이 교대로 적층된 상)이 더 많이 형성된 것을 알 수 있고, 이 경우의 경도가 A에서 냉각한 경우보다 힘에 대한 저항성 및 경도 등의 특성이 더 우수한데 이는 층상형의 시멘타이트의 조직을 더 많이 함유하고 있기 때문이다. 또 냉각 속도의 제어가 가능하다면, 서냉의 경우 페라이트와 펄라이트로 구성된 조직이 얻어지지만, 급랭을 하면 페라이트가 완전히 사라지고 가늘고 긴 주상입자들 만으로 구성된 마르텐사이트 조직이 얻어진다. 이 조직은 많은 전위들을 포함하고 있어 경도, 강도 등의 특성이 매우 우수하다.

4.3 상변태

고상, 액상, 기상 등 온도나 압력이 변화함에 따라 상(phase)이 변화하는 것을 상변화 또는 상변태가 일어났다고 말한다. 액상인 물을 0°C 이하로 얼리면 고체인 얼음이 되고, 100°C 이상으로 끓이면 기상인 수증기로 변한다. 마찬가지로 같은 재료로 구성되어 있는 고상의 금속이라고 하더라도 열처리하거나 냉각하는 도중, 원자들의 움직임에 변화가 생겨 결정구조가 변화하거나 새로운 원자들이 확산(diffusion)되어 다른 고상이 형성될 수 있는데 이를 금속의 상변태(phase transformation)라고 한다.

고체 내에서 열적으로 활성화되는 공정으로 원자의 확산이 일어나고, 이로 인해 크리프(creep)나 산화, 상변태가 가능하게 된다. 예를 들면 고온에서 재료의 변형이 일어나는 크리프 현상은 고온에서 원자의 확산에 의해 결정되는 과정이며, 산화 현상 역시 산소 원자가 열적으로 활성화되어 금속재료의 표면으로 확산하여 일어나게 된다. 상이 변화하는 현상 역시 원자들이 활성화되어 움직이지 않고서는 일어날 수 없다.

4.3.1 원자의 확산

재료는 원자들로 구성되어 있다. 원자들은 0°K의 온도에서도 진동하고 있으며, 온도가 높아지면 그 진동 폭이 커진다. 온도가 더욱 높아져서 이웃 원자들 간의 결합에너지 이상의 열에너지가 가해지면, 원자들은 한 위치에서 다른 위치로 움직일 수 있다. 이는 다른 위치가 더 안정한 상태이기 때문이다. 원자의 한 위치에서 다른 위치로의 운동은 활성화 에너지(activation energy)와 밀접한 관련이 있다. 다음과 같은 그림 4.13의 (a)와 같이 온도가 충분히 높지 않다면 원자 한 개가 열에너지를 받아 진동하기는 하지만, 에너지 장벽($\Delta G^* = G_b - G_a$)이 있어서 보다 에너지가 낮은 위치인 (c)로 이동할 수 없다. 즉 열역학적으로 에너지가 낮다고 원자가 무조건 그 위치로 움직일 수 있는 것은 아니며, (c)로 이동하기 위해서는 ΔG^* 크기 이상의 에너지가 외부에서 주어져야 한다. 이와 같은 에너지 장벽을 활성화 에너지라고 한다. 4

원자가 장벽의 높이 ΔG^*를 극복할 정도의 충분한 열에너지를 받을 확률은 다음과 같다.

$$P = \exp(-\Delta G^*/\text{kT})$$

원자들이 한 상태에서 다른 상태로 움직일 수 있는 여부는 확산 속도가 중요한 역할을 한다. 원자가 진동수 ν를 갖고 움직일 때 장벽을 넘을 수 있는 속도 r은 $r = \nu \times \exp(-\Delta G^*/\text{kT}) = \nu \exp(\Delta S^*/\text{k}) \exp(-\Delta E^*/\text{kT}) = A \exp(-\Delta E^*/\text{kT})$가 된다.

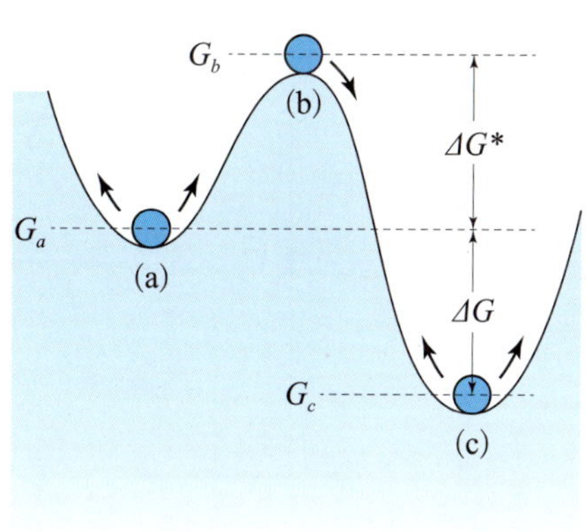

그림 4.13 원자의 활성화 상태 (activation state)

윗 식을 아레니우스 방정식(Arrhenius equation)이라고 부르며, ΔS^*은 활성화 엔트로피이고, ΔE^*은 활성화 에너지다.

윗 식의 양변에 ln을 취하면, $\ln(\text{rate}) = \ln(A) - \Delta E^*/kT$가 되고, 확산속도(rate)를 $1/T$의 함수로 나타내면 그림 4.14와 같이 온도에 따라 확산속도가 직선적으로 증가하는 그래프를 얻게 된다.

원자가 움직일 수 있는 길이 2개 이상이라면 가장 빠른 길로 가는 방법으로 원자가 이동한다. 따라서 전체의 반응 속도는 가장 느린 속도에 의해서 결정된다.

4

확산 속도는 농도구배에 의존한다. 즉 두 지점 간에 농도의 기울기(농도의 차이)가 존재하면 특정한 원자들이 한 방향으로 이동하는 유속이 발생한다. 원자 개개인이 아니라, 일정한 원자들이 한 방향으로 움직여 유속이 생기는 것을 확산(diffusion)이라고 한다. 유속(flux)은 다음과 같은 식으로 표현할 수 있다.

$$\text{유속} = \text{전도도(conductivity)} \times \text{구동력(driving force)}$$

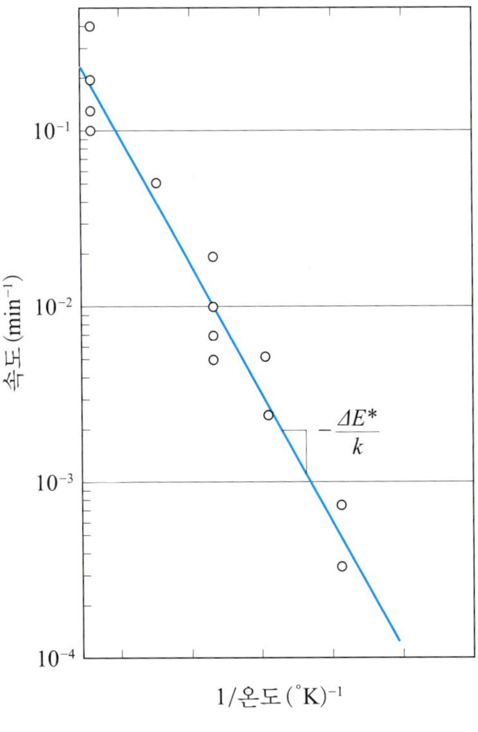

그림 4.14 온도와 반응 속도와의 관계

확산에는 정상 상태(steady state)의 확산과 비정상 상태(nonsteady state)의 확산이 있다. 정상 상태의 확산은 시간에 따른 농도구배의 변화가 없는 것이 특징이다. 반면에 시간에 따른 농도구배에 차이가 있으면 비정상 상태의 확산이라고 한다(그림 4.15).

정상 상태의 유속 J는,

$$J = -D(dc/dx)$$

dc/dx는 농도구배, D는 확산 계수이다.

비정상 상태의 유속 J는 $J = -D(d^2c/dx^2)$으로 주어진다.

확산 거리 x는 다음 식의 관계가 유도된다.

$$x = (Dt)^{1/2}$$

확산은 원자간 결합에 강하게 의존한다. 폴리머에서 폴리머 사슬 내는 강한 공유결합을 하고 있고, 사슬 간에는 약한 반데르 바알스 결합을 하고 있다면, 확산은 사슬 분자가 움직이는 형태로 일어난다. 또 일반적으로 큰 분자일수록 활성화 에너지, 즉 에너지 장벽이 높다.

확산은 원자 간 공공을 통해서 또는 원자 간의 간극을 통해서 일어난다. 전자를 공공형 확산(vacancy diffusion), 후자를 침입형 확산(interstitial diffusion)이라고 한다.

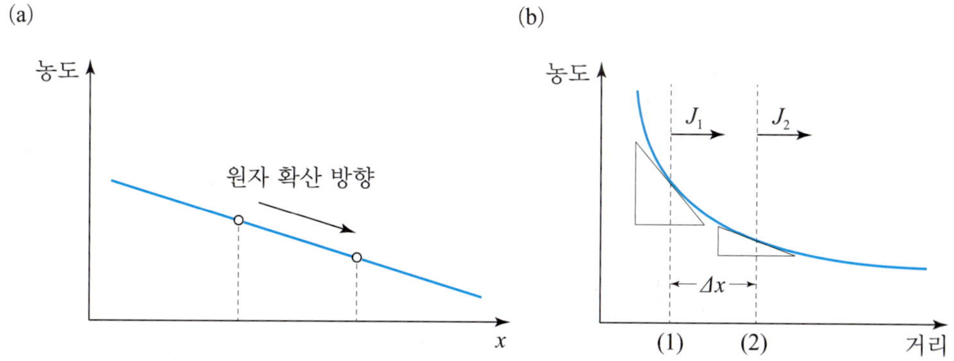

그림 4.15 (a) 정상 상태의 확산 및 (b) 비정상 상태의 확산

4.3.2 상변화

고체 원자가 다른 고체 원자로 확산하여 합금화가 되는 것은 고체-고체 간 상변화(phase transition)라고 할 수 있고, 용융된 금속이 냉각될 때 고체가 되는 것은 고체-액체 간 상변화라고 할 수 있으며, 공기 중에서 금속이 녹스는 현상은 고체-기체 간 상변화라고 말할 수 있다. 모든 현상들은 원자들의 움직임에 의해 일어난다는 것이 공통점이고 확산(원자의 움직임)현상을 수반한다.

고상-고상에서의 상변화를 생각할 때 온도 $T = T_E$에서는 두 상의 자유에너지는 같다, 즉

$$\Delta Gv = G_\beta - G_\alpha = 0$$

가 된다. 한편, $\Delta Gv = \Delta Ev - T\Delta Sv$이므로,

$$\Delta Sv = \Delta Ev / T_E$$

가 된다. T가 T_E가 아닐 때는

$$\Delta Gv = \Delta Ev - T\Delta Sv = \Delta Ev - T(\Delta Ev / T_E)$$

이러한 에너지의 변화로 상변화가 일어난다. 상변화는 새로운 상의 핵 생성(nucleation)과, 핵 생성된 입자들의 성장(growth)으로 이루어지며 전체에너지변화는 다음 식과 같다. Gv는 부피에너지, γ는 표면에너지이다.

$$G_{\text{total}} = (4\pi r^3/3)G_V + 4\pi r^2\gamma$$

즉 핵의 표면적을 증가시키는 속도(우측 term으로 양의 값을 갖는다)와 체적에 의해 에너지가 감소하는 속도(좌측 term으로 음의 값을 갖는다)의 경쟁에 의해 좌측 term이 큰 값이 되면 전체적으로 음의 값이 되어 핵 생성이 일어나게 되고, 우측 term이 큰 값이 되면 전체적으로 양의 값이 되어 핵 생성은 일어나지 않는다.

좌측 term이 지배하여 핵이 형성되면 다음 그림 4.16의 (a)와 같이 새로운 상의 핵이 형성되며, 시간에 따라 (b)에서와 같이 핵의 성장이 일어난다. 즉 상변태는 핵 생성(nucleation)과 핵의 성장(growth)에 의해 일어나는 일련의 과정이다.

(a)

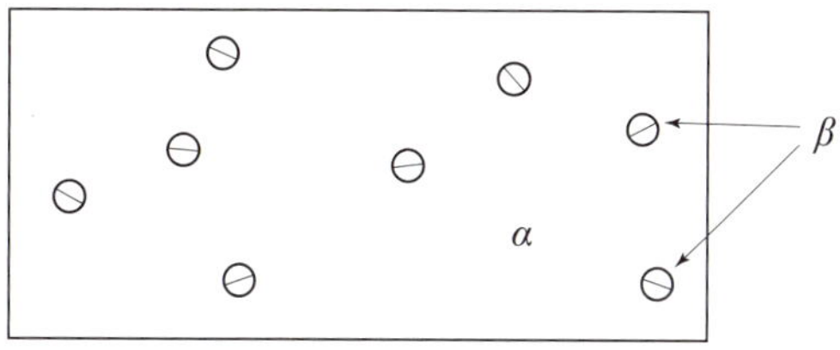

(b)

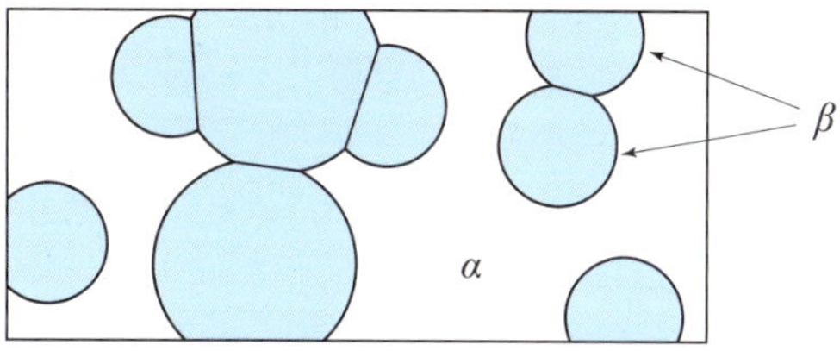

그림 4.16 상변태에서 일어나는 (a)핵 생성과 (b) 입자 성장 모식도

4.3.3 상변태의 응용

상변화가 일어나는 정도는 시간에 의존한다. 일정한 온도에서 시간을 유지함에 따라 상변태가 일어난 정도가 지속적으로 바뀔 수 있다. 앞 절에서 살펴본 식들을 계산하여 적용하면 C자 모양이 산출되는데 이를 C곡선 또는 시간(time)-온도(temperature)-상변태(trasnformation)를 나타내는 그래프이므로, T-T-T 곡선이라고도 한다. 이와 같이 온도와 시간에 따라 상이 변태되는 정도를 나타낸 곡선을 항온변태 곡선 또는 T-T-T 곡선(time-temperature-transformation) 이라고 한다. 곡선의 모양이 S자를 닮았다고 하여 S곡선이라고도 한다.

상변화 속도가 빠르다면 상변화된 양은 많지만, 시간은 반비례하여 짧은 시간이 되며, 상변화 속도가 느리다면 시간이 많이 걸리고 상변화된 양은 적게 된다. 예를 들면 다음 그림 4.17에서 10%라는 의미는 전체 부피에서 10%의 부피가 상변화가 일어났다는 의미이다. 시간이 지남에 따라 상변화된 C자 모양의 곡선이 왼쪽의 0%(start)에서 우측의 100% 곡선(finish)으로 이동함을 볼 수 있다. 상변화가 시작되는 시작 곡선에서 가장 최소(가장 볼록한 부분)의 시간을 코(nose)라고 한다.

그림 4.18에서 만약 온도를 T_3에서 유지하면 온도가 낮고 C자 곡선을 만나지

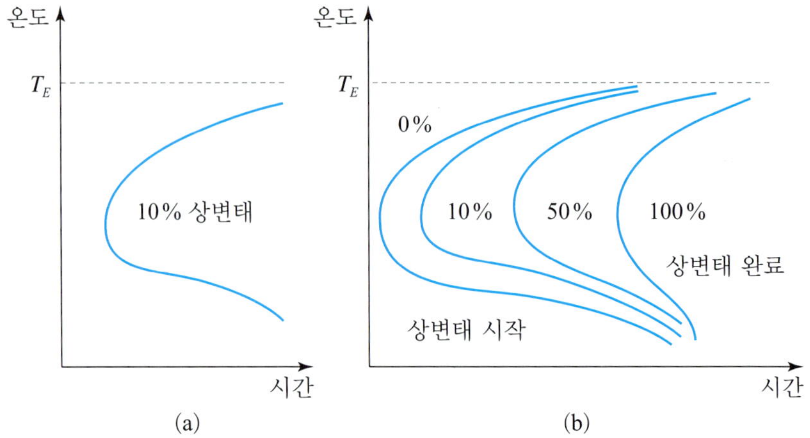

그림 4.17 상변태의 정도를 나타낸 T-T-T곡선의 예

않으므로 아무런 상변화도 일어나지 않을 것이다. 그러나 온도를 T_2 이상으로 올리면 시간이 지남에 따라 변화된 상이 나타나고 양이 증가할 것이다.

금속의 열처리 등 실질적으로는 등온변태 온도(일정한 온도를 지속적으로 유지해주는 것)와 냉각 속도가 상변태 입자들의 크기를 결정하는 데 중요한 역할을 한다. 만일 T_1까지 급랭하고 일정온도를 유지해주면, 온도차이가 작고 성장 속도가 증가하므로, 핵 생성된 수는 적고 입자의 크기는 커진다. 만일 보다 낮은 온도인 T_2에서 일정온도를 유지해주면, 온도차이가 크고 성장속도는 낮아지므로 입자의 수는 많아지고 입자의 크기는 작아진다. 냉각 속도가 느리다면 입자

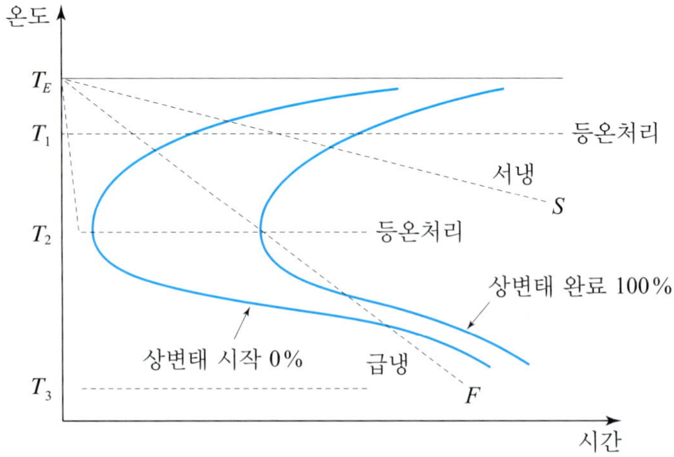

그림 4.18 T-T-T 곡선에서 온도와 냉각 속도 제어의 예

크기는 커지고 급랭한다면 입자크기는 작아질 것이다. 따라서 급랭의 경우, 재료의 강도는 향상될 것이다.

항온 담금질에는 세 가지 종류가 있는데 오스템퍼(austemper), 마르템퍼(martemper), 마퀜칭(marquenching)이 있다. 오스템퍼는 그림 4.19와 같은 철에 탄소가 첨가된 합금강에 있어서, 코와 M_s 사이에서 항온변태를 시킨 후 열처리하여 점성이 큰 베이나이트 조직을 얻는다. Nose 보다 낮은 온도에서 연속 냉각시키면 이와 같이 베이나이트 조직이 생기며 이 조직은 Fe_3C가 γ 상에 분산된 조직으로서 분산된 상은 장경비가 긴 막대 모양이다. 펄라이트 상이 형성되지 않는 이유는 온도가 낮아 탄소 원자들이 충분히 확산할 시간이 없기 때문이다. 그러므로 탄소 원자 간 응집이 일어나 미세한 입자들로 변하여 베이나이트가 된다. 베이나이트는 내부 응력이 작고 경도가 적당하여 탄소강재로서 적합하다.

4

γ상인 오스테나이트를 온도 T_1에서 등온 처리하면 펄라이트가 생성되기 시작한다. Ps에서 판상 형태의 펄라이트로 상변화가 시작되어 P_F에서 상변화가 끝난다. 만약 이 온도에서 급랭을 하게 되면 미세한 입자의 펄라이트를 얻을 수 있다. 오스테나이트를 T_1으로 급랭하고 펄라이트의 시작점을 만나지 않는다면, 이 온도에서 확산은 어렵게 되고 Fe_3C가 석출되지 않는다.

마르템퍼는 M_s와 M_F점 사이에서 항온 변태시킨 후 열처리하여 마르텐사이트와 베이나이트의 혼합조직을 얻는다. M_s온도는 T_E 온도와 큰 온도 차이를 나타내어 FCC 구조의 오스테나이트는 BCC 구조의 페라이트로 상변화 되는 큰 구동력을 갖는다. 구동력이 워낙 커서 무확산 변태(diffusionless transformation)가 일어난다. 온도 T가 $T < M_s$이면 무확산 변태가 일어날 수 있는데, M_s가 마르텐사이트로 상변이가 시작되는 경계점이고 M_F는 완료되는 지점이다. 이와 같이 과포화로 α상의 페라이트가 과량의 탄소와 함께 석출되는 과포화된 α를 마르텐사이트(martensite)또는 α'상이라고 한다. 미세구조적으로는 γ상으로부터 복잡한 전단(shearing)에 의해 마르텐사이트로 변화한다. 각 원자들은 원자거리 이하 만큼만 움직이므로 거의 확산이 일어나지 않는다. 마르텐사이트는 베이나이트와 비슷하게 매우 미세하고, 바늘 같은 막대 모양의 조직을 갖는다. 마르텐사이트는 과포화된 단일결정의 구조(single crystal)로서 카본 원자들이 원자들 간의 간극에 위치하고 고용체 강화현상이 일어나 경도가 매우 높다.

그러나 마르텐사이트는 잔류응력이 너무 크므로 200 ~ 727°C의 온도 범위에서 템퍼링을 해주면 Fe_3C가 석출되고

$$\alpha'(\text{martensite}) \rightarrow \alpha(\text{ferrite}) + Fe_3C(\text{cementite})$$

베이나이트 플레이트가 나타난다. 인성이 증가하고 강도가 최적화된다.

온도 유지나 시간을 증가시켜 Fe_3C를 더욱 성장시키면 구형의 카바이드(spherodized carbide) 형태로 바뀌게 된다. 이들의 특성은 입자 크기(냉각 속도)와 카본 량에 의해 좌우된다.

마켄칭은 S 곡선의 코 아래서 항온 열처리한 후 뜨임하여 마르텐사이트 변태를 시키는 담금질 방법이다.

이와 같이 열처리 온도와 시간 및 냉각 속도를 제어함에 따라 다양한 미세조직을 갖는 금속을 제조할 수 있다. 일례로 T_1의 온도에서 t_1 시간만큼 유지시킨 후 M_F 온도 이하로 온도를 냉각시키면, 미세조직은 펄라이트와 마르텐사이트가 혼합된 조직이 형성된다. T_1에서의 시간을 더 유지할수록 펄라이트의 함량이 증가하게 할 수 있다. 이 두 소재의 함유량에 따라 기계적 특성 또한 달라진다.

합금화를 통해 미세조직이나 기계적 특성을 변화시킬 수도 있다. 예를 들면 오스테나이트에 니켈 등을 첨가하면 T-T-T 곡선을 변화시킬 수 있다. 니켈 함유량 증가에 의해 마르텐사이트를 보다 많이 형성시키는 것이 가능하게 되고 따라서 경도 등 기계적 특성의 제어가 가능하다.

T-T-T 곡선을 활용한 다양한 처리 방법 중 몇 가지를 살펴보면, 서브제로

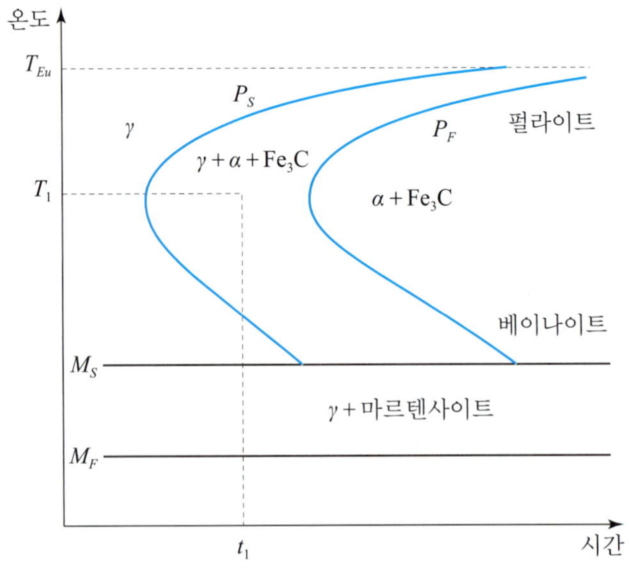

그림 4.19 T-T-T 곡선에서 미세조직 제어의 예

(sub-zero) 처리라는 것이 있는데 이는 심랭 처리라고도 하며, 잔류 오스테나이트를 M_F점 이하로 처리하여 제거하는 방법을 말한다. 항온 뜨임(isothermal tempering)은 M_s점 부근에서 항온 유지시켜 2차 베이나이트가 생기도록 하는 처리 방법으로 고속도강이나 다이스강 등의 뜨임에 이용되는 방법으로 이렇게 얻어진 조직은 보통의 뜨임 방법보다 인성이 크고 절삭성이 우수하다.

4

재료선택 및 설계를 위한 TIP

상평형도의 활용

재료나 화학을 전공한 사람들이 다양한 재료, 특히 금속이나 세라믹스에 대해서 상평형도를 만들어 제시하고 있다. 일정한 조성을 갖는 재료가 노출되는 주변 환경, 즉 온도, 압력을 변화시켜 가면서 주어진 온도와 압력 하에서 어떤 상으로 존재하고 있는지를 대부분 조사하여 놓았다. 기계공학 전공자들은 그와 같은 상평형도를 활용하면 된다. 예를 들어 구리와 니켈을 합금을 만들고자 할 때 무게비로 반씩 섞을 때 온도를 어느 정도 올려야 액상이 될지를 결정하려면 상평형도를 미리 보고 그 온도를 결정하면 된다. 그 소재가 보일러 부품으로 사용될 때 사용온도에서 혹시 액상이 형성되어 변형되지는 않을지 미리 조사하려면 상평형도를 참고하면 된다. 이와 같이 상평형도는 재료의 제조공정의 변수를 판단하고, 기계부품으로 사용될 때 어떤 상이 안정한지, 그 상이 변하지는 않는지를 아는데 유용한 정보를 제공하고 있다. 또 금속을 주조하거나 열처리할 때 몇 도의 온도에서 처리하는 것이 좋을지에 대한 정보도 상평형도에서 얻을 수 있다.

미세조직

동일한 파이프를 만든다고 하여도, 열처리를 어느 정도 했는지, 가열했다가 냉각을 빠르게 했는지, 느리게 했는지에 따라서 그 특성은 달라지게 된다. 이는 파이프를 잘 연마하여 현미경으로 관찰하면 고체를 구성하는 미세조직(현미경조직)이 달라지기 때문이다. 대부분의 재료들은 원자들이 서로 다른 방향으로 배열되어 경계면으로 보이는 입계(grain boundary)에 의해 구분되는 입자(grain)들로 구성 된다. 이러한 입자들의 크기나 분포, 모양들을 열처리 조건이나 냉각조건을 조절하여 바꿀 수 있고 상변화되는 양을 바꿀 수도 있다. 이를 통해 동일한 파이프라고 하더라도 서로 다른 미세조직을 갖는 파이프를 만들 수 있고 이러한 미세조직들이 기계적 특성 등의 특성에 영향을 미치게 된다. 예를 들면 미세한 입자들로 구성된 파이프는 인성과 크리프에 대한 저항성은 낮지만 강도와 경도가 높다.

4.4 연습문제

4.4.1 다음에 대해 설명하시오.

(1) 열적 평형

(2) 기계적 평형

(3) 화학적 평형

4.4.2 주어진 상평형도에서 각 축의 이름을 정의하시오.

(1) 3차원 상평형도

(2) 2차원 상평형도

4.4.3 다음 상평형도를 보고 물음에 답하시오.

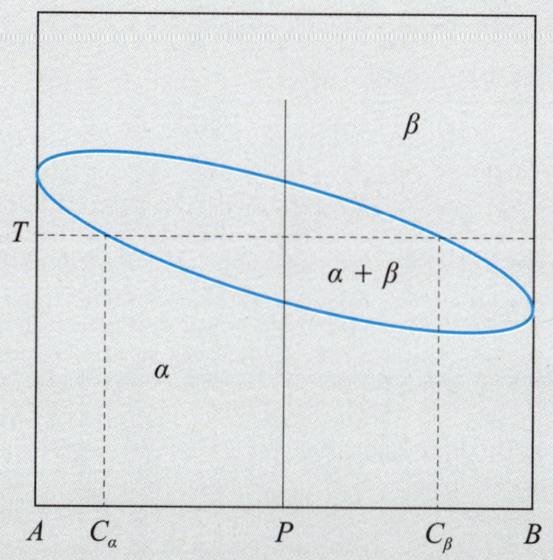

(1) 조성 P에서 A 성분의 농도(분율)는?

(2) 조성 P에서 B 성분의 농도(분율)는?

(3) 조성 P, 온도 T에서 안정한 상의 이름을 모두 쓰시오.

(4) 조성 P, 온도 T에서 α 상의 분율은?

(5) 조성 P, 온도 T에서 β 상의 분율은?

4.4.4 다음 상평형도에 대하여 물음에 답하시오.

Ge-Si 합금은 15wt%의 Si과 85wt%의 Ge으로 구성되어 있다. 이 합금을 온도

1100°C로 상승시켰다.

(1) 주어진 조성과 온도에서 안정한 상이 무엇인지 답하시오.

(2) 각 상의 분율을 계산하시오.

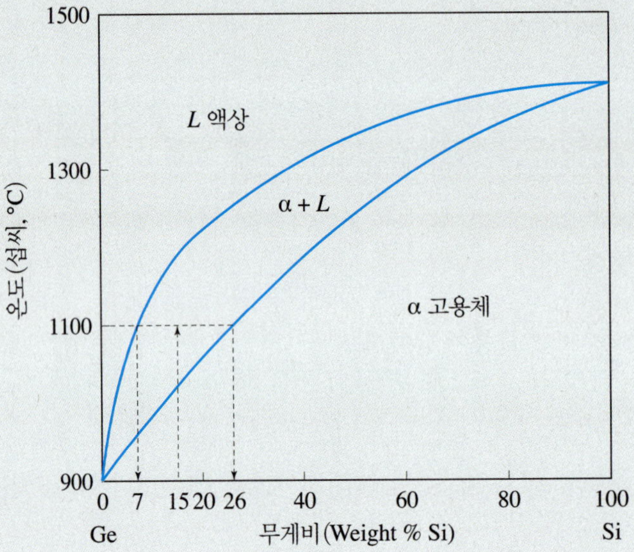

4.4.5 다음 상평형도에 대하여 물음에 답하시오.

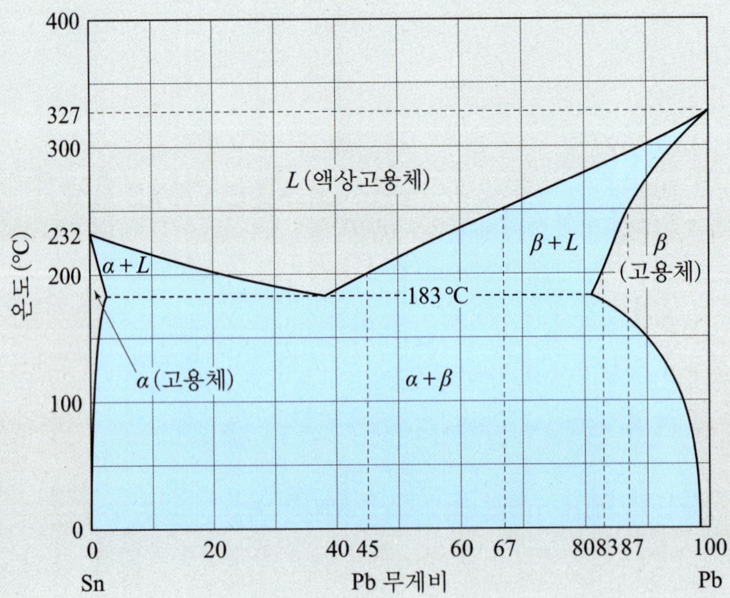

(1) 80wt%의 Pb와 20wt%의 Sn의 합금을 250°C의 온도로 상승시켰다. 각 상들의 분율을 계산하시오.

(2) 만약 온도를 250°C에서 200°C로 하강시켰다면, 액상과 고상 두 상 모두 그 양을 증가키는 것이 가능하겠는가?

4.4.6 다음 Al-C의 상평형도를 보고 물음에 답하시오.

(1) Al에 무게 비로 10%의 Cu를 섞었을 때의 Al-Cu 합금에 있어서 액상이 형성되지 않는 최대 온도를 결정하시오.

(2) Al에 무게 비로 10%의 Cu를 섞은 합금을 600°C의 온도를 상승시켰을 때 안정한 상들과, 각 상의 분율을 계산하시오.

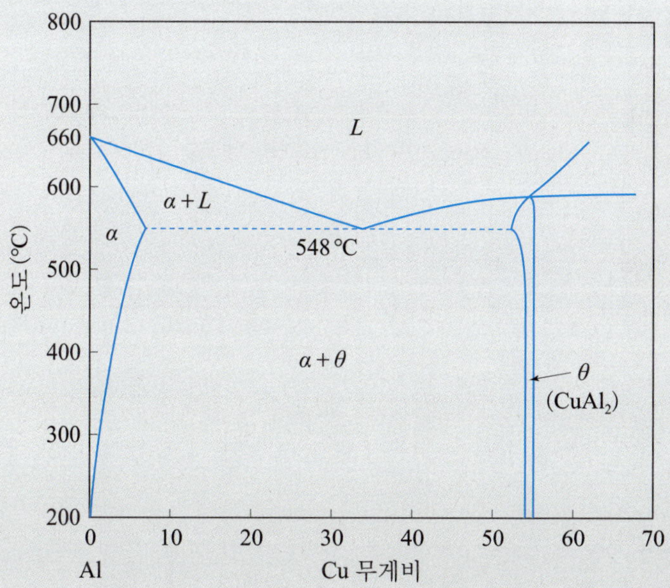

4.4.7 다음 Fe-C의 상평형도를 보고 물음에 답하시오.

(1) 가로축(X축)의 2.0의 숫자의 의미는 (   ), (   ) 두 성분(component)이 섞여 있다는 의미이며, 이때 (   )가 2%섞여 있다는 의미이다.

(2) 2.0의 조성을 대기압 1기압, 온도 1300°C로 상승시켰다. 이때 안정한 상을 모두 쓰시오.

(3) (2)에서 답한 안정한 상들의 각각의 분율을 계산하시오.

(4) 2.0의 조성에 대한 물질의 녹는점을 쓰시오.

(5) 고체의 파이프 재료로 사용하고자, 2.0의 조성을 온도를 올렸을 때 어느 온도 이상 올리면 안되는가?

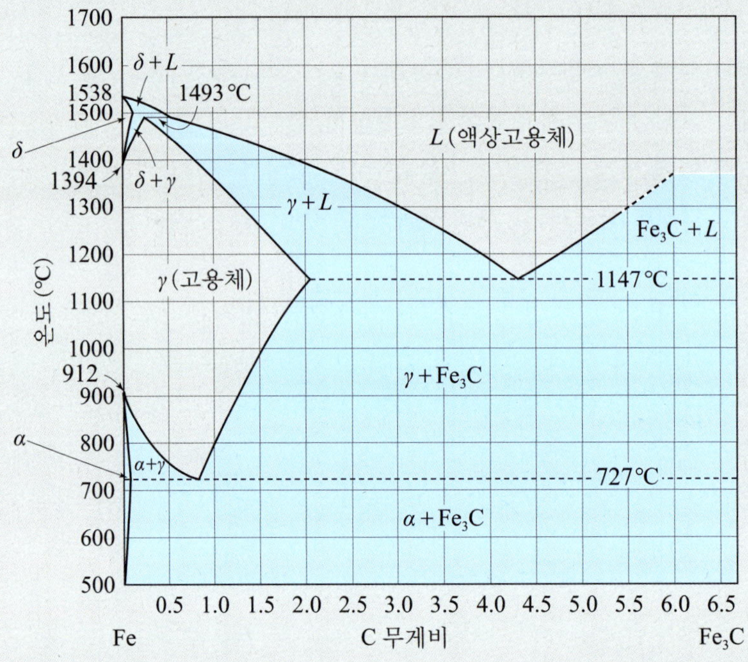

4.4.8 Fe-(0.5 ~ 2.0%)C의 혼합물을 고온으로 1000°C까지 올렸다가 727°C 이하로 냉각 시,

(1) 탄소량의 제어

(2) 냉각 속도의 제어

를 통해 강도가 우수한 재료를 제조하는 방법을 기술하시오.

4.4.9 다음의 상평형도를 작성하시오.

(a) 공정(eutectic)

(b) 포정(peritectic)

(c) 공석(eutectoid)

(d) 포석(peritectoid)

4.4.10 [그림 4.13]에서 (a)의 원자가 진동을 하다가 (c)로 움직일 수 있는 속도(rate) 식을 제시하고, 이로부터 온도-속도 간의 관계식을 유도하시오.

4.4.11 [그림 4.18]에서 어느 경우가 강도가 큰지 각각 대답하시오.
(1) T_1으로 냉각 후 항온 유지-T_2로 냉각 후 항온 유지
(2) T_2로 급랭한 경우 − T_2로 서냉한 경우

4.4.12 [그림 4.19]에서 마르텐사이트(martensite) 조직을 얻을 수 있는 방법을 설명하시오.

4.4.13 철의 동소변태에 대한 설명 중 틀린 것은?
① α − 912°C 이하에서 체심 입방 구조이다.
② γ − 1394°C 이하에서 면심 입방 구조이다.
③ β − 1394 ~ 1500°C 이하에서 육방 최밀 충진 구조이다.
④ δ − 1538°C 이하에서 체심입방 격자이다.

4.4.14 탄소강을 오스테나이트 구역까지 가열 후 급랭 시에 얻어지는 조직은?
① 마르텐사이트(martensite) ② 트루스타이트(troostite)
③ 소르바이트(sorbite) ④ 베이나이트(bainite)

4.4.15 마르텐사이트 조직을 얻는 방법의 설명으로 맞는 것은?
① 오스테나이트를 급랭 후 심랭 처리를 한다.
② 오스테나이트를 정상적으로 평형 냉각한다.
③ T-T-T 곡선에서 nose 이상의 온도에서 오스테나이트를 항온 유지시킨다.
④ T-T-T 곡선에서 nose 이하의 온도에서 오스테나이트를 항온 유지시킨다.

4.4.16 베이나이트(bainite) 조직을 얻기 위한 항온 열처리 조작은?
① 오스템퍼(austemper)
② 마르템퍼(martemper)
③ 마퀜칭(marquenching)

4.4.17 서브제로(sub-zero) 처리란?

4.4.18 상평형도에서 성분(component)과 조성(composition)의 차이에 대해 논하시오.

4.4.19 기계공학에 있어서 상평형도의 중요성에 대해 논하시오.

CHAPTER 5

탄성거동

5.1 _ 거시적 탄성거동
5.2 _ 재료별 탄성계수
5.3 _ 연습문제

5.1 거시적 탄성거동

기계를 사용함에 있어서 변형이나 파손이 일어나지 않고 견고한 상태로 오랫동안 그 기능을 발휘하기 위해서는 탄성(elasticity)이 있어야 한다. 탄성이란, 재료가 힘(하중)을 받았을 때 변위는 일어날 수 있지만, 힘을 제거하였을 때 원래의 상태(힘을 받지 않았을 때의 변위 상태)로 되돌아오는 성질을 말한다. 탄성이 있는 대표적인 기계 부품이 스프링이다. 그림 5.1에서와 같이 스프링을 벽에 연결하여 일정한 힘 F로 누르면 x만큼 변위가 발생하는데, 그 정도는 스프링의 상수 k와 관계한다. 스프링 상수는 재료의 성질로서, 상수 값이 크면 변위가 잘 일어나지 않으며, 복원력이 뛰어나 탄성이 있다고 말할 수 있다.

5

제 3장에서 살펴본바와 같이 탄성은 재료의 원자 간 결합력과 충진 구조에 의해 결정되며 이에 의한 재료의 내력이 있어야, 외부에서의 힘(외력)에 대해 저항할 수 있다. 재료의 내력이 클수록 탄성이 있다고 말할 수 있으며, 이는 외력에 의한 변위가 적기 때문이다. 재료의 내력에 의해 외력에 대한 저항정도를 응력-변형률 곡선에서 재료의 항복이 일어나기 전의 기울기로부터 비교할 수 있으며, 응력-변형률 곡선의 거동을 거시적 탄성거동(macroscopic elastic behavior)이라고 한다.

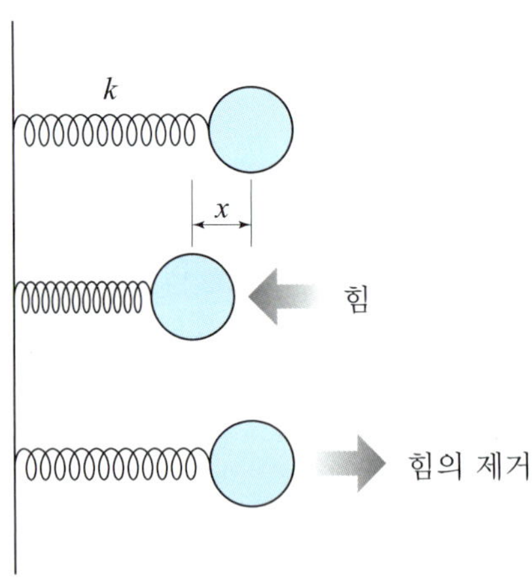

그림 5.1 스프링의 탄성

5.1.1 응력

기계 부품이 힘을 받으면 어느 면적에 걸쳐 받게 되는 것이 일반적이다. 따라서 그림 5.2와 같이 가해진 힘을 단면적으로 나누어주면 응력(stress) 값이 계산된다. 즉 응력은 단위면적당 재료에 가해지는 힘을 말한다. 힘의 방향이 재료를 당기는 방향이면 그 힘에 의한 응력을 인장응력(tensile stress), 누르는 방향이면 그 힘에 의한 응력을 압축응력(compressive stress)이라고 한다. 이때 수직응력은 다음 식에 의하여 계산된다.

$$\sigma = P/A$$

윗 식에서 σ는 수직응력, P는 가해준 힘(하중), A는 힘을 받는 단면적을 각각 의미한다.

위의 응력과 같이 단면적에 수직하게 가해지는 응력도 있지만, 그림 5.3(b)와 같이 단면적에 평행하게 가해지는 응력도 있다. 드라이버 등 기구를 이용하여 나사를 돌리거나 볼트를 조이는 것은 전단력을 가하는 것이라 할 수 있다. 즉 수직응력(normal stress)은 단면적에 수직으로 힘이 가해져 응력이 발생하는 반면, 전단응력(shear stress)은 재료의 단면에 평행하게 힘이 가해져 응력이 발생하게 된다. 이때의 전단응력은 다음 식에 의해 계산된다.

$$\tau = V/A$$

윗 식에서 τ는 전단응력, V는 가해준 전단력, A는 힘을 받는 단면적을 각각 의미한다.

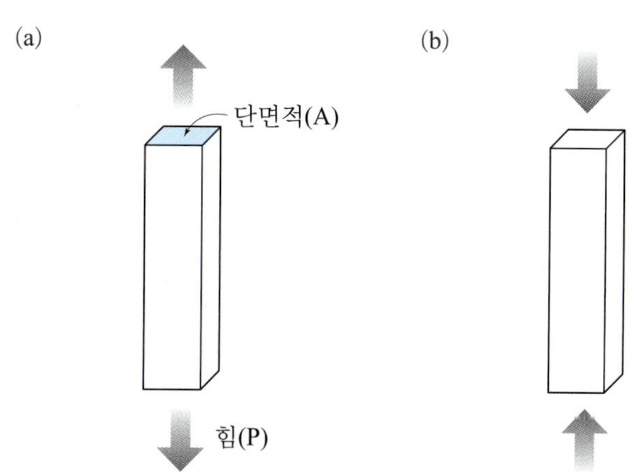

그림 5.2 수직응력의 종류 (a) 인장응력, (b) 압축응력

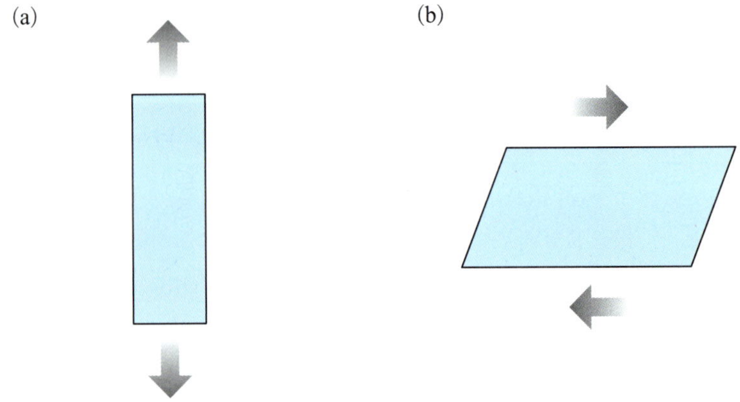

그림 5.3 응력의 종류 (a) 수직응력, (b) 전단응력

5

이 밖에도 응력에는 고무풍선의 팽창을 일으키는 힘에 의한 이축 인장응력 (biaxial stress), 물속에서 사방으로 동시의 압축력을 받아 발생하는 정수압응력 (hydrostatic stress) 등이 있다.

5.1.2 변형률

변형률(strain)은 응력에 대한 재료의 변화 정도를 말한다. 힘을 받은 후의 길이에서 힘을 받기 전의 길이를 뺀 변화를 변위(displacement)라고 부른다.

$$\delta = l - l_o$$

윗 식에서 δ는 변위, 그리고 l 과 l_o는 각각 힘을 받은 후의 길이, 힘을 받기 전의 길이이다.

이 변위를 초기 길이 l_o로 나눈 값을 변형률로 정의한다.

그림 5.4에 변형률의 종류를 나타내었다. (a)는 수직 변형률로서 단면적에 수직한 응력에 의해 발생하는 길이 변화를 초기 길이로 나눈 값으로 다음 식에 의하여 정의된다.

$$\epsilon = \delta / l_o = (l - l_o) / l_o$$

윗 식에서 ϵ이 수직 변형률이다.

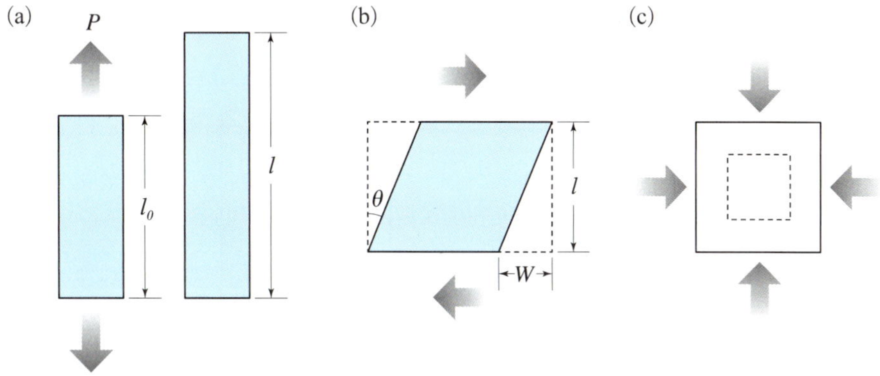

그림 5.4 변형률의 종류 (a) 수직 변형률, (b) 전단 변형률, (c) 부피 변형률

그림 5.4(b)는 전단 변형률로서 단면적에 평행한 응력에 의해 발생하는 변화를 나타낸 값으로 다음 식에 의하여 정의된다.

$$\gamma = W/l = \tan\theta$$

윗 식에서 γ는 전단 변형률이며, W, l, θ는 그림에 나타내었다.

그림 5.4(c)는 부피 변형률로서 정수 압력에 의한 응력에 의해 발생하는 부피 변화를 초기 부피로 나눈 값으로 다음 식에 의하여 정의된다.

$$\Delta = \Delta V/V$$

윗 식에서 Δ은 부피 변형률, ΔV는 부피 변화, V는 초기의 부피이다.

앞에서 수직 변형률은 z축 방향으로만 생각했는데, 실제로는 힘의 작용, 반작용 법칙에 의해 그림 5.5와 같이 x, y, z축 방향으로 모든 변화가 일어날 수 있다. 수직한 하중에 의해 z축 방향으로 인장력이 가해졌다면 반작용에 의해 x, y축 방향으로는 압축력이 작용한다. 각 축에 의해 발생하는 변형률을 $\epsilon_x, \epsilon_y, \epsilon_z$라고 할 때, z축 변형률에 대한 다른 축의 변형률의 비를 포아슨 비(Poisson's ratio) ν라고 한다.

$$\nu = -\epsilon_x/\epsilon_z = -\epsilon_y/\epsilon_z$$

윗 식에서 z축에서 변형의 방향과, x, y축에서의 변형의 방향이 반대이므로 음수의 값을 갖는다. 즉, ϵ_z은 인장이므로 양수이지만, ϵ_x, ϵ_y은 압축이므로 음수이다. 따라서 일반적으로 포아슨 비는 양수의 값으로 표현된다.

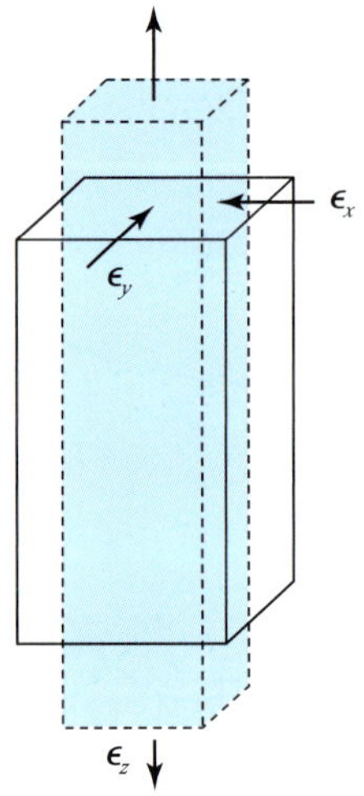

그림 5.5 포아슨 비

5

5.1.3 응력-변형률 곡선

응력을 구하는 식과 변형률을 구하는 식으로부터 각 힘에 대한 응력과 변형률을 계산하면 서로 다른 값이 얻어진다. 이러한 값들을 그래프로 나타낸 것을 응력-변형률 곡선이라고 한다.

그림 5.6에 금속의 일반적인 응력-변형률 곡선을 나타내었다. 응력-변형률 곡선은 항복이 일어나게 하는 힘인 항복응력(σ_y, yield stress)을 기준으로 그 응력을 일으키는 힘보다 작은 힘이 작용하면 재료는 탄성거동을 나타내고, 그 이

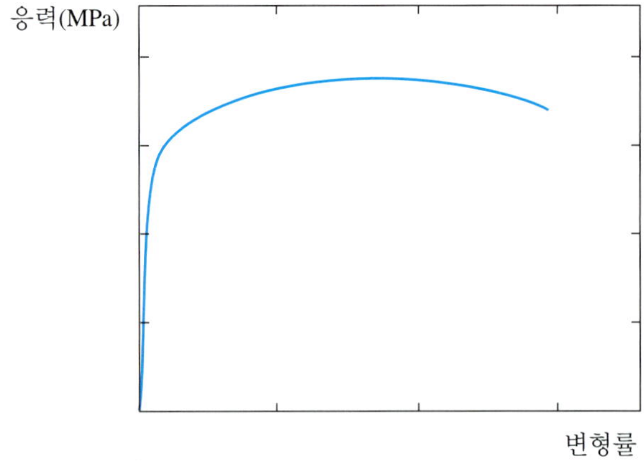

그림 5.6 금속의 일반적인 응력-변형률 곡선

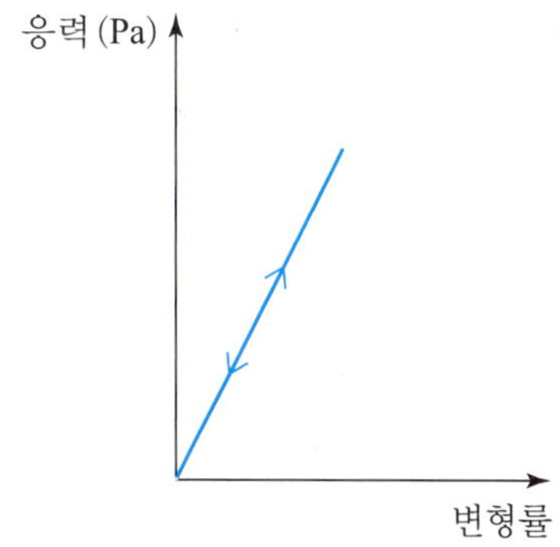

그림 5.7 힘의 작용 및 제거에 의한 탄성구간에서의 회복

상의 힘이 작용하면 재료는 소성거동을 나타낸다. 재료가 탄성거동을 나타내는 구간을 응력-변형률 곡선의 탄성구간이라고 정의하고, 이 구간에서의 변형률은 응력에 정비례하여 직선적인 그래프로 나타난다. 탄성 구간 내에서는 힘을 작용시키다가 제거하면 그림 5.7과 같이 재료는 원래의 상태로 돌아가게 된다.

5

5.1.4 탄성계수

탄성 구간에서는 변형률은 응력에 정비례한다. 즉, 변형률이 작을 때는 늘어난 정도는 힘에 따라 선형적으로 비례한다. 이러한 관계를 후크(Hooke)는 다음 식과 같이 응력과 변형률과의 관계를 식으로 나타내었으며, 이를 후크의 법칙(Hooke's law)이라고 한다.

$$\sigma = E \times \epsilon$$

윗 식에서 E는 응력-변형률 곡선에서 직선 구간의 기울기에 해당하며, 이를 재료의 탄성계수(elastic modulus 또는 Young's modulus)라고 한다. 후크의 법칙은 소성 구간에서는 적용되지 않음을 주의해야 한다.

강성 S는 다음과 같이 일정 거리를 떼어내는 데 필요한 힘으로 정의되므로 원자의 결합력과 관련되므로, 강성은 탄성이 클수록 크다.

$$S = (\partial F / \partial r)$$

재료의 탄성계수는 응력-변형률 곡선에서 직선의 기울기로부터 구하기도 하지만, 탄성이 있는 소재가 진동이 잘 일어나므로 재료의 진동수를 측정하여 탄성계수를 측정하기도 하고, 탄성이 있을수록 탄성적 음파 속도가 증가하므로 음파 속도를 측정하여 정확한 값을 산출한다.

5.2 재료별 탄성계수

모든 재료는 고유한 응력-변형률 곡선을 나타내는데 이는 각 재료의 원자 간 결합력, 충진구조가 서로 다르기 때문이다. 특히 응력-변형률 구간에서 작은 변형률을 나타내는 직선 구간에서의 기울기인 탄성계수 값 역시 각 재료마다 다른 값을 나타낸다. 기계재료의 탄성계수를 정리하여 다음 그림 5.8에 나타내었다.

세라믹스, 금속, 폴리머 각 재료의 일반적인 응력-변형률 곡선을 그림 5.9에 나타내었다. 세라믹스는 소성 구간 없이 탄성 구간 만을 나타내다가 취성에 의해 파손하는 거동을 보이는 것이 일반적이다. 반면에 금속은 탄성구간, 소성 구간을 다 나타내는 거동을 보이며, 폴리머의 경우는 항복이 쉽게 일어나 대부분의 응력-변형률 곡선은 넓은 소성구간을 나타낸다.

5.2.1 금속, 세라믹스의 탄성계수

그림 5.9에서와 같이 금속재료는 탄, 소성 구간을 전부 나타낸다. 즉 충진 밀도가 높고 금속결합을 하고 있는 금속은 작은 힘에는 내력에 의해 버티는 힘을 갖고 있어 탄성적으로 거동한다. 반면 상대적으로 큰 힘(항복응력에 해당하는 힘)에서 더 이상 버티지 못하고 소성이 일어난다. 탄성 구간에서의 기울기인 탄성계수는 그림 5.8의 탄성계수 데이터와 같이 그 값은 세라믹스와 폴리머 두 재료군의 중간 값을 갖는다.

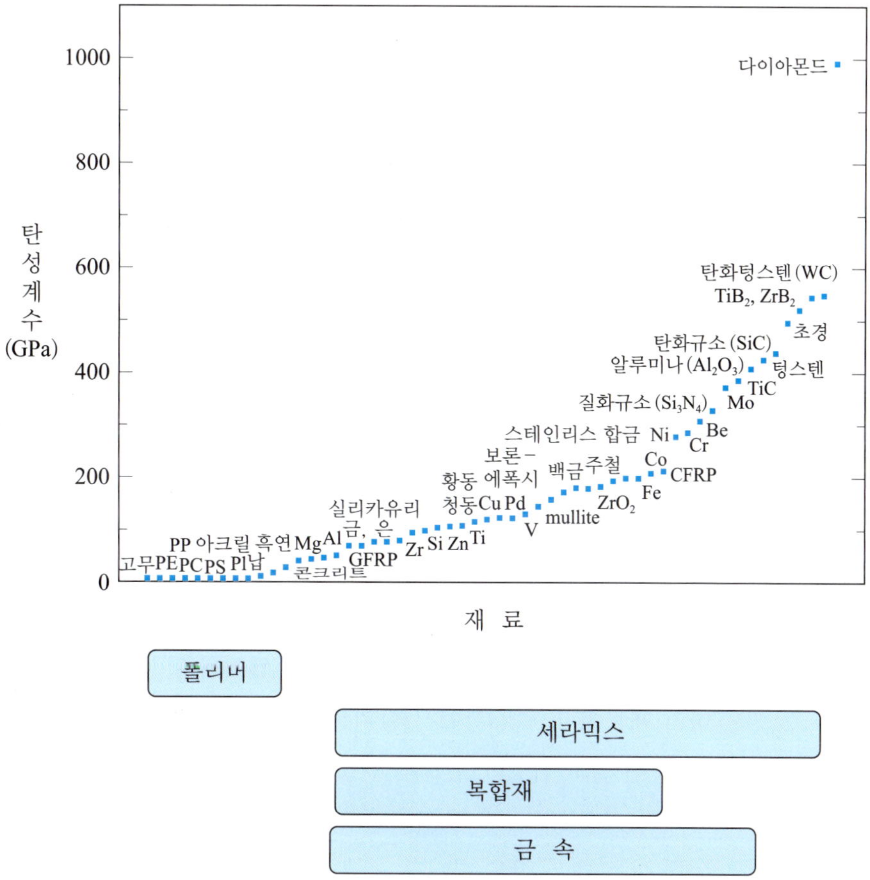

그림 5.8 소재별 탄성계수 데이터

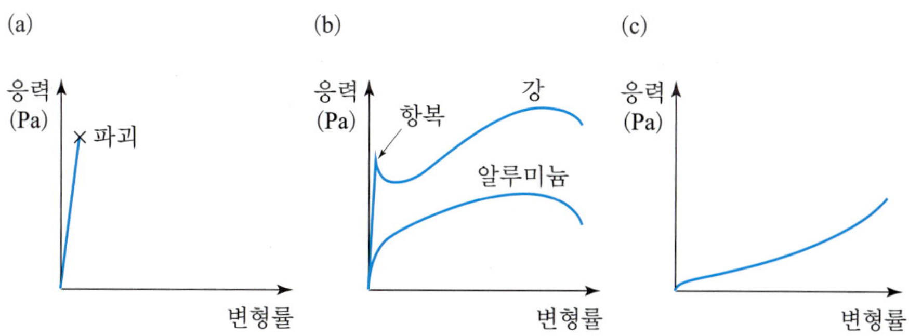

그림 5.9 재료에 따른 응력-변형률 곡선, (a) 세라믹스, (b) 금속, (c)폴리머

금속에 비해 세라믹스의 응력-변형률 곡선은 탄성 구간만을 나타내는 경우가 많다. 이는 세라믹스는 충진 밀도가 높을 뿐만 아니라, 금속결합보다 강한 이온결합 또는 공유결합으로 원자들이 결합되어 매우 강한 내력을 갖고 있어 외력에 버티는 힘이 금속보다 강하기 때문이다. 반면 외력에 대한 강한 저항력으로 항복이 거의 일어나지 않아 취성(잘 깨지는 성질)이 발생할 수 있다. 그림 5.8의 탄성계수 데이터와 같이 엔지니어링 세라믹스의 탄성계수는 매우 높다. 반면, 유리, 콘크리트 등의 경우는 충진밀도나 강성이 낮아 탄성계수 값이 상대적으로 낮은 값을 나타내는 것을 알 수 있다.

5.2.2 폴리머의 탄성계수

5

그림 5.8에서와 같이 폴리머의 탄성계수는 금속, 세라믹스 보다 낮은 값을 나타내며, 탄성계수 데이터의 산포가 크다. 이는 그림 5.9의 폴리머의 응력-변형률 곡선에서와 같이 쉽게 변형되어 소성이 일어나 탄성적 성질이 다른 재료보다 약하기 때문이다. 즉 3장에서 살펴본 바와 같이 폴리머는 원자 간 결합력이 약하고, 충진 밀도가 낮다. 탄소와 탄소 간에는 비교적 강한 공유결합을 하고 있지만 폴리머 사슬(chain)과 사슬(chain) 간에는 반데르 바알스 인력으로 결합되어 있는데 이는 매우 작은 힘에도 쉽게 끊을 수 있는 결합으로서, 폴리머의 강성 S는 매우 낮다. 또한 폴리머의 원자간 거리 r_0가 금속, 세라믹스에 비하여 멀다. 이는 원자간 불규칙적인 구조로 이루어져 있어 충진 밀도가 낮은데 기인한다.

폴리머의 탄성계수의 산포가 큰 이유는 폴리머 종류마다 공유결합의 정도가 다르기 때문이다. 즉 얼마나 많은 공유결합이 있는지가 폴리머의 탄성계수가 결정된다. 그림 5.10에 폴리머의 공유결합 밀도에 따른 탄성계수의 변화를 그래프로 나타내었다. 공유결합이 적으면 탄성계수는 낮고, 공유결합 밀도가 높을수록 탄성계수가 증가하는 것을 알 수 있다.

폴리머의 탄성계수를 높이기 위해서는 탄성계수가 높은 섬유로 강화한 섬유강화 폴리머 복합재료가 기계재료로 많이 쓰이고 있으며 이는 다음 절에서 살펴본다.

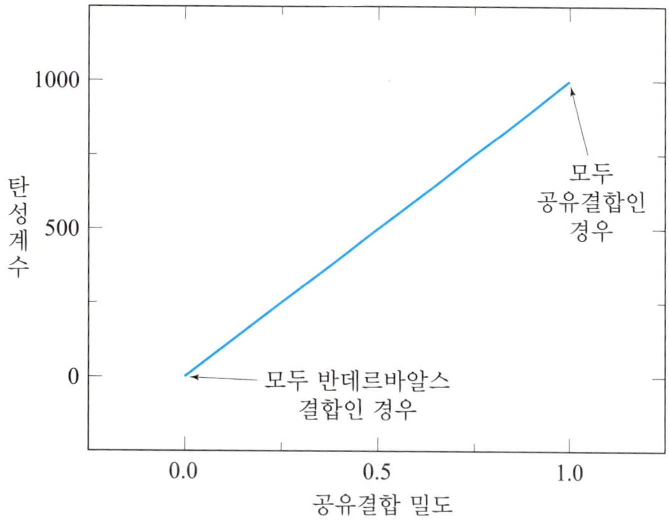

그림 5.10 폴리머의 공유결합 밀도에 따른 탄성계수

5.2.3 복합재료의 탄성계수

폴리머의 낮은 탄성계수를 높이기 위해서 강성과 탄성계수가 높은 재료를 복합화 한다. 폴리머를 섬유(fiber)로 강화한 섬유강화 복합재료, 폴리머보다 탄성계수가 높은 입자들을 첨가한 복합재료 등은 폴리머의 낮은 탄성계수를 높일 수 있다. 섬유강화 복합재료로는 유리 섬유를 첨가한 GFRP, 탄소섬유를 첨가한 CFRP, 공유결합성이 높은 폴리머인 케블라(Kevlar)섬유로 강화한 KFRP 등이 있다. 입자들은 유리(glass)입자, 실리카(SiO_2)입자 등 탄성계수가 높은 금속이나 세라믹스 입자들이 첨가된다.

섬유강화 복합재료의 탄성계수는 2.4.2절에서도 살펴본 바와 같이 복합재 내의 하중에 대한 섬유의 배열 방향에 따라 다른 값을 갖게 된다. 그림 5.11의 경우는 섬유 배열이 하중 방향에 평행한 경우와 수직인 경우를 각각 나타낸다. 폴리머는 보다 많은 부피분율을 갖고 섬유와 혼합되는데, 이때의 폴리머를 기지상(matrix)이라고 부르며 섬유는 섬유상(fiber)이라고 한다. 두 부피를 합한 총 부피 대비 섬유의 부피분율을 V_f로 나타낸다.

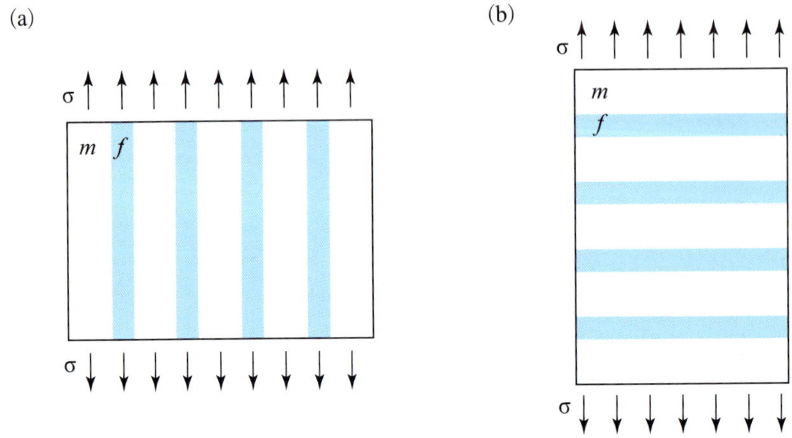

그림 5.11 섬유강화 복합재료의 탄성계수, (a) 섬유 배열이 하중 방향에 평행한 경우, (b) 수직한 경우

5

그림 5.11의 (a)처럼 섬유의 배열이 하중 방향에 평행한 경우 섬유와 기지상의 변형률은 같을 것이다. 따라서 응력은 다음 식으로 쓸 수 있다.

$$\sigma = V_f \sigma_f + (1 - V_f)\sigma_m$$

여기서 σ는 복합재료의 응력, σ_f는 섬유가 받는 응력, σ_m은 기지상(폴리머)이 받는 응력을 각각 나타내며, V_f는 섬유의 분율, $1 - V_f$는 기지상의 분율이다.

후크의 법칙에 의해 $\sigma = E \times \epsilon$이므로,

$$\sigma = E_f V_f \epsilon + E_m (1 - V_f)\epsilon$$

이 된다.

윗 식에서 E_f는 섬유의 탄성계수, E_m은 기지상의 탄성계수이다. 복합재료의 탄성계수 $E_{\text{composite}} = \sigma / \epsilon$이므로,

$$E_{\text{composite}} = E_f V_f + E_m (1 - V_f)$$

의 식으로 복합재료의 탄성계수 값을 구할 수 있다. 따라서 2.4.2절에서 살펴본 복합재료의 탄성계수 식이 증명되었다.

한편, 그림 5.11의 (b)처럼 섬유의 배열이 하중 방향에 수직한 경우는 섬유와 기지상이 받는 응력이 같을 것이다. 따라서 변형률은 다음 식으로 쓸 수 있다.

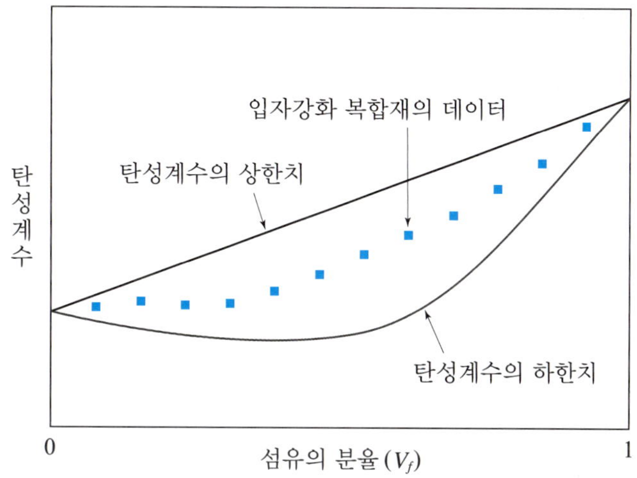

그림 5.12 입자강화 복합재료의 탄성계수

5

$$\epsilon = V_f \epsilon_f + (1 - V_f)\epsilon_m$$

여기서 ϵ는 복합재료의 변형률, ϵ_f는 섬유가 받는 변형률, ϵ_m은 기지상(폴리머)이 받는 변형률을 각각 나타낸다.

역시 후크의 법칙에 의해 $\sigma = E \times \epsilon$이므로,

$$\epsilon = V_f(\sigma/E_f) + (1 - V_f)(\sigma/E_m)$$

이 된다.

복합재료의 탄성계수 $E_{\text{composite}} = \sigma/\epsilon$이므로,

$$E_{\text{composite}} = \frac{1}{\dfrac{V_f}{E_f} + \dfrac{1-V_f}{E_m}}$$

의 식으로 복합재료의 탄성계수 값을 구할 수 있다.

윗 식들에서 $E_{\text{composite}} = E_f V_f + E_m(1 - V_f)$로 계산된 값은 $E_{\text{composite}} = 1/\{V_f/E_f + (1 - V_f)/E_m\}$로 계산된 값보다 큰 값이며, 따라서 앞의 탄성계수를 상한 값(upper limit), 뒤의 탄성계수 값을 하한 값(lower limit)이라고 한다.

입자로 강화된 탄성계수 값은 복합재료 탄성계수 상한 값과 하한 값의 중간 정도의 값을 나타내며, 이를 그림 5.12에 나타내었다.

5

재료선택 및 설계를 위한 TIP

기계 설계에 있어 왜 탄성을 고려하는가?

탄성은 재료의 내력(내력은 원자간 결합과 충진밀도에 의해 결정된다고 3장에서 기술하였다)에 의해 나타나는 거시적인 특성이다. 탄성은 재료에 힘을 가하면 모양이 변하였다가도 힘을 제거하면 원래의 상태로 회복하는 특성이다. 예를 들면 스프링이나 고무줄처럼 힘을 가하면 늘어났다가 힘을 제거하면 원래의 상태로 돌아오게 되는데, 이러한 특성을 탄성이라고 한다. 그러나 스프링은 특수한 종류의 기계부품이다. 대부분의 기계부품들은 하중을 받고 구동하는 동안 변형을 하지 않는 것이 좋다. 이를 탄성과 구분하기 위해 강성이라고 표현하기도 한다. 즉 기계설계에 있어서 탄성을 고려하는 이유는, 탄성이 탄성변형에 저항하는 정도를 결정하기 때문이며 따라서 대부분의 기계재료는 우수한 탄성을 갖도록, 수치적으로는 높은 탄성계수 값을 갖는 재료를 사용하는 것이 바람직하다. 단, 너무 높은 탄성은 낮은 취성을 유발할 수 있으므로 이 점을 고려하여 설계하여야 한다.

탄성이 중요한 시스템에서 중요한 재료설계 변수는?

탄성이 중요한 시스템에서 중요한 재료설계 변수, 즉 반드시 고려해야 할 변수는 탄성계수(elastic modulus, E)이다. 탄성계수는 응력-변형율 선도에 있어서 선형구간의 기울기로부터 얻을 수 있으며, 일정한 변형율을 일으키는데 필요한 응력이라고 정의할 수 있다. 탄성계수가 클수록 탄성이 높은 재료라고 말할 수 있다. 공학적으로는 음파가 재료 내를 전달하는 속도로부터 탄성계수를 측정한다.

무게와 탄성을 고려한 재료지수 (material index)

두 가지 이상의 부품이 맞물려 상호작용하면서 구동하는 기계의 부품에 사용되는 재료들의 무게는 에너지 효율적 측면에서 가벼워야 한다. 지속적으로 움직이는 일을 해야 하는 기계는 가벼울수록 효율이 좋기 때문이다. 또한 구동하는 동안 변형(금속, 폴리머)이나 파손(세라믹, 복합재료) 되어서는 안된다. 탄성이 중요한 시스템에서는 무게와 탄성을 고려한 재료지수를 설계에 반영시키는 것이 도움이 된다. 예를 들면, 인장응력을 받는 원형막대(봉)의 재료는 (E/ρ)가 큰 값을 갖도록 설계하여야 한다. 일정부피를 차지하는 질량(m)에 비례하는 밀도(ρ)값이 낮은 것이 에너지효율 측면에서 유리하기 때문이고, 탄성계수가 높을수록 큰 하중에도 변형이나 파손이 일어나지 않을 수 있어 유리하기 때문이다. 한편 굽힘 응력을 받는 사각형 단면의 보는 $(E^{1/2}/\rho)$의 값을 재료지수로 활용한다. 부록 B에 있는 다양한 재료의 설계 사례를 공부해 보자.

5.3 연습문제

5.3.1 다음과 같은 크기를 갖는 막대 시편이 40kN의 수직하중을 받고 있다면, 수직하중에 의해 발생되는 수직응력을 계산하시오.

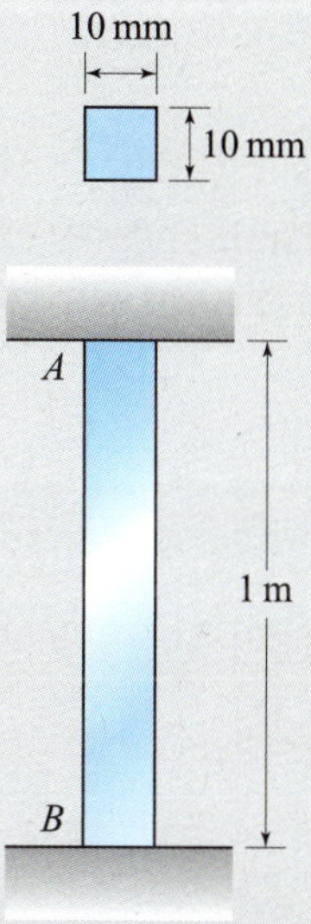

5.3.2 다음 그림과 같이 자동차 및 강선을 사용하여 기둥을 움직이려고 한다. (자동차가 끄는 힘은 2000kg이고, 기둥과 강선의 지름은 각각 30, 1cm이다.)

(1) 강선에 걸리는 수직응력을 구하시오.

(2) 기둥의 단면에 작용하는 전단응력을 구하시오.

5.3.3 다음 괄호에 맞는 적절한 답을 쓰시오.
길이의 변화를 (   )라고 하고, 변한 길이를 처음 길이로 나눈 것을 (   ) 이라고 한다.

5.3.4 1cm 길이의 요소가 두 배가 되었다가 다시 초기 길이로 압축되었을 때, 인장과 압축에 대한 변형률 값을 각각 구하시오.

5.3.5 면적이 $1cm^2$인 원통형 막대의 단면적에 수직한 방향으로 50N의 힘이 작용하였다. 그 결과, 처음 100mm이었던 막대의 길이가 120mm로 늘어났다. 이후 힘을 제거하니 원상태로 되돌아왔다. 주어진 조건으로부터 재료의 탄성계수 값을 구하시오.

5

5.3.6 다음 그림과 같이 막대가 40kN의 하중을 받고 있다. 막대 소재의 응력-변형률 선도가 그래프와 같다면, 하중이 작용하였을 때 막대의 신장량을 구하라. 단, 막대의 가로, 세로 길이는 각각 15mm이다.

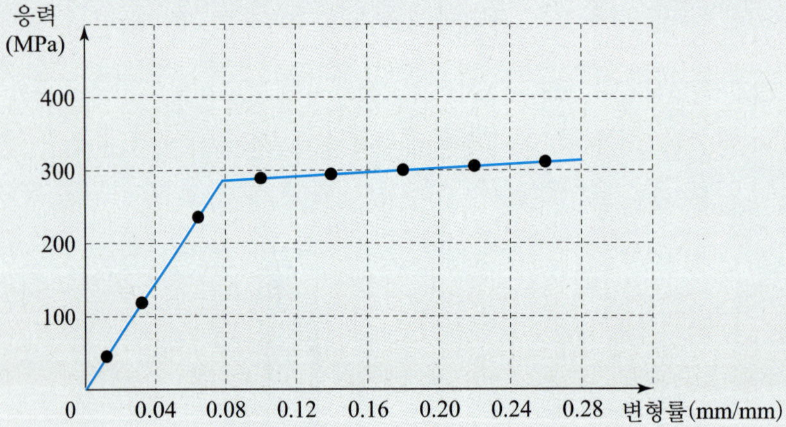

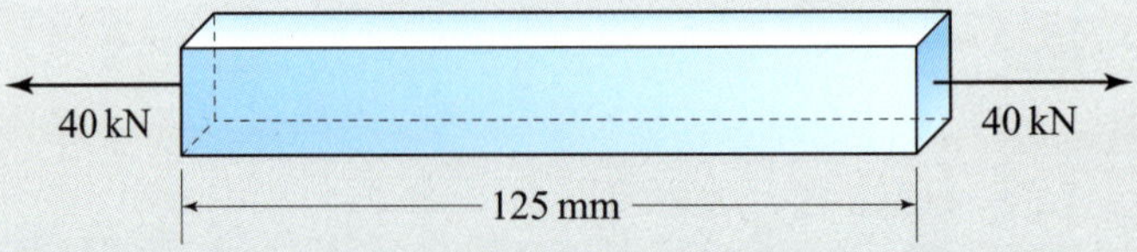

5.3.7 다음 응력-변형률 곡선은 금속, 세라믹스, 폴리머 중 어느 재료에 해당하는 곡선인지 제시하시오.

(1)

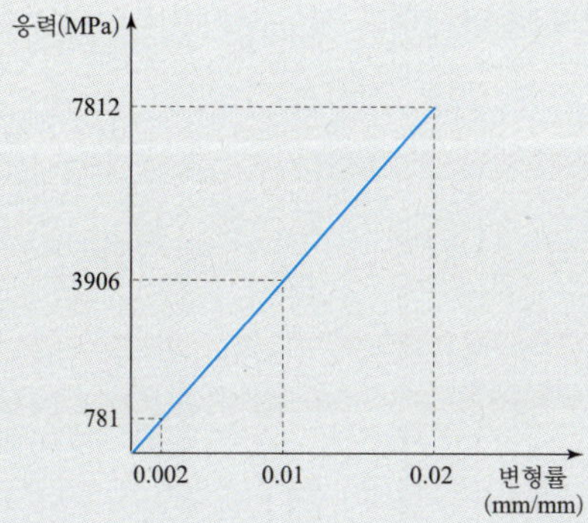

(2)

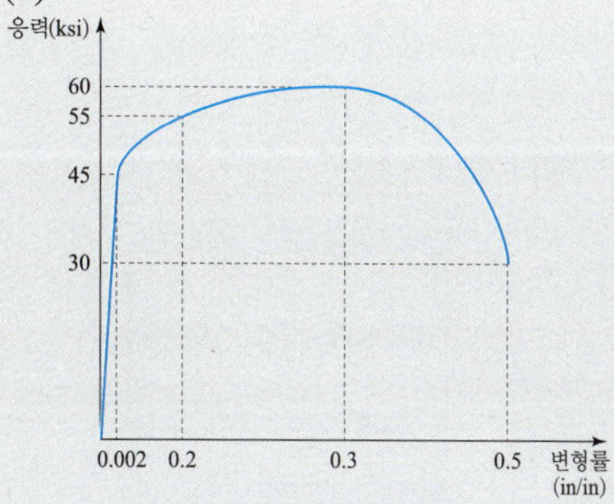

(3)

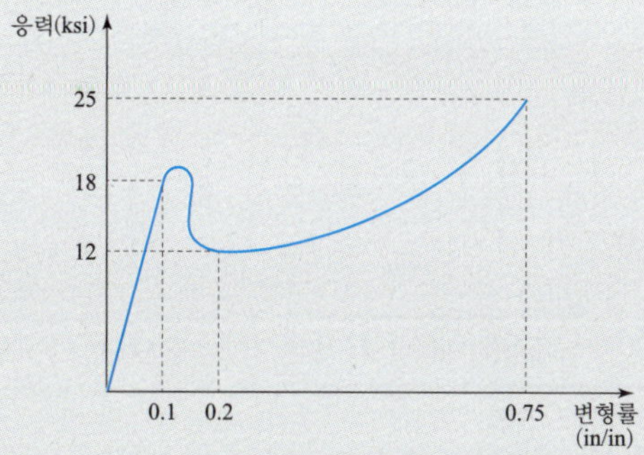

5.3.8 다음 막대의 r은 0.1m, $L = 1.5$m 이다. P 방향으로 80kN의 힘이 주어졌을 때 P 방향으로 δ만큼 신장이 일어나며, P와 수직한 방향으로 δ'만큼 압축이 일어난다. 막대의 탄성계수 $E = 200$GPa, 포아슨비가 0.32일 때 P와 수직 방향의 변형률을 구하시오.

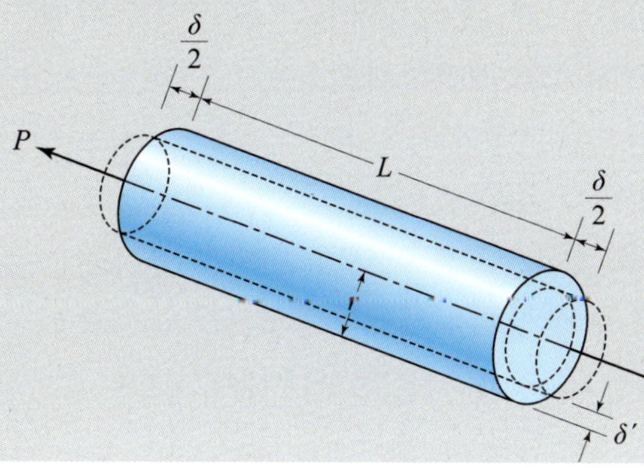

5.3.9 그림과 같이 섬유가 하중에 수직하게 배열된 복합재료를 표와 같은 재료를 사용하여 시편을 만들 경우 어느 재료가 동일한 하중(힘) F에서의 변위(deflection, δ)가 가장 작을지 예측하여라. 단, 변위 $\delta = FL^3/4E_c wd^3$ 이며 L, w, d는 각각 시편의 길이, 폭, 두께를, E_c는 복합재료의 탄성계수를 각각 의미한다.

(1) 탄소섬유 – 에폭시 ($V_f = 0.5$)

(2) 유리섬유 – 폴리에스테르 ($V_f = 0.5$)

(3) steel – 콘크리트 ($V_f = 0.02$)

재 료	탄성계수(GNm^{-2})
탄소섬유	390
유리섬유	72
에폭시	3
폴리에스테르	3
steel	200
콘크리트	45

5.3.10 위 9번 문제의 (2)번에서 유리가 섬유가 아니라 입자로 첨가되어졌다면, 섬유로 첨가되었을 때의 하한 값보다는 크고, 상한 값보다는 작은 값을 갖는다. 그 상한 값과 하한 값이 얼마인지 각각 계산하시오.

5.3.11 탄성계수 그래프 [그림 5.8]를 보고 다음 물음에 답하시오.

(1) 탄성계수가 큰 재료 그룹은?

(2) 탄성계수가 상대적으로 작은 재료 그룹은?

(3) (2)를 해결하기 위해 탄성계수를 높이는 방안에 대해 서술하시오.

5

CHAPTER 6

소성의 기초-전위

6.1 _ 전위의 개념
6.2 _ 전위의 강화
6.3 _ 전위와 입계
6.4 _ 연습문제

6.1 전위의 개념

6.1.1 재료의 이론 강도

일정한 부피 내에 질량이 있는 상태로 충진되어 있으며, 이웃하고 있는 원자와 결합하고 있는 어느 하나의 원자들을 떼어내는 데 필요한 힘은 얼마나 될까? 원자들을 떼어내는 데 필요한 힘에 의해 발생하는 응력과 관계되는 것을 이상 강도(ideal strength)라고 한다.

다음 그림 6.1에서와 같이 위 층에 있는 원자들을 아래층에 있는 원자들에 대해 b의 거리만큼 움직이려 하면 이때 드는 힘은

$$\tau = \tau_{\max} \sin(2\pi x / b)$$

이다. 여기서 $\tau_{\max}$는 원자 층이 움직일 때 필요한 최대의 힘, x는 임의의 거리이다.

τ의 식을 x에 대해 미분하면,

$$d\tau / dx = (2\pi / b) \cdot \tau_{\max} \cdot \cos(2\pi x / b),$$

매우 작은 변위에서는

$$\gamma = x / a$$

로 쓸 수 있는데 a는 슬립면 거리(slip plane spacing)이다.

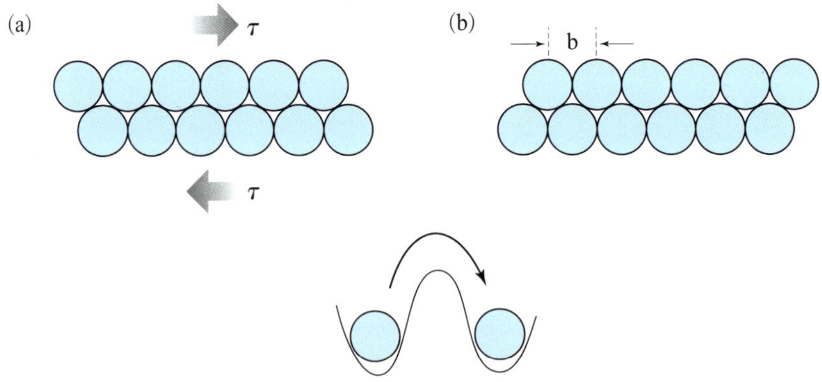

그림 6.1 이상강도를 나타내는 원자 모델

$$d\tau / dx = (d\tau / d\gamma)(d\gamma / dx) = (d\tau / d\gamma)(1/a)$$

이고,

$$(d\tau / dx)_{x=0} = (2\pi / b) \cdot \tau_{\max}$$

이므로,

$$(d\tau / d\gamma)_{x=0} = (2\pi a / b) \cdot \tau_{\max} = G$$

가 된다. 윗 식에서

$$\tau_{\max} = (G / 2\pi)(b / a) \simeq G/6 \sim G/30$$

이므로 원자에 힘을 가해 변형시키기 위한 최대값은 전단강성계수, G의 $1/6 \sim 1/30$의 값으로 주어진다.

탄성계수 E값을 기준으로 한다면, 이상 강도 값은 탄성계수 값의 $1/8 \sim 1/15$의 값이 된다. 예를 들어 강(steel)의 경우 탄성계수 값이 200GPa이므로, 이의 이상강도 값은 13 ~ 25GPa이 된다. 그러나 실제로 실험적으로 강도 값을 측정하여 보면 합금의 높은 강도도 250-400MPa정도로 이론 값보다 약 30 ~ 100배 정도 낮은 값이 얻어진다. 그 이유가 무엇일까?

실제 강도가 이상적인 강도 값보다 낮은 이유는 금속의 경우 재료 내에 전위(dislocation)가 포함되어 있기 때문이라고 알려져 있다. 힘에 의해 전위가 발생하고 이동함으로써 쉽게 소성변형이 일어나므로 재료의 강도는 감소하게 되는 것이다.

6.1.2 전위의 정의 및 종류

전위(dislocation)란 무엇일까? 전위란 재료가 힘을 받아 변형이 일어날 때 발생하는 선결함(line defect)을 말한다. 그림 6.2(a)와 같이 완전한 이상적인 결정은 격자의 자리를 모두 메우고 있다. 그러나 외력, 특히 단면적에 평행하게 작용하는 전단력이 작용할 때 원자들은 힘을 받아 밀리게 되고 어느 원자는 이웃하고 있던 원자보다 다른 원자와의 거리가 가까워지게 되면서, (b)와 같이 결합하고 있던 기존의 원자와 끊어지게 된다. 그 결과 마치 새로운 면(plane)이 끼어든 것처럼 보이며, 결정을 위에서 볼 때 새로운 선이 생기는 것처럼 보이는 결함이 생기는데 이러한 결함을 전위(dislocation)라고 부른다. 이 전위를 전자현미경으로 관찰하면 선의 형태로 보이게 된다.

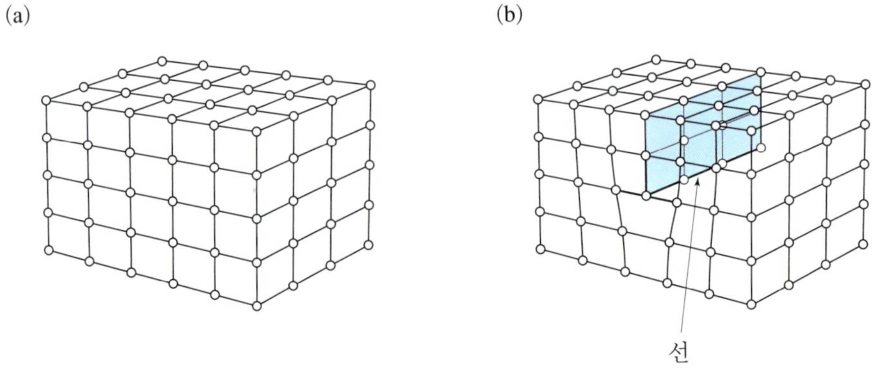

그림 6.2 전위의 정의, (a) 이상결정, (b) 전위가 포함된 결정

그림 6.3에는 전위의 종류를 나타내었다. 전위는 작용하는 전단력에 따라 칼날 전위(edge dislocation)과 스크루 전위(screw dislocation)이 있다. 칼날 전위는 단면적에 평행한 힘에 의해 발생하며, 스크루 전위는 단면적에 평행한 회전력에 의해 발생한다. 스크루 전위는 원자들이 미끄러지는 면(plane)의 윗면이 아랫면에 대해 전체적으로 모멘트를 받아 발생하는 결함으로서, 칼날 전위와 같이 스텝(step)이 발생하면서 소성변형이 일어난다.

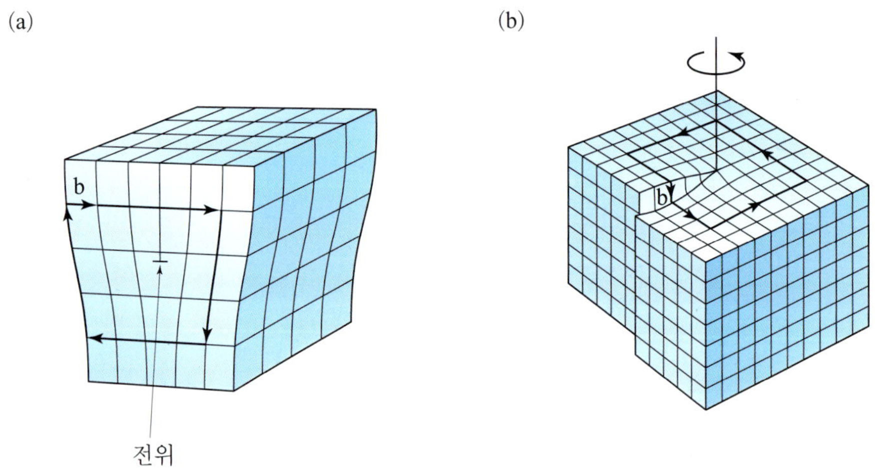

그림 6.3 전위의 종류, (a) 칼날 전위, (b) 스크루 전위

6.2 전위의 강화

6.2.1 전위의 이동

그림 6.2(a)와 같이 완전한 이상적인 결정은 각 원자들이 격자의 자리를 모두 메우고 있다. 그러나 외력, 특히 단면적에 평행하게 전단력이 작용할 때 원자들은 힘을 받아 밀리게 되고 어느 원자는 이웃하고 있던 원자보다 다른 원자와의 거리가 가까워지게 되면서, 6.4(a)와 같이 결합하고 있던 원자와 끊어지게 된다. 그 결과 위에서 볼 때 선 모양의 결함이 발생하는데 이를 전위(dislocation)라고 부른다.

그림 6.4(b), (c)와 같이 금속재료에 전단력이 지속적으로 작용하면 원자들의 결합이 다시 끊어지고 다른 원자들과의 결합이 계속해서 변화하면서, 마치 전위가 이동하는 것처럼 보인다. 실제로 이러한 원자결합의 변화에 의해 한 위치에서의 전위는 발생했다가 없어지는 것이고 다른 위치에서 전위가 생기는 것인데, 마치 전위가 이동하는 것처럼 보이는 것이며, 이를 편의상 전위가 '움직였다' 또는 '이동(motion)한다'고 말한다. 전위가 이동할 때는 어느 면(plane)위를 이동하게 되는데 이러한 면을 슬립면(slip plane)이라고 부른다. 다음 표 6.1에 체심 입방 구조(BCC)와 면심 입방 구조(FCC)의 슬립이 일어나는 슬립면과 방향을 나타내었다. 즉 전위가 이동할 때 어느 면 위에서 어느 방향으로 미끄러지는가를 나타낸다.

6

표 6.1 슬립면과 방향의 예

결정구조	슬립면(slip plane)	슬립 방향(slip direction)
체심 입방 구조(BCC)	{110}, {112}, {123}	< 111 >
면심 입방 구조(FCC)	{111}	< 110 >

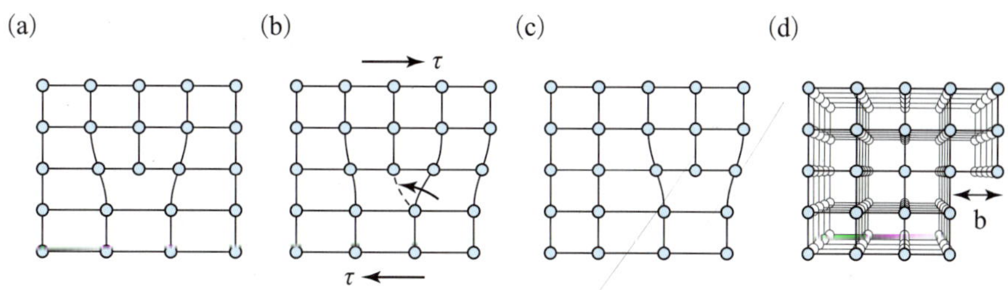

그림 6.4 전위의 이동, (a) 전위의 생성, (b) 전단 변형, (c) 전위의 이동, (d) 영구변형

전위가 전단력의 방향으로 완전히 이동하면 그림 6.4(d)와 같이 계단이 생기는 것처럼 슬립이 완전히 일어나 스텝(step)이 생기게 된다. 그림 6.4의 (a)와 (c)를 비교해 보면 결정의 모양이 완전히 바뀐 것을 알 수 있는데, 모양이 바뀐 것을 '변형(deformation)'이라고 한다. 이 변형은 전단력을 제거해도 원래의 상태로 되돌아오지 않는다. 즉, 전위의 이동에 의해 소성변형이 발생한다. 한편 형성된 스텝의 길이를 버거스 벡터(Burgers vector) **b**벡터라고 부르며 이 벡터에 의해 영구 변형량이 결정된다(그림 6.3(a) 및 6.4(d) 참조). 즉 버거스 벡터는 슬립면을 기준으로 아래 면에 대해 윗면이 얼마나 어긋난 지를 알려주는 벡터이다. 전위가 이동할 때의 저항력 F는 다음의 식과 같이 표현되며,

$$F = \tau \mathbf{b}$$

윗 식에서 τ는 외부 전단력, **b**는 버거스 벡터의 길이를 의미한다. 전위의 단위길이당 에너지는 그 선의 인장력 T이며, 그 값은 다음 식과 같다.

$$T = (\pi/8)\, G\mathbf{b}^2 \sim G\mathbf{b}^2/2$$

6

윗 식에서 G는 전단강성계수(shear modulus)로서 다음 식과 같다.

$$G = \tau/\gamma$$

윗 식에서 τ는 전단력, γ는 전단 변형률이다.

6.2.2 전위의 증식

지금까지 살펴 본 전위는 결함으로 작용하여 전단력에 의해 쉽게 소성변형을 일으키고 강도를 저하시키지만, 전위의 수가 많아지면 강도가 오히려 높아질 수 있다. 결정의 부피당 전위의 개수가 많아지면 전위의 밀도가 증가하게 되는데 이를 전위의 증식(multiplication)이라고 한다.

전위의 증식은 다음 그림 6.5와 같이 전위가 장애물(obstacles)을 재료 내에서 만날 때 발생하며, 프랑크-레드(Frank-Read source) 이론이 제시되었다. 이 이론에 의하면 슬립이 일어나기 위해 결정이 변형되려면 전위가 생성되어져야 하며, 그림 6.5와 같은 Frank-Read 메커니즘에 의해 전위의 수(밀도)가 증가된다.

그림의 (a)와 같이 장애물을 통과하기 전까지는 선결함이 쉽게 이동하지만, (b)와 같이 장애물을 만나면 통과하지 못하고 인장력(line tension)이 발생하며,

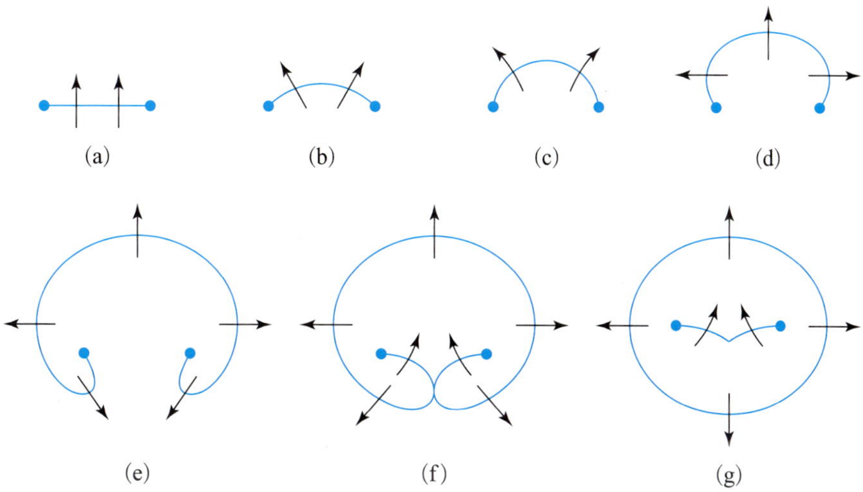

그림 6.5 전위의 증식

(c)와 같이 전위의 일부가 곡선 모양으로 휘게 된다. (d), (e), (f)와 같이 곡선이 커지면서 곡선끼리 접하게 되고, 전위는 끊어지며, 끊어진 전위는 앞으로 이동하고, (g)와 같이 장애물로 인해 통과하지 못한 전위는 다시 이어져서 (b)와 같은 순서를 다시 밟게 된다. 이러한 과정을 거치면서 전위의 수가 많아지게 되며, 부피당 개수를 전위 밀도라 하므로 이 밀도 값 역시 증가하는 것을 전위의 증식이라고 한다.

전위가 통과하기 어려워지면 외부에서 소성을 일으키는 데 필요한 힘이 증가하게 되어 저항이 증가한다. 전위가 통과할 때의 저항력 R은 인장력 F에 비례하고 불순물 간의 거리 L에 반비례한다.

$$R = 2F/L$$

즉 불순물이 많을수록, 인장력이 클수록 저항력은 증가하게 된다. 그 결과 전단 항복강도 τ_y 역시 다음 식과 같이 불순물 간 거리인 L에 반비례하고 인장력 F에 비례한다. 즉 불순물이 많고 인장력이 클수록 소성을 일으키는 응력을 증가시켜야 한다.

$$\tau_y = 2F/bL$$

금속은 합금(alloy)으로 두 개 이상의 성분이 섞인 경우가 많다. 그림 6.6은 합금화에 의해 Cu 금속에 Zn 금속이 첨가됨에 따라 전단 강도가 증가되는 예이다.

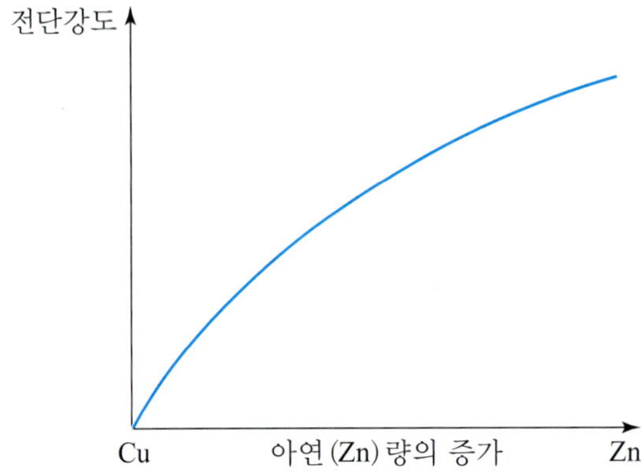

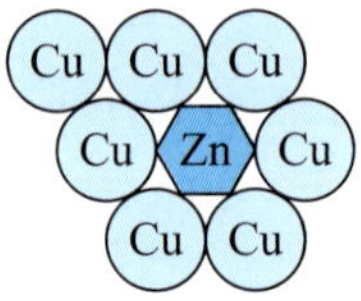

그림 6.6 합금화에 의한 전단강도의 증가

Zn의 첨가재는 Cu의 격자 내에 존재하게 되고, Cu에서 발생한 전위는 Zn에 의해 쉽게 이동할 수 없고 증식됨으로써 전단강도가 증가하게 되는 것이다.

마찬가지로 금속-세라믹스 복합재료, 폴리머 복합재료 등 두 개 이상의 재료가 혼합된 소재인 복합재료 역시 강한 재료가 약한 재료에서 발생한 전위의 통과를 어렵게 만들고 증식시키므로 소성이 어려워지고 강도를 증가시킬 수 있다.

6.2.3 강화의 종류

한편 금속은 소성의 범위가 넓은 특징을 갖고 있어서, 소성의 특징을 이용하여 다양한 소성 가공법에 의해 제품을 제조한다. 금속을 가공할 때 전단력이 강해지는 경우가 많고 이에 의해 발생한 전위들이 증식되면서 강화현상(strengthening) 이 일어나게 된다. 이러한 강화현상을 가공경화(strain hardening)라고 한다. 그림 6.7에 대표적인 금속의 소성가공을 나타내었다. 압연은 서로 다른 방향으로 회전하는 강한 롤러 사이로 금속을 통과시켜 작은 두께의 판재로 가공하는 방법으로, 회전하는 두 개의 롤러에 의해 전단력이 가해진다. 금속을 소성가공할 때의 온도가 재결정(recrystallization) 온도보다 낮을 때 냉간 가공(cold working)이라고 하며, 재결정 온도보다 높을 때 열간가공(hot working)이라고 구분한다. 압출은 미세한 홀로 금속을 밀어내는 방법으로 상대적으로 직경이 작은 제품을 제조할 때 사용되는데, 이 공정에 의해 재료가 전단력을 받게 된다. 또한 금형을 압축할 때 단조에 의해 전단력이 작용할 수 있다. 이러한 가공들은 재료의 소성적인 특징을 이용하여 가공되므로, 소성가공이라고 한다.

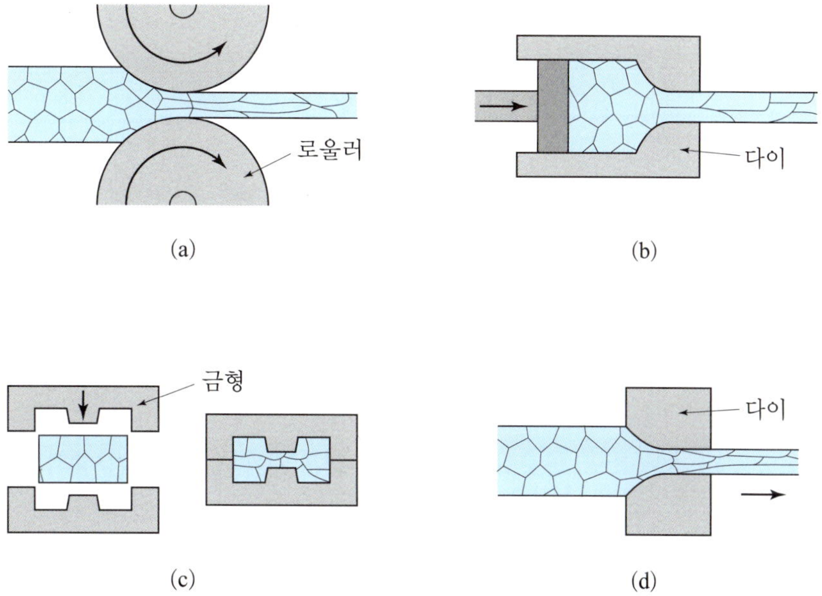

그림 6.7 금속 소성가공의 모식도, (a) 압연, (b) 압출, (c) 단조, (d) 인발

금속을 소성가공하면 재료의 저항이 일어나다가 임계응력에서 전위가 발생하여 초기에는 약화되지만, 합금, 불순물(impurity), 석출물(precipitate) 등에 의해 재료 내에 포함된 장애물들이 전위의 이동을 방해하여 전위의 증식이 일어나 재료가 강해진다. 예를 들면 압연공정에서 금속판을 롤러에 한 번 통과시키는 것이 아니라 얇은 판재를 만들기 위해 반복해서 통과시켜 준다면, 반복 횟수가 증가함에 따라 재료가 강해진다. 그 이유는 재료의 내부에서 전위의 밀도가 증가하기 때문이다. 전위의 밀도가 증가하면 전위의 이동을 더욱 어렵게 만들고 따라서 완전한 슬립이 어렵게 되어 소성이 어려워진다. 이러한 가공경화가 일어나는 재료의 조직을 현미경으로 관찰하면 다음 그림 6.8의 모식도처럼 입자(grain)들의 모양이 가늘어지고 가공 방향으로 입자의 길이가 늘어나게 됨을 관찰할 수 있다. 재료들은 현미경으로 관찰하면 입자(grain)들로 이루어져 있음을 알 수 있으며, 이러한 입자들은 열이나 힘에 의해 모양이 바뀌게 되는데 그 크기, 분포, 형상에 따라 재료의 물성이 달라지는데 가공경화가 일어나면 입자의 크기가 작아지고 모양이 바뀌면서 강화 및 경화가 일어나는 데 기여한다.

소성가공에 의해 재료가 소성변형을 할 때 전위의 증가 및 입자의 배열이 한 방향으로 늘어나고 크기가 작아지면서 경화되는 가공경화 현상에 의해, 재료의

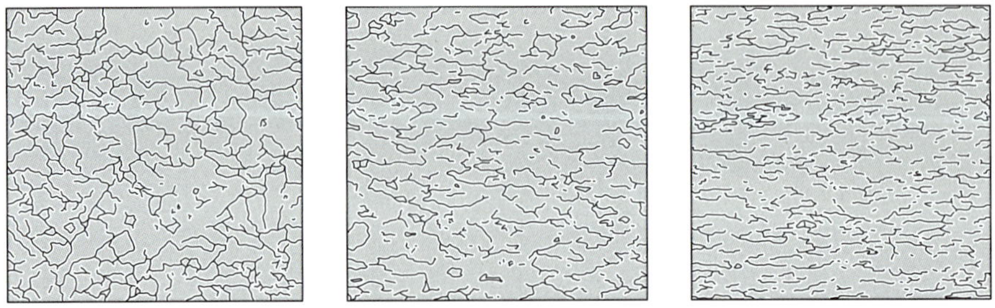

(a) 10% 가공경화 (b) 30% 가공경화 (c) 60% 가공경화

그림 6.8 가공경화에 의한 현미경 조직의 변화

항복강도, 인장강도와 경도와 같은 기계적 성질은 향상되지만 한편으로 연성이나 인성은 상대적으로 감소하게 된다. 따라서 재료가 너무 강해지면 잘 부서지는 취성(brittleness)이 생기기 쉽다. 따라서 가공경화된 금속을 어느 정도 연화시키기 위해 일정 온도 이상으로 재 가열하게 되는데, 이러한 공정을 거치면 연성이 회복(recovery)되면서 가공 전의 본래의 상태로 되돌아가게 된다. 경화된 조직이 회복되는 이러한 현상을 금속의 재결정(recrystallization)이라고 한다. 가공경화에 의해 단단해진 재료를 다시 고온으로 가열하면 다음 그림 6.9와 같이 새로운 결정립의 핵이 생기고 성장, 치환되면서 내부응력이 상쇄되고 연화가 일어나게 된다. 이때의 상태를 재결정이라고 하며, 이때의 온도를 재결정 온도라고

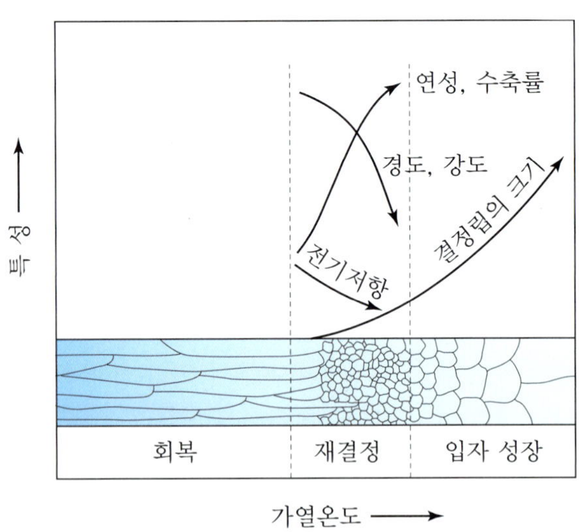

그림 6.9 금속의 재결정에 의한 물성 및 현미경 조직의 변화

한다. 따라서 가공도와 열처리 온도, 시간을 알맞게 선택하면 적절한 물성을 갖는 재료로의 가공이 가능해진다.

6.3 전위와 입계

앞 절에서 살펴본 바와 같이 재료를 가공하여 현미경으로 관찰하면 입자(grain)들로 구성되어 있음을 알 수 있다. 이러한 입자들은 어떻게 형성되는 것일까? 4장에서 살펴본 바와 같이 온도의 감소에 의해 액상에서 고상으로 상변화가 일어날 때 원자들의 핵이 생성되고 성장될 때 입자들 간의 성장 방향의 차이에 의해 계면이 형성된다. 상변화 입자들을 보다 고배율의 현미경으로 관찰하면 입자들을 구성하는 원자들의 배열 방향이 서로 다르기 때문에 입자 간에 경계가 생기는 것으로 분석할 수 있다. 이러한 경계를 입계(grain boundary)라고 한다.

그림 6.10(a)에 입자의 경계가 생기는 모식도를 나타내었다. 그림 6.10의 (b)는 재료 내의 입자들을 현미경으로 관찰한 단면을 그림으로 도식화한 것이다. 그림과 같이 입자 A와 입자 B의 각 입자 내에서는 원자의 배열 방향이 다른 것을 알 수 있다. 서로 다른 입자 배열을 갖는 입자들이 성장하면서 충돌하면 원자 배열 방향이 다르므로 그 사이에 공간이 발생하게 되고 빛의 산란에 의해 경계면

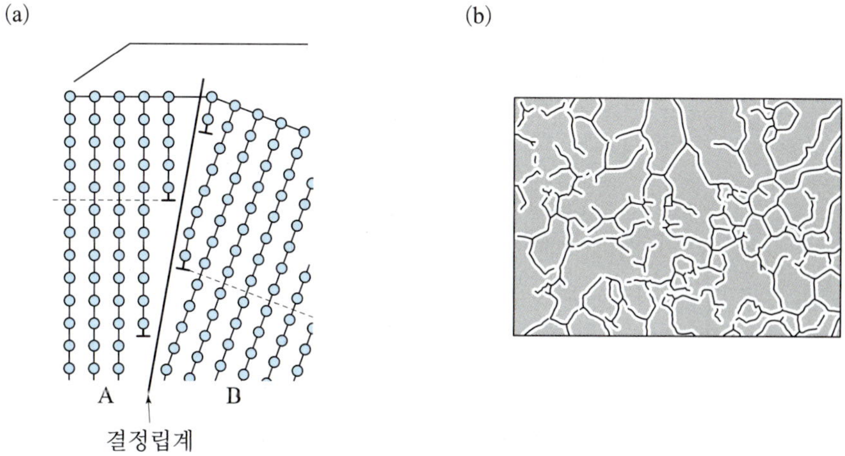

그림 6.10 입자와 입계, (a) 입자의 경계 부위 및 (b) 입자와 입계를 관찰한 모식도

이 보이게 된다.

각 입자에서 생긴 전위는 전단력에 의해 이동하여 입자의 경계면에서 슬립을 완성하게 되는데, 이는 경계면에 공간이 존재하기 때문이다. 따라서 입계의 공간에 전위들이 모여들게 되며 입계 부근에서의 전위밀도가 증가한다. 이러한 증가에 의해 재료는 강해지고 단단해진다. 따라서 입계의 경계면이 많이 존재할수록 재료는 강화되는 것이 일반적이다.

입자의 크기 d와 항복강도 σ_y와의 관계는 역학적으로 다음 식과 같다.

$$\sigma_y = \sigma_o + Kd^{-1/2}$$

이 식을 Hall-Petch 방정식이라고 부른다. 식에 의하면 입자크기 d가 감소할수록 재료의 항복강도 σ_y는 증가함을 알 수 있다. 실험적으로 항복강도를 평가하여 재료의 입자 크기의 함수로 도시한 결과를 다음 그림 6.11에 나타내었다. 그래프와 같이 입자의 크기가 감소하면 입계의 분율은 높아지고 재료의 항복강도가 높아진다.

금속이나 세라믹스와 같이 충진 밀도가 높은 소재의 경우 그들을 구성하는 입자크기를 감소시키면, 재료의 강도를 증가시킬 수 있다. 입자의 크기를 밀리미터(mm) 단위에서 마이크로미터(μm), 나노미터(nm) 단위까지 작은 입자들로 구성되도록 제어함으로써 재료의 강도, 경도 등 기계적 성질이 향상된 부품들을 얻을 수 있다.

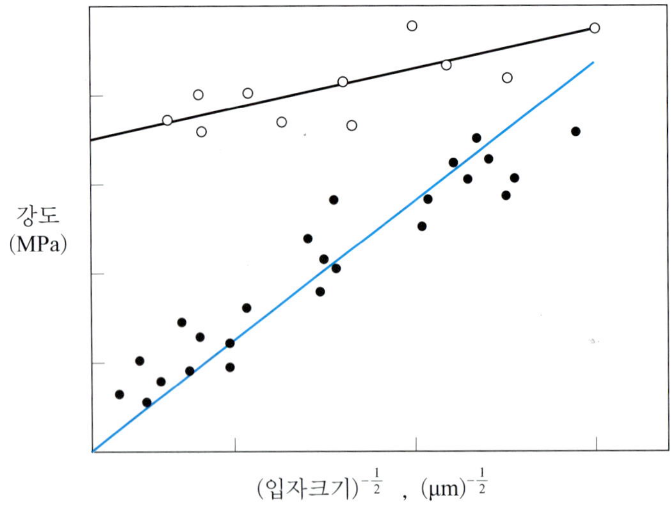

그림 6.11 재료의 입자 크기와 항복강도와의 관계

재료선택 및 설계를 위한 TIP

변형의 원인, 전위

금속에 힘을 가하면 모양이 변한다. 이를 변형(deformation)이라고 한다. 철사를 잡아늘일 때 어느 임계 힘 이상으로 힘을 가하였다가 제거해도 늘어난 상태로 존재하게 된다. 이를 영구변형이라고 한다. 현미경을 사용하여 미시적으로 고찰해보면 철사라는 재료 내에 전위가 발생한 것을 발견할 수 있다. 전위는 원자들의 결합이 바뀌어 생긴, 선처럼 보이는 결함이다. 즉 임계 응력 이상에서의 금속의 변형을 전위에 의해 묘사할 수 있다. 전위는 전단응력에 의해 어떤 면에 대해 미끄러지는 슬립이 일어날 때 발생하기 쉽고 이러한 결함에 의해 강도가 감소한다.

전위결함이 재료강도를 높인다?

전위결함은 그 밀도가 적을 때, 즉 일정 부피 내에서의 전위의 수가 적을 때는 강도를 감소시키지만, 재료 내의 합금 상, 석출물, 불순물, 입계 능을 만나 전위가 계속 생성되고 이동이 어려워질 때는 재료의 강도가 높아지는 특징을 나타낸다. 금속을 압연하거나 압출, 인발하는 등 소성가공을 할 때, 예를 들어 압연된 금속판을 계속 로울러 사이를 통과하는 작업을 반복하면, 전위의 밀도가 증가하고 재료는 강도가 증가해 단단해진다. 너무 단단해지면 깨지기 쉬우므로 적절히 열처리를 다시 해주는 작업이 금속의 재결정이다. 일반적인 금속의 응력-변형율 곡선에서 항복강도 이후에도 재료를 변형시키는데 응력이 증가하는 이유는 재료 내 전위밀도가 증가하기 때문이다.

변형되는 것은 반드시 나쁜가?

기계 내에 부품이 조립되고 체결되어 사용될 때 부품의 변형은 허용공차 이상이 될 때 소음도 발생시키면서 기계의 동작을 방해한다. 즉 소성변형은 기계의 원활한 작동에 해가된다. 그러나 변형이 잘되는 특성이 반드시 나쁜 것만은 아니다. 예를 들면 금속을 가공할 때는 쉽게 변형하는 것이 원하는 모양을 쉽게 만들 수 있다. 재료를 구성하는 입자를 매우 미세하게 만들면 초소성현상이 발행하여 쉽게 가공할 수도 있다. 따라서 사용목적이 무엇인가에 따라서 변형정도를 예측하고 적용하는 능력을 기르는 것이 중요하다.

6.4 연습문제

6.4.1 어느 재료에 전단력을 가하여 전단변형률 2의 값에서 전단응력이 30GPa 발생하였다. 이 재료의 이론 강도(theoretical strength)를 구하시오.

6.4.2 전위가 무엇인지 설명하시오.

6.4.3 연성재료에 전단력을 가할 때 일어나는 다음의 변화들을 원자들의 결합이 변하는 관점에서 기술하시오.

(1) 전위의 생성

(2) 전위의 이동

(3) 영구변형

6

6.4.4 합금화에 의해 전단강도가 증가하는 이유를 기술하시오.

6.4.5 입자(grain)의 크기가 증가할 때 다음의 변화를 기술하라.

(1) 강도

(2) 경도

(3) 인성

(4) 연성

6.4.6 소성가공이 반복되어 전위의 밀도가 증가하여 고밀도가 되었을 경우, 다음은 어떻게 변화하는지 기술하라.

(1) 강도

(2) 경도

(3) 인성

(4) 연성

6.4.7 소성가공한 재료를 다시 열처리하면 다음은 어떻게 변화하는지 기술하라.

(1) 강도

(2) 경도

(3) 인성

(4) 연성

6.4.8 Hall-Petch equation을 쓰고 재료의 강도를 증가시킬 수 있는 방법을 논하시오.

6.4.9 초기에 그림의 (a)상태였던 문제 1번과 같은 재료에서, 전단력을 받아 그림(b)와 같이 변형이 일어나 전위가 발생한 소재의 단위 길이당 에너지 T를 구하시오. 그림에서 어긋난 정도는 원자 한 개 정도의 거리이며, 그 값은 2×10^{-10}m로 가정한다.

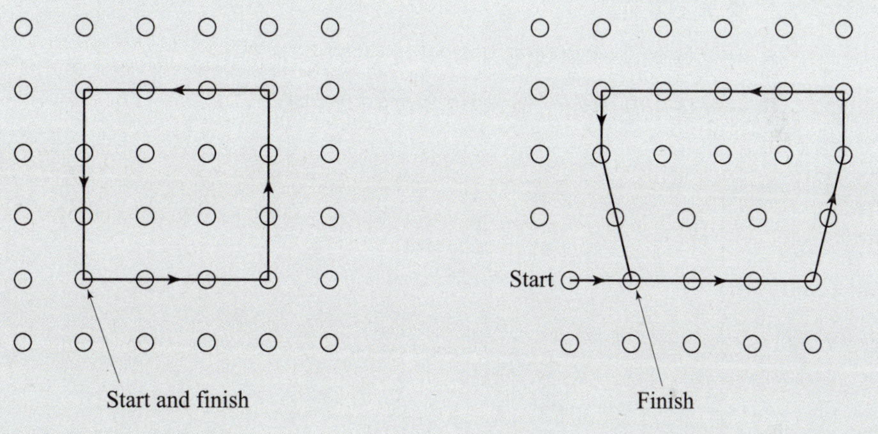

(a) (b)

6.4.10 그림의 압연공정을 수행하여 판재의 두께를 감소시키는 가공을 함에 있어서 다음 표에 제시된 재료 중 가장 가공이 잘되는 재료가 무엇일지 논하시오.

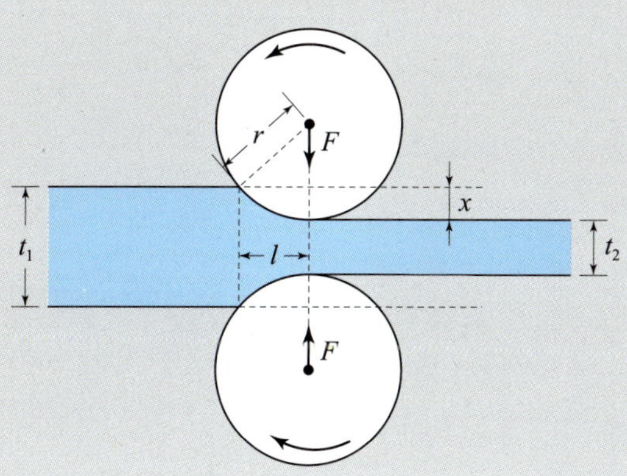

6

재료	elastic modulus (GPa)	density (g/cm^3)	yield strength (MPa)	tensile strength (MPa)
Steel	200	7.8	1000	1500
Aluminum	69	2.7	40	200
GFRP	40	2.0	≫ 5000	200
SiC	440	2.5-3.2	10000	800
CFRP	270	1.5	≫ 5000	650
Al_2O_3	390	3.5	5000	550

6.4.11 응력-변형률 곡선에서 항복 이후 A를 따르지 않고 B의 거동을 보이는 이유에 대해 토론하시오.

A – 항복 이후 변형에 필요한 힘이 급격히 감소함

B – 항복 이후에도 변형에 힘(응력)이 증가함

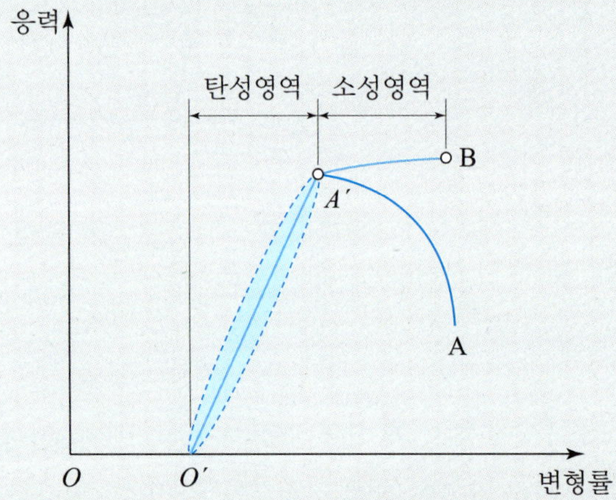

6

CHAPTER 7

소성거동

7.1 _ 거시적 소성거동

7.2 _ 항복강도, 인장강도

7.3 _ 경도

7.4 _ 유리와 폴리머의 소성거동

7.5 _ 연습문제

7.1 거시적 소성거동

7.1.1 비선형 응력-변형률 곡선

소성은 탄성과 다르게 외력을 제거해도 원래의 상태로 복원이 되지 않고 모양이 변형된 상태로 남게 되는 성질을 말한다. 기계재료를 설계함에 있어서 영구변형 없이 힘을 지지할 수 있는 구조를 설계하는 것이 매우 중요하므로 소성에 대한 이해는 매우 중요하다. 반면에 가공이 잘되도록 하려면 소성이 잘 일어나도록 제어함이 중요하다.

그림 7.1에 탄성과 소성을 비교하였다. 재료에 힘을 가하면 늘어났다가 원래의 상태로 회복되는 것을 탄성이라고 하고 (a), 재료에 힘을 가하면 늘어났다가 늘어난 상태로 유지되는 것을 소성이라고 한다 (b). 탄성은 응력-변형률 곡선에서 직선 구간에 해당하며, 소성은 응력-변형률 곡선에서 비선형(곡선) 구간에 해당한다. 모든 재료는 탄성한계(elastic limit)가 있으며, 이 한계보다 큰 응력에서 응력-변형률 곡선의 기울기가 감소하며 재료는 변형하게 된다.

직선 구간과 곡선 구간과의 경계점에 해당하는 응력을 항복응력(yield stress)이라고 말한다. 항복(yield)이란 재료의 내력보다 큰 외력에 의해 재료에 변형이 일어나기 시작하는 시작점을 말하며, 전위가 발생하는 시점이기도 하다. 직선 구간과 곡선 구간의 경계점이 명확하면 항복응력을 정의하기 쉽지만, 일반적으로 응력-변형률 곡선을 측정하면 그 경계점이 명확하지 않고 곡선으로 표시되는 경우가 많다. 따라서 정확한 항복응력을 정의하기 위하여 그림 7.2와 같은

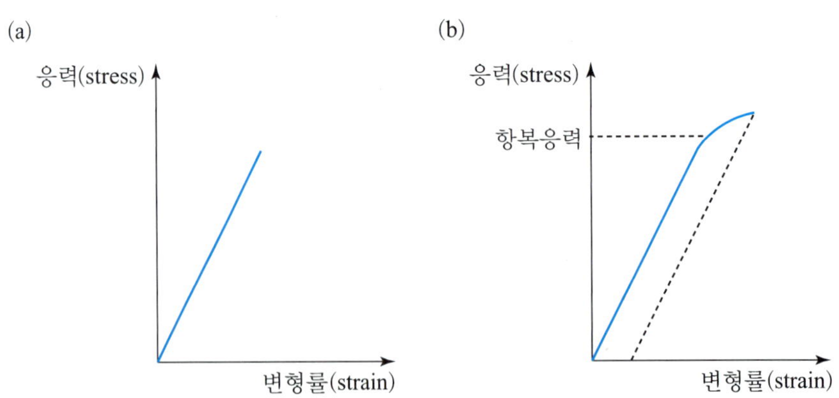

그림 7.1 탄성과 소성의 비교 (a) 탄성, (b) 소성

0.2%오프셋(offset)방법이 많이 사용된다. 이는 재료의 응력-변형률 곡선에서 0.002(100으로 보면 0.2%)에 해당하는 변형률을 선정하고, 그 지점에서 직선 구간의 기울기와 같은 기울기로 직선을 그었을 때, 그 직선과 응력-변형률 곡선과 만나는 교점에 해당하는 응력을 항복응력이라고 정의하는 방법이다.

응력-변형률 곡선의 비선형 구간을 자세히 관찰해 보면 항복응력 이후에도 재료를 변형시키는 데 응력이 상승되어야 하는 것을 알 수 있다. 재료의 항복이 일어났음에도 불구하고 재료를 변형시키는 데 응력이 필요한 것은 재료가 전위 밀도 향상에 의해 강화가 일어났기 때문이다. 즉 앞장에서 살펴본 바와 같이 소성구간에서 전위의 수가 증가하여 밀도가 증가하며 강화되므로, 전위가 존재함에도 불구하고 전위를 추가로 움직이는 데 힘이 들어가기 때문이다. 이러한 추가 변형에 필요한 힘(응력)의 증가는 재료의 네킹(necking)이 일어나는 지점인 응력-변형률 곡선의 최대점에 이르기까지 지속됨을 알 수 있다.

응력-변형률 곡선을 표현하는 데에는 두 가지 방법이 있다. 첫 번째는 초기의 단면적과 길이를 기준으로 하는 공칭응력(normal stress), 공칭변형률(normal strain)이며, 두 번째는 순간적으로 변하는 단면적과 길이를 기준으로 하는 진응력(true stress), 진변형률(true strain)이다. 공칭응력, 공칭변형률은 공학응력(engineering stress), 공학변형률(engineering strain)이라고도 한다.

공칭응력, σ_n은 가해진 힘 P를 초기 단면적 A_o로 나눈 값으로 정의되며,

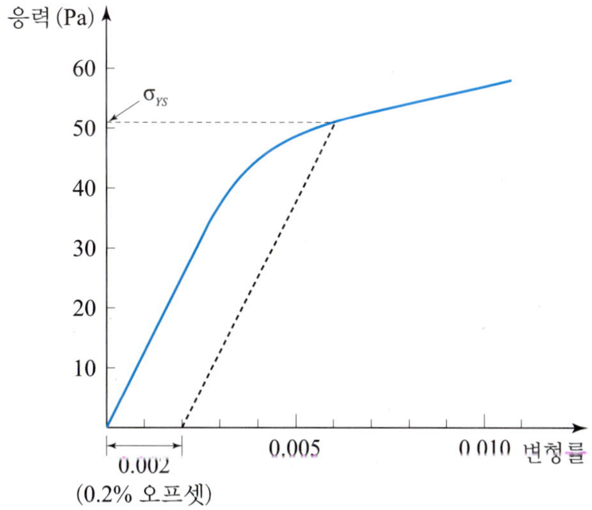

그림 7.2 0.2% 오프셋 방법에 의한 항복응력의 정의

$$\sigma_n = P/A_o$$

공칭변형률, ϵ_n은 다음과 같이 정의된다.

$$\epsilon_n = \delta/l_o = (l - l_o)/l_o = (l/l_o) - 1$$

윗 식에서 δ는 최종 길이 l과 초기 길이 l_o의 차이, 즉 변위이다. 진응력 σ_t는 순간적으로 변하는 면적 A를 고려하며, 다음 식과 같이 정의된다.

$$\sigma_t = P/A$$

한편 외력에 의해 길이와 면적이 변한다고 하더라도 부피는 변하지 않으므로 다음 식을 적용하면,

$$A_o l_o = Al$$

이므로,

$$\sigma_t = P/A = Pl/A_o l_o = \sigma_n(1 + \epsilon_n)$$

진변형률 ϵ_t은 순간적인 길이를 고려하여 다음 식과 같이 정의된다.

$$\epsilon_t = \int(dl/l) = \ln(l/l_o) = \ln(1 + \epsilon_n)$$

7

윗 식들에 의해 진응력 및 진변형률은 공칭응력 및 공칭변형률과의 관계식으로부터 이론적으로 그 값을 구할 수 있음을 알 수 있다.

그림 7.3에는 공칭응력-공칭변형률 곡선과 진응력-진변형률 곡선을 비교하여 그래프로 나타내었다.

7.1.2 영구 변형, 연성

응력-변형률 곡선에서 탄성 한계를 넘어 소성 구간에 도달하는 힘을 받으면, 그 힘을 제거하더라도 재료가 원상태로 회복되지 못하고 길이나 면적이 변화되어 변형되는 상태가 된다. 이와 같이 재료가 원래 상태로 회복되지 못하는 변형을 영구 변형(permanent deformation)이라고 한다. 그림. 7.4에 응력에 따른 영구변형량을 나타내었다. 파괴 시까지의 영구변형량을 소성변형률(plastic strain)이라고 한다.

소성변형이 일어날 때 큰 영구변형이 일어나는 데는 슬립(slip)이 반드시 일어난다. 재료에 인장이나 압축, 전단 등 힘이 가해지면 미시하게 어느 결정면이 미

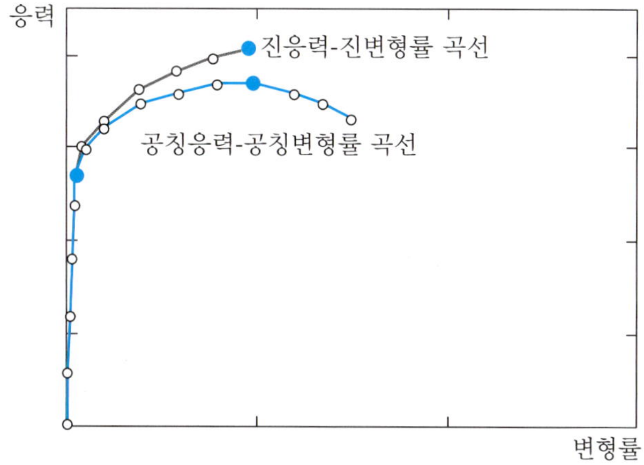

그림 7.3 공칭응력-변형률 곡선 및 진응력-변형률 곡선의 비교

끄럼 변화를 일으켜 일정한 방향으로 이동을 하게 되며, 거시적으로 보았을 때 계단 형상의 스텝(step)이 형성되면 영구변형이 일어나게 된다. 소성변형이 진행될수록 전위의 밀도가 증가해 슬립에 대한 저항은 증가하게 된다. 한편 일반적이지는 않지만 소성변형이 일어날 때 대칭 관계를 가지며 결합되어 있는 것처럼 변형이 일어나게 될 때 이를 쌍정(twinning)이 일어났다고 한다. 즉, 쌍정은 변형 전과 변형 후의 위치가 어떤 면을 경계로 대칭이 되는 것과 같이 일어나는 변형을 말한다. 다음 그림 7.5에 슬립과 쌍정에 의한 변형을 비교하여 나타내었다.

파괴 시까지의 소성변형량은 연성(ductility)과 관계가 있다. 연성은 다음 식

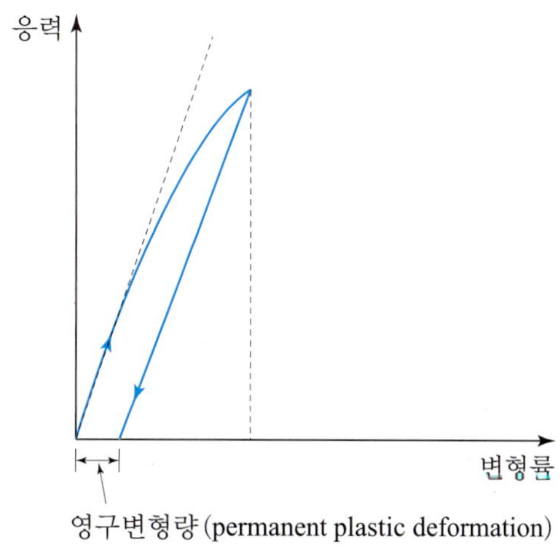

그림 7.4 영구변형량을 나타내는 그래프

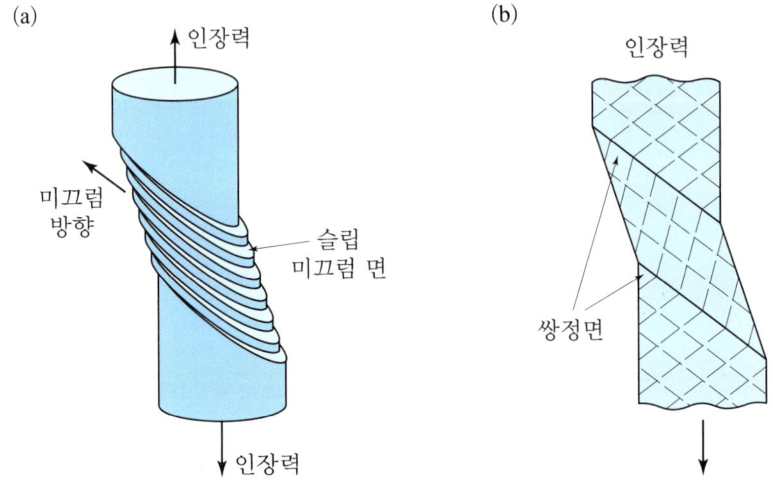

그림 7.5 소성변형 중 발생한 (a) 슬립 및 (b) 쌍정의 모식도

과 같이 단면적의 변화율 또는 길이의 변화율로부터 정의된다. A_o, L_o는 초기의 면적과 길이, A_f, L_{break}는 파괴 후의 면적과 길이를 각각 나타낸다.

$$(A_o - A_f)/A_o \times 100\%$$
$$(L_{break} - L_o)/L_o \times 100\%$$

즉 연성은 파괴가 일어날 때까지 변형률이 얼마나 일어나는가?에 의해 결정되는 성질이다. 즉 파괴 시까지 변형이 많이 되어 영구변형률이 클수록 재료의 연성이 높다고 말할 수 있다. 연성은 윗 식과 같이 면적 변화량을 초기 면적으로 나눈 값, 또는 길이 변화인 변위를 초기 길이로 나눈 값에 대한 백분율로 정량화할 수 있다.

재료별 연성 데이터를 정리하여 그림 7.6에 나타내었다. 세라믹스는 연성이 거의 일어나지 않으며, 금속이 그 다음으로 크고, 고무 등의 폴리머가 가장 연성값이 높음을 알 수 있다.

7.1.3 네킹

네킹(necking)은 재료의 중앙 부위의 면적이 감소하는 현상을 말하며, 급격한 소성변형이 일어난다. 그림 7.7에 네킹 현상에 의한 재료 기하학의 변화를 모식도

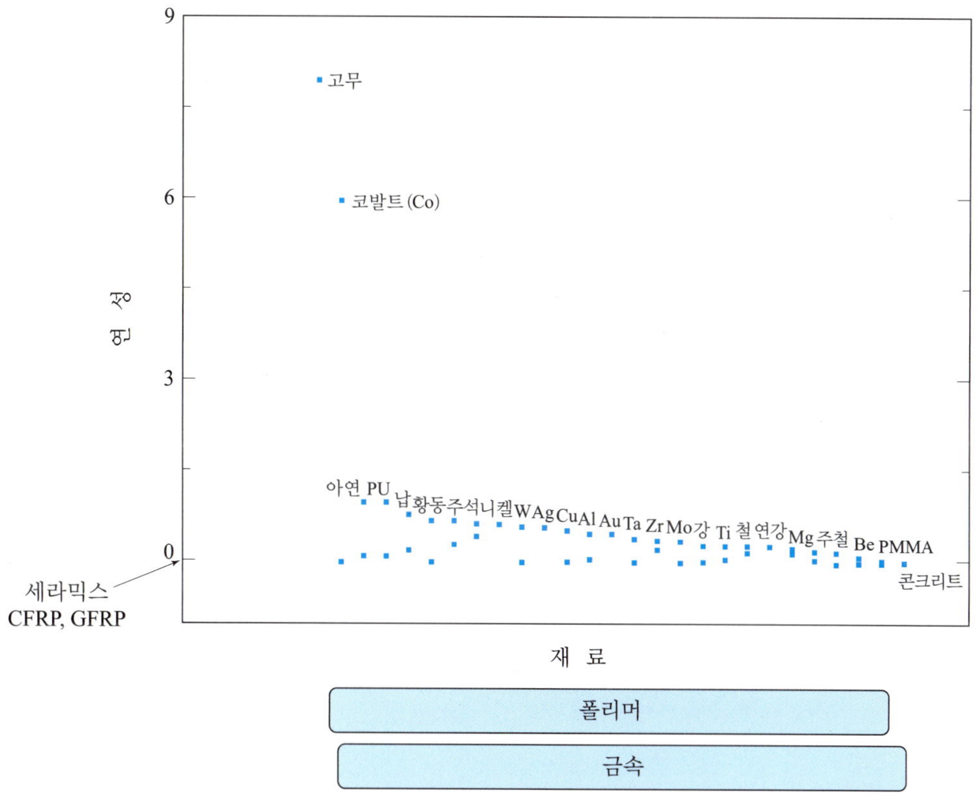

그림 7.6 재료의 연성 데이터

로 나타내었다. 초기 재료 중앙 부위의 단면적은 A이었으나, 네킹 현상에 의해 $A - dA$로 감소한다. 단면적이 감소하므로 진응력은 σ에서 $\sigma + d\sigma$로 증가하며, 길이는 l에서 $l + dl$ 로 증가한다.

한편 응력-변형률 곡선에서 네킹이 일어나는 지점과 재료의 변화에 대한 모식도를 그림 7.8에 나타내었다.

A 지점에서 B 지점으로 힘에 의해 응력이 증가함에 따라 재료의 길이가 증가하고 단면적은 감소한다. 이 지점에서는 다음 식과 같이 단면적의 변화는 응력의 변화보다 적게 된다.

$$\sigma dA < A d\sigma$$

응력-변형률 곡선의 최대값 지점 c에 도달하게 되면 네킹이 비로소 일어나

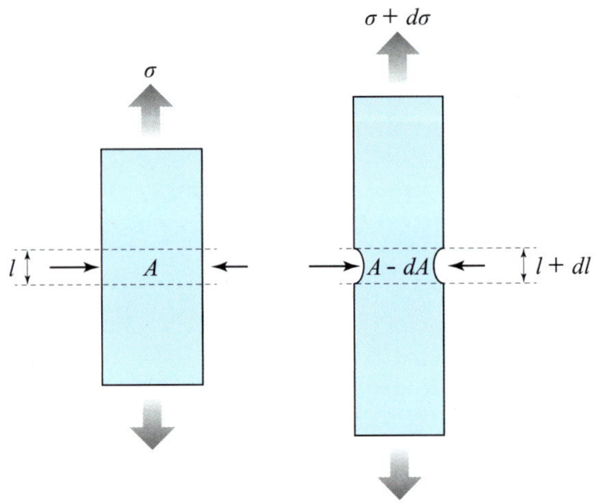

그림 7.7 네킹에 의한 재료 기하학의 변화

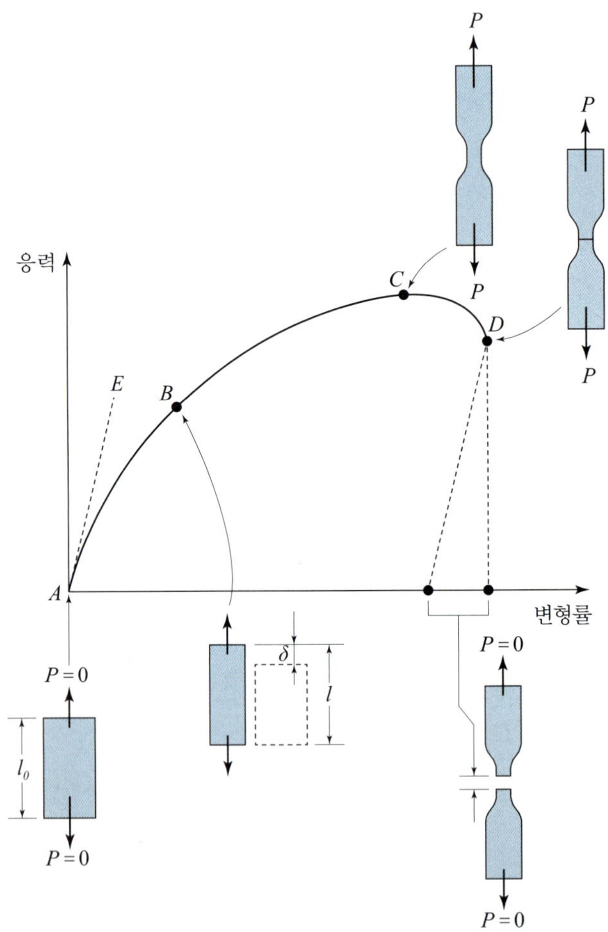

그림 7.8 응력-변형률 곡선에서 네킹이 일어나는 지점

기 시작한다. 이 임계 지점에서의 단면적과 응력 변화는 같게 된다.

$$\sigma dA = Ad\sigma$$

네킹이 일어나는 임계 조건은 $A\sigma = P =$ 일정한 값이므로,

$$Ad\sigma + \sigma dA = 0$$

이다. 응력-변형률 곡선의 최대값을 지난 지점 D에서 힘이 더욱 가해지면 단면적의 감소가 급격히 일어나게 되어 응력-변형률 곡선은 전위의 밀도에 의해 높아진 강도로도 버티지 못하고 급격한 소성변형이 일어나게 된다.

$$\sigma dA > Ad\sigma$$

공칭응력-공칭변형률 곡선에서 곡선의 최대점 C에서 네킹이 시작되는 이유는 다음 식에 의한다. 네킹이 일어날 때는 그림 7.7처럼 응력은 증가하고 면적은 감소하므로

$$d\sigma/\sigma = -dA/A$$

로서, 응력의 변화율만큼 단면적이 감소한다. 한편 부피의 변화는 일정하므로

$$-dA/A = dl/l$$

로 쓸 수 있고, 변형률의 정의에 의하여

$$dl/l = \epsilon$$

이 된다. 따라서, 네킹은 다음 조건이 될 때 일어난다.

$$d\sigma/d\epsilon = \sigma$$

위식은 진응력과 진변형률에 있어서의 네킹 조건이므로, 이를 공칭응력과 공칭응력 변형률에 의한 네킹 조건으로 바꾸면,

$$d\sigma/\sigma = d\epsilon$$

양쪽을 적분해주면,

$$ln\sigma = \epsilon$$

이 되고, 진응력을 공칭응력, 진변형률을 공칭변형률로 바꾸어주면,

$$ln[\sigma_n (1 + \epsilon_n)] = ln(1 + \epsilon_n)$$

이 된다. ln을 없애면 $\sigma_n = 1$이 되고 변형률 ϵ에 대해 미분하면,

$$d\sigma_n / d\epsilon_n = 0$$

즉, 응력, 변형률 곡선의 최대값에 해당하는 지점이 네킹이 시작되는 지점이 된다. 네킹이 일어나는 지점과 그 정도는 재료마다 다 다르게 된다.

7.2 항복강도, 인장강도

강도(strength)란 재료가 항복 또는 파괴될 때까지 필요한 힘을 말한다. 그 힘의 크기가 클수록 재료를 변형 또는 파괴시키기 어렵다. 기계의 부품소재로 사용되기 위해서는 지속적으로 작용하는 힘에 대해 변형 또는 파손 없이 저항할 수 있어야 수명이 길게 되므로 기계적 강도가 높은 소재가 바람직하다.

강도는 사용하는 재료에 따라 또는 용도에 따라 다르게 적용된다. 변형이 일어나게 될 경우 그 수명이 다했다고 판단될 경우는 항복강도가 매우 중요한 강도이며, 파손이 일어날 경우 교체가 된다면 파괴강도가 중요한 강도가 된다. 응력-변형률 곡선에서는 최대의 힘과 관련된 인장강도를 중요시하기도 한다. 다음 그림 7.9에 항복강도, 인장강도, 파괴강도를 응력-변형률 곡선과 관련지어 나타내었다.

연성이 있는 소재는 일반적으로 항복강도를 중요시하며, 단단하여 항복 이전에 파손이 일어나는 취성 소재는 파괴 강도를 중요시한다.

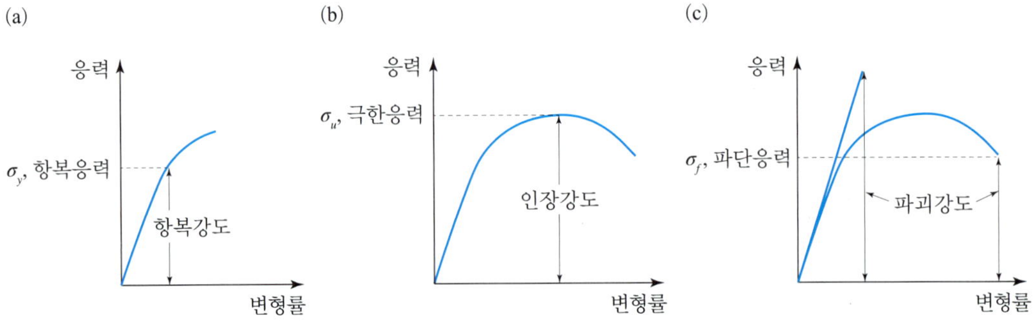

그림 7.9 재료의 강도, (a) 항복강도, (b) 인장강도, (c) 파괴강도

다음 그림 7.10에 금속, 세라믹스, 폴리머의 항복강도를 측정하여 정리한 값들을 그래프로 나타내었다. 그림과 같이 연성이 우수한 폴리머의 항복강도가 가장 낮으며, 엔지니어링세라믹스는 항복이 거의 일어나지 않는다. 금속과 복합재료는 두 재료 그룹의 중간 정도의 항복 값을 나타내며, 소재에 따라 그 값은 서로 다름을 알 수 있다.

그림. 7.11에는 인장강도를 정리하여 그래프로 나타내었다. 그림에서와 같이 금속의 경우 인장강도가 큰 값을 나타냄을 알 수 있다.

소성거동에 있어서 항복강도는 매우 중요한 설계 변수가 된다. 항복이 일어

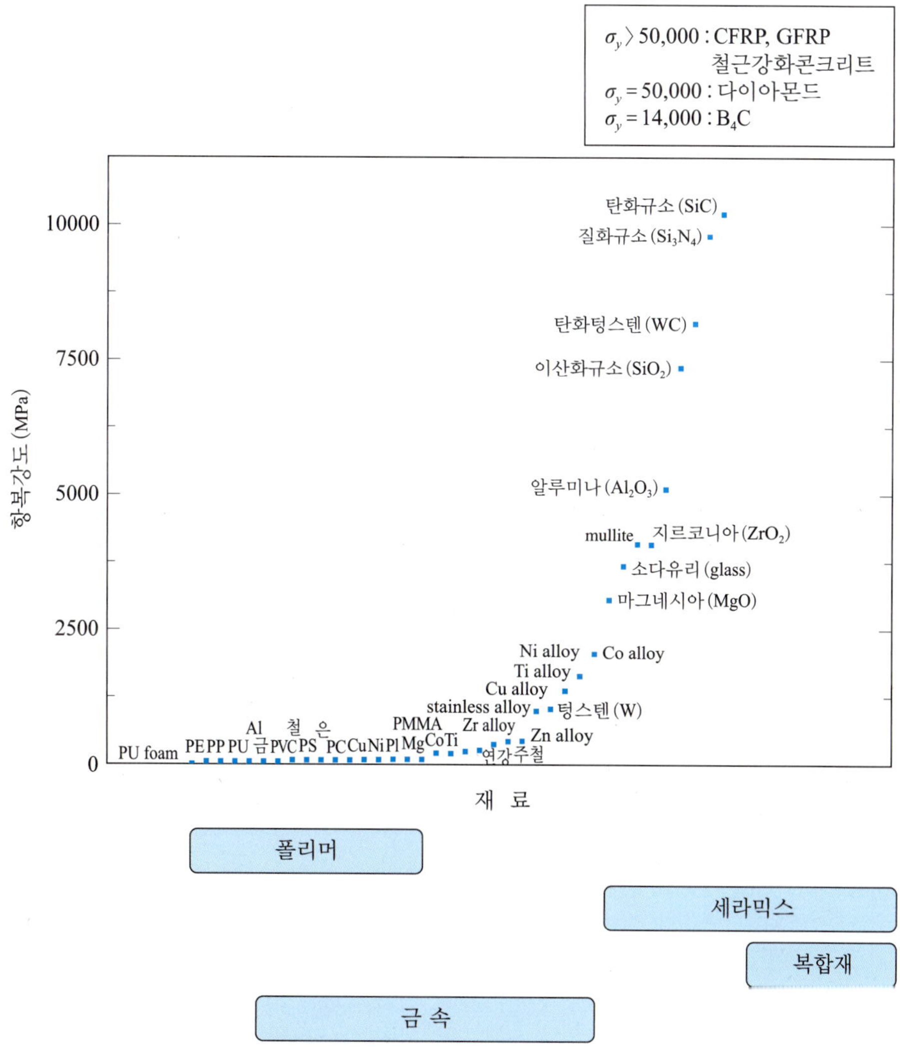

그림 7.10 재료의 항복강도 데이터

나기 시작하면 응력-변형률 곡선에 기울기의 변화가 오게 되고 전위의 밀도증가에 의해 강화현상이 일어나기는 하지만, 탄성 구간보다는 작은 힘으로 재료를 변형시킬 수 있다. 꼭 그렇지는 않지만 항복강도가 낮은 값을 나타내는 소재일수록 연성이 큰 것이 일반적이다. 따라서 항복강도는 소성거동에 중요하게 고려하여야 하는 변수이다.

한편 탄성계수에 대한 항복강도의 특성을 그림 7.12에 나타내었다. 판이나 기둥의 형상으로 부품을 제작하였을 때 강도가 높고 탄성계수가 낮으면 항복에 앞서 좌굴이 일어나며, 탄성계수가 높고 항복강도가 낮으면 좌굴하기 전에 항복이 일어난다. 복합재, 세라믹스가 그 값이 큰 편이며, 금속이 작은 값들을 갖는 것이 특징적이다.

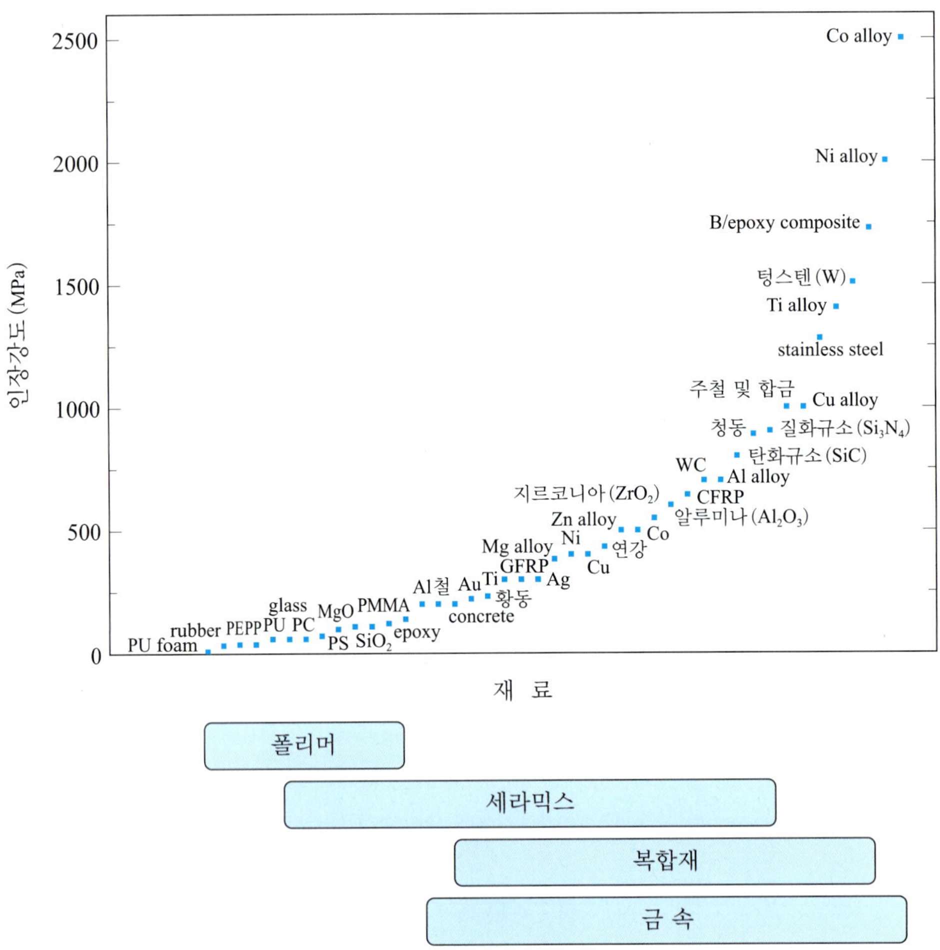

그림 7.11 재료의 인장강도 데이터

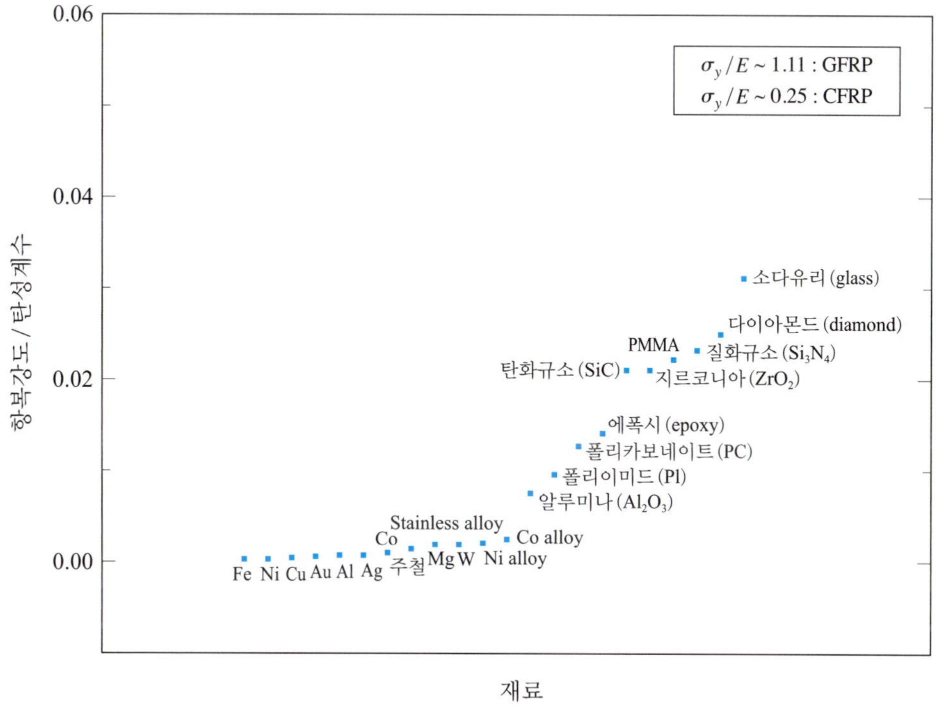

그림 7.12 재료의 항복강도/탄성계수 데이터

7.3 경도

경도(hardness)란 재료의 표면으로부터 가해지는 외력에 대해 저항하는 특성을 말한다. 경도가 클수록 재료의 표면을 변형 또는 파손시키기 어렵게 된다. 기계의 부품은 자동차의 피스톤처럼 마찰이 가해지는 환경에 노출될 경우가 많으며 따라서 경도가 높은 소재가 바람직하다고 할 수 있다.

경도는 재료보다 강한 압자(indenter)로 일정한 하중으로 재료의 표면에 압력을 가한 후 표면에 생긴 압입(impression)의 크기를 측정하여 계산하는 압입법(indentation)으로 평가한다. 그림. 7.13에 구를 압입하는 브리넬 경도시험과 끝이 날카로운 압자로 압입하는 비이커스 경도계 시험의 압입법과 압자들을 각각 나타내었다.

브리넬 경도는 압입 구의 직경 D, 압입의 직경 D_i, 가해진 힘 P가 주어졌을 경우 다음 식에 의해 계산되어지며

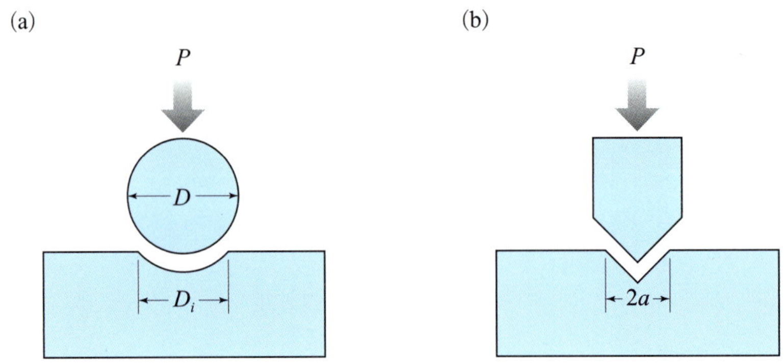

그림 7.13 재료의 경도시험, (a) 브리넬 경도시험과 (b) 비이커스 경도시험

$$BHN = P/A$$

여기서

$$A = (\pi/2)\, D\, [D - (D^2 - D_i^2)^{1/2}]$$

으로 계산된다.

비이커스 경도는 가해진 힘 P를 압입의 반경 a와 다음 관계식에 의해 계산되어진다. 금속의 경우,

$$H = 1.85 \times P/(2a)^2$$

또는 세라믹스의 경우,

$$H = P/2a^2$$

두 식 모두 압입자의 반경이 작을수록, 동일한 압입을 발생시키는 데 필요한 힘이 클수록 경도 값이 높음을 알 수 있다.

그림 7.14에는 재료별 경도 데이터를 정리하여 나타내었다. 폴리머의 경우 경도 값이 가장 낮으며, 세라믹스의 경도가 가장 높고, 금속은 중간 정도의 값을 나타낸다.

금속의 경우 경도 값은 항복강도 값과 밀접한 관련이 있다. 재료의 표면을 압자로 압입하면 재료의 슬립면(slip plane)에 따라서 전단력이 가해지게 되어, 전단력에 의한 전위 발생 여부와 관련되는 항복강도가 중요하기 때문이다. 다음 그림 7.15과 같이 원통형의 시편 막대에 인장력이 가해질 경우, 재료 내부는 인장력만 가해지는 것이 아니라 어느 슬립면을 따라 전단응력이 가해지게 된다. 슬립면의 평면으로부터의 경사각이 45도가 되면 최대의 전단응력이 가해진다.

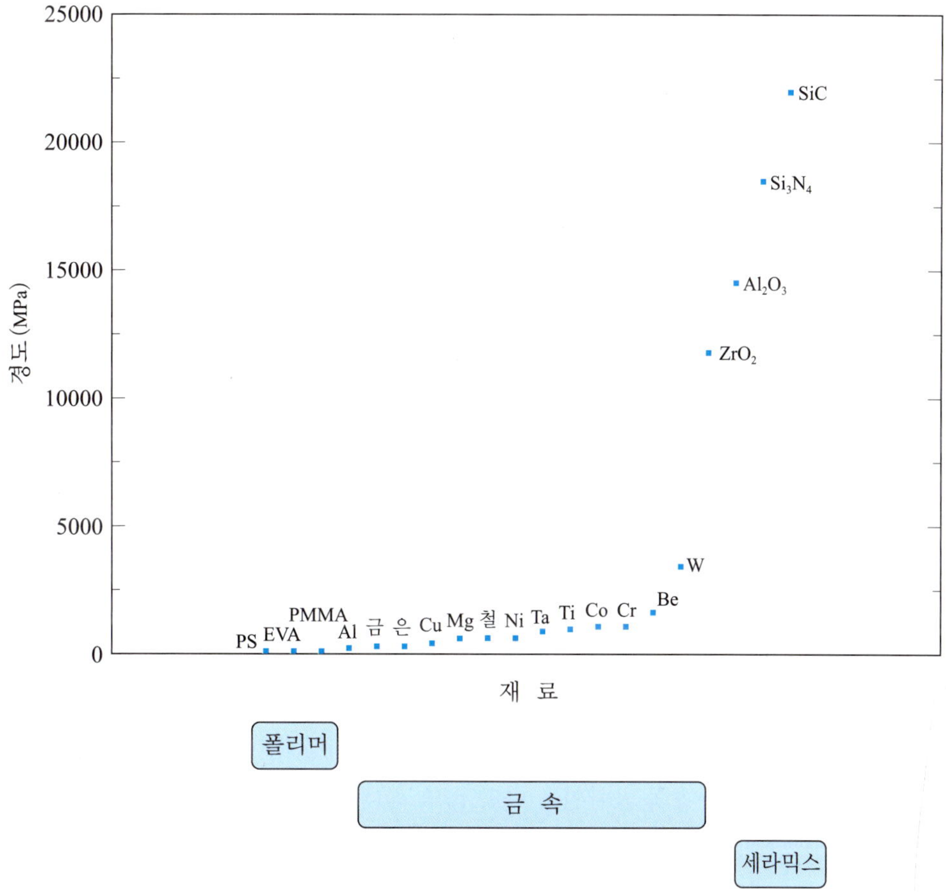

그림 7.14 재료별 경도데이터

이때 전단응력의 크기는 다음 식과 같다.

$$\tau = P\ \sin\theta/(A/\cos\theta) = (P/A)\ \sin\theta\ \cos\theta = \sigma\ \sin\theta\ \cos\theta$$

즉, 인장응력 σ가 가해지면 이때 발생하는 전단응력 τ의 크기는 인장응력의 크기 σ와 각도 θ에 의해 주어지며, 전단응력의 최대값은 $\theta = 45^{\circ}$ 일 때 얻어진다.

한편 항복이 일어나는 임계전단응력 τ_c은 다음 조건이 만족할 때 얻어진다.

$$\tau_c = \sigma_y/2$$

윗 식에서 σ_y는 재료의 항복강도이다.

또 경도 값과 항복강도와의 관계는 그림 7.16과 같은 끝이 평평한 압자에 의

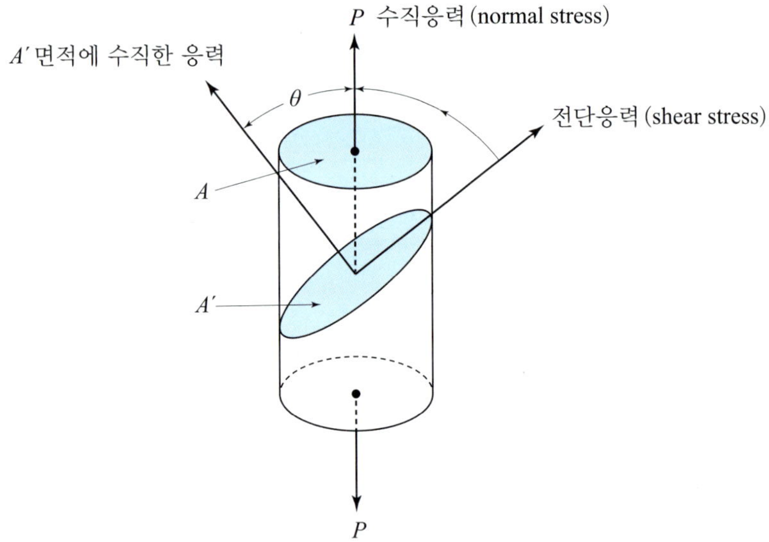

그림 7.15 재료의 인장응력에 의해 발생되는 전단응력

해 힘이 가해질 때 재료 내의 슬립면을 따라 일어나는 소성적인 변화로부터 유추할 수 있다. 앞에서 살펴본 바와 같이 인장력뿐만 아니라 압축력 P가 가해지면 45도 방향의 슬립면을 따라 τ_c의 최대 전단력이 가해지게 된다. 이때 발생하는 소성적인 변화는 다음 식과 같다.

$$P\delta = 2 \times \frac{A\tau_c}{\sqrt{2}} \times \delta\sqrt{2} + 2 \times A\tau_c \times \delta + 4 \times \frac{A\tau_c}{\sqrt{2}} \times \frac{\delta}{\sqrt{2}}$$

윗 식에서 δ는 힘 P에 의한 변위, A는 힘이 가해지는 단면적이다. 윗 식을 재배열하면,

$$P = 6A\tau_c$$

$$P/A = H = 6\tau_c = 6 \times \sigma_y/2 = 3\sigma_y$$

따라서 경도 값 H는 항복강도 값 σ_y의 3배가 된다.

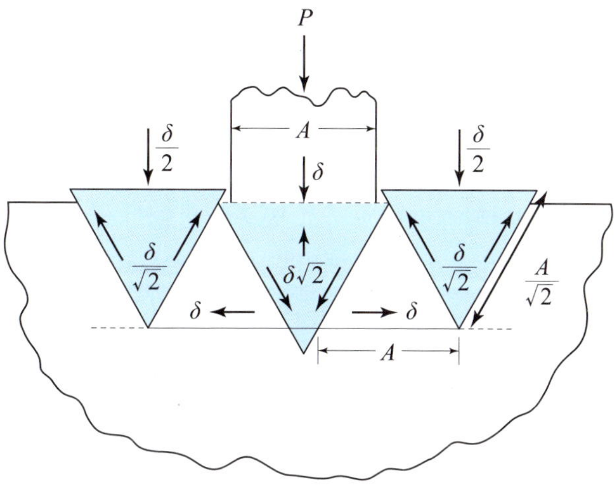

그림 7.16 경도시험에 의한 재료 내의 소성변화

7.4 유리와 폴리머의 소성거동

7

현재까지는 주로 금속에 적용될 수 있는 소성거동을 살펴보았다. 세라믹스 소재의 경우 공유결합, 이온결합에 의해 원자 간 결합력이 높아 결정이라고 하더라도 전위가 생기기가 금속보다 어렵다. 따라서 세라믹스의 경우는 상온에서는 소성거동이 일어나기가 거의 어렵다. 폴리머의 경우는 대부분이 결정이 아니라 비정질 상이므로 전위가 정의되지 않는다. 여기서는 세라믹스 중 국부적으로는 결정질의 단위 셀을 갖지만 전체적으로는 망목구조를 갖는 유리와, 긴 사슬구조를 갖는 폴리머의 소성거동에 대해 살펴보자.

일반적인 창유리는 대표적인 망상구조(그물)형 고체(network)이며, 천연고무는 긴 사슬구조의 폴리머 고체이다. 유리는 탄성이 높아서 변위가 1% 미만으로 매우 적은 반면에 천연고무는 100% 이상의 변위까지 인장력에 의해 탄성적으로 늘어날 수 있다. 두 재료의 변위의 차이는 고체를 구성하고 있는 원자들의 구조에 기인한다. 유리는 강한 공유결합을 하고 있어서 인장이나 굽힘에 쉽게 변형되지 않지만, 천연고무는 서로 얽힌 긴 사슬 분자들을 인장시킴으로써 변위를 쉽게 일으킬 수 있다.

두 재료는 큰 정적하중에 대한 반응도 서로 다르게 나타난다. 유리는 점성이 있는 액체와 같이 거동하지만 하중 제거 시 처음 상태로 회복되지 않는다. 반면, 천연고무는 시간에 의존한 변위를 나타내어 하중을 제거하면 시간은 걸리지만 언젠가는 처음 상태로 회복이 일어난다. 이는 유리의 경우 공유결합을 이루고 있는 원자들의 결합이 끊어지기 때문인 반면, 천연고무는 상대적으로 약한 결합인 반데르바알스결합을 하고 있는 결합들이 끊어지기 때문이다. 이때 사슬 내 공유결합을 하고 있는 결합은 끊어지지 않는다. 따라서 천연고무는 인장력을 가하면 늘어났다가 하중을 제거하면 원래의 상태로 회복되는 일이 가능해지는 것이다.

유리의 구조는 액체를 급랭하여 제조하기 때문에 구조가 액체와 비슷하다. 액체를 서냉하면 원자들이 확산할 시간이 충분해 제 자리를 차지할 가능성이 높아지고 핵 생성과 성장이 질서 있게 이루어지는 결정질 고체가 되는 반면, 급랭의 경우 원자들이 확산할 시간이 없어 무질서해지고 따라서 망상구조형 유리가 형성된다. 결정의 경우 액상과의 부피 차이가 큰 반면, 유리는 크지 않다. 고점성의 액체가 쉽게 결정화되지 않는 이유도 이와 비슷하다. 고점성의 액체는 원자 간 인력이 커서 불규칙한 모양으로 미끄러지기 때문에 규칙적인 결정 형성이 어렵다.

대부분의 소성변형 속도는 응력에 비례하게 되고, 점성에 반비례하여 다음 식과 같이 표현할 수 있다.

7

$$d\epsilon/dt = \sigma/\eta$$

윗 식에서 η를 점도(viscosity)라고 한다. 변형과정이 열적으로 활성화된 과정이라면 점도는 다음 식과 같이 온도의 함수이다.

$$\eta = \eta_o \cdot \exp(\Delta E_v/RT)$$

윗 식에서 η_o은 상수이고 ΔE_v는 원자들이 넘어야 할 에너지 장벽이다. 일반적으로 온도가 높아지면 고체의 점성은 감소한다.

유리의 소성변형은 다음 그림 7.17과 같이 천장에 매단 스프링의 한 끝을 점성이 있는 액체에 담근 상태로 밑으로 하중을 당겼을 때의 변형을 생각하면 쉽게 이해할 수 있다. 스프링은 탄성이 있는 소재로, 점성이 있는 액체는 점성유체로써, 일정한 힘을 가하면 시간에 따라 변위는 늘어나지만 그림 (b)와 같이 시간에 따라 그 힘은 감소한다. 스프링에 의한 변위는 스프링의 탄성에 의해 회복되지만, 점성 유체에 담긴 스프링은 초기 상태로 회복되기 어려울 수 있어 작은 양이지만 소성의 이유가 된다.

망상구조형 구조를 갖는 비정질 고체의 변형은 주로 탄성적인 변위를 일으킨다. 탄성적 변위는 주로 유리와 같이 강한 공유결합성의 결합이 많을 때 일어난다. 공유결합성이 높지 않은 폴리머에서 원자나 구조의 국부적인 재배열이 일어날 경우 소성변형이 일어난다. 외부에서 가해지는 응력 또는 제조 도중 내부에 응력이 존재할 경우에도 그에 대응하여 소성변형이 일어날 수 있다. 하중에 의해 몇몇 결합에 크게 변위가 일어나면서 에너지가 낮아지게 되면 큰 변위도 일어날 수 있다. 예를 들면 열을 가하면 열적활성화에 의해 에너지 장벽을 넘을 수 있도록 원자나 분자들이 확산되는 것이 에너지가 낮아지는 방향이면 영구적으로 소성변형이 일어날 수 있다.

폴리머는 고온에서 비정질의 고무와 같은 액상의 구조를 갖으며, 고분자 사슬들은 상호 얽혀 있는 코일과 같은 모양으로 진동하며 재배열한다. 낮은 온도에서는 단단하고 강성이 있는 고체로 바뀌며 유리와 같은 기계적 거동을 한다. 이렇게 폴리머가 온도에 의존하는 이유는 폴리머의 강도가 구조의 변화에 의존하기 때문이다.

폴리머는 온도에 따라 부피가 감소하지만, 결정질 보다는 부피가 큰데 이 역시 구조상의 이유이다. 유리화가 일어나는 온도인 Tg 이하에서 결정질 폴리머는 유리 같은 비정질 기지에 결정질들이 분산되어 있는 구조를 갖는다. 기계적 특성은 취성을 나타낸다. 반면 Tg 이상 용융이 일어나는 온도 Tm 이하에서는 유연한 비정질 기지상 내에 결정질들이 분산되어 있는 구조로서 인성이 높다. 즉 온도가 낮으면 폴리머의 기계적 특성은 유리와 비슷하고, Tg 이상 Tm 이하에서는 고무와 같은 특성을 나타낸다. 이는 폴리머가 온도에 따라 탄성계수가 크게 변

7

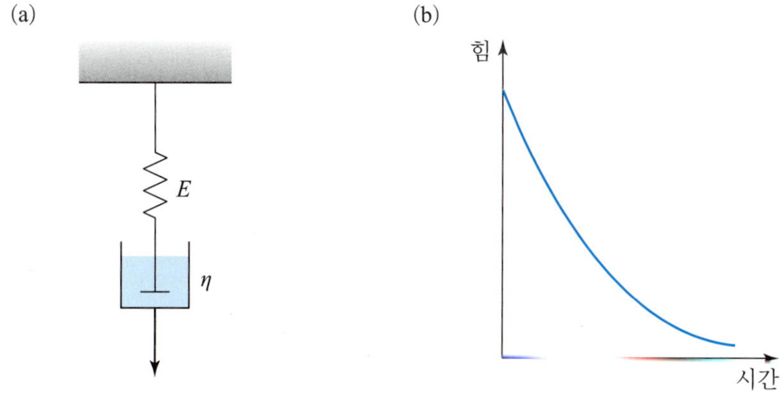

그림 7.17 유리의 소성변형과 관계된 모식도, (a) 유리의 변형과 관계한 모델, (b) 시간과 힘의 관계

하기 때문이다. 온도가 높아짐에 따라 시간에 의존하는 변형을 나타낸다.

가해진 응력에 대한 폴리머는 다음 그림 7.18의 모델처럼 거동한다. 가장 윗부분에 존재하는 스프링은 순수 탄성변형을 하며, 낮은 온도에서 주된 변형을 일으킨다. 중앙 부분에서는 스프링과 점성 유체 부분이 평행하게 존재하고 있으므로 시간에 의존하는 탄성변형을 하게 된다. 이 변형은 온도가 Tg 이상 Tm 이하에서의 주된 변형이다. 가장 아랫부분에 존재하는 점성 유체는 점성 적이고, 비가역적인 변형을 일으키며 온도가 Tm 이상일 때의 주된 변형에 해당된다.

폴리머가 시간은 걸리지만 탄성적으로 회복될 것인가 아니면 슬립에 의해 소성변형이 일어날 것인가는 폴리머의 강도를 좌우하게 되므로 매우 중요하다. 폴리머의 강도를 결정하는 데 있어서 중요한 인자로서는 분자량, 결정화도, 망목의 정도, 사슬의 강성 등이 있다. 일반적으로 고무의 인장강도는 분자량이 증가함에 따라 증가한다. 분자량이 증가하면 단위 부피당 사슬의 밀도도 증가하기 때문이다. 사슬의 밀도가 감소하면 응력을 지지하지 못하고 쉽게 슬립이 일어나 소성변형한다. 부분적으로 결정화된 폴리머의 강도는 증가한다. 높은 강도의 이유는 결정질 구조의 사슬 간 결합의 수의 증가와 결합간 거리가 감소하고 그 거리가 규칙적이기 때문이다. 반면 비정질 폴리머는 사슬 간 결합의 수가 적고 그 거리는 불규칙하여 사슬이 확장하는 데 필요한 공간을 제공한다. 결정질 폴리스티렌(PS)을 포함하는 폴리머는 모든 온도 영역에서 비정질 폴리스티렌보다 탄성계수가 높다. 결정질 폴리머는 사슬이 이미 규칙적으로 정렬하여 쉽게 늘어나

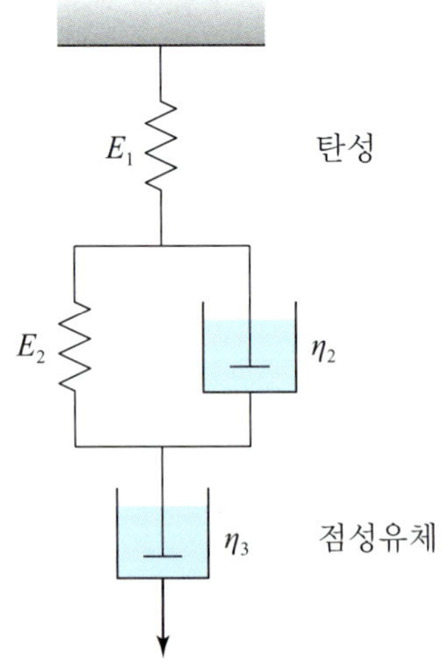

그림 7.18 폴리머의 소성변형과 관계된 모식도

지 않으므로 큰 변위를 나타내지 않는다. 망상구조형 폴리머의 좋은 예는 고무이다. 고무의 망목의 정도가 증가할수록 기계적 강도, 경도는 상승하고 사슬 간 슬립을 어렵게 만든다. 열경화성 수지 역시 망상구조형이고, 폴리에스테르, 폴리우레탄, 페놀(베이클라이트)수지 등도 높은 강도를 갖는 폴리머들이다. 폴리머들은 충진재(filler)의 첨가로 강도를 증가시킬 수 있다. 이 충진재들은 사슬 간의 결합수를 증가시키고 상호 간 운동을 막아준다. 카본블랙은 충진재의 좋은 예이다. 자동차 타이어에 많은 카본블랙이 충진재로 들어간 이유가 여기에 있다. 천연고무를 충진재로 보강하면 3000psi에서 4500psi로 강도가 증가하며, 부틸고무를 보강하면 400psi에서 3000psi까지 크게 증가한다는 보고가 있다. 폴리머는 또한 각 개개 사슬의 고유 강도에 의존한다. 따라서 폴리머가 강성이 있는 사슬로 이루어져 있다면 유연한 사슬로 이루어진 폴리머에 비하여 그 강도 값은 높다. 폴리메틸 메타크릴레이트(PMMA)가 좋은 예이다. PMMA는 메틸(CH_3)의 골격에 메타크릴레이트($COOCH_3$)가 사슬을 따라 부차적으로 결합되어 있다. 또 벤젠 고리를 갖는 폴리머들은 연신이나 굽힘이 잘 일어나지 않는다. 기타 강성이 있는 폴리머로는 폴리프로필렌, 폴리카보네이트, 폴리에스테르, 폴리에테르, 셀룰로오스 등이 있다. 사슬 간 강성이 있는 폴리머의 단점은 구조가 다소 열려있는 구조로 공간이 많다는 것이다. 따라서 용매에 쉽게 용해, 침투되고 부풀림(swelling) 현상이 일어날 수 있다.

7

탄성중합체(elastomer)는 비정질의 고무 같은 폴리머로서 2가지의 탄성적 특징이 있다. 첫 번째는 수백%까지는 탄성적으로 늘어난다. 두 번째로 큰 탄성연신이 관찰되는 온도영역에서 탄성계수는 일반적으로 온도에 따라 증가한다. 이러한 특성은 온도에 따라 탄성계수가 감소하는 일반적인 폴리머의 특성과는 반대이다. 이러한 탄성적 특징은 사슬에 부차적으로 결합되어 있는 물질들이 꼬이거나 비틀리면서(kink) 일어난다. 따라서 탄성중합체를 연신시키려면 더 큰 힘이 요구되는 것이다. 힘을 제거하면 대부분 원래의 형태로 회복된다.

재료선택 및 설계를 위한 TIP

소성이 중요한 시스템에서 중요한 재료설계 변수는?

소성이 중요한 시스템에서 중요한 재료설계 변수, 즉 반드시 고려해야 할 변수는 항복응력 또는 항복강도(yield stress, σ_Y)이다. 모든 고체는 탄성한계(elastic limit)가 있다. 항복응력은 응력-변형률 선도에 있어서 탄성한계가 끝나고 비선형구간의 시작점에 해당하는 응력이며, 영구변형(permanent deformation)이 시작되는 응력이라고 정의할 수 있다. 항복응력 이상의 응력에 해당하는 응력-변형율 곡선구간에서는 후크의 법칙이 더 이상 적용되지 않는다. 선형과 비선형구간의 경계가 불명확할 때는 0.2%오프셋 방법으로 항복응력을 결정한다. 기계공학자는 영구변형이 일어나지 않는 하중을 설계하여야 하거나 또는 쉽게 변형되는 공정을 결정하는데 항복강도의 정보를 활용할 수 있다. 이를 위해 재료의 종류에 따라, 응력-변형율 거동에 따라, 가공의 유용성 정도에 따라 영구변형이 언제, 어떻게 일어나는지에 대한 정보를 알고 설계해야 한다.

항복강도가 높으면 인장강도도 높다?

항복강도가 높다고 인장강도도 반드시 높은 것은 아니다. 세라믹스의 경우가 그 예이다. 세라믹스는 원자들이 상대적으로 강한 이온, 공유결합을 하고 있어 쉽게 전위가 형성되지 않는다. 즉 세라믹스의 경우는 상온에서 소성거동이 거의 일어나지 않아 항복강도는 높다. 한편 세라믹스는 압축강도는 높지만 인장강도는 낮다. 재료 내에 결함이 존재하게 되면 결함에 응력이 집중되어 쉽게 파손되기 때문이다. 항복강도가 높으면서 인장강도를 향상시키기 위해 복합재가 개발되고 있다. 섬유강화 복합재료는 섬유의 직조로 외부의 하중에 변형되지 않으면서, 결함이 재료 내부에 존재해도 균열의 전파가 억제되어 인장강도를 동시에 높일 수 있도록 설계할 수 있다.

7

강도를 쉽게 평가할 수 있는 방법은 없을까?

강도를 평가하려면 일정한 모양의 시험편을 정밀히 가공하고 국내, 국제 표준규격에 맞게 제작해야 하는 번거로움이 있다. 반면 경도시험은 표면의 국부적인 부위에 소성변형을 일으켜서 손쉽게 평가할 수 있는 장점이 있다. 금속의 경우는 항복강도의 3배에 해당하는 것이 경도 값임을 이론적으로 알고 있다. 이를 활용하면 경도를 평가하여 항복강도를 추정하는 것이 가능하다.

무게와 강도를 고려한 재료지수 (material index)

기계가 구동하는 동안 기계를 구성하는 부품들이 변형(금속, 폴리머)이나 파손(세라믹, 복합재료)이 일어나지 않도록 설계하기 위해서는, 재료의 고유 강도 이상의 하중이 가해지지 않도록 설계하는 것이 중요하다. 이를 위해 재료역학에서는 허용하중과 안전계수의 개념을 도입하고 있다. 허용하중이 낮을수록, 안전계수가 클수록 공업용 재료로써 안전하게 사용할 수 있다. 변형방지가 중요한 시스템에서는 무게와 항복강도를 고려한 재료지수를 설계에 반영시키는 것이 도움이 된다. 예를 들면, 사각형 단면의 외팔보의 끝에 하중이 작용한다면, $(\sigma_y^{2/3}/\rho)$의 값을 재료지수로 활용한다. 무게에 비례하는 밀도(ρ) 값이 낮고, 항복강도(σ_y) 값이 높은 재료를 선택하는 것이 설계에 유리하다.

7.5 연습문제

7.5.1 어떤 재료의 탄성계수는 200MPa이다. 이 재료가 0.006m/m의 변형률에서부터 영구변형이 시작되어 0.04m/m까지 변형되었다. 이 재료의 항복강도를 계산하시오.

7.5.2 문제 5.3.7(2)번의 해당그래프에서 0.2% 오프셋으로 항복강도의 근사값을 구하시오.

7.5.3 다음 응력-변형률 곡선을 보고 물음에 답하시오.

(1) 항복강도(yield strength)의 값은?

(2) 극한강도(ultimate strength)의 값은?

(3) 파괴강도(fracture strength)의 값은?

(4) 최종 변형된 변형률의 값은?

x축의 윗 숫자는 윗 그래프에 해당하며, 아래 숫자는 아래 그래프에 해당하는 값이다.

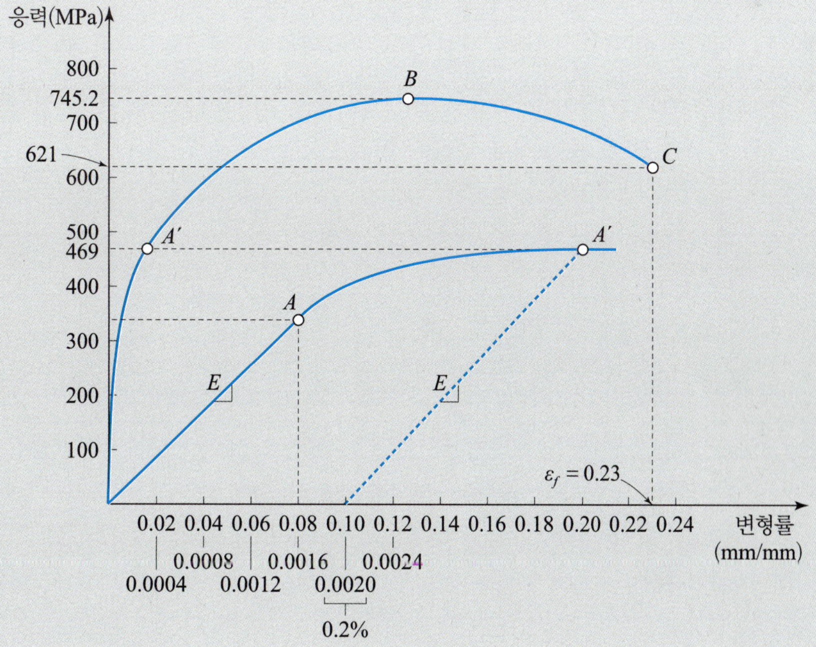

7.5.4 재료 A는 초기 길이가 10cm, 힘을 받아 늘어난 길이가 12cm이었으며, 재료 B는 초기 단면적이 5cm^2, A와 동일한 힘을 받은 후 단면적이 3cm^{2}으로 감소하였다. 재료 A와 재료 B 중 연성이 큰 재료는 어느 것인가?

7.5.5 어떤 재료가 인장응력을 받아 항복이 일어나기 전에 파괴되었다. 파괴 때까지의 진응력과 진변형률이 각각 630MPa과 0.18이었다. 공칭응력, 공칭변형률로부터 구한 응력-변형률 곡선으로부터 구할 수 있는 재료의 탄성계수는 얼마인가?

7.5.6 네킹(necking)이 일어나는 기준이 되는 식을 진응력-진변형률 및 공칭응력-공칭변형률 곡선에서 각각 제시하시오.

7.5.7 문제 7.5.3의 응력-변형률 곡선으로부터 경도 값을 추론하는 방법에 대해 토의하시오.

7.5.8 그림 5.8, 7.10에서 항복강도/탄성계수의 값이 높은 재료 군에 대해 생각해 보고, 높은 값의 의미가 무엇인지 토의하시오.

7

7.5.9 알루미늄(Al) 시험편에 반경 3mm인 초경(tungsten carbide) 구(직경 D)를 이용해 3000N의 힘으로 압축 실험을 수행하였다. 일정한 하중 하에서 시험편에 직경 d의 원형의 자국이 생겼다. 이 원형의 직경이 500μm라면 이 시험편의 경도를 다음 브리넬 경도 식에 의해 구하시오.

$$H = 2P / \{\pi D(D - \sqrt{D^2 - d^2}\}$$

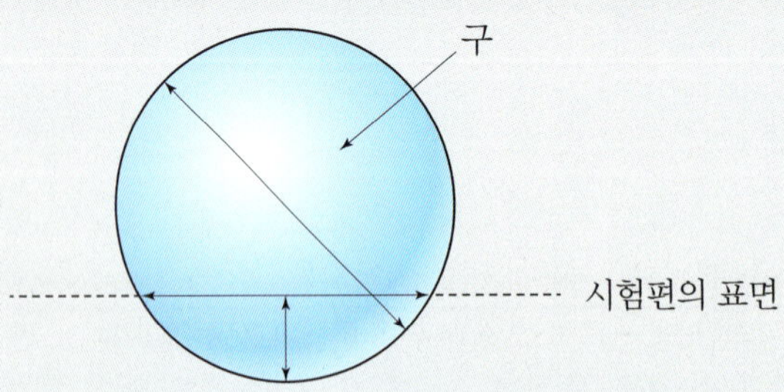

7.5.10 압입시험법으로 어느 소재에 $P = 10\text{N}$의 힘을 가하여, 다음과 같이 소성영역이 일어난 지점의 반경 a를 측정하여 $1\mu\text{m}$의 값을 얻었다. 소재의 경도 값을 $H = P/2a^2$ 의 식으로 구하고 단위를 쓰시오, 단 재료의 탄성계수 $E = 300\text{GPa}$이다.

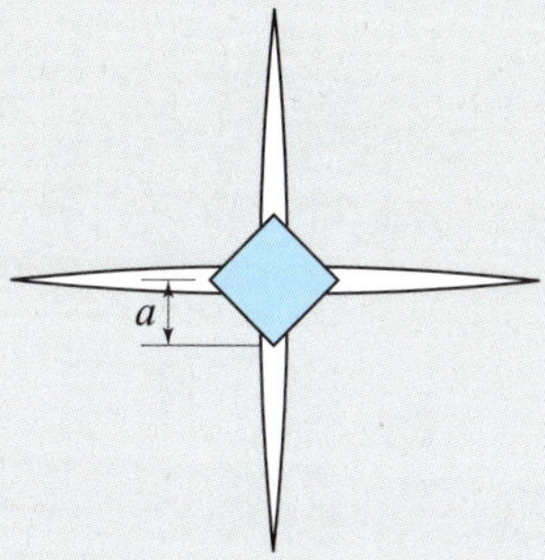

7.5.11 그림 7.15에서 단면적 5m^2에 50kN의 수직응력이 작용한다면, $\theta = 30$도의 단면적에 작용하는 전단응력 값을 계산하시오.

7.5.12 알루미늄 금속의 전형적인 응력-변형률 곡선을 그리고 그래프 위에 다음 특성에 해당되는 것을 표시하시오.

(1) 탄성계수 (elastic modulus) E,

(2) 항복강도 (yield strength) σ_y,

(3) 인장강도 (tensile strength) σ_{TS},

(4) 연성 (ductility),

(5) 네킹(necking)이 일어나는 시점,

(6) 경도 (hardness) H,

CHAPTER 8

파괴

8.1 _ 재료 파괴의 개념
8.2 _ 응력집중
8.3 _ 거시적 파괴거동
8.4 _ 파괴강도 값의 의미
8.5 _ 연습문제

8.1 재료 파괴의 개념

8.1.1 파괴의 정의

재료의 항복강도보다 큰 외력이 가해지면 재료의 항복이 일어나 소성변형이 일어나고, 네킹 지점에서 단면적의 감소로 응력이 지속적으로 급격히 증가하게 되면 재료의 파손이 일어나게 된다.

재료의 파괴(fracture) 또는 파손(failure)은 미시적으로는 균열(crack)의 생성 및 성장과 관련이 있다. 따라서 좁은 의미로는 균열이 발생한 경우 이미 재료는 파괴가 시작되었다고 정의하며, 특히 잘 깨지는 성질인 취성이 있는 재료의 경우 균열의 생성 자체가 급작스러운 파괴에 이르는 경우가 많기 때문이다. 예를 들면 유리 등 세라믹스와 같이 취성이 있는 재료는 작은 크기의 균열에 큰 응력이 집중하여 쉽게 파괴에 이른다.

반면 금속, 폴리머 등의 재료는 취성보다는 전위의 존재에 의해 연성이 있으며 이러한 연성이 있는 소재는 균열이 있다고 하더라도 바로 파괴에 이르지는 않는다. 따라서 이러한 경우 파괴는 두 개의 부분(part)으로 완전히 분리가 일어날 때로 정의한다. 즉 넓은 의미의 파괴는 재료에 새로운 표면(surface)이 생성되어 두 개로 분리되는 현상으로 정의할 수 있다.

고무풍선에 바람을 넣은 경우를 생각해 보자. 바람을 조금 넣었다가 다시 빼는 경우, 고무풍선은 어느 정도 늘어났다가 다시 제자리로 되돌아온다. 이는 고무풍선의 소재인 고무의 탄성 때문이다. 그러나 고무가 지탱할 수 있는 항복강도 이상의 힘이 가해지도록 바람을 넣었다가 다시 빼는 경우, 바람을 빼고 난 후의 풍선의 모양은 원래의 모양과 다르게 된다. 이는 고무풍선에 소성변형이 일어났기 때문이다. 다음으로는 지속적으로 바람을 넣을 경우 특히 고무풍선 표면에 흠이 있는 경우는 어느 순간 풍선은 터지게 된다. 파손된 풍선은 두 개의 조각으로 분리가 되고, 터지는 동시에 안에 있던 바람은 밖으로 빠져나가게 된다. 이 예에서 풍선은 재료, 바람은 힘 또는 에너지, 터지는 현상에 의해 두 부분으로 분리되는 것은 파괴라고 말할 수 있다.

재료의 항복강도보다 작은 힘이 가해졌다 힘이 제거될 경우는 재료의 탄성에 의하여 원래의 상태로 회복되며, 재료의 항복강도 이상의 힘이 가해졌다가 힘이 제거될 경우는 재료는 소성변형이 일어나 영구 변형이 일어난다. 재료의 파괴강도 이상의 매우 큰 힘이 가해질 경우는 특히 균열 등 결함이 있는 경우 재료는 두 부분으로 나뉘며 파괴가 일어난다. 파괴가 일어나면서 표면에너지가 새로 생성되고, 재료 내부에 축적되어 있던 탄성에너지가 방출되게 된다.

8.1.2 연성파괴

소성변형이 쉽게 일어나는 연성이 있는 소재의 경우, 연성파괴(ductile fracture)가 일어난다. 연성파괴는 금속과 같이 인성(toughness)이 높은 소재에서 주로 일어나는 파괴이며, 재료 내에 단면적의 큰 감소를 초래한다.

다음 그림 8.1은 대표적인 연성 재료의 형상 변화를 모식도로 나타낸 그림이다. 네킹이 일어나면서 큰 인장응력을 받는 부분에서 균열이 형성되고 성장하다가 궁극적으로 파괴가 일어나게 된다.

파괴 전, 후의 단면적을 각각 A_o, A_f라고 하면, 연성파괴는 다음 식과 같이,

$$(A_o - A_f)/A_o \times 100 \ > 50\%$$

단면적의 변화가 50% 이상으로 큰 변화를 수반할 때 연성파괴가 일어났다고 정의한다. 균열의 선단 부위에 다음 그림 8.2의 (a)와 같이 전위 등 소성영역(plastic zone)이 존재하게 되는데, 균열 선단에 존재하는 전위 등의 소성 영역(plastic zone)의 크기는 항복강도가 감소할수록 크다. 소성영역에 의해 균열에 응력이 집중한다고 하더라도 균열이 진전하지 못하고 (b)와 같이 울퉁불퉁한 표

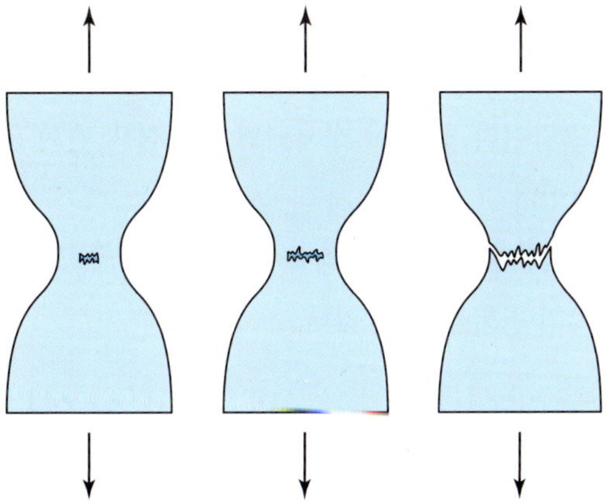

그림 8.1 연성파괴를 나타내는 재료 형상의 변화

8

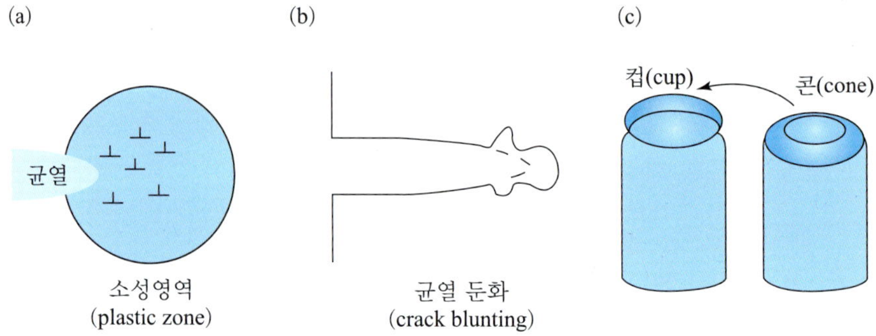

그림 8.2 연성파괴를 나타내는 재료의 (a) 균열 선단, (b) 균열 표면의 형상 및 (c)파괴 후의 형상 모식도

면(rough surface)을 갖고 성장하므로 균열의 성장 속도는 느리다. 즉 연성파괴는 파괴가 일어나기 전에 소성변형을 수반하므로 균열 전파가 느리게 일어난다.

균열이 파괴된 후에는 그림 8.2의 (c)와 같이 윗 부분은 콘(cone)의 모양으로, 아랫부분은 컵(cup)의 모양으로 깨지게 되어서 이러한 연성파괴를 컵과 콘 파괴(cup and cone fracture)라고 부르기도 한다.

8.1.3 취성파괴

8

취성이 있는 소재의 경우는 재료가 소성변형이 일어나기 어려워 취성파괴(brittle fracture)가 일어난다. 취성파괴는 세라믹스와 같이 취성(brittleness)이 높은 소재에서 주로 일어나는 파괴이며, 재료 내의 단면적의 감소 없이 급작파괴를 초래한다.

그림 8.3은 응력의 종류에 의해 취성재료에서 일어나는 파괴를 모식도로 나타낸 그림이다. 균열이 개시되면 단면적의 변화 없이 급작파괴에 이르게 되는 것이 특징이다.

파괴 전, 후의 단면적을 각각 A_o, A_f라고 하면, 취성파괴는 다음 식과 같이, 단면적의 변화가 거의 없다.

$$(A_o - A_f)/A_o \times 100 \approx 0\%$$

균열의 선단 부위에 다음 그림 8.4의 (a)에서와 같이 전위 등 소성영역(plastic zone)이 거의 없으며, 균열 선단에 응력이 집중되어 빠르게 진전함으로써 매끈

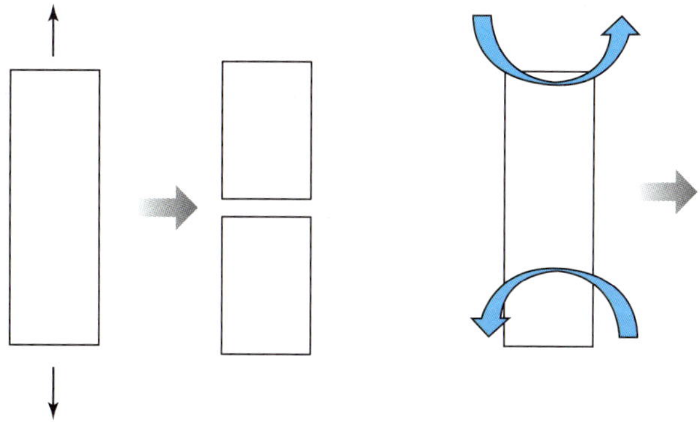

그림 8.3 취성파괴를 나타내는 재료 형상의 변화

한 표면(flat surface)을 갖고 빠른 속도로 균열이 성장한다.

균열이 파괴된 후 재료의 위 및 아랫부분은 그림 8.4의 (b)와 같이 매끈한 표면을 갖는 취성파괴(flat fracture)가 일어난다.

이러한 취성파괴는 이온결합과 공유결합성이 높아 단단한 소재인 세라믹스에서 주로 일어나지만, 상온에서는 연성을 나타내는 금속의 경우에도 온도가 낮아지면 취성이 일어날 수 있다. 이와 같이 상온에서는 연성이 일어나지만 상대적 저온에서 취성이 일어나는 현상을 연성-취성 전이(ductile-brittle transition)라고 한다. 또 그 기준이 되는 온도를 연성-취성 천이온도라고 한다. 이는 전위가 저온에서 상대적으로 활성화되지 않기 때문에 일어나는 현상이다. 상온에서는 연성이 있는 폴리머의 경우에 있어서도 온도가 낮아질 때 유리화가 될 수 있고 유리화에 의해 취성이 나타날 수 있다. 또 폴리머 재료의 경우에 에폭시 수지

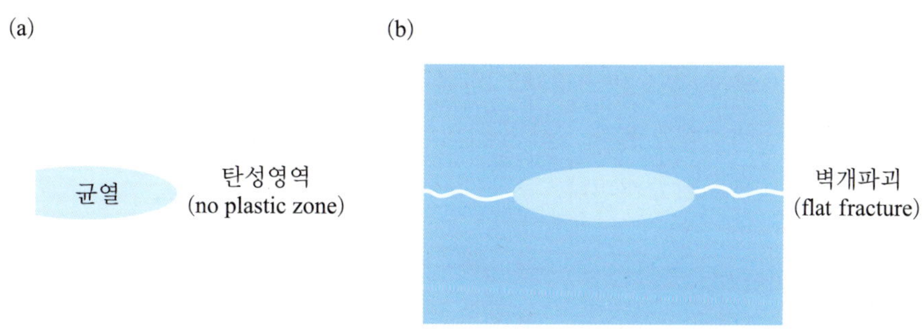

그림 8.4 취성파괴를 나타내는 재료의 (a) 균열 선단, (b) 균열의 빠른 전파에 의한 표면 형상 모식도

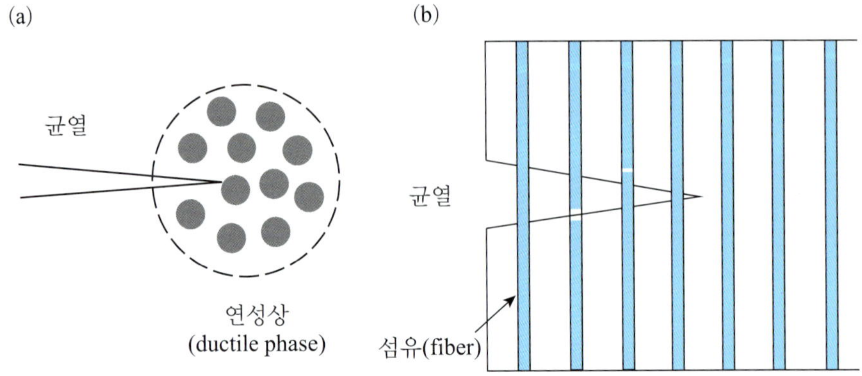

그림 8.5 취성파괴를 억제하는 복합재료, (a) 연성이 있는 금속상의 첨가, (b) 섬유강화 복합재료

는 다른 수지에 비해 취성을 나타내는 수지라고 할 수 있다.

취성파괴를 방지하기 위해서 그림. 8.5와 같이 복합재료를 제조하는 방법이 많이 활용된다. 연성이 있는 금속을 혼합하는 방법에 의해 재료의 취성을 방지하며, 또는 강도와 탄성계수가 높은 섬유상을 직조해 혼합함으로써 취성이 있는 기지상의 균열의 진전을 억제하여 취성을 막아주는 방법이 있다.

8

8.2 응력집중

8.2.1 재료의 이론강도

재료 내에 균열 등의 결함이 없이 완전히 이상적인 결정의 이론 강도를 계산해 보자. 원자간 거리, $\lambda/2$만큼 떨어져 있는 두 개의 원자를 끊어내는 데 필요한 최대응력을 σ_c라고 하면 임의의 위치 x에서의 응력 σ는 다음 식과 같이 싸인 주기 함수로 표시된다.

$$\sigma = \sigma_c \sin(2\pi/T)\, x$$

윗 식에서 T는 싸인 함수의 주기로써 원자간 거리의 2배가 된다. 따라서

$$\sigma = \sigma_c \sin(2\pi/\lambda)\, x$$

이 된다. 한편 후크의 법칙(Hooke's law)에 의하면

$$\sigma = E\,\epsilon = E\,(x/a_o)$$

로 쓸 수 있다. 여기서 a_o는 격자상수(lattice parameter)이다. σ는 서로 같으므로, 또 x가 매우 작을 때는 $\sin x \approx x$이므로,

$$E\,(x/a_o) = \sigma_c \sin(2\pi/\lambda)\,x \approx \sigma_c\,(2\pi x/\lambda)$$

윗 식을 σ_c 에 대해 재배열 하면,

$$\sigma_c = (\lambda/2\pi)\,(E/a_o)$$

이 되며, 원자 간 거리 λ와 격자상수의 일반적인 값을 대입하면 대략

$$\sigma_c = E/10$$

의 값이 된다. 즉 재료의 탄성계수 값의 1/10이 대략적인 이론 강도 값이 된다.

그러나 재료의 실제적인 강도 값을 실험적으로 측정하면, 이론 강도 값에 비하여 1/10 또는 1/100만큼 더 작은 값으로 측정된다.

왜 실제적인 강도 값은 이론 강도 값보다 10배 또는 100배까지 감소하는걸까? 그 이유를 알기 위해 파괴 역학자들은 다음 절과 같은 연구를 수행하여 실험 결과 및 이론을 제시하였다.

8.2.2 응력집중 이론

재료의 실제 강도가 이론 강도보다 1/10배 또는 1/100배가 되는 이유는 외력이 모든 재료 내 결합을 끊는 데 사용되지 않기 때문이다. 이와 관련된 실험을 바탕으로 위크 링크 이론(weak link theory)이 제시 되었다.

그림 8.6과 같이 천장에 공이 줄로 연결되어 있는데, A공과, C, D의 공은 천장 또는 위 공에 세 개의 줄로 연결되어 있는 반면, B 공은 A 공과 단지 한 줄로 연결되어 있다. 이와 같이 연결된 공들을 공 D에 인장력을 주어 잡아당기면 각 줄이 모두 끊어지는 것이 아니라, 가장 줄 수가 적은 약한 A 공과 B 공 사이의 줄이 먼저 끊어질 것이다. 이와 같이 외력이 모든 줄을 끊어내는 데 사용되지 않고, A 공과 B 공 사이의 한 줄만 끊어내면 공을 천장에서 떼어내는 것이 가능하게 되므로, 모든 줄을 끊어내는 데 필요한 힘보다 작은 크기의 힘으로 공을 끊게 된

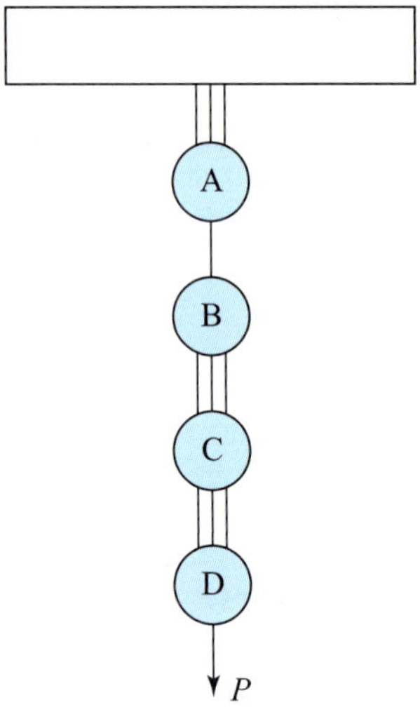

그림 8.6 응력집중에 대해 실험한 위크 링크(weak-link) 이론

다. 풍선을 터뜨릴 때 풍선에 흠이 있으면 거기에 바람이 집중하여 터지는 것처럼, 가장 약한 부위에 응력이 집중되면 파괴가 쉽게 일어난다. 즉 재료 내에 균열이나 결함이 있으면 그곳에 힘이 집중되어 다른 재료의 부위를 끊어내는 것보다 더 작은 힘으로 파손시킬 수 있다.

이러한 이론들을 수학적으로 정량화 한 사람이 Inglis라는 역학자이다. 다음 그림 8.7에서와 같이 직경 $2a$의 크기를 갖고 있는 균열을 포함하고 있는 재료에 σ_o의 인장력을 부과할 경우, 균열 선단의 집중된 응력 σ_m을 Inglis는 다음의 식과 같이 수학적으로 계산하였다.

8

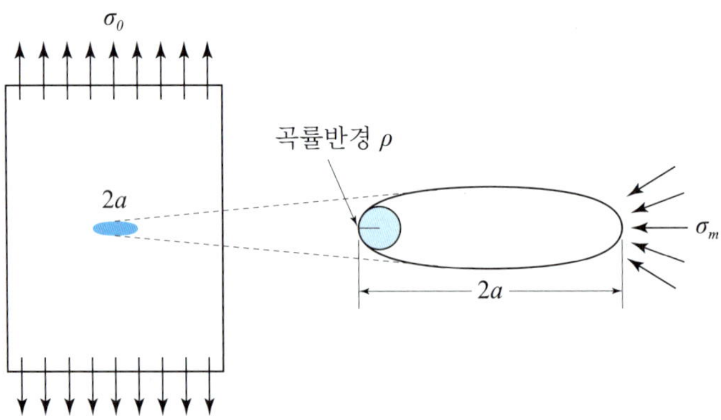

그림 8.7 응력집중 이론에 사용된 균열이 포함된 재료의 모식도

$$\sigma_m = 2\sigma_o(a/\rho)^{1/2}$$

여기서 ρ는 균열의 곡률반경(radius of curvature)이다. 균열 끝에 집중된 응력 σ_m은, 외부에서 부과된 인장력 σ_o과 비교할 때

$$(\sigma_m/\sigma_o) = 2 \times (a/\rho)^{1/2}$$

의 식과 같이 되므로 균열 끝에 집중된 응력은 외부에서 부과된 인장력보다 2 $\times$ $(a/\rho)^{1/2}$배 만큼 커지게 된다. 이와 같이 응력이 집중되어 발생한 $2(a/\rho)^{1/2}$을 응력집중계수(stress concentration factor)라고 부르며, 이 값은 균열의 곡률반경이 작을수록, 균열의 직경이 클수록 큰 값을 갖게 된다.

이와 같이 응력이 집중되도록 하는 결함으로는 균열(crack) 외에도 재료 내의 기공(pore), 개재물(inclusion), 석출물(segregation), 입계(grain boundary), 전위(dislocation) 등이 있다. 즉 이러한 인자들이 재료 내에 포함되어 있으면 더 작은 힘으로 재료가 파괴될 수 있다.

8.3 거시적 파괴거동

8.3.1 탄성에너지

응력-변형률 곡선에서 취성 재료는 그림 8.8(a)와 같이 소성변형 없이 파괴에 이르는 경우가 일반적이고, 연성 재료는 그림 8.8(b)와 같이 소성변형을 수반하여 파괴에 이른다. (a)와 같은 파괴를 취성파괴, (b)와 같은 파괴를 연성파괴라고 한다.

재료가 파괴에 이르기 전까지 외력에 의한 에너지는 재료 내부에 축적된다. 즉 외력을 받은 재료는 받지 않는 재료보다 에너지 적으로 높은 상태가 된다. 그 에너지의 값을 응력-변형률 곡선에서 계산할 수 있는데 그림 8.8(a)의 빗금친 면적이 파괴 시 까지 재료에 축적된 탄성에너지 값(elastic energy)이 된다.

이에 비하여 연성재료에 의한 응력-변형률 곡선 밑의 빗금친 면적은 재료 내에 포함된 전체 에너지가 되며, 재료의 파괴인성(toughness)이 클수록 파괴 시까지의 에너지 값이 커진다. 즉 응력-변형률 곡선 밑의 면적이 클수록 재료의 인성

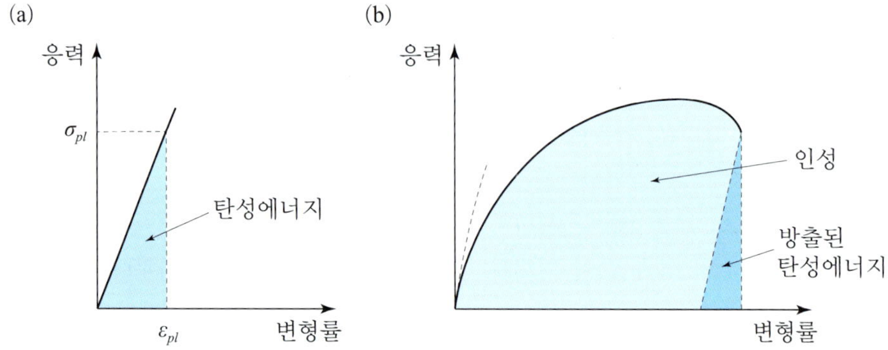

그림 8.8 재료에 축적된 (a) 탄성에너지 및 (b) 인성

이 크다고 말할 수 있으며, 따라서 재료의 파괴인성은 재료가 파괴 시 까지 소모되는 에너지라고 말할 수 있다.

재료에 축적된 에너지는 파괴와 함께 외부로 방출되며 새로운 표면을 생성하게 된다. 이러한 에너지 관련으로부터 Griffith는 다음 절에 설명할 파괴 이론의 기초가 되는 중요한 역학 식을 도출하였다.

8.3.2 Griffith의 취성파괴 이론

Griffith는 취성 파괴에 대해 에너지 관점에서 접근하였다. 즉 균열의 성장에 의해 생성되는 표면에너지(surface energy)와, 균열의 성장에 의해 방출되는 탄성에너지(elastic strain energy)를 계산하였다. 표면의 생성에너지는 다음 식과 같다.

$$2a \times 2\text{개} \times 1 \times \gamma_s = 4a\gamma_s = W_s$$

윗 식에서 a는 균열의 반경, 2개는 균열이 형성될 때 윗부분과 아랫부분이 2개 형성된다는 의미이며, 1은 단위 두께를 가정한 값이다. γ_s는 단위 체적당 표면에너지이며 W_s는 균열에 의해 형성된 표면에너지이다.

한편, 균열의 생성에 의한 방출 에너지는 다음 식과 같다.

$$\sigma^2/2E \times \pi a^2 \times 1 \times 2\text{개} = (\sigma^2 \pi a^2)/E = W_e$$

$\sigma^2/2E$은 탄성 구간 내의 탄성에너지 값이며 1은 단위 두께, 2개는 균열의 두 부분을 의미한다. 정리하면 W_e라는 총 탄성에너지가 얻어진다.

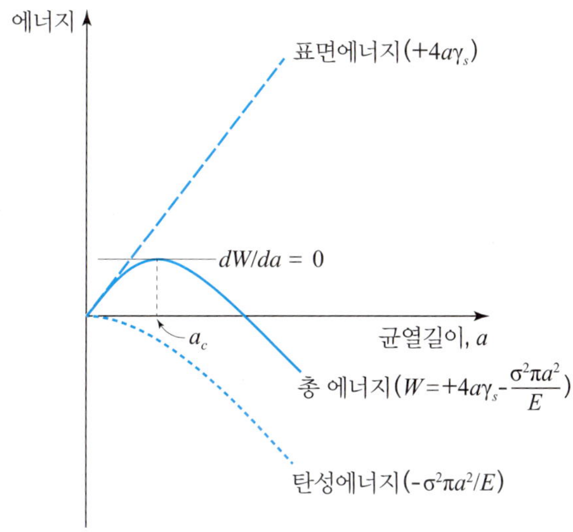

그림 8.9 균열의 길이에 따른 표면에너지, 탄성에너지, 총에너지를 나타내는 그래프

두 식을 합하여 주면 다음 식과 같이 총에너지를 얻는다.

$$W_T = W_s - W_e = 4a\gamma_s - (\sigma^2 \pi a^2)/E$$

다음 그림 8.9에 의하면 균열 길이에 따른 표면에너지, 방출된 탄성에너지와 함께 총 에너지에 해당하는 두 그래프의 합 그래프를 나타내었다. 합 그래프의 모양에 의하면 에너지가 자발적으로 감소하는 균열의 임계 길이 a_c가 존재하게 된다.

$$[dW_T/da]_{\sigma = \sigma_c} = 4\gamma_s - (2{\sigma_c}^2 \pi a)/E = 0$$

윗 식이 균열이 자발적으로 전파가 되는 임계 조건이 된다.

$$4\gamma_s = ({\sigma_c}^2 \pi 2a)/E$$

윗 식을 σ_c에 대하여 정리하면,

$$\sigma_c = [(2E\gamma_s)/(\pi a)]^{1/2}$$

이 식을 Griffith 방정식이라고 하며 균열의 급작스런 성장이 일어나는 임계 응력에 해당하는 식이 된다.

8

8.3.3 파괴인성

Griffith 식을 재배열하면,

$$\sigma_c(\pi a)^{1/2} = (E \times 2\gamma_s)^{1/2}$$

이 되고, 여기서 $G = 2\gamma_s$와 K를 도입하면,

$$(E \times 2\gamma_s)^{1/2} = (E \times G)^{1/2} = K$$

의 식과 같이 된다. 윗 식에서 G는 변형에너지 방출률(mechanical energy release rate), K는 응력확대계수(stress intensity factor)라고 부른다.

임계응력에서는

$$K = K_c = (EG_c)^{1/2} = \sigma_c(\pi a)^{1/2}$$

이 되며, 균열이 급작 전파되어 빠른 파괴가 일어난다. 즉, 윗 식이 취성파괴에 의해 급작파괴가 일어나는 조건이 된다. 이때의 K_c를 임계응력확대계수(critical stress intensity factor)라고 하며, 재료의 파괴인성(fracture toughness)치, K_{IC}에 해당한다. 파괴인성의 단위는 $\mathrm{N \cdot m^{-3/2}}$ 또는 $\mathrm{Pa \cdot m^{1/2}}$이 된다.

윗 식에서 G_c는 임계에너지 방출률 또는 임계변형에너지 방출률(critical strain energy release rate)이라고 한다.

Griffith 식에 의하면 기계적 특성을 향상시키기 위해서는 a를 줄이거나 γ_s가 큰 재료를 사용 또는 K_{IC}가 높은 재료를 사용하여야 함을 알 수 있다. 예를 들면 결함 크기 a를 줄이기 위해서는 큰 결함이 포함되지 않도록 공정제어를 잘 하거나, 직경이 매우 작아 결함이 형성될 가능성이 적도록 섬유를 제조하는 방법 등이 사용된다. 표면에너지 γ_s가 큰 재료를 사용하기 위해서 계면에너지가 큰 나노소재를 사용하여 강도를 높일 수 있다. K_{IC}가 높은 재료를 사용하면 취성파괴를 일으키는 소재의 경우도 강도를 높일 수 있다.

파괴인성은 응력-변형률 곡선 밑의 면적 값에 해당한다. 이는 다음 식과 같이 응력의 단위와 변형률의 단위를 생각하면 된다.

$$\text{면적} = \text{응력} \times \text{변형률} = (\mathrm{N/m^2}) \times (\mathrm{m/m}) = \mathrm{J/m^3}$$

즉 응력-변형률 곡선 밑의 면적은 재료에 힘을 가했을 때 단위 체적당 에너지가 된다. 따라서 파괴인성이 클수록 재료를 파괴시키는 데 필요한 에너지가 많이 들게 된다.

재료 그룹별로 기계용 재료의 파괴인성 데이터들을 정리하여 다음 그림 8.10에 나타내었다.

그래프와 같이 세라믹스 소재의 경우 K_{IC} 값이 낮은 것을 알 수 있고 따라서 세라믹스의 취성이 가장 큰 것을 알 수 있다. 반면 금속의 경우는 상대적으로 K_{IC} 값이 높아 연성소재로 사용됨을 알 수 있다.

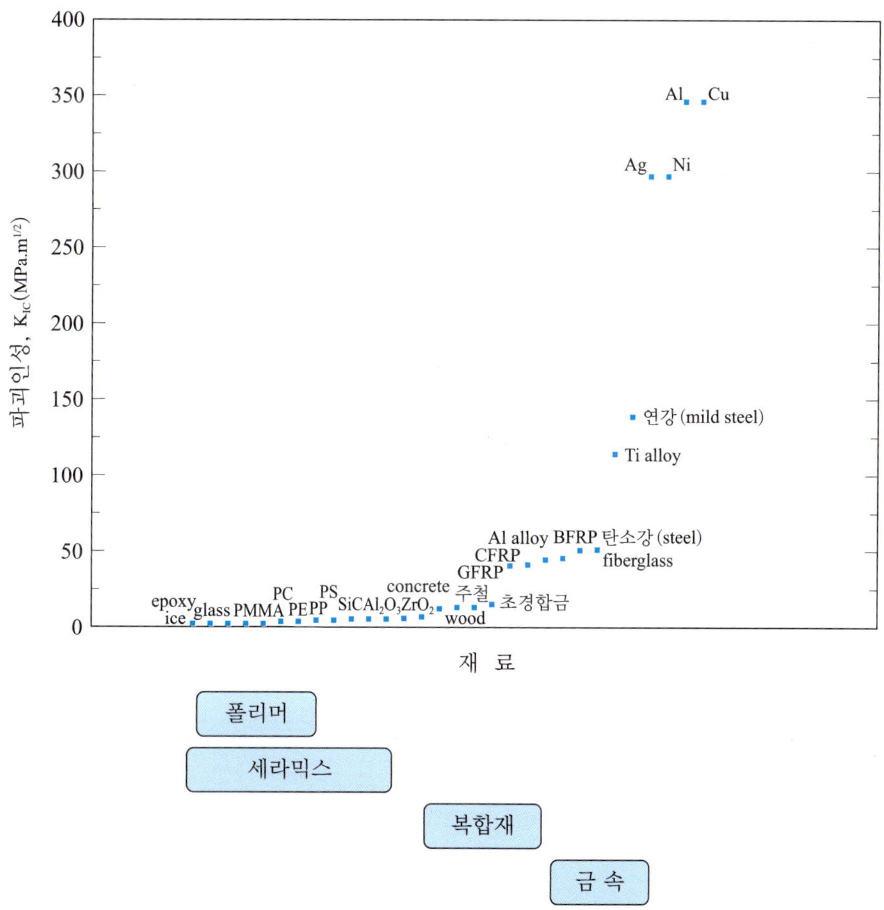

그림 8.10 기계재료의 파괴인성

8.4 파괴강도 값의 의미

이 교재의 6.1절과 8.2절에서, 재료의 측정된 실제 강도 값이 재료의 이론적 강도 값보다 일반적으로 낮게 나타나는 이유는 재료내부에 있는 결함(전위 혹은 균열) 때문이라고 설명하였다. 그렇다면, 얼마나 많은 결함이 재료 내부에 존재할까? 통계적 관점에서 볼 때 부피가 큰 재료는 부피가 작은 재료에 비하여 재료내부에 위험한 결함이 존재할 확률도 커지게 될까?

레오나드다빈치는, 단면적이 일정하고 길이가 다른 금속와이어의 인장강도에 대하여 기술하였다. 그물망에 길이가 다른 와이어를 매단 후, 와이어가 인장되어 파손될 때까지 무게추가 그물망에 추가되게 하면서 강도를 측정하였다(그림 8.11). 시험결과, 길이가 짧은 와이어는 길이가 긴 와이어에 비하여 강도가 높게 나타났다고 하였다. 다빈치는 그의 실험의 통계적 유효성을 확보하기 위하여 실험을 몇 번 반복하였다.

재료의 파괴강도 값은, 편의상 재료의 종류에 따라 측정된 값의 평균을 의미하는 단일 값으로 제시된다. 이 절에서는 이 파괴강도 값이 얼마나 신뢰성이 있는 값인지를 재료선택과 설계관점에서 기술하였다. 정규분포에 의한 평균값은 연성재료의 특성을 적절히 표시한다고 알려져 있다. 반면, 스웨덴 공학자인 와이블(Weibull)이 제시한 와이블 분포가 취성재료의 특성을 더 적절하게 표

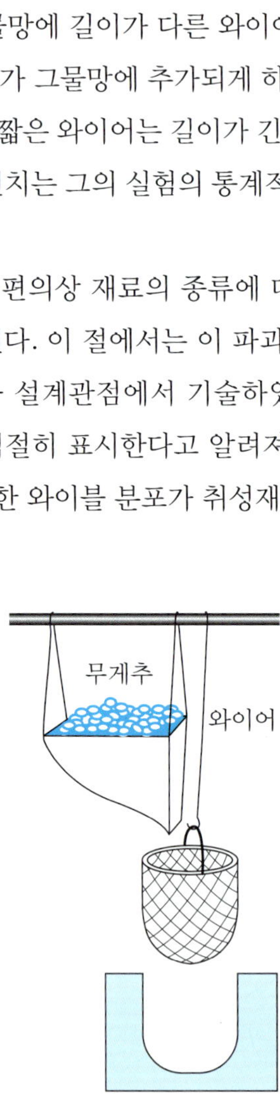

그림 8.11 레오나드다빈치의 실험

시한다고 알려져 있다. 와이블은 인장응력(σ)를 받고있고 특정체적(V_0)의 재료에 대한 생존(survival)확률을 $P_s(V_0) = \exp\left[-\left(\frac{\sigma}{\sigma_0}\right)^m\right]$의 식으로 표현하였다. 여기서 m과 σ_0는 재료시험결과에 따라 결정되는 상수이다. 파손확률과 생존확률의 합이 1(즉 100%)이어야 하므로 파손(failure)확률은, $P_t(V_0) = F = 1 - \exp\left[-\left(\frac{\sigma}{\sigma_0}\right)^m\right]$이 된다. 이 식에 의하면, 가해지는 응력($\sigma$)이 없다면($\sigma = 0$) 생존확률이 1이며 어떤 재료도 파손되지 않는다. 가해지는 응력(σ)이 커질수록 생존확률은 감소되고 파손확률은 증가된다. 만일 가해지는 응력(σ)이 특정값 σ_0와 같아질 때 재료의 생존확률은 약 37%이고 파손확률은 약 63%가 된다[근거: $P_s(V_0) = \exp[-1] = \frac{1}{e} \simeq 0.37$]. 따라서, 위 식에서 σ_0값이란 시험그룹중 37% 만큼의 재료가 생존될 인장응력을 의미하며 특성강도라고 표현한다.

만일 파괴강도 값이 항상 단일 값이라면 편차가 없고 강도 값 자체가 매우 신뢰성이 높나는 의미이다. 즉, 그 응력 값 이하에서는 모든 재료가 생존하고, 그 응력 값 이상에서는 모든 재료가 파손된다는 의미이다(그림 8.12).

파손확률을 나타내는 $F = 1 - \exp\left[-\left(\frac{\sigma}{\sigma_0}\right)^m\right]$ 식을 변형하면 $\frac{1}{1-F} = \exp\left[+\left(\frac{\sigma}{\sigma_0}\right)^m\right]$가 된다. 양변에 자연로그를 한번 취하면 $\ln\frac{1}{1-F} = \left(\frac{\sigma}{\sigma_0}\right)^m$가 되고, 한번 더 취하면 $\ln\left[\ln\frac{1}{1-F}\right] = m \cdot \ln\sigma - (m \cdot \ln\sigma_0)$가 된다. 따라서, $\ln\left[\ln\frac{1}{1-F}\right]$를 수직축(통칭 y축)의 변수로 하고, $\ln\sigma$를 수평축(통칭 x축)의 변수로 생각하면 직선기울기가 m이고 $(-m \cdot \ln\sigma_0)$가 수직축 절편인 그래프로 해석할 수 있다(그림 8.13a). 그리

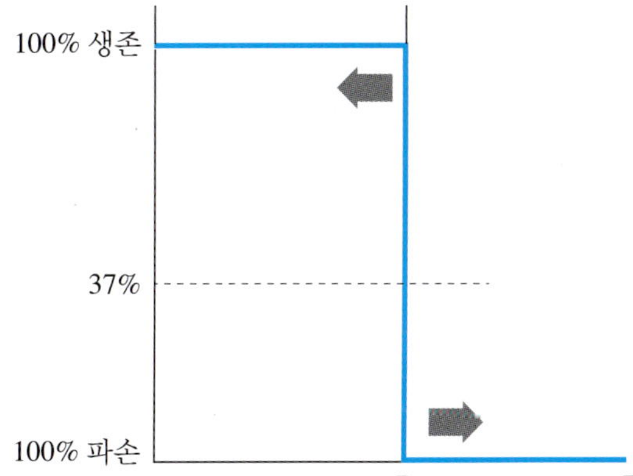

그림 8.12 와이블분포의 개략도

8

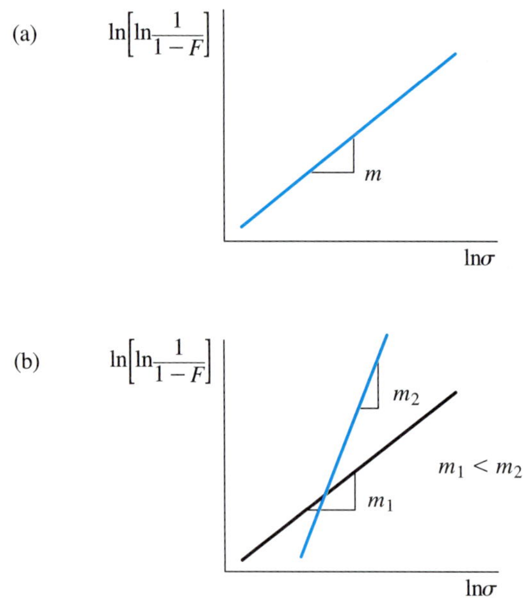

그림 8.13 와이블 그래프 (a)전형적 그래프 (b) 와이블계수에 따른 직선비교

고, 이 기울기 m값이 클수록 직선은 더 가파른 직선을 표현하게 된다. 와이블계수로 불리우는 값이 클수록, 즉 그림에서 직선의 기울기가 클수록, 강도값들간의 분포를 나타내는 편차가 작기 때문에, 제시된 파괴강도 값에 더 신뢰성이 있음을 의미하게 된다(그림 8.13b).

8

파괴강도시험이 진행된 시편 총 개수를 n이라고하고, 측정된 강도 값을 오름차순으로 정리하면서 순번을 i로 표시하면 i는 1부터 n까지의 자연수가 된다. 파손확률 F는 $\frac{i-0.5}{n}$ 식으로 구하는 절차가 일반적이며, $\frac{i}{n+1}$, 또는 $\frac{i-0.375}{n+0.250}$로도 계산된다. 예를 들어, 그룹A의 6개 시편($n = 6$) 강도를 200, 220, 240, 260, 280, 300(단위: MPa)로 측정하였다면, 평균값은 250 MPa가 된다. 직선 피팅(fitting) 절차를 통하여 와이블계수값($m \approx 8$)을 구하며(표 8.1), 절편 값으로부터 특성강도는 약 265 MPa로 계산된다.

와이블계수가 다를 때 생존확률변화는 그림 8.14와 같다. 와이블계수(m)가 증가할수록 그림 8.12의 그래프와 같이 특성강도 값 전후에서 급격히 확률이 변화되는 계단식그래프로 근사해짐을 관찰할 수 있다. 실제 금속 강(steel)의 m값은 수십 이상이므로 표시되는 강도 값에 대한 신뢰성이 취성재료의 신뢰성에 비

표 8.1 와이블계수 계산절차 예시

i	σ(MPa)	$F = \frac{i - 0.5}{n}$	$\ln\sigma$	$\ln\left(\ln\frac{1}{1-F}\right)$	와이블계수
1	200	0.083	5.30	−2.442	8
2	220	0.250	5.39	−1.246	
3	240	0.417	5.48	−0.618	
4	260	0.583	5.56	−0.133	
5	280	0.750	5.63	0.327	
6	300	0.917	5.70	0.910	

하여 높다. 한편, 동일한 체적의 시편일지라도 그 시편이 받는 응력상태에 따라 파괴강도는 다르게 나타난다. 예를 들면, 인장하중을 가하면 전체 단면적이 동일한 인장응력을 받게되지만, 굽힘하중을 받는 동일한 부피의 시편은 중립축을 기준하여 부피의 반만 인장응력을 받게 된다. 그 결과, 인장하중시험에 의한 강도보다는, 굽힘하중에 의한 파괴강도가 대략 30% 더 높다. 따라서, 취성재료의 강도를 표시할 때는, 시편크기, 하중조건을 명시하여야 표시하는 파괴강도의 의

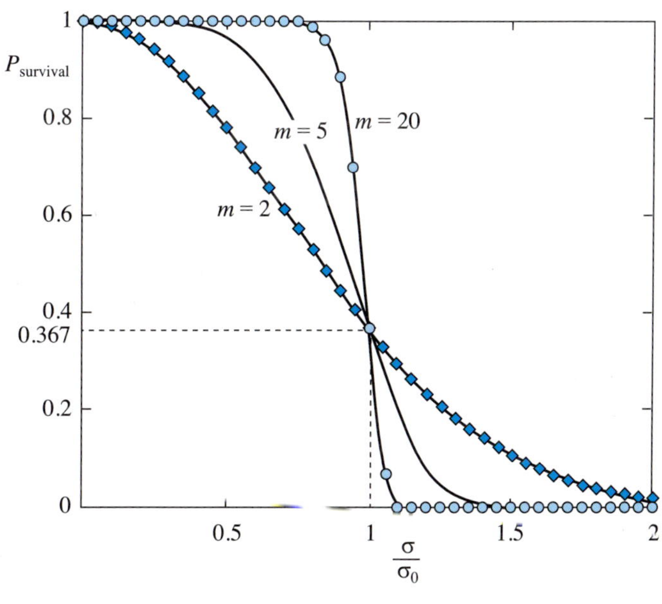

그림 8.14 와이블계수에 따른 생존확률변화

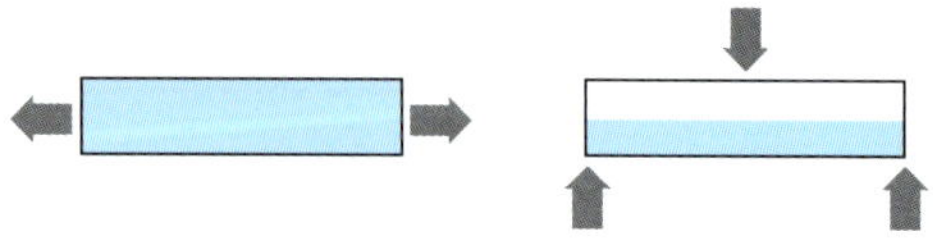

그림 8.15 하중조건에 따라 인장응력을 받는 체적이 다름을 보여주는 모식도

미가 명확해진다.

시편의 개수가 증가될수록 측정된 와이블 특성 측정값의 신뢰성이 높아진다. 한편, 동일한 응력조건을 받는 시편이라면 체적이 클수록 위험한 결함을 내포할 확률이 커지며, 결국 시편의 파괴강도는 감소될 수 있다.

이번에는, 설계관점의 예를 들어본다. 와이블분포 식으로 어떤 재료의 인장강도시험결과 생존확률이 $P_s = \exp\left[-\left(\frac{\sigma}{200}\right)^{30}\right]$로 표시되었다(응력단위는 MPa)고 가정하자. 시편 1000개중 100개 이상이 파손되지 않으려면($F = 0.1$), 부품(재료)에 안전하게 가해질 수 있는 최대응력을 부품형상 설계자는 알아야 한다. $\ln(\ln(1/[1-0.1])) = 30 \cdot \ln\sigma - 30 \cdot \ln(200)$으로부터, 1000개 시편중 100개 이상이 파손되지 않으려면, 부품에 약 185 MPa이상의 응력이 발생되지 않도록 설계해야한다. 만일 1000개중 1개만 파손되어야한다면, (즉, 파손확률 = 0.001)이려면 160 MPa이상이 발생되지 않도록 설계해야한다. 안전을 더 심각하게 요구하는 항공부품에 사용되는 재료로써 백만개 중 한 개 이하가 파손되도록 안전하려면(즉, 1 ppm), 가해질 수 있는 최대응력은 130 MPa까지 감소되어야 한다.

따라서, 부품의 파손을 방지하기 위해서는, 가해질 최대응력이 크더라도 안전하게 형상설계하든지, 되도록 기계재료의 특성이 우수한 새로운 재료를 개발하고 사용할 수 있도록 연구하여야 한다. 설계자는 얼마나 작은 파손확률로 필요한 부품을 설계할지를 사전 결정하여야 한다. 작은 파손확률이 바람직하지만, 작은 파괴확률을 나타내는 재료로 완성되는 제조공정이 반드시 가장 경제적인 제조법은 아닐 수 있기 때문이다.

재료선택 및 설계를 위한 TIP

파손의 원인, 균열

재료가 하중에 의해 두 개의 부분으로 분리되는 것을 파손 또는 파괴라고 하며 임계 응력 하에서 파손이 일어난다. 파손이 일어나는 이유는 재료 내에 균열(crack)이 형성되기 때문이다. 급작스런 파괴는 균열의 불안정한 빠른 성장에 의해 발생한다. 균열의 메카니즘에는 취성파괴(brittle fracture, cleavage)와 연성파괴(ductile fracture, ductile tearing)으로 나눌 수 있는데 연성파괴는 주로 금속과 폴리머에서, 취성파괴는 세라믹스에서 일어난다. 이는 균열이 전파될 때의 속도와 균열주위의 소성변형 영역이 어느 정도 있는가에 의해 결정된다.

파괴가 중요한 시스템에서 중요한 재료설계 변수는?

파괴가 중요한 시스템에서 중요한 재료설계 변수, 즉 반드시 고려해야 할 변수는 파괴인성(fracture toughness, K_{IC})이다. Griffth식에 의하면 K_{IC}는 재료강도와 급작파괴를 일으키는 임계 균열의 크기에 비례한다. 또한 인성은 응력-변형율 곡선 밑의 면적과 관계한다. 파괴 시까지의 응력-변형률 곡선 밑의 면적이 클수록 파괴까지에 드는 에너지인 파괴인성 값은 증가한다. 기계공학자는 과도한 탄성변형 또는 소성변형에 의한 파손을 방지하여야 하는데 이를 위해서는 미리 파손을 일으키는 임계응력과 재료의 파괴인성 값을 조사하고 파괴저항성을 높이도록 재료를 설계하는 것이 중요하다. 물론 땅 속의 에너지원을 얻기 위해서 암반을 쉽게 파괴시켜야 하는 공학적 응용은 그 반대의 경우이다.

구형압력용기 시스템에서 중요한 재료설계 변수는?

벽두께 t가 얇고 반경이 r인 구형 압력용기의 벽에 작용하는 응력은 $\sigma = pr/2t$의 식과 같다. 여기서 p는 용기 내부에서 용기의 내벽에 작용하는 압력이다. 압력용기의 크기가 증가함에 따라 재료지수는 K_{IC}, K_{IC}/σ_y, K_{IC}^2/σ_y, σ_y를 각각 재료설계 변수로 하여 재료를 선정하는 것이 중요하다. 압력용기에 포함된 균열에 의해 재료의 파괴가 일어나서는 안되고, 또한 응력이 항복응력에 도달하여 변형이 되어서는 안될 것이다. 응력이 전반적인 항복응력에 이르렀다 하더라도 균열이 진전되지 않는 것이 보장된다면 일반적으로 K_{IC}/σ_y, K_{IC}^2/σ_y의 재료지수를 선택하여 설계에 반영할 수 있다.

8

8.5 연습문제

8.5.1 다음 보기의 각 문장은 연성파괴 및 취성파괴의 특징 중 어디에 해당하는지를 답하시오.

> **보기**
>
> 힘에 대해 상대적으로 저항이 약하다.
> 탄성계수가 높은 재료에서 발견된다.
> 균열 전파 속도가 빠르다.
> 균열 주위에 전위가 존재한다.
> 형태가 쉽게 변형된다.
> 파단면이 매끈하다.

8.5.2 초기 단면적이 5cm^2이었던 원형 막대가 힘을 받은 이후 재료 A로 만들어진 막대는 4cm^2으로, 재료 B로 만들어진 막대는 2cm^2으로 변하였다. 연성파괴가 일어날지 아니면 취성파괴가 일어날지, 각 재료의 파괴 모드를 판단하시오.

8.5.3 취성 재료의 이론 강도 식을 유도하시오.

8.5.4 다음 그림의 응력-변형률 곡선에서 점선으로 표시된 삼각형의 면적으로부터 알 수 있는 것이 무엇인지 대답하고, 응력, 변형률 공식의 각각의 단위(unit, 예 길이의 단위는 미터(m))로부터 대답의 단위가 맞는지 검토하시오.

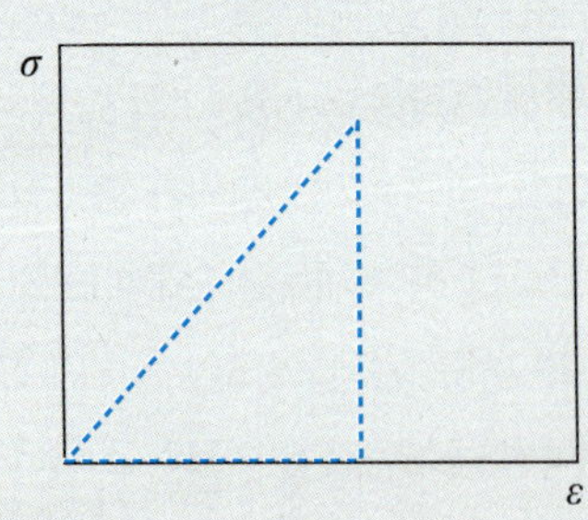

8.5.5 어느 재료가 직경 $2a$의 균열을 포함하고 있다. 이 재료에 σ_A = 100kPa 의 응력이 부과되었다면, crack tip 주위에 집중되는 응력의 크기를 구하시오. 구한 답

8

에 대하여 (1) 가해진 응력 σ_A의 크기와 비교하여 설명하고, (2) 곡률 반경의 영향이 집중응력에 미치는 영향을 설명하시오. 균열의 곡률 반경은 $\rho = 10\text{nm}$, 균열 반경 $a = 1\mu\text{m}$이다.

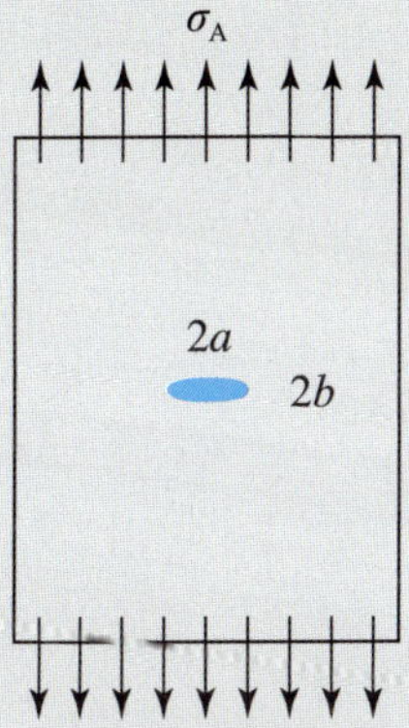

8.5.6 Griffith 식을 유도하시오.

8.5.7 재료가 파괴될 때 균열 표면의 생성에너지와, 축적된 하중에 의한 탄성에너지의 방출 에너지로부터 Griffith가 유도한 총 에너지는 다음과 같다.

$$\text{total energy} = 4a\gamma_s - (\sigma^2\pi a^2/E)$$

윗 식에서 균열의 반경은 a, 단위 표면에너지는 γ_s, 그리고 σ, E는 각각 응력과 탄성계수를 의미한다. 취성이 있는 재료의 강도 값 $\sigma_F = 500\text{MPa}$, 탄성계수 $E = 200\text{GPa}$, $\gamma_s = 50\text{kJ}/\text{m}^2$일 때, 이 재료의 파괴를 방지하려면 균열반경의 크기를 얼마로 하여야 하는가?

8.5.8 X-ray를 사용하여 크고 두꺼운 유리판을 검사하였더니 균열(crack)이 발견되지 않았다. 그 장비는 반경 $a = 1\text{mm}$ 이상의 single edge-crack을 감지할 수 있다고 한다. 유리의 파괴인성 K_{IC}는 $0.8\text{MNm}^{-3/2}$이고, 항복강도는 3600MNm^{-2} 파괴강도는 70MNm^{-2}이다. 이 유리판이 $a = 0.02\text{mm}$의 균열을 포함하여 장비가 감지하지 못했을 경우 급작 파괴가 일어날지의 여부를 결정하시오.

8.5.9 취성 재료의 파괴인성을 향상시킬 수 있는 방법에 대하여 논하시오.

8

8.5.10 섬유강화 복합재료의 파괴인성이 높은 이유에 대하여 논하시오.

8.5.11 압입 시험법으로 어느 소재에 $P = 10\text{N}$의 힘을 가하여, 다음과 같이 균열 길이 a를 측정하여 $50\mu\text{m}$의 값을 얻었다. 소재의 인성 값을 $0.016 \times (E/H)^{1/2} \times P/a^{3/2}$의 식으로부터 구하고, 답에 단위를 제시하시오, 재료의 탄성계수 $E = 300\text{GPa}$, 마름모의 대각선 길이의 1/2은 $1\mu\text{m}$이다.

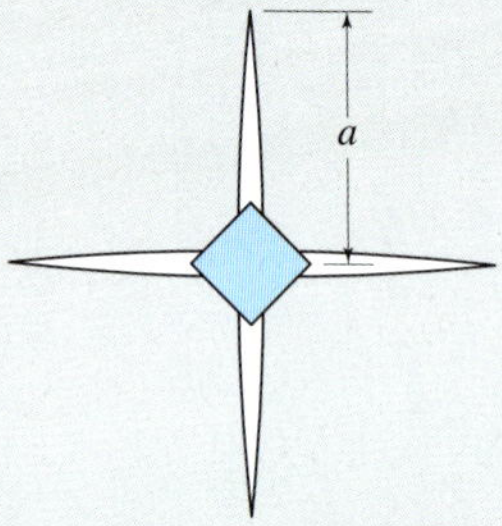

8.5.12 파괴인성이 중요한 이유에 대해 논하시오.

8.5.13 측정된 강도가 다음 표와 같다. 본문의 표 8.1을 참고하여 표의 빈칸을 채우고 와이블 계수 값을 계산하시오.

i	σ(MPa)	$F = \frac{i - 0.5}{n}$	$\ln\sigma$	$\ln\left(\ln\frac{1}{1-F}\right)$	와이블계수
1	225				
2	235				
3	245				
4	255				
5	265				
6	275				

(1) 평균강도 값, 최대강도 값과 최소강도 값을 표 8.1과 비교해보시오.

(2) 표 8.1과 같이 강도가 측정된 재료와 와이블계수 값을 비교해 보시오. 어느 재료가 통계관점에서 더 신뢰성 있는 파괴강도 값을 제공하는 재료라고 말할 수 있는가?

CHAPTER 9

환경을 고려한 파괴

9.1 _ 피로파괴
9.2 _ 크리프 파괴
9.3 _ 산화 및 부식에 의한 파괴
9.4 _ 마찰 및 마모에 의한 파괴
9.5 _ 연습문제

재료가 기계에 적용되어 사용될 때 온도 및 화학적 분위기, 힘 등의 환경에 영향을 받는다. 현재까지는 일정한 힘(하중)에서의 변형이나 파괴를 고려하였으나 여기서는 하중의 크기가 시간에 따라 변하는 경우를 살펴보고자 한다. 또한 상온이 아닌 고온, 그리고 장시간 동안 하중을 받는 경우도 살펴본다. 고온에서 재료와 공기의 반응에 의해 산화가 일어나거나 수증기와의 반응으로 부식이 일어나는 경우도 살펴본다.

9.1 피로파괴

9.1.1 피로파괴의 개념 및 분류

취성파괴 이론에 의하면 응력확대계수 K값이 임계응력확대계수와의 비교에 의해 파괴 여부가 결정된다. K가 K_c 보다 작은 때는 균열은 안정하여 성장하지 않는다. 그러나 K 값이 K_c 값에 도달하게 되면 균열은 불안정하여 급격하게 성장하여 취성 재료인 경우 급작파괴가 일어날 수 있다. 응력과 균열의 임계 크기, 변형에너지 방출률과의 관계는 앞 장에서 살펴본 바와 같이,

$$K = K_c = \sigma_c (\pi a)^{1/2} = (EG_c)^{1/2}$$

이 임계 조건이 된다. 그런데 K가 K_c 값보다 작은 값임에도 불구하고 파괴에 이르는 경우가 있다.

그림 9.1과 같이 양끝이 지지된 원형 봉이 회전하는 경우, 양 끝 지지대에 의해 반력이 발생하며, 원형봉의 중앙 부위에는 중력이 작용한다. 따라서 인장응력과 압축응력이 주기적으로 변하는 변동응력을 받게 된다. 따라서 회전에 의해 한 쪽 지지대의 한 점에서 만나는 원형봉의 시간에 따른 응력 변화는 일정한 값이 아니라 그래프에서와 같이 변하게 된다. 이러한 시간에 따라 변하는 하중을 변동하중이라고 하며, 변동하중에 의해 발생하는 응력을 변동응력이라고 한다. 변동응력은 주기적일 수도 있고 주기적이지 않을 수도 있지만, 기계의 경우 일정한 회전력과 속도로 움직이는 경우가 많으므로 주기적인 변동응력이 작용하는 경우가 많다. 그런데 이와 같은 주기적인 변동응력 하에서는 재료가 견딜 수

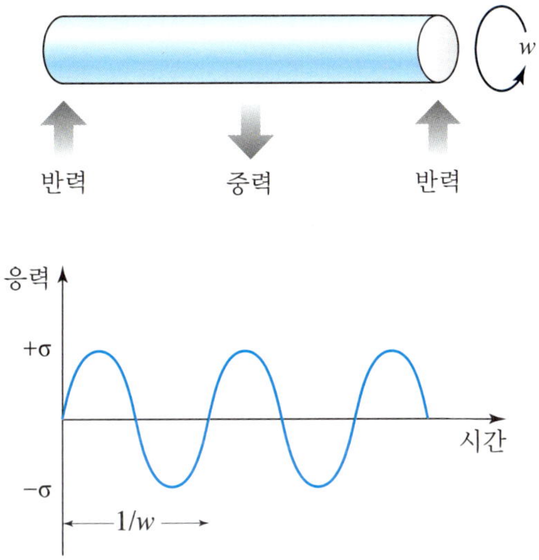

그림 9.1 회전하는 봉이 받는 변동응력

있는 임계응력 σ_c 보다 낮은 응력하일지라도 반복 응력이 가해질 경우 파손되는 경우가 많다. 즉 주기적이고 반복적인 응력의 피로응력 하에서 K가 K_c 값보다 작은 값임에도 불구하고 파괴가 일어날 수 있다. 이러한 파괴를 피로파괴(fatigue fracture)라고 한다.

다음 그림 9.2와 같이 원형봉의 막대에 인장-압축응력이 반복적으로 걸리거나, 회전하는 경우 그래프와 같이 주기적인 변동하중이 작용하는 경우를 생각해 보자.

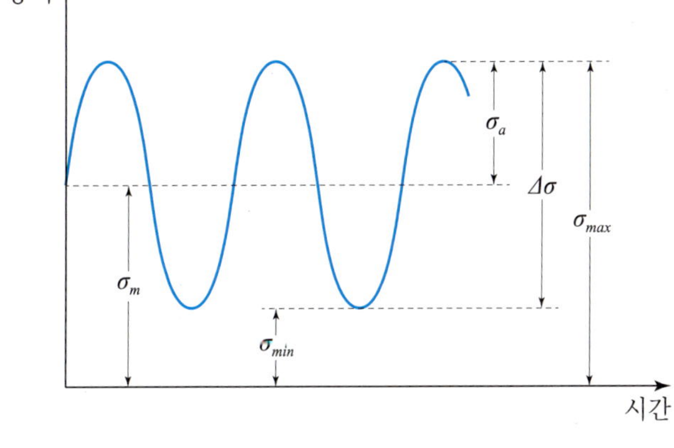

그림 9.2 주기적인 변동응력의 그래프

주기적으로 그 크기가 변하는 응력에서 최대 응력을 $\sigma_{\max}$, 최소 응력을 $\sigma_{\min}$이라고 할 때, 다음과 같이 그래프에 나타낸 세 개의 응력을 정의할 수 있다.

$$\Delta\sigma = \sigma_{\max} - \sigma_{\min}$$
$$\sigma_m = (\sigma_{\max} + \sigma_{\min})/2$$
$$\sigma_a = (\sigma_{\max} - \sigma_{\min})/2$$

한 주기의 변동응력파가 반복해서 가해진 횟수를 싸이클 수(number of cycles)라고 정의하고, 파괴가 일어날 때까지의 싸이클 수를 N_f라고 정의한다. 한편 최대 응력과 최소 응력의 비를 R로 정의한다.

$$\begin{aligned} R &= \sigma_{\min}/\sigma_{\max} \\ &= (\sigma_m - \Delta\sigma/2)/(\sigma_m + \Delta\sigma/2) \end{aligned}$$

하중이 가해지는 방식에 따라 피로를 분류하기도 하는데 그림 9.3의 (a)와 같이 하중이 작용하는 경우를 정적 피로(static fatigue), (b)와 같이 작용하는 경우를 동적 피로(dynamic fatigue), (c)와 같이 작용하는 피로를 주기적 피로(cyclic fatigue)라고 한다.

기계 부품에 따라 피로를 분류할 때 균열이 없는 부품(uncracked)의 피로와 균열이 있는 부품(cracked)의 피로로 분류할 수 있다. 균열이 없는 부품(uncracked)은 핀, 기어의 톱니, 축, 크랭크 샤프트, 드라이브 샤프트 등 일반적으로 크기가 작은 부품에서 균열이 존재하지 않아 초기 상태가 중요한 부품을 말한다. 균열이 있는 부품(cracked)은 용접, 다리(bridge), 배, 유리, 압력 용기 등 큰 구조물이라 균열이 없을 수 없어서 균열의 존재 또는 전파가 중요한 부품을 말한다.

균열이 없는 부품(uncracked)의 피로는 싸이클 수에 따라 고주기 피로(high-cycle fatigue)와 저주기 피로(low-cycle fatigue)로 구분될 수 있다. 고주기 피로는 가해지는 응력이 항복응력 이하 이어서 ($\sigma < \sigma_y$), 싸이클 수가 10^4이상에서

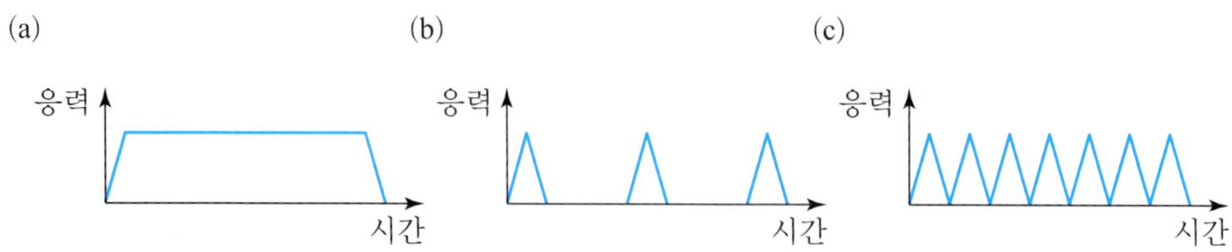

그림 9.3 응력 작용 방법에 따른 피로의 분류. (a) 정적 피로, (b) 동적 피로, (c) 주기적 피로

($n \geq 10^4$) 파괴될 수 있다. 예를 들면 바퀴, 축, 엔진 등 회전과 진동하는 시스템의 경우는 수백만 번 이상의 반복 횟수에서 고주기 싸이클에 의한 피로파괴를 일으킨다. 반면 저주기 피로는 가해지는 응력이 항복응력 이상이어서 ($\sigma > \sigma_y$), 싸이클 수가 10^4이하에서 ($n \leq 10^4$), 예를 들면 수천 회 만에 파괴될 수 있다. 예를 들면 원자핵 반응로, 가스터빈 동적 부품의 경우는 저주기 싸이클에 의한 피로파괴를 일으킬 수 있으므로 주기적으로 점검을 행한다.

9.1.2 피로파괴 거동 및 메커니즘

재료가 견딜 수 있는 강도 값 σ_c보다 낮은 응력이 작용함에도 불구하고, 또는 임계응력확대계수 K_c보다 낮은 응력확대계수가 작용함에도 불구하고, 재료는 피로에 의해 쉽게 파괴된다. 재료가 취성을 갖고 있는지, 연성을 갖고 있는지에 상관없이 하중이 변하는 환경에 노출된 재료는 피로파괴가 일어날 수 있다.

그 이유는 반복적이고 주기적인 변동 하중에 의해 균열이 느리게 성장하기 때문이다. 이러한 메커니즘을 느린 균열 성장(slow crack growth)이라고 한다. 즉 응력의 인가로 마이크로 균열(microcracks)이 형성되고, 임계하중보다 낮은 응력에서도 반복적인 변동 하중에 의해 천천히 균열 성장을 하여 큰 힘의 작용 없이도 파괴가 가능하게 되는 것이다. 즉 균열의 크기가 임계균열 크기에 도달하게 되면 남아 있는 단면적이 더 이상 하중을 지지하지 못하고 균열 전파가 급속히 일어나게 되며 파손된다.

균열이 없는 부품(uncracked)의 피로 거동은 고주기 싸이클이나 저주기 싸이클이냐에 의해 달라진다. 낮은 응력이 가해지는 고주기 싸이클의 경우는 다음 식과 같이 Basquin의 법칙이 적용되고,

$$\Delta\sigma \cdot \mathrm{N}_f^A = C_1$$

윗 식에서 N_f는 파괴가 일어날 때까지의 싸이클 수이며, A와 C_1은 상수이다. 고주기 싸이클의 경우 주로 파괴의 시작은 노치(notch)나 스크래치(scratch) 등 국부적 응력 집중 영역에서 균열의 전파가 시작되어 파괴된다. 국부적 응력집중에 의한 피로파괴를 방지하기 위해 표면가공을 잘해주어야 하며 용접 등을 할 때는 특히 결함(defect)이 포함되지 않아야 한다. 국부적 응력집중을 방지하기 위해 잔류압축응력이 걸리도록 디자인 하는 것도 한 방법이다.

9

반면 큰 응력이 가해지는 저주기 싸이클의 경우 다음 식과 같이 변동응력대신 변형률이 중요하게 된다.

$$\Delta\epsilon \cdot \mathrm{N}_f^B = C_2$$

윗 식에서 N_f는 파괴가 일어날 때까지의 싸이클 수이며, B와 C_2는 상수이다. 균열이 없는 부품(uncrakced)의 변동하중 $\Delta\sigma$와 평균하중 σ_m이 변할 때는 다음 식과 그림 9.4와 같이 Goodman의 방정식이 활용된다.

$$\sigma_a = \sigma_e(1 - \sigma_m / \mathrm{UTS}),$$

윗 식에서 σ_e는 그림 9.4에서와 같이 σ_m이 0일 때 정해지는 응력진폭 값이고, UTS는 극한 인장강도 값을 의미한다.

저주기 싸이클에 노출된 균열 없는 부품은 슬립 경로를 따라 균열이 전파하다가 인장축에 수직하게 성장하다가 파손된다.

균열이 있는 부품(cracked)의 피로 역학 식은 다음 식과 같이 싸이클 수의 변화에 따른 균열 길이의 변화로 나타낸다.

$$da/dN = A\,\Delta K^{\mathrm{m}}$$

윗 식에서 a는 균열의 길이, N은 싸이클 수, ΔK는 변동하중 $\Delta\sigma$에 의해 변하는 응력확대계수, A와 m은 상수이다.

da/dN을 세로축으로, 가로축을 ΔK로 놓고 log-log 함수로 도시하면 다음 그림 9.5와 같다.

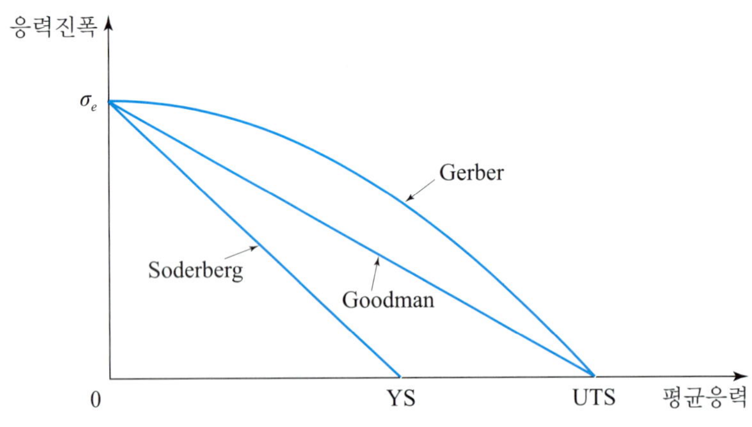

그림 9.4 Goodman의 피로그래프

임계 치에서 균열은 크게 성장하다가 정상 상태(steady state)에서는 위의 식과 같이 $da/dN = A\Delta K^{m}$의 식을 따르다가 최종적으로 급작파괴 된다.

그림 9.6과 같이 주기적인 하중을 받을 때 Griffith 식

$$K = \sigma(\pi a)^{1/2}\text{식에서}$$
$$\Delta K = \Delta\sigma(\pi a)^{1/2}\text{이 되며, 여기서}$$
$$\Delta K = K_{max} - K_{min}\text{이 되고,}$$
$$K_{max} = \sigma_{max}(\pi a)^{1/2}$$

피로의 수명을 나타내는 N_f는 다음 식과 같이 된다.

$$N_f = \int dN = \int da/[A(\Delta K)^{m}]$$

이 되고, 적분의 상한치와 하한치는 각각 a_f와 a_o가 된다.

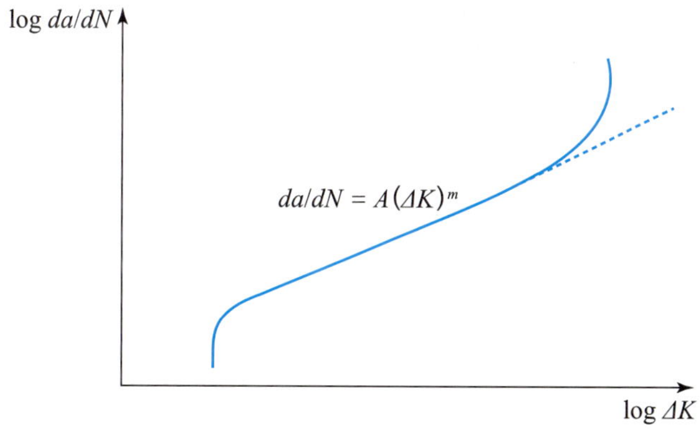

그림 9.5 균열을 포함하고 있는 부품의 피로그래프

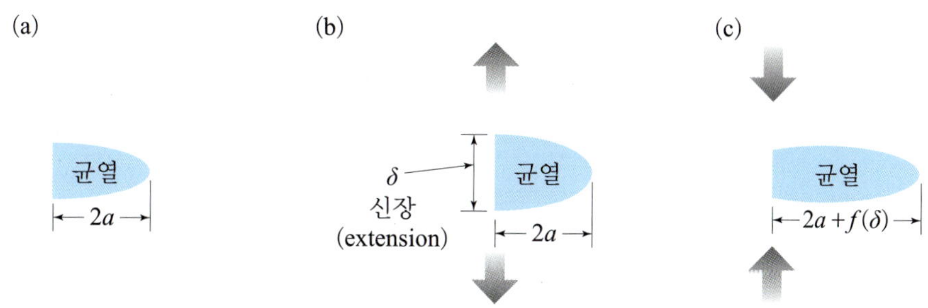

그림 9.6 주기적 하중에 의한 피로와 균열 성장의 구동력, (a) 초기 균열 상태, (b) 인장응력이 가해진 상태, (c) 압축응력이 가해지는 상태

9

피로균열의 구동력은 그림 9.6의 (c)와 같이 인장력에 의해 넓혀진 균열이 다시 압축응력을 받아 균열이 닫힐 때 넓은 데서 좁혀진 만큼의 에너지가 균열의 성장에 사용된다.

시간 t를 고려한 피로균열의 변화는 다음 식을 기반으로 한다.

$$da/dt = AK_I^n$$
$$K_I = \sigma(\pi a)^{1/2}$$

시간을 고려한 피로균열의 변화들을 그래프로 나타낸 그림을 그림 9.7에 나타내어 그 기울기로부터 피로의 수명을 예측할 수 있다.

대부분의 피로는 S-N 곡선의 형태로 나타내어진다. 피로의 수명(number of cycles to failure, N_f)을 결정하는 가장 중요한 인자는 가해진 응력 크기이다. $S = \sigma_a$, 즉 가해진 응력으로 도시되어지며 다음 그림 9.8과 같이 그래프의 세로축에 도시되며, 가로축에는 파괴 시까지 가해진 싸이클 수(number of cycles to failure)를 도시한다. 응력이 증가하면 파괴 시까지의 싸이클 수가 감소한다(반대로 응력이 감소함에 따라 N_f는 증가). 응력을 감소시키면 파괴 시까지의 싸이클 수가 증가하다가 어느 임계응력, 예를 들면 균열이 초기에 없는 재료의 항복강도 σ_Y, 이하에서는 파괴가 일어나지 않는다(S-N곡선에서 수평선이 된다). 이 피로파괴가 일어나지 않는 영역을 내구한도(endurance limit), 피로한계 또는 피로한도라고 하며, 이 한도 값은 재료마다 다르며, 재료 내에 균열이나 노치 등이 존재하면 내구한도 값은 감소한다. S-N 곡선은 그래프로부터 다음과 같은 식으로 표현된다.

$$S = A \cdot N^{-b}$$

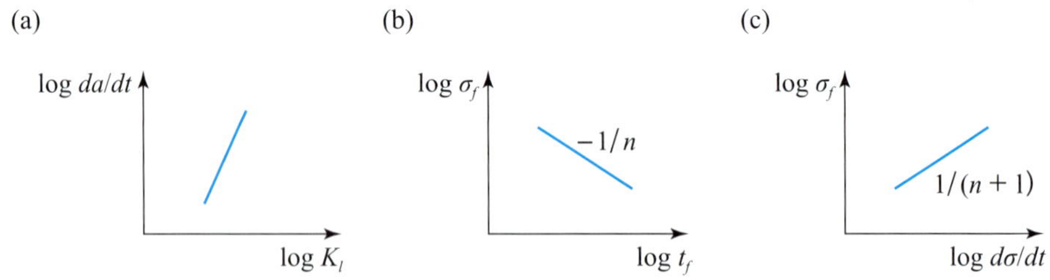

그림 9.7 시간을 고려한 피로균열의 변화를 나타낸 다양한 그래프

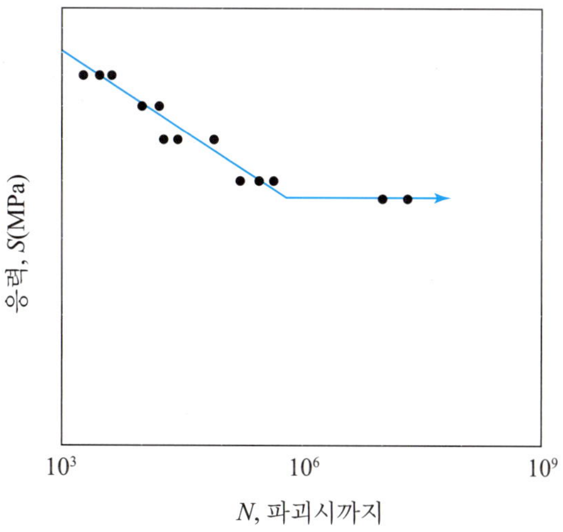

그림 9.8 피로의 S-N곡선

윗 식에서 A는 log-log그래프에서 세로축의 절편인 상수 값이며 인장강도와 거의 같다. b는 그래프의 기울기이며 감소하므로 음의 부호를 갖는다.

강의 종류에 따른 내구한도의 예를 다음 표 9.1에 나타내었다. 데이터 값들은 재료를 파괴시키지 않고 적용할 수 있는 싸이클 응력이다. 즉, 데이터의 숫자 값이 클수록 상대적으로 큰 응력을 가하여도 피로에 대한 내구성이 높다고 말할 수 있다.

표 9.1 강의 종류에 따른 내구한도

강(steel)	내구한도 (endurance limit, MPa)
0.4%탄소 첨가	305
망간 및 탄소 첨가	288
3% 크롬, 몰리브덴 첨가	480
스프링 강	650
스테인리스강	490

9.2 크리프 파괴

9.2.1 크리프의 정의 및 파괴

변형률은 응력에 비례한다는 후크의 법칙(Hooke's law)에 의하면

$$\sigma = E \cdot \epsilon$$

변형률은 응력의 함수 $\epsilon = f(\sigma)$이다.

그러나 이는 상온에서 시간을 고려하지 않을 때의 환경이며, 고온에서 장시간을 고려한다면 변형률은 다음과 같이 응력만의 함수가 아니고 시간, 온도의 함수이다.

$$\epsilon = f(t, T, \sigma)$$

윗 식에서 t는 시간(time), T는 온도(temperature)이다.

즉 고온에서 장시간 동안 하중이 가해졌을 때 변형은 쉽게 일어나 변형률이 증가하는데 이러한 현상을 크리프(creep)라고 하며, 크리프에 의한 파괴를 크리프 파괴(creep fracture)라고 한다.

크리프에 의해 항복강도 σ_Y보다 낮은 응력임에도 불구하고 변형이 일어날 수 있으므로 고온에서 사용하는 기계 시스템의 부품, 소재의 선정을 위해서는 반드시 크리프 저항성을 평가하여야 한다. 예를 들면 가스터빈의 고온 부품, 반응기, 스팀이나 보일러, 화학 플랜트 등에 사용하는 기계 부품들은 고온에서 사용하는 기계이므로 크리프가 매우 중요한 사례이다. 예를 들어 가스터빈의 터빈 블레이드의 부품들은 고온의 작동 환경에서 변위가 일어나면 회전하면서 휘어지거나 파손이 일어날 수 있다. 볼트는 고온에서 응력 완화가 일어나므로 주기적으로 조여주어야 한다. 고압 증기 파이프의 크리프는 파이프에 변형이나 파손을 일으킬 수 있다.

이와 같이 크리프는 고온에서 주로 변형에 의해 일어나므로 재료를 선택할 때 고온에서의 저항이 높아야 한다. 따라서 크리프가 일어나는 환경에는 용융점이 높은 재료를 사용하여야 한다. 일반적으로 금속, 세라믹스, 폴리머가 크리프가 일어나는 온도는 다음 표 9.2와 같다.

표에서와 같이 금속은 용융점의 30 ~ 40%의 온도에서부터 크리프가 일어나고, 세라믹스는 용융점의 50 ~ 60%의 온도에서부터 크리프가 일어난다. 반면 폴

표 9.2 재료에 따른 크리프가 일어나는 온도

재료	크리프가 일어나는 온도
금속	$0.3 \sim 0.4T_m$
세라믹스	$0.5 \sim 0.6T_m$
폴리머	상온 ~

리머의 경우는 상온이라고 하더라도 장시간 하중이 작용하면 크리프가 일어날 수 있다. 크리프 저항성이 높으려면 따라서 용융점이 높은 재료를 사용하여야 한다. 그림 9.9에 각종 기계재료의 용융점을 정리하였다.

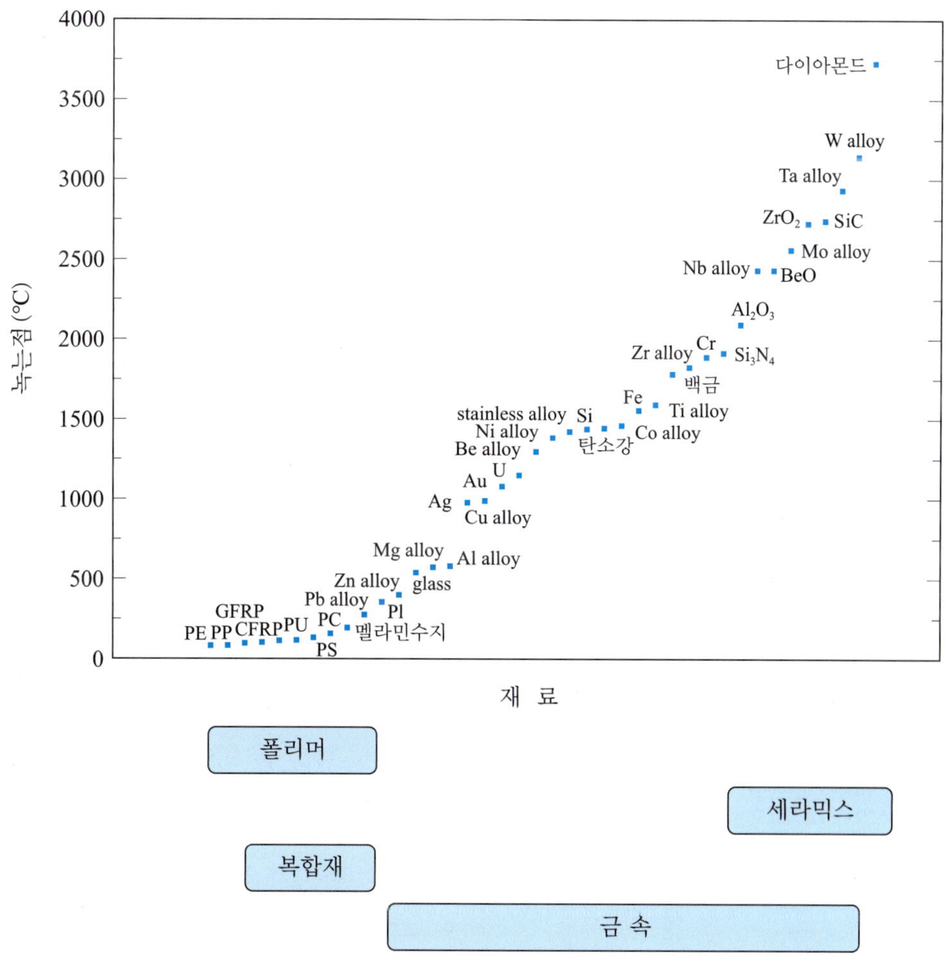

그림 9.9 기계재료의 용융점

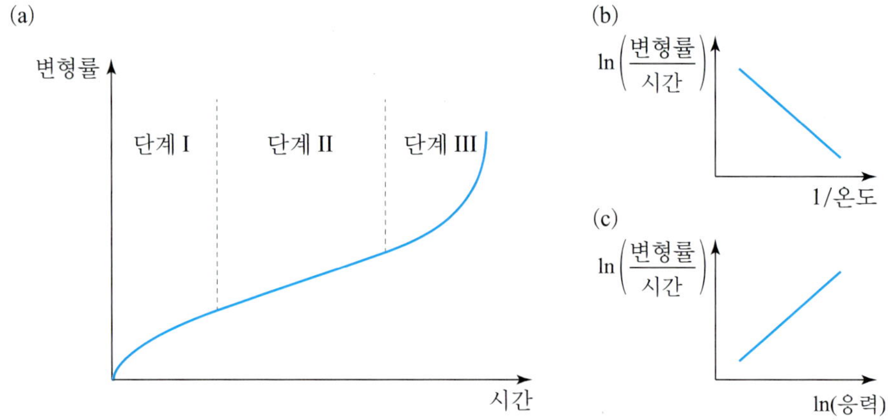

그림 9.10 크리프 곡선, (a) 시간, (b) 온도, (c) 응력에 따른 변형률의 변화

크리프에 의해 발생하는 크리프 곡선(creep curve)을 그림 9.10에 나타내었다. 즉 크리프 곡선은 시간, 온도, 응력에 따른 변형률의 변화를 나타낸다.

그래프의 (a)는 결정질 소재의 크리프 곡선(creep curve)의 모식도이며 하중이 지속적으로 주어질 경우 시간에 따라 변형이 증가할 수 있으며, 초기, 중기, 말기의 3단계가 있다. 온도에 따른 변형률의 변화는 초기에는 급속히 증가하다가(변형 속도는 감소, 즉 초기 기울기는 시간에 따라 감소) 어느 시간 후에는 일정하게 증가하고, 파괴 시에는 변형률의 변화가 급격히 가속된다. 크리프의 대부분의 시간은 일정하게 변형률의 증가가 일어날 때 소모되므로, 단계 II에서의 크리프 속도가 전체 부품소재의 수명을 결정한다고 할 수 있다.

크리프는 응력에 의존하며, 열적으로 활성화된 과정이다. 그래프의 (b)와 같이 고온일수록 변형률이 증가하고, (c)와 같이 응력이 증가함에 따라 변형률이 증가하기 때문이다. 크리프 하에서의 재료의 파단은 크리프 변형률이 재료의 연성(ϵ_f)에 이르게 될 때 일어나게 되므로, 고온의 큰 응력 하에서 보다 쉽게 파손된다. 그래프의 (b)는 온도에 따른 응력변화율인데 그 기울기는 아레니우스 식(Arrhenius equation)에 의하여 $-Q/R$이 된다. Q는 활성화 에너지(단위, J/mol), R은 기체상수(8.31 J/mol · K)이다. 시간에 따른 변형률을 역학 식으로 표시하면 다음 식과 같다.

$$\dot{\epsilon} = d\epsilon/dt = B\sigma^n = Ce^{-Q/RT}$$

윗 식에서 t는 시간, σ는 응력, T는 온도이며, n은 상수이다.

9

식에서와 같이 변형률의 변화 $\dot{\epsilon}$는 시간 t, 응력 σ, 온도 T와 관련되어 변화함을 알 수 있고 이들을 모두 합한 식은 다음 식과 같다.

$$\dot{\epsilon} = A\sigma^n e^{-Q/RT}$$

크리프는 미시적으로 원자들의 움직임에 의하여 일어난다. 원자들의 움직임을 확산(diffusion)이라고 한다. 그림 4.13은 원자의 에너지 상태를 위치별로 나타낸 그림이다. (a) 위치에 있는 원자는 (c) 위치보다 에너지는 높지만, (c)로 이동하기에는 에너지 장벽(energy barrier)이 존재한다. 따라서 (a) 위치의 원자는 (c) 위치로 이동하지 못하고 장시간 (a) 위치에 놓일 수 있다. 이러한 상태를 준안정 상태(metastable state)라고 한다. 이 에너지 장벽의 크기가 Q이다.

그러나 (a) 위치에 있던 원자가 온도의 상승 등 외부로부터 에너지를 받게 되면, 특히 에너지 장벽 Q 이상의 에너지를 공급받게 되면 원자가 보다 안정한 (c)의 위치로 이동하게 된다. 이러한 이동에 의해 원자들이 움직일 때 이를 확산이라고 부른다는 것은 4장에서 살펴본 바와 같다.

확산은 다음 그림 9.11과 같이 원자들의 농도가 서로 다를 때 시간의 흐름에 의해, 그리고 높은 온도에 의해 원자들이 에너지 적으로 안정한 상태로 이동함으로써 이루어진다. 원자들은 기체분자의 이동과 마찬가지로 고농도에서 저농도로 확산함으로써 평형이 이루어진다.

이때 일정한 면적을 통과하는 원자의 양을 플럭스(flux) J로 나타낼 수 있고, 거리에 따른 농도의 차이를 농도 기울기(concentration gradient) dc/dx로 나타낼 때 4장에서 살펴본 바와 같이

9

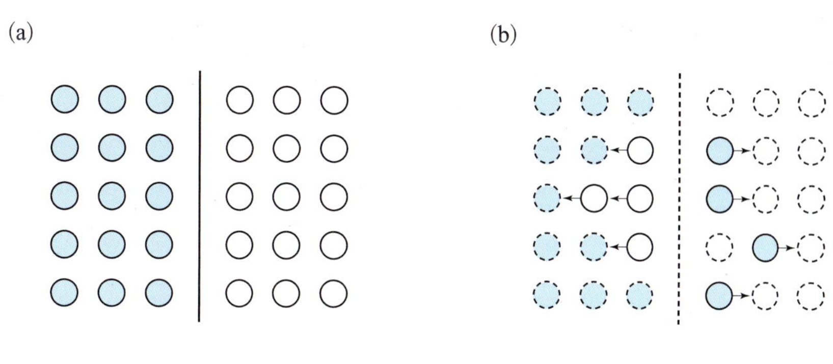

그림 9.11 에너지 장벽이 있을 때(a)와 장벽을 제거했을 때 원자의 확산 결과 (b)

$$J = -D(dc/dx)$$

로 쓸 수 있다.

여기서 D를 확산계수(diffusion coefficient)라고 부르며, 마이너스의 개념은 농도가 높은 곳에서 낮은 곳으로 흐른다는 의미이다. 한편 원자가 이동할 확률은 온도 T와 에너지 장벽 Q에 의존하므로,

$$D = D_o \exp(-Q/RT)$$

위의 두 식을 합치면

$$J = -D_o \exp(-Q/RT)\,(dc/dx)$$

와 같다. 재료별 확산계수와 활성화 에너지를 다음 표 9.3에 나타내었으며, 확산의 종류에는 다음 그림 9.12와 같이 공공 확산(vacancy diffusion), 침입형 확산(interstitial diffusion), 입계 확산(grain boundary diffusion) 등이 있다.

공공 확산은 공공을 따라 원자가 이동하는 것을 말하며, 주로 크기가 비슷한 금속원자들로 이루어진 합금에서 발견된다. 침입형 확산은 서로 다른 크기의 금속원자들로 이루어진 합금 내에서 상대적으로 작은 크기의 원자의 움직임에 의해 이루어진다. 입계 확산은 입계의 공간 구조를 통해 원자들이 이동하여 이루

표 9.3 재료에 따른 확산계수와 활성화 에너지

재료	확산 계수(diffusion coefficient)	활성화 에너지(activation energy)
Ti	$8.6 \times 10^{-10}\ m^2/s$	150kJ/mol
MgO	1.4×10^{-6}	460
Ta	0.000012	413
Zn	0.000013	91.7
Cu	0.00002	197
Mo	0.00005	405
Mg	0.0001	135
Pb	0.00014	109
Al	0.00017	142
W	0.0005	585
Al_2O_3	0.03	556

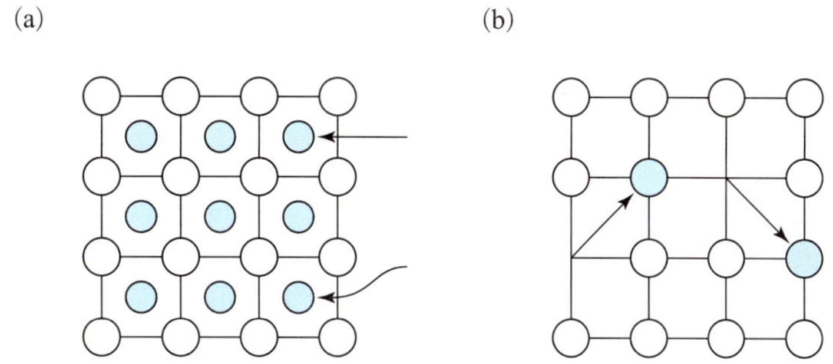

그림 9.12 재료 내 확산의 종류. (a) 침입형 확산, (b) 공공 확산

어진다. 크리프가 일어나는 이유는 위와 같이 원자들의 움직임, 즉 확산이 일어나기 때문이다.

고온에서 일어나는 크리프는 재료의 강도에 영향을 준다. 재료의 강도는 탄성계수와 관계하고 특히 미세구조에 의존하지만, 용융점에 대한 시험 시의 온도, 즉 T/T_m에도 의존한다. 만약 다양한 재료에 대해 항복강도를 탄성계수로 보정한 σ_Y/E의 값을 T/T_m에 대해 관계성을 살펴보면 온도에 따라 감소하는 경향을 발견할 수 있다. 항복강도가 이와 같이 온도에 의존한다면, 항복강도는 재료의 변형률 속도(strain rate)에 의존한다는 의미가 된다. 다음 식에 항복강도와 변형률 속도 간의 관계를 나타내었다.

$$\sigma_Y = C(d\epsilon/dt)^m$$

윗 식에서 C와 m은 상수이며, m을 변형률 속도 민감도(strain rate sensitivity)라고 한다. 즉 σ_Y와 $d\epsilon/dt$ 간에는 직선적 관계가 성립되며, m이 클수록 항복강도는 변형률 속도에 민감하게 된다. 온도가 낮을 때 주어진 변형 속도에 이르게 하기 위해서는 큰 응력이 필요한 반면, 고온에서는 보다 이용 가능한 에너지가 존재하므로, 그 응력은 그렇게 클 필요가 없다. 마찬가지로, 낮은 온도에서는 응력이 크므로 더 빠른 응력속도가 요구되고, 고온에서는 응력이 작으므로 더 느린 응력속도가 요구된다.

최소 크리프를 일으키지 않는 응력의 최대값을 크리프 한도라고 하는데 따라서 재료의 크리프에 대한 강도를 나타내는 지표가 된다. 즉 크리프 한도는 고온에서 장시간 노출되는 재료의 설계 기준 값으로 사용된다.

9.2.2 크리프 메커니즘

크리프 파괴는 결함 중 공동(cavity)에 의해 발생한다. 다음 그림 9.13에서와 같이 입계(grain boundary)상의 공동 주위의 원자가 확산하여 공동(cavity)의 크기가 성장하게 되며, 단면이 감소하므로 변형이 쉽게 일어나 거시적인 변형률의 증가를 가져온다. 그림의 크리프 곡선에서 곡선의 끝 부분에서 변형률이 급속히 증가하여 파손되는데, 중간 부분의 일정한 구간에서 기울기가 변화되게 된다. 이때 기울기의 변화 시점이 네모 박스 안의 그림과 같이 공동에 의한 손상이 시작되는 시점이며, 공동이 성장하다가 궁극적으로 지지할 면적이 없으므로 파괴되는 것이다.

크리프 수명 t_f은 다음 식과 같이 응력과 온도의 함수로 나타낼 수 있다.

$$t_f = A\sigma^{-m}e(+Q/RT)$$

즉 크리프 수명은 응력이 증가함에 따라 감소하며, 온도가 증가함에 따라 감소하게 된다. 이를 그래프로 나타내면 그림 9.14와 같다.

그래프를 분석하면 높은 온도와 큰 응력에서 수명이 짧은 것을 알 수 있다.

크리프의 주된 메커니즘은 재료에 따라 다르다. 금속은 전위크리프(dislocation creep), 세라믹스는 확산크리프(diffusion creep), 폴리머는 점탄성(viscoelasticity)에 의해 크리프가 일어난다. 금속과 세라믹스는 모두 확산에 영향을 받으므로 아레니우스 식이 적용되고 용융점의 30% 이상에서 작용한다는 것은 같다. 그러나 금속은 전위에 의한 소성변형이 일어나므로 전위의 확산에 의해 변형이 일어난다. 앞 6장에서 살펴본 대로 전위가 움직이면서 변형이 일어

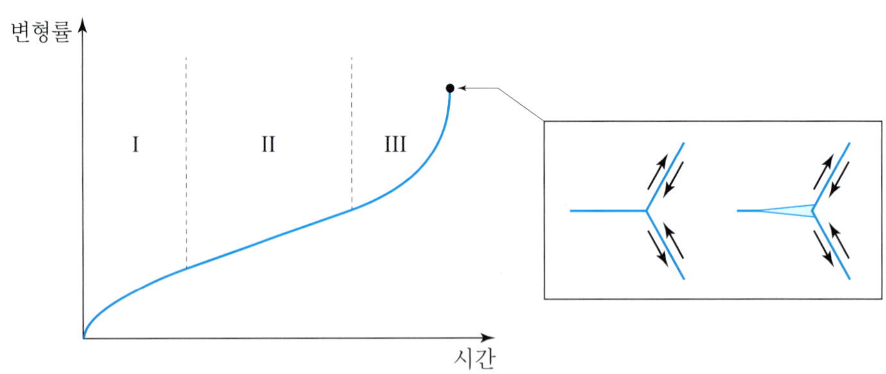

그림 9.13 크리프 곡선과 공동의 성장에 의한 파괴

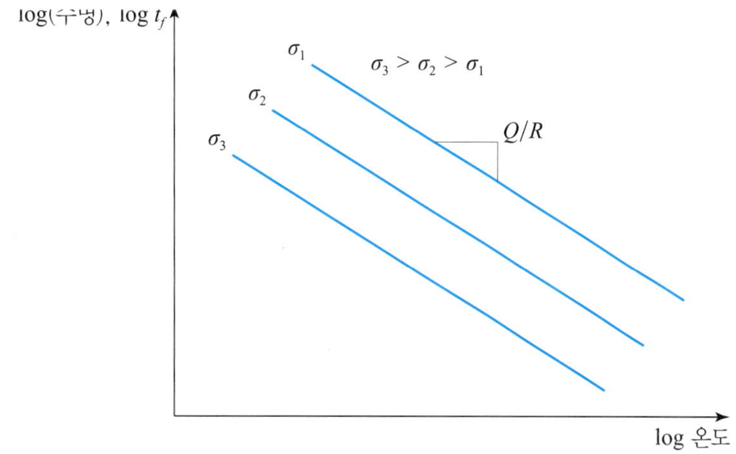

그림 9.14 응력과 온도에 따른 크리프의 수명을 나타내는 그래프

나지만 불순물 등 방해물에 의해 움직이지 못함으로써 강화가 일어난다. 그러나 고온에서는 다음 그림 9.15처럼 전위가 석출물(precipitates)등 불순물에 의해 이동이 멈추다가도 고온에 의해 활성화(activation)되면 에너지를 얻어 상승(climb)하여 움직이게 된다. 이를 전위의 상승(dislocation climb)이라고 하며 이 메커니즘에 의해 고온에서 크리프가 쉽게 일어나게 된다.

이러한 전위 상승은 용융점의 30% 이상의 온도에서 일어나며, 이때의 확산계수나 시간에 따른 변형률은 다음 식과 같이 아레니우스 식의 지배를 받는다.

$$D = D_o \exp(-Q/RT)$$

$$\dot{\epsilon} = A\sigma^n e^{-Q/RT}$$

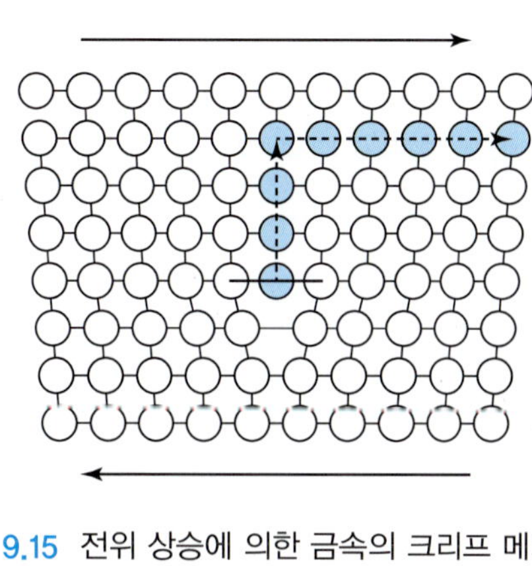

그림 9.15 전위 상승에 의한 금속의 크리프 메커니즘

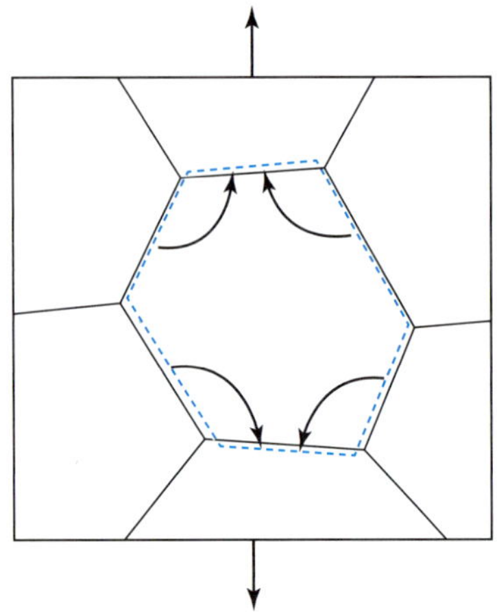

그림 9.16 입계 확산에 의한 세라믹스의 크리프 메커니즘

따라서 금속의 크리프를 방지하려면 전위의 상승과 이동을 방해하기 위해 석출물 등 불순물을 많이 혼합시켜서 제조하여야 한다.

세라믹스는 그림 9.16과 같이 고온에서 원자들의 확산에 의해 입계 확산이 일어나며 이에 따라 입자가 길이방향으로 길어지고 직경이 감소하는 현상(elongation)이 나타난다.

입계확산에 의한 원자들의 움직임에 의해 나타나는 시간에 따른 변형률은 다음 식과 같이 입자의 크기(grain size), d에 의존한다.

$$\dot{\epsilon} = C(D\sigma/d^2) = [C'\sigma \exp(-Q/RT)]/d^2$$

윗 식에서 C는 상수, $C' = CD_o$인 상수이다.

9

따라서 크리프를 억제하려면 시간에 따른 변형률을 낮추어야 하므로 입자의 크기를 크게 해주어야 한다. 이 밖에도 원자의 움직임을 막아주어야 하므로 공유결합성을 높이는 것이 좋다.

폴리머는 그림 9.17과 같이 점탄성(viscoelasticity)의 특징이 있는데 고온에서 특히 이러한 현상이 일어난다.

폴리머는 온도가 상승하면 점도가 낮아져서 점성유동(viscous flow)이 일어나게 되므로 응력을 가했을 때 변형이 되었다가 응력이 제거되어도 바로 제자리에 돌아오지 않고 어느 정도의 시간이 흐른 후에 원래의 상태로 돌아오게 된다. 이러한 특성을 점탄성(viscoelasticity)이 있다고 하거나 또는 시간에 의존하는 소성변형을 한다고 말한다. 따라서 고온에서 시간에 따른 변형률은 재료의 점도

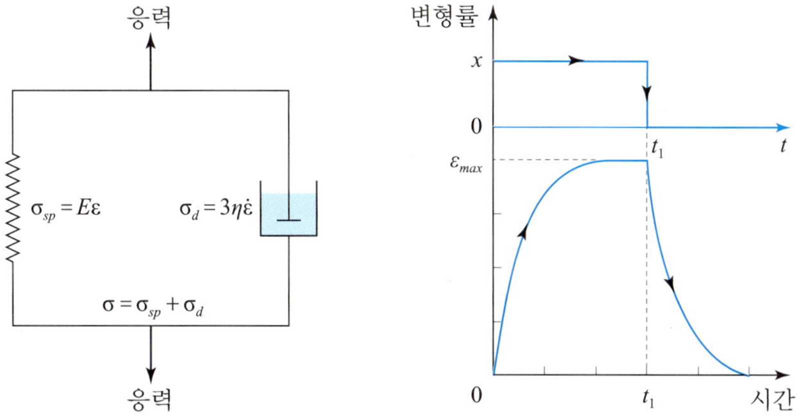

그림 9.17 폴리머에서 일어나는 점탄성

(viscosity), η와 응력에 의존하게 되며, 이를 식으로 나타내면 다음과 같다.

$$\dot{\epsilon} = \sigma/(3\eta)$$

폴리머는 결정으로 이루어져 있지 않고 불규칙한 구조의 비정질 고체이므로 전위 운동에 의해 변형이 일어나지 않는다. 임계 파괴응력도 결정하기 애매하다. 그러나 파괴와 변형은 고체 내에서 일어난다. 점성에 의한 변형이 최대 임계 전단응력의 방향으로 일어나며, 파괴도 인장응력에 수직한 방향으로 일어날 수 있다. 원자 간 결합의 파괴가 일어나면 모든 원자들은 원자 간 공간으로 움직이기 때문에 연속적인 변형이 일어나는데 이를 점성유동(viscous flow)이라고 부르는 것이다. 따라서 외부의 응력과 점성유동 간의 관계를 다음의 식으로 정의할 수 있다.

$$\eta = \sigma/(dv/dx)$$

dv/dx는 점성유동 시 거리에 따른 속도의 기울기이다. 점도의 단위는 dyne · sec/cm^{2}또는 poise라고 한다.

한편 시간에 따른 변형률은 다음 식과 같이 온도와 응력의 함수이므로,

$$\dot{\epsilon} = C\sigma e^{-Q/RT}$$

이고

$$\eta = \sigma/(3\dot{\epsilon}) = 1/(3C) \times \exp(Q/RT)$$

이 된다.

따라서 폴리머의 크리프 수명을 높이려면 점도 η를 높여야 한다. 이를 위해서는 유리화 온도 T_g가 높은 폴리머를 사용하거나, 부분적으로 결정화된 폴리머 또는 유리나 실리카 등으로 강화된 폴리머, 섬유로 강화된 폴리머의 사용이 바람직하다. 온도가 높거나 응력이 증가하면 변형 속도가 결정질과 마찬가지로 증가하게 되므로, 온도를 낮추거나 응력이 감소하는 방법으로 설계하고 적용하여야 한다.

세라믹스는 고온에 대한 저항성이 높지만 폴리머의 경우는 고온에 대한 저항성이 취약하여 긴 사슬 구조를 갖는 분자 구조가 파손되거나 절단되고, 모노머를 연속적으로 열에 의해 잃는 열화 현상도 발생한다. 폴리머의 사슬의 끝부분에서 연속적으로 폴리머를 잃을 때 사슬의 분자구조의 해중합(depolymerization)이 일어난다. 또한 열에 의해 폴리머의 일부가 액상이나 기화되어 재료가 국부적으로 부푸는 부풀림(swelling) 현상도 발생한다. 이러한 현상을 방지하기 위해서는 원자결합을 강하게 하고, 결정화도나 밀도를 높여야 한다.

9.3 산화 및 부식에 의한 파괴

9.3.1 산화

산화(oxidation)는 재료가 산소와의 접촉에 의해 반응하여 산화물 층이 재료의 표면에 형성되는 현상을 말한다. 그림 9.18에 산화에 의한 산화물 층을 모식도로

9

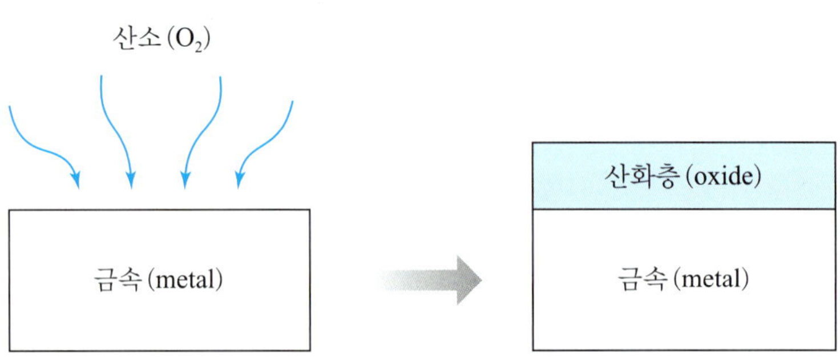

그림 9.18 금속의 산화에 대한 모식도

나타내었다.

일반적으로 산화는 금속재료의 경우 대부분 일어난다. 예를 들면 철(Fe)은 산소와 만나 산화철이 된다.

$$Fe + 1/2O_2 = FeO$$

금속재료의 표면이 공기 중에 노출되면, 공기 중에 포함된 산소와 금속이 반응하기 쉽고 이로 인해 산화물 층이 그 표면에 형성된다. 예를 들면 보일러나 가스터빈 부품을 고온에 노출시켰을 때 고온에서 금속산화가 쉽게 일어나 파손될 수 있으므로 주의해서 재료를 선택하여야 한다.

사실 열역학적으로는 대부분의 금속은 상온에서도 산화물의 상태의 에너지가 더 낮으므로 산화물이 되어야 한다. 그럼에도 산소와 반응하지 않는 이유는 금속이 에너지 장벽이 존재하는 준안정 상태에 있기 때문이다. 온도를 높여 열이 가해지면 금속의 원자가 활성화되고 확산이 일어나 산소와 반응하여 산화물이 될 가능성이 높아진다.

세라믹스의 경우는 금속과 비금속 간에 강한 화학결합을 하고 있으므로 산소와 반응하기 어려우므로 산화에 대한 저항성이 높다. 특히 산화물은 소재 자체에 산소들이 격자를 차지하고 있고 전자 이동도 어려워 산화에 대해 매우 안정하다. 폴리머의 경우는 산소와 반응하기는 하나 산화물 층을 형성하기 보다는 점화하여 타는 등 불안정한 경우가 많다.

그림 9.19에 산화에너지를 그래프로 나타내었다.

산화에너지가 음수(−)인 것은 재료가 공기 중에서 불안정하여 산화가 쉽게 일어나는 것을 의미하며, 양수(+)인 것은 공기 중에서 안정하여 산화가 잘 일어나지 않음을 의미한다. 즉 음수인 경우의 절대값이 클수록 산화가 빨리 진행되어 재료의 표면에 급속히 산화층이 형성된다.

그러나 산화층이 항상 시간에 비례하여 형성되는 것은 아니다. 그림 9.20의 (a)와 같이 산화층 형성에 의한 질량변화가 시간에 정비례하는 것을 선형적 산화거동(linear oxidation)이라 한다.

$$\Delta m = k_L t$$

여기서 m은 질량, t는 시간, k_L은 양수인 계수이다. 이와 같은 거동을 보이는 금속은 Ta, Nb등이 있다.

9

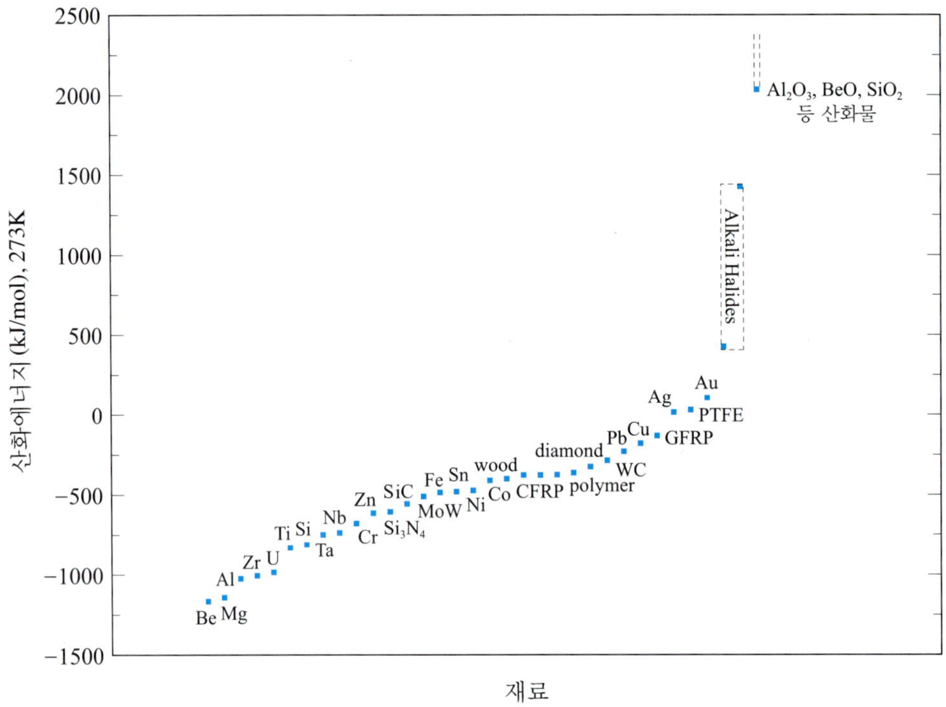

그림 9.19 기계재료의 산화에너지

반면 (b)와 같이 질량 변화가 시간에 따라 포물선 적으로 변화하는 것을 포물선적 산화거동(parabolic oxidation)이라고 한다. 철(Fe), 니켈(Ni), 알루미늄(Al), 코발트(Co), 실리콘(Si) 등은 이러한 포물선적 거동을 보이므로, 한번 산화층이 형성된 이후로는 산화층이 안정하다. 즉 알루미늄(Al)이나 니켈(Ni)의 경우 에너지 적으로 음수(−)의 산화에너지 절대값이 크므로 초기에는 산화되기 쉬우나, 보호막이 형성된 이후로는 포물선적 산화거동에 의해 산화 속도가 늦어지게 된다. 포물선적 산화거동에 의한 질량변화는

$$(\Delta m)^2 = k_p t$$

가 되며, k_p 역시 양의 값을 갖는 계수이다.

k_L과 k_p 역시 확산계수에 의해 다음 식과 같이 정의된다.

$$k_L = A_L \exp(-Q_L/RT)$$
$$k_p = A_P \exp(-Q_p/RT)$$

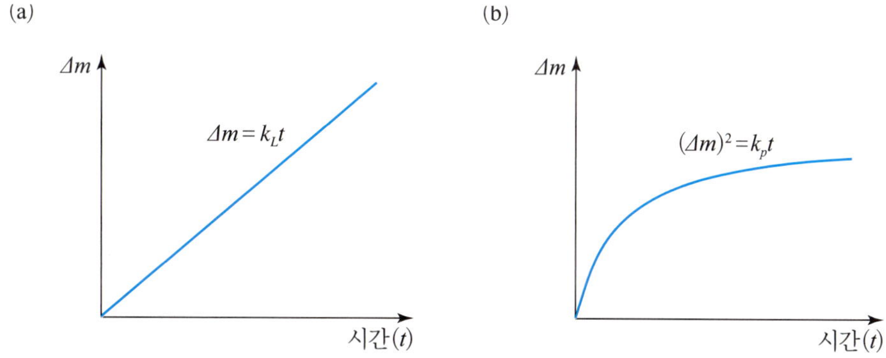

그림 9.20 재료의 산화거동, (a) 선형적 산화거동, (b) 포물선적 산화거동

미시적인 산화 메커니즘을 살펴보면 산화는 양이온의 확산, 음이온의 확산, 전자의 이동에 의해 일어난다. 금속 M과 산소 O가 만나 산화물 MO가 될 때,

$$M + O \rightarrow MO$$

금속 M은 전자를 내어 놓고 양이온이 되며, 전자가 이동, 산소원자와 반응하여 산소이온이 된다.

$$M \rightarrow M^{++} + 2e^-$$
$$O + 2e^- \rightarrow O^{--}$$

금속이온이 느린 경우는 산소이온이 이동하여, 또 산소이온이 느린 경우는 금속이온이 이동하여, 전자가 느린 경우는 천천히 성장하여 금속산화물이 형성된다.

$$M^{++} + O^{--} = MO$$

산화층의 형성 속도 dx/dt는 산화층을 통해 확산하는 유속(flux)에 비례하므로,

$$dx/dt \propto D(dc/dx)$$

미분방정식을 풀어서 양쪽을 적분하면

$$x^2 = k_p t$$

가 된다. 여기서 $k_p = D_o \exp(-Q/RT)$이다. 여기서 확산계수가 작은 값일수록 보호층의 역할을 하게 된다.

따라서 산화층이 형성되는 속도는 고온일수록 증가한다. 또한 산소 분압이

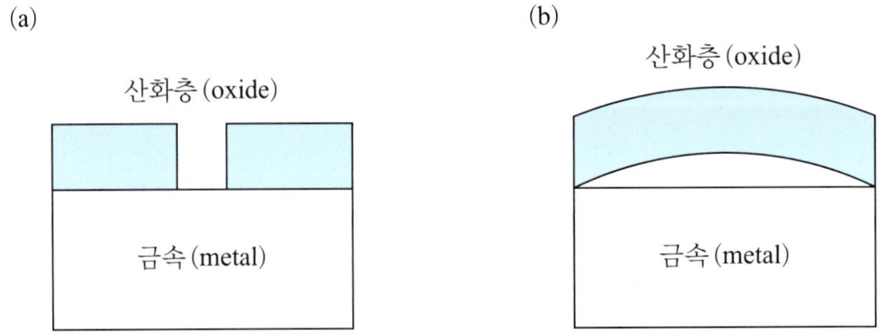

그림 9.21 산화물층의 파괴의 예, (a) 산화물 부피가 금속 모재보다 작은 경우, (b) 큰 경우

높을수록 즉 산소의 농도가 증가할수록 산화는 잘 일어난다.

산화물 층이 주어진 환경에서 오랜 시간 장시간 안정하게 존재한다면 더 이상의 산화가 방지되어 문제가 되지 않지만, 일반적으로 산화물 층은 금속과는 다른 부피를 갖게 되므로 산화물 층이 파괴될 경우 문제가 발생한다. 다음 그림 9.21은 산화물 층이 파괴된 대표적인 경우를 보여준다. 산화물 층의 부피가 작은 경우 (a)와 같이 균열이 형성되며, (b)와 같이 부피가 큰 경우는 산화물 층이 들고 일어나는 현상이 일어난다.

산화물 층은 일반적으로 세라믹스이므로 산화물 층은 취성(brittle)의 특징을 갖게 된다. 또 산화물 층은 금속과 강하게 결합하지 못한다. 따라서 큰 충격이 가해질 경우는 균열이나 박리현상이 일어나므로 산화물 보호 층으로서의 역할을 하지 못하게 된다.

9

9.3.2 부식

부식(corrosion)은 재료가 산소와의 접촉뿐만 아니라 동시에 물 등 수분과의 접촉에 의해 반응하여 재료의 표면이 녹이 슬고 질량의 감소가 일어나는 현상을 말한다. 그림 9.22에 금속의 부식에 대한 모식도를 나타내었다.

일반적으로 금속이 수분과 접촉하게 되면 녹이 스는 반응이 일어난다. 금속 재료의 표면이 공기와 수분 중에 동시에 노출되면, 공기 중에 포함된 산소 및 수증기의 수소가 동시에 작용하여 수산화물(hydrated oxide)을 형성하게 된다. 예를 들면 철은 산소, 수증기와 반응하여 Fe 원소의 표면에 $Fe(OH)_2$ 의 수산화물이 형성된다. 산화물 층은 금속모재를 어느 정도 보호할 수는 있는 반면, 녹이 슬고

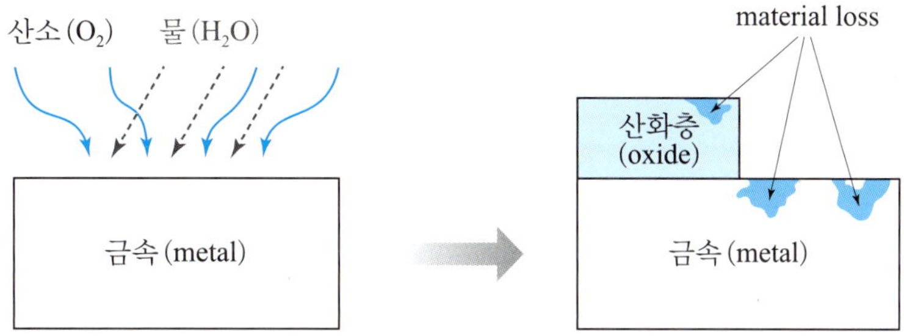

그림 9.22 금속의 부식에 대한 모식도

부식이 일어나면 산화물 층과는 다르게 표면에 증착물(deposit)들이 강한 결합을 하지 못한 상태에서 형성된다. 이들은 사용 환경 도중 떨어져 나가 모재를 보호하지 못하게 되고, 증착된 것들이 떨어져 나갈 때 붙어 있던 모재의 일부와 같이 떨어져 나감으로써 질량 감소를 수반한다. 부식에 의해 형성된 이와 같은 결함(defect)에 인장응력이 작용하면 재료의 강도 보다 훨씬 낮은 응력에서도 파괴가 일어나게 된다. 이와 같은 부식에 의한 파괴를 응력 부식 균열에 의한 파괴(stress corrosion cracking)라고 한다.

철에서 일어나는 부식의 거동을 좀 더 자세히 살펴보자. 부식은 전자전도(electronic conduction), 확산(diffusion) 그리고 물과 산소와의 반응(reaction)에 의해 전기화학적인 반응이 일어난다. 2개의 철 원자는 다음과 같이 4개의 전자를 내어놓고 철 이온으로 되며,

$$Fe \rightarrow Fe^{++} + 2e^-$$
$$Fe \rightarrow Fe^{++} + 2e^-$$

형성된 4개의 전자들은 산소 및 물과 반응하여 4OH- 이온을 만든다.

$$4e^- + O_2 + 2H_2O \rightarrow 4OH^-$$

이상에서 형성된 철 이온과 수산화이온 간의 반응으로 Fe 수산화물이 생긴다.

$$2Fe^{++} + 4OH^- \rightarrow 2Fe(OH)_2$$

이상과 같이 부식의 반응에는 반드시 전자의 이동이 있게 되고 따라서 얼마나 많은 전자를 남기는가에 따라 전압차가 발생한다. 전자가 부식거동에 참여하므로 부식이 일어나는 정도가 달라진다. 따라서 그림 9.23과 같이 전압 차를 측

정하여 부식 정도를 평가하게 된다.

전압이 음수(−)인 것은 재료가 공기 및 수분 중에서 불안정하여 부식이 쉽게 일어나는 것을 의미하며, 양수(+)인 것은 공기 및 수분 중에서 안정하여 부식이 잘 일어나지 않음을 의미한다. 즉 음수인 경우의 절대값이 클수록 부식이 빨리 진행되는 것을 나타낸다.

재료 간 전압차를 이용하면 어느 재료의 부식을 방지하기 위한 보호 재료를 선정할 수 있다. 예를 들면 위의 그림 9.23에서 구리와 알루미늄을 생각하면, 구리의 경우가 알루미늄 비해 상대적으로 음극(cathode)이며, 구리와 알루미늄을 어느 전해질에 넣으면 알루미늄이 더 부식이 잘된다. 아연은 강의 부식을 방지하는 보호재로서 사용할 수 있다. 그 이유는 아연이 강에 비해 부식이 잘 일어나기 때문이며, 전자와의 우선 반응으로 강의 부식을 방지할 수 있기 때문이다. 한편 Cr을 적용하면 Cr 자체는 부식이 잘되지만, Cr의 산화물층이 쉽게 형성되므로 부식을 방지하는데 기여할 수 있다. 즉 적은 양의 Cr 사용으로 산화물 막을 유도하면, 부식과의 반응을 막아주는 절연막의 역할을 해 줄 수 있는 것이다.

부식의 속도는 일반적으로 산화 속도보다 빠르다. 또한 환경의 영향을 받아

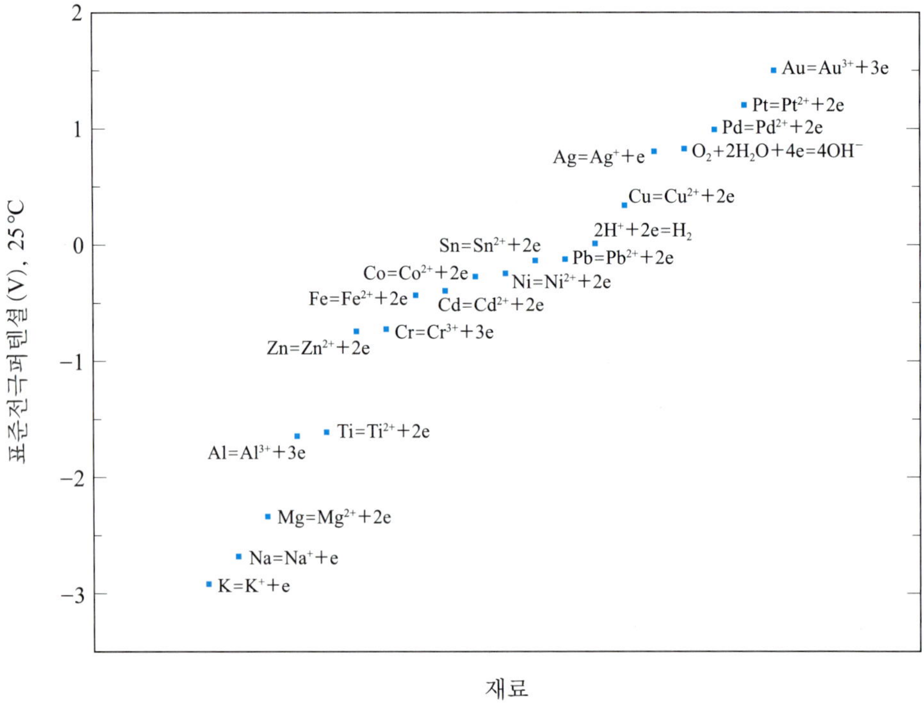

그림 9.23 재료별 전압 차

온도가 증가할수록 일반적으로 부식 속도가 증가한다.

9.4 마찰 및 마모에 의한 파괴

9.4.1 마찰 및 마찰계수

마찰력은 두 개의 기계재료 부품이 접촉에 의해 작용하는 전단력이다. 마찰력이 없으면 걸을 수도 없고 차를 타고 다닐 수도 없으며 브레이크도 듣지 않는다. 노트에 필기를 할 수도 없다. 그러나 큰 마찰력은 마모를 일으킬 수 있고 기계 부품을 파손시킬 수 있다.

볼트, 너트, 기어, 벨트 등 많은 기계 부품의 요소들이 접촉(contact)이 된 채 구동을 하는 경우가 많다. 접촉력에 의한 하중에 의해 응력이 발생하며 임계 치에서 마모가 일어날 수 있으므로 유의해야 한다.

마찰(friction)은 얼마나 잘 미끄러지는가?를 결정하는 마찰계수(friction coefficient)에 의해 그 정도를 결정하게 된다. 다음 그림 9.24(a)에서와 같이 W의 하중을 갖는 벽돌을 수직반력 N을 받는 상태에서 힘 P로 잡아당길 때 지면에서는 잡아당기는 힘의 반대 방향으로 마찰력 F_s가 생성된다.

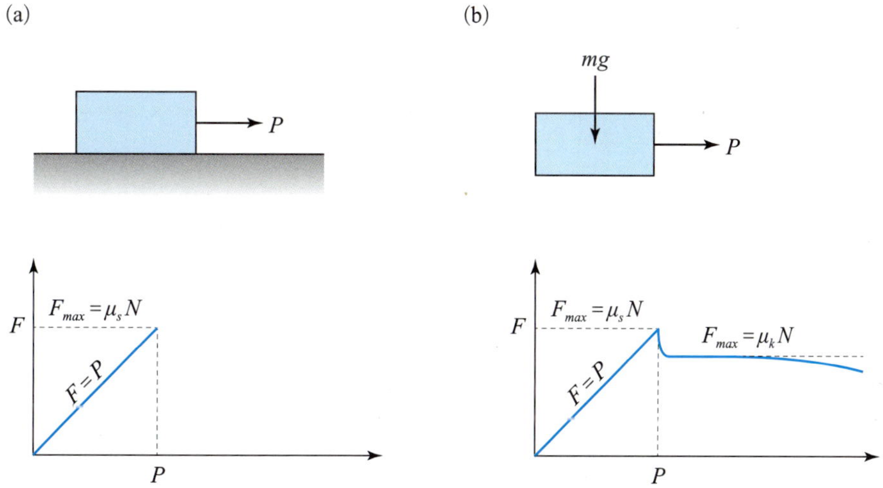

그림 9.24 재료의 마찰력, (a) 벽돌이 정지해 있을 때, (b) 운동 시

이때 정지마찰계수 μ_s는 다음 식과 같이 정의된다.

$$\mu_s = F_s / N$$

힘이 어느 임계치 F_k 이상으로 작용하게 되면 9.24(b)와 같이 벽돌이 움직이기 시작하게 되고, 미끄러짐이 발생하고 나면 운동마찰(kinetic friction)조건이 수반된다. 운동마찰력 F_k는 보통 최대 정마찰력 F_s보다는 약간 작은 값이며, 다음 식과 같이 수직력에 비례한다.

$$F_k = \mu_k \cdot \mathrm{N}$$

과 같이 되며, 윗 식에서 μ_k는 운동마찰계수이다. 일반적으로 운동마찰계수 값 역시, 정지마찰계수 값보다 작은 값을 갖게 되는데 이는 운동 시 정지 때보다 원자와 결합할 가능성이 적어 동일한 힘에도 잘 미끄러지기 때문이다.

윗 식들과 같이 F_s와 F_k의 식을 살펴보면 벽돌이 지면에 닿는 면적과는 관계가 없음을 알 수 있는데, 이는 물체의 표면을 확대 관찰하면 어느 면적에 걸쳐서 접촉이 일어나는 것이 아니고 점접촉(point contact)이 이루어지기 때문이다. 따라서 마찰력에 있어서 면적보다는 작용하는 하중이 중요하다. 두 개의 부품 소재가 접촉하여 어느 한 소재가 항복이 일어날 경우의 하중은

$$P = A \times \sigma_y$$

의 관계식으로 표시되며, 여기서 A는 접촉 면적, σ_y는 재료의 항복응력이다. 두 개의 부품 소재가 접촉하여 미끄러짐(sliding)이 일어날 때, 미끄러짐이 일어날 조건은 다음 관계식을 만족해야 한다.

$$F_s / A \geq k$$

윗 식에서 k는 전단항복강도이다.

$$F_s \sim Ak = A \cdot \sigma_y / 2 = A \times (1/2) \times (P/A) = P/2$$

한편 $F_s = \mu_s \cdot \mathrm{N} = \mu_s \cdot \mathrm{P}$이므로 윗 식과 비교하면,

$$\mu_s = 1/2$$

이다. 따라서 마찰계수의 값들은 대략 0.5 내외의 값임을 알 수 있다. 다음 그림 9.25에는 재료들의 마찰계수 값을 정리하였는데, 대부분의 재료들의 마찰계수 값이 평균적으로 0.5 값 근처에 놓이게 됨을 알 수 있다.

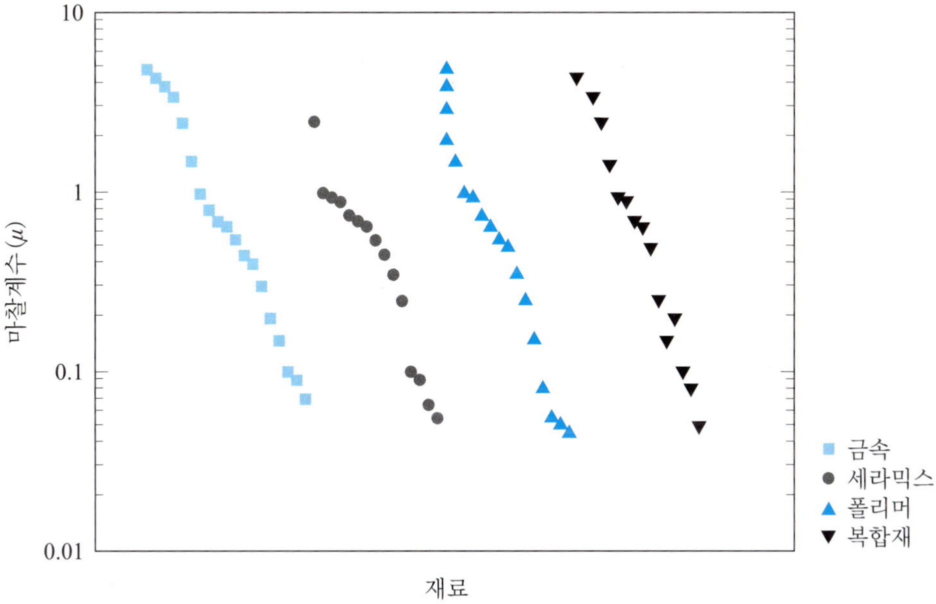

그림 9.25 재료의 마찰계수 데이터

마찰계수가 크다는 의미는 마찰계수가 마찰력에 비례하므로 상대적으로 잘 미끄러지지 않음을 의미한다. 마찰에 의해 운동이 쉽게 일어나지 않으면 에너지가 소모되고 표면에서 열로 전환되어 재료에 손상을 일으킬 수 있음에 주의해야 한다.

재료의 마찰계수를 감소시키려면 접촉 면적을 줄이거나 원자 간 결합을 적게 되도록 하여야 한다. 진공 중에서 접촉할 때는 마찰계수가 높은 두 소재에 산소를 흘려주면 마찰계수가 감소되는데 이는 산화물 층의 필름이 소재에 코팅되어 마찰계수를 낮출 수 있기 때문이다. 이와 같이 재질이나 재료의 특성을 바꾸어 마찰계수를 낮출 수 있지만, 가장 효과적인 방법은 윤활제(lubricant)를 사용하는 것이다. 오일, 그리스, 지방성 기름 등은 기계 부품의 표면에 흡착층을 형성하여 마찰계수를 획기적으로 낮추게 된다. 흡착 표면층은 원자 간 결합을 적게 해 줌으로써 잘 미끄러지게 하여 마찰계수를 낮추는 데 큰 역할을 한다. 기계 요소 중의 하나인 베어링 간 접촉이나 마모가 발생하지 않도록 유체 오일의 전단에 의해서만 미끄럼이 일어나도록 할 수 있나면 그 마찰계수 값은 1/2에서 0.001 ~ 0.005까지도 감소하게 된다.

9.4.2 마모

기계 부품들은 상호 연결되어 접촉(contact)하고 미끄러지면서(sliding) 마찰(friction)이 일어나는 경우가 많다. 또한 반복적인 접촉 응력 싸이클이 작용하는 경우가 많다. 재료의 마모(wear)는 이러한 마찰에 의해 발생하며 마찰에 의한 에너지가 흡수되어 재료의 질량이 감소하는 현상을 말한다.

기어 두 개가 맞물려 서로 반대 방향으로 회전하는 부품을 생각해 보자. 시간이 지나면서 일부의 질량이 감소한다면 공차가 발생하고 소음이 발생하며, 궁극적으로 파손이 일어난다. 따라서 이러한 경우는 마찰에 의한 마모를 억제하여야 하지만, 기계 가공을 위해서는 마모가 잘 일어나야 한다. 예를 들면 절삭공구를 이용해 기계 소재를 가공할 때는 마찰력을 부여하여 원하는 모양으로 깎아 나감으로써 형상을 부여하게 된다. 이때 소재를 깎아내는 절삭공구는 마찰에 의한 마모가 일어나지 않는 것이 좋은 반면, 피삭재인 소재는 마모가 잘 일어나서 가공되어져야 한다.

마모가 일어나는 메커니즘은 그림 9.26과 같이 크게 두 가지의 종류가 있는데 첫째는 점착성 마모(adhesive wear)이고, 둘째는 연마성 마모(abrasive wear)이다.

점착성 마모는 주로 금속이나 폴리머에서 일어나는 마모로서 A와 B가 점착이 된 상태에서 전단응력에 의해 마모의 파편(fragment)이 형성된다. 주로 상대적으로 소프트한 재료 쪽에서 파편이 발생한다.

연마성 마모는 상대적으로 경도와 탄성계수가 높은 B의 소재가 A와의 마찰에 의해 A를 연마하여 마모되는 것으로서 A와 B의 특성의 차이에 의해 파편이 발생한다.

점착성 마모를 방지하려면 앞의 식

9

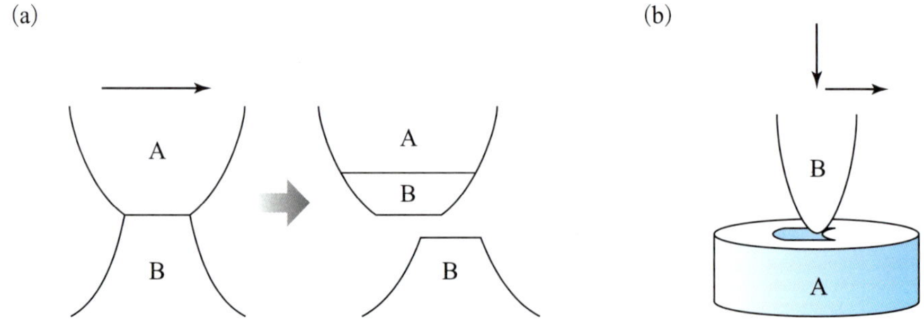

그림 9.26 마모 메커니즘, (a) 점착성 마모, (b) 연마성 마모

$$A = P/\sigma_y$$

의 식을 참조하면 접촉 면적 A를 줄이기 위해서는 하중 P를 줄이거나, 재료의 항복응력 σ_y을 증가시키면 된다.

금속의 경우 경도(hardness) H는 다음 식에 의해 항복강도와 관계하므로,

$$H \sim 3\sigma_y$$

경도가 높은 소재를 사용하면 점착성 마모를 감소시킬 수 있다.

연마성 마모를 감소시키려면 역시 하중을 줄여주어야 하고, 연마에 의해 발생된 파편을 효과적으로 제거하기 위하여 윤활제(lubricant)를 사용하여 파편을 제거하거나 필터링(filtering)을 통해 입자들을 제거해 준다.

마모에 대한 저항성을 높이려면 표면 특성을 개선하는 방법이 많이 사용된다. 예를 들면 중요한 기계 요소 중의 하나인 베어링의 경우 고온에서 기체나 액체, 고체를 확산시켜 표면 처리를 통해 탄화 처리(carburizing), 질화물 처리(nitriding), 붕화물 처리(boriding)로 경도를 향상시켜서 마모에 대한 저항성을 높인다. 두 번째는 텅스텐(W), 코발트(Co), 크롬(Cr), 니켈(Ni) 등을 분무 코팅하여 저항성을 높인다. 마지막으로 알루미나(Al_2O_3), 크롬 산화물(Cr_2O_3), 티타늄 카바이드(TiC), 질화티타늄(TiN)의 세라믹스나 다이아몬드를 코팅시켜 산화, 마모뿐만 아니라 화학적 저항성을 높여준다.

9

재료선택 및 설계를 위한 TIP

피로파괴가 중요한 시스템에서 중요한 재료설계 변수는?

재료는 파괴강도(fracture strength)보다 낮은 응력 하에서도 파괴될 수 있다. 재료가 피로의 환경에 놓이면 그것이 가능하다. 구속된 상태에서 회전하는 기계부품의 경우 변동적이면서도 주기적인 응력을 받을 수 있다. 이러한 시간에 따라 변하며 반복되는 하중 싸이클에 의해 재료 내부의 균열이 서서히, 느리게 성장하기 때문이다. 따라서 피로파괴를 설계하기 위해서는 응력, 인성, 균열의 기하학, 싸이클 수를 고려하여야 한다. 특히 재료별로 주어진 피로하중 조건 하에서 파손이 일어나는 최대 싸이클 수를 파악해두는 것이 좋다. 재료가 견딜 수 있는 강도보다 낮은 응력 하에서도 갑자기 파손되는 것을 방지하기 위해, 재료 별로 내구한도와 피로한계 값을 조사하여 피로파괴를 예측하여 설계하는 것이 매우 중요하다.

크리프 파괴가 중요한 시스템에서 중요한 재료설계 변수는?

크리프는 고온에서 작동하는 기계시스템에서 장시간 하중을 받을 때 변형이 일어나는 현상을 말한다. 즉 크리프는 고온에서 발생하는 시간에 의존하는 변형이다. 크리프의 손상은 재료 내부에서 발생하는 공동(cavity) 때문에 일어난다. 재료별로는 전위크리프, 확산크리프, 점탄성 크리프에 의해 발생한다. 보다 미세하게는, 원자의 움직임, 즉 원자의 확산으로 일어난다. 따라서 크리프 파괴를 방지하도록 설계하기 위해서는 일단 용융점이 높은 소재를 선택하는 것이 좋고, 전위크리프를 억제하기 위해 새로운 상을 첨가하거나, 입자의 크기를 크게, 또는 직경 대비 길이비를 크게 하거나, 점성유동이 일어나지 않도록 디자인하여야 한다.

알루미늄은 쉽게 산화되는데 산화저항성이 우수한 이유가 무엇인가?

크롬(Cr), 아연(Zn), 알루미늄(Al) 등은 산화저항성이 우수한 금속으로 알려져 있다. 이와 같은 재료들은 공기 중에서 불안정하여 쉽게 산화물 층이 그 표면에 형성된다. 그럼에도 불구하고 산화저항성이 우수한 이유는 초기에 형성된 산화피막들이 더 이상의 산화를 방지하는 보호막(barrier)의 역할을 해주기 때문이다. 이들은 시간에 따라 질량변화가 선형적으로 일어나지 않고 포물선적인 거동을 보여, 시간에 따라 질량변화가 감소하게 된다. 즉 산화물층의 형성속도가 점차 감소하는 것이다. 이는 미시적으로는 주어진 시간, 온도, 산소분압에서 양이온, 산소이온, 전자들이 확산(이동)하여 일어난 결과이다.

마찰, 마모가 중요한 시스템에서 중요한 재료설계 변수는?

기계부품들이 하중을 받은 상태에서 접촉이 일어나며 구동을 할 경우 마찰과 마모가 발생한다. 마찰이 잘 일어나는 정도로 마찰계수를 고려하며 마찰계수가 적다는 것은 잘 미끄러진다는 뜻이다. 재료의 경도특성이 나쁘고 반복하중에 의해 마찰을 지속적으로 받으면 마찰계수가 증가할 수 있고, 마모손실에 의해 질량이 감소할 수 있다. 접촉면적을 줄이려면 하중을 줄이거나, 재료의 항복응력이나 경도를 증가시켜야 한다. 마찰을 방지하기 위해서는 적절한 윤활제를 선택하고, 마모의 방지를 하기 위해 재료를 열처리하여 표면특성을 바꾸거나 코팅을 통해 표면특성을 개선해 준다.

9.5 연습문제

9.5.1 그림과 같이 부품의 일부가 회전하여 연결 축에 피로응력이 걸리는 엔진이 있다.

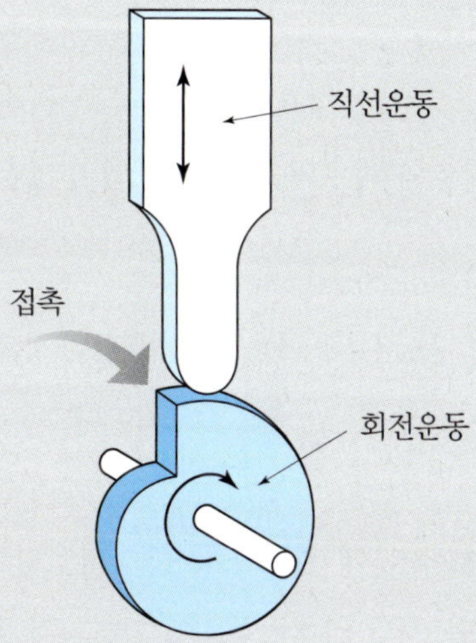

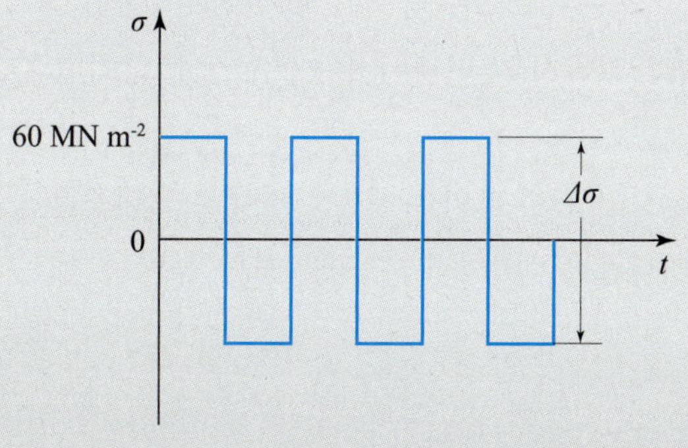

위 그림과 같이 회전운동을 하는 부품과 직선운동을 하는 부품이 접촉하여 최대 응력 60×10^6Pa의 주기 응력이 반복적으로 가해질 때 초기 균열반경이 10mm에서 20mm로 성장하는 데 필요한 회전 싸이클 수 N을 구하시오. $A = 4.3 \times 10^{-8}\text{m}(\text{MNm}^{-3/2})^{-3}$, $m = 3$임을 활용하시오.

9.5.2 균열이 존재하고 있는 부품이 회전하면서 피로를 받을 때 균열 성장 속도는 다음 식으로 정의된다. 다음 물음에 답하시오.

$$da/dN = A(\Delta K)^m$$

(1) 윗 식이 적용되는 부품의 예를 몇 가지만 제시하시오.

(2) 이미 존재하고 있는 균열의 성장속도를 그래프로 나타내시오.

9.5.3 다음에 대해 논하시오.

(1) 고주기 피로와 저주기 피로

(2) 처음부터 균열을 포함하고 있는 재료의 피로와 포함하고 있지 않은 재료의 피로

9.5.4 합금 bar의 크리프 속도는 다음과 같이 주어진다. 다음 물음에 답하시오. (20점)

$$d\epsilon/dt = A\sigma^5 e^{-Q/RT}$$

(1) 이 합금은 600°C에서 $25MN/m^2$의 응력에 견디도록 설계되었다. 이 조건하에서 정상 상태의(단계 II) 크리프 속도는 $3.0 \times 10^{-12}\ s^{-1}$으로 측정되었다. 또한 사용 도중 온도는 650°C로, 응력은 30MPa로 상승하였다. 이 합금의 평균 크리프속도를 계산하시오, 여기서 A와 Q는 상수 값이며, Q = 150kJ/mol이다.

(2) 윗 식을 참조하여 온도와 변형 간의 관계를 나타내는 그래프를 도시하시오.

(3) 합금의 크리프 메커니즘을 설명하고, 수명을 보다 높일 수 있는 방법을 제안하시오.

9

9.5.5 다음 각 재료의 크리프 메커니즘을 논하시오.

(1) 금속

(2) 세라믹스

(3) 폴리머

9.5.6 다음에 해당하는 크리프 곡선을 그려보시오.

(1) 시간에 따른 변형률의 변화

(2) 온도에 따른 변형률의 변화

(3) 응력에 따른 변형률의 변화

9.5.7 선형적 산화거동과 포물선적 산화거동의 차이에 대해서 논하시오.

9.5.8 알루미늄(Al)이나 크롬(Cr)은 산화에 대한 저항성이 높다. 그림. 9.19와 같이 초기에는 산소와 반응이 빨리 일어나는데도 저항성이 높은 이유가 무엇인지 토의하시오.

9.5.9 다음 중 부식(wet corrosion)이 가장 잘 일어나는 금속을 택하면?

① Mg ② Cu ③ Ag ④ Au

9.5.10 마모 마찰에 대한 다음 물음에 답하시오.

① 점착성 마모(adhesive wear)와 연마성 마모(abrasive wear)의 차이에 대해 논하시오.

② 마모와 마찰의 차이에 대해 논하시오.

CHAPTER 10

전기, 자기, 열, 광학적 특성

10.1 _ 전자적 특성
10.2 _ 자기적 특성
10.3 _ 열적 특성
10.4 _ 기타 특성
10.5 _ 연습문제

10.1 전자적 특성

10.1.1 전자재료의 분류

재료는 분자들로, 분자는 원자들로, 원자는 원자핵(nucleus)과 전자(electron)로 구성되어 있다. 원자는 같은 수의 원자핵과 전자들로 구성되어 중성이지만, 재료 일부의 전자가 이동하여 차이가 발생하면 대전현상이 일어나며 이때의 차이를 전하(electric charge)라고 한다. 두 전하 간에 작용하는 힘의 크기는 두 전하의 크기 Q에 비례하고 거리 r의 제곱에 반비례하게 되는데, 이를 쿨롱의 법칙(Coulomb's law)이라고 한다.

$$F = k[Q_1Q_2]/r^2$$

윗 식에서 k는 주위 매질에 의해 결정되는 상수로서 다음과 같이 유전상수 ϵ과 관계가 있다.

$$k = 1/\{4\pi\epsilon\}$$

전기 도선에 전압차 V를 주면 전자(electron)의 이동이 일어난다. 즉 외부에서 전장이나 자장 등이 부과될 때 재료의 반응은 전자거동에 의해 일어나게 된다. 전자가 이동할 때 저항을 받게 되는데 이를 R로 표현한다. 전자의 이동이 쉬운 정도를 전류 I라고 한다. 이 관계를 오옴(Ohm)의 법칙으로 나타내면,

$$V = IR$$

로 표현되며, 일정한 전압차에서 전류와 저항은 서로 반비례의 관계에 있다.

재료의 저항 R은 도선의 단면적 A와 도선의 길이 l에 의존하게 되어 다음 식과 같이 표현된다.

10

$$R = \rho \times (l/A)$$

윗 식에서 ρ는 재료에 의존하는 상수로서 비저항(resistivity)이라고 정의한다. 즉 전기저항 R은 도선이 길수록, 단면적이 작을수록 증가하며, 재료의 비저항이 클수록 증가한다. 윗 식을 재배열하면 재료의 비저항 식은

$$\rho = R \times (A/l)$$

과 같이 된다. 한편 비저항의 역수 $1/\rho$를 전도도(electrical conductivity) S_{EC}라고 정의한다.

$$S_{\mathrm{EC}} = 1/\rho$$

전도도는 재료 내에서 전류가 잘 흐르는 정도를 나타내는 물리량이다.

전기전도도는 다음 식과 같이도 표현되는데,

$$S_{\mathrm{EC}} = nqv$$

윗 식에서 q는 하전량, n은 전자의 농도, v는 전자의 이동도(mobility)를 각각 의미한다.

재료 내에 전자가 얼마나 잘 통하느냐에 따라 전도체(conductor), 반도체(semiconductor), 절연체(insulator)로 분류한다. 도체의 소재로는 구리(Cu) 및 구리 합금, 알루미늄(Al) 및 알루미늄 합금, 철 등이 있고 반도체 재료로는 실리콘(Si), 게르마늄(Ge), 탄화규소(SiC) 등이 있으며, 대부분의 세라믹스나 폴리머는 절연재료이다.

윗 식들에서 비저항의 식으로부터 단위를 생각하면 비저항의 단위는 $\Omega \times (m^2/m)$이므로 $\Omega \cdot \mathrm{m}$가 되고, 전도도는 비저항의 역수이므로 그 단위는 $\Omega^{-1} \cdot m^{-1}$ 가 된다.

반도체의 전도도는 대략 $10^{-4} \sim 10^{4}\ \Omega^{-1} \cdot m^{-1}$ 이며, 이를 기준으로 절연체는 그 전도도가 반도체의 전도도보다 낮은 소재, 전도체는 반도체의 전도도보다 높은 소재를 의미하며, 대략 절연체는 $10^{-10} \sim 10^{-16}\ \Omega^{-1} \cdot m^{-1}$ 의 전도도 값을 갖는다.

금속은 일반적으로 전자들이 원자핵의 구속을 받지 않는 자유전자(free electron)들로 구성되어 있어 철, 알루미늄, 구리 등과 같이 전도체가 대부분이다. 따라서 금속은 전선 등 도체로 많이 사용된다.

반면 세라믹스나 폴리머는 전자들이 원자핵의 구속을 받으므로 절연체가 대부분이다. 그러나 전장에 의해 형성되는 쿨롱의 힘(Coulomb force) 으로 전자나 이온들이 그 방향으로 움직이는 분극 현상(depolarization) (그림 3.8참조) 등을 이용하면 축전기(capacitor)나 유전체(dielectric)로 사용할 수 있다. 유전체에서 정전 용량(electrostatic capacity)은 물체가 전하를 저장하는 능력을 표시하는 양으로, 전하 Q를 주었을 때 전위 V가 되면 Q는 V에 비례하게 되며 그 때의 상수, $C = Q/V$를 정전 용량이라 하고 C는 재료의 형태나 크기에 따라 정해진

10

다. 한편 임계 온도에서 자발적인 분극 현상을 나타내는 강유전체나, 힘을 가하면 분극이 일어나거나 또는 역으로 전장을 주면 기계적 변형이 일어나는 압전체(piezoelectric)로도 활용될 수 있다. 유전체에 교류 전압을 가하면 유전체 내에서 에너지 손실이 일어나는데 이를 유전 손실이라고 하고, 유전 손실을 이용하면 물체를 가열하는 유전 가열에 활용할 수 있다.

10.1.2 전자이동 메커니즘

전자가 이동되는 메커니즘은 플러스(+) 전극과 마이너스 (−)전극에 의해 전압차가 발생하여 전자가 플러스 전극으로 이동되어 흐르는 것이다. 그런데 절연체의 경우는 전압차를 부가하여도 전자의 이동이 일어나지 않는데 이는 전자가 원자핵에 강하게 구속되어 있어 움직이기 어렵기 때문이다.

재료의 이러한 저항 정도를 표현하기 위해 에너지 갭(energy gap, Eg)이라는 개념이 도입되었다. 즉 에너지 갭을 가로지르는 정도에 의해 전도 현상이 결정된다는 것으로 에너지 갭이 클수록 저항이 크다. 에너지 갭을 이해하기 쉽도록 그림 10.1과 같은 에너지 준위(energy level) 및 에너지 밴드(energy band) 모델이 일반적으로 많이 사용된다. 에너지 준위는 1s 2s 2p …처럼 전자가 위치하는 장소(level)를 말하며, 에너지 밴드는 가전자 대(valence band)와 전도대(conduction band)로 구분되며 이들 사이의 간격을 에너지 갭(energy gap)이라고 한다.

가전자 대는 원자핵의 구속을 받아 전자가 좀처럼 움직일 수 없는 영역이고

10

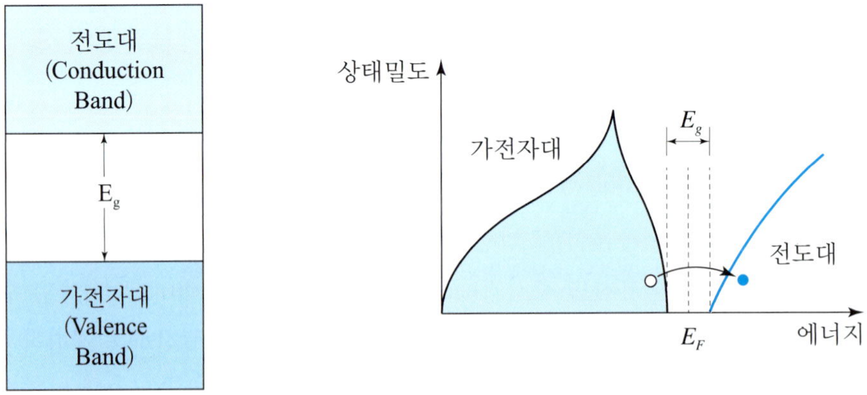

그림 10.1 전기전도를 나타내는 다양한 모델

전도 대는 원자핵의 구속에서 벗어나 특히 최외각 전자 등이 자유롭게 움직일 수 있는 영역이다. 에너지 갭은 전자의 원자핵 구속 등에 의해 영향을 받는 가전자 대와 전도대 사이의 에너지 차이가 된다. 금속과 같은 전도체의 경우 이 에너지 갭이 작으며, 세라믹스나 폴리머와 같이 절연체의 경우 에너지 갭이 커서 전자 이동이 어렵게 된다. 반도체 경우는 중간의 에너지 간격을 갖는다. 전자가 온도를 높이는 등의 에너지를 받게 되어 원자핵의 구속을 벗어나 전도대로 옮겨져서 자유로운 상태가 된다면 전기를 쉽게 전도하게 된다. 즉 전자들이 얼마나 더 높은 에너지와 속도를 얻을 수 있는지가 전자 밴드 구조에 의존하게 되어, 전도성의 차이에 의해 재료들이 금속, 반도체, 절연체 등으로 구분되는 것이다.

전자가 위치할 확률을 페르미 함수(Fermi function)로 표현하여 이를 상태밀도(density of states)와 곱하여 나타낸 형태가 그림 10.1의 (b)이다. 페르미 함수 $f(E)$는 다음 식과 같이 페르미 에너지 E_F와 온도 T와의 관계식으로부터 정의된다.

$$f(E) = \frac{1}{\exp\left(\frac{(E - E_F)}{kT}\right) + 1}$$

10.1.3 반도체 재료

반도체는 고유 저항이 도체와 절연체의 중간인 $10^{-4} \sim 10^4\ \Omega \cdot m$이며, 온도가 높아짐에 따라 저항이 차차 감소하는 특징을 갖는 소재이다. 원소 자체가 반도체가 되는 재료로는 실리콘(Si), 게르마늄(Ge), 셀레늄(Se), 텔루륨(Te) 등이 있다. 화합물 반도체로는 InSb, InAs, GaAs 등의 금속 간 화합물, AgCl, AgBr, AgI, CuI 등의 할로겐 화물 등이 있으며, CuO, ZnO, BaO, CoO, NiO, FeO, SnO_2, MoO_3, MgO 등의 산화물, PbS, Ag_2S, CdS, MoS_2 등의 화합물도 반도체이다. 탄소(C) 및 탄화규소 세라믹스도 반도체이다.

반도체는 게르마늄(Ge), 실리콘(Si) 등의 순수 반도체(intrinsic semiconductor, 고유 반도체라고도 부른다)및 여기에 주기율표 3족의 붕소(B), 알루미늄(Al)을 첨가한 p형 반도체와 5족의 인(P), 비소(As)를 첨가한 n형 반도체가 있다. 반도체의 전기적 전도는 캐리어(carrier)인 전도전자와 정공(hole)에 의해 일어난다. p형 반도체는 정공이 형성되어 전도되는 것이고, n형 반도체는 전도된 전자에 의해 전기전도현상이 일어난다. 이와 같이 극히 미량의 불순물 원자의 첨가로 상온에서 원하는 전기적 성질을 제어할 수 있다. 그림 10.2의 (a)와 같은 실리콘의 순수 반도체에 인이나 비소와 같은 불순물을 첨가하면 전자 하나를 떼어내는 데에는 0.013 ~ 0.014eV 정도의 에너지 밖에 소요되지 않으므로 그림 10.2의 (b)와 같이 상온에서 전자가 쉽게 유리되어 불순물 원자는 자유전자 상태로 존재한다. 이들 자유전자가 결정 내의 전도대(conduction band)로 옮겨가 전기전도가 일어나게 되는 것이다. 반면, p형 반도체의 경우 붕소나 갈륨의 첨가로 전자하나가 부족한 정공을 만들며 정공을 만드는데 0.01eV만큼의 에너지밖에 형성되지 않는다. 따라서 그림 10.2의 (c)와 같이 정공들이 전기적 성질을 지배하게 된다. 불순물이 첨가됨에 따라 그림 10.2의 (b), (c)와 같이 가전자 준위, 전도대 준위 사이에 도우너(donor) 준위와 억셉터 준위(acceptor)가 새로 형성되는데 이를 불순물 준위라고 한다. 불순물 농도의 양을 증가시킴으로써 반도체 결정 내의 캐리어 수의 증가로 전기저항을 감소시킬 수 있다. 이와 같이 적은 양의 불순물 원소 첨가에 의해 반도체의 전기적 성질을 제어할 수 있다.

반도체 재료의 도전율

$S_{\mathrm{EC}} = nqv$의 식에서

도전율은 캐리어의 밀도 n와 이동도 v의 곱으로 결정되나, 도전율의 측정만으로는 n과 v를 따로따로 알지 못하므로, 캐리어의 밀도 n은 호올계수 R_H로부터 구하고 n값과 도전율의 측정에 의해 v를 산출한다.

호올 효과는 다음 그림 10.3에서와 같이 반도체 재료에 x축 방향으로 전장 E_x을 가해 전류 i가 발생하고 z축 방향으로 자장 B_Z을 가하면, y축방향으로 E_y가 발생한다. 이때 E_y는 다음 식과 같이 전류 i에 비례한다.

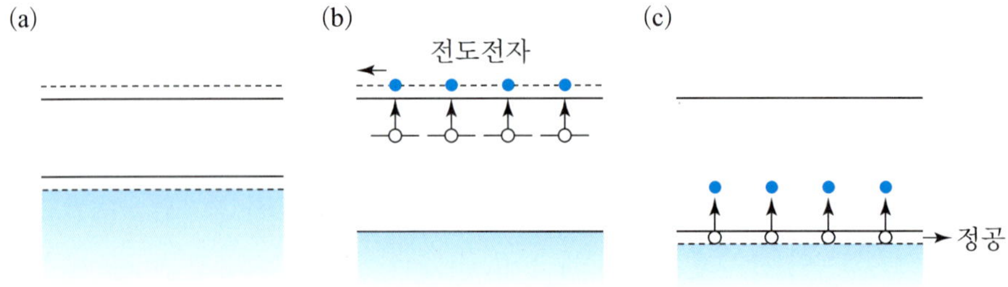

그림 10.2 반도체의 전기전도 형태의 변화, (a) 고유 반도체, (b) n형 반도체 및 (c) p형 반도체

$$E_y = R_H \times i \times B_Z$$

여기서 R_H을 호올계수(Hall coefficient)라고 하며,

$$R_H = 1/(nq)$$

따라서 윗 식에 의해 캐리어 농도 n을 구할 수 있다.

금속은 온도가 상승함에 따라 전기저항이 증가하지만, 반도체는 감소한다. 불순물 반도체의 경우 전도된 전자의 밀도, η_e는 다음 식과 같이 온도 T의 함수이다.

$$\eta_e = \eta_d \exp[-\{E_c - E_d\}/kT]$$

윗 식에서 η_d는 도우너 원자들의 농도이다. 식에 의하면 온도가 상승함에 따라 전자 밀도가 증가하는 것을 알 수 있다.

반도체는 다양한 전자적 특징이 있어서 정류작용, 트랜지스터 작용, 광전 변환 작용, 열전 변환 작용 등과 같은 특수한 성능을 갖게 되어, 다이오우드(diode), 트랜지스터(transistor), 집적회로(integrated circuit) 등으로 사용된다.

반도체를 다른 종류의 반도체 또는 금속과 접촉시키면 접합면에서 독특한 물리적 현상이 나타나는데 예를 들면 PN 접합이 있다. 정류 작용이란 반도체 재료가 전류를 한쪽 방향으로만 통과시키고 반대 방향으로는 통과시키지 않는 성질을 말한다. 예를 들면 p형 반도체와 n형 반도체를 접촉시킬 경우 그 경계면은 한쪽 방향으로만 전류가 흐르고 그 반대는 전혀 흐르지 않는 현상이 나타난다.

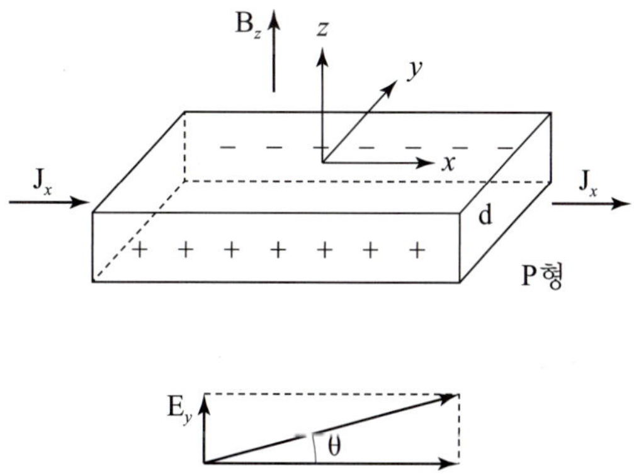

그림 10.3 반도체의 호올 효과를 나타내는 모식도

10

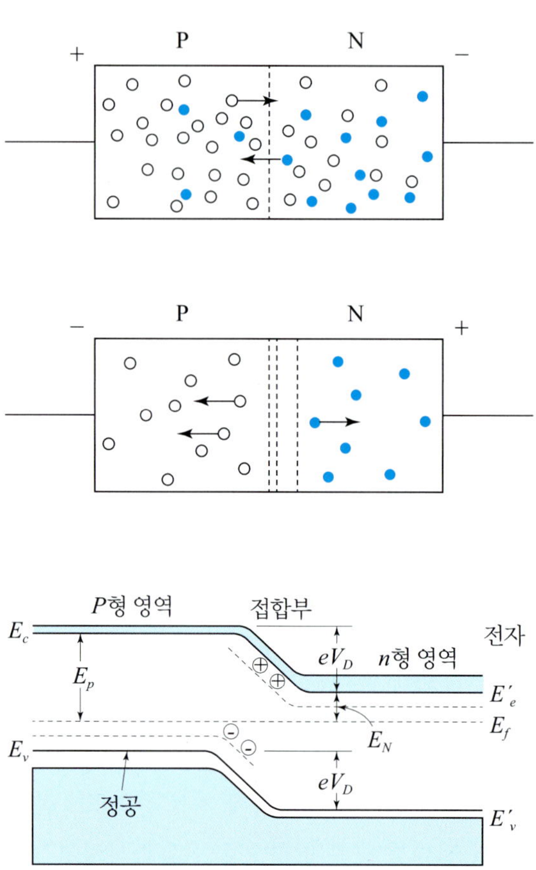

그림 10.4 PN접합에 대한 (a) 모식도, (b) 정류현상 및 (c) 에너지 밴드 구조

다음 그림 10.4의 (a)는 p형 반도체와 n형 반도체를 접합시킨 것이며, 반도체의 PN 접합은 예를 들면 n형 게르마늄 반도체의 한 면에 인듐 등과 같은 3가의 금속 소재를 얹고 녹는점까지 가열하여 용해, 혼합시킨다. 이를 냉각하면 인듐을 불순물로 포함하는 p형 게르마늄이 되어 한 쪽은 n형, 다른 쪽은 p형이 된다.

PN 접합을 만들면 정공은 p형에서 n형 쪽으로, 전자는 n형에서 p형 쪽으로 확산되고 접합부에는 정공과 전자가 만나 중성이 유지되는 영역이 생긴다. 전장을 가하면 p형 영역은 음으로, n형 영역은 양으로 이동함으로써, 특히 그림 10.4의 (b)에서와 같이 전류가 한쪽으로만 흐르고 다른 쪽으로는 흐르지 않는 정류현상이 나타난다. 만약 PN 접합의 p형 영역에 양, n형 영역에 음이 되도록 전장을 가하면 정공은 양의 전하를 갖고 있으므로 n형 쪽으로, 전자는 음의 전하를 갖고 있으므로 p형 쪽으로 이동한다. 그리고 나서 반대 방향으로 전장을 가해주면 역방향의 전장에 의해 정공과 전자는 반대 방향으로 끌어당겨져서 접합부의 캐리어 수가 감소하여 중성 유지 영역은 두께가 커지게 되고 전자가 흐르지 않게 된다. 이와 같이 전류의 흐름에 방향성이 발생하게 되는데 이는 반도체의 정류 현상 때문에 발생하는 것이다.

평형 상태에서의 PN접합의 에너지 밴드 구조를 그림 10.4의 (c)에 나타내었다. 그림과 같이 접합부에서의 전위차 eV_D는

$$eV_D = E_P - E_N$$

가 되고, E_P, E_N은 E_F와의 차이로 정의된다. 전위차 eV_D는 불순물 농도와 온도에 의존한다.

퍼텐셜 장벽이 생성된 p형에서 n형으로 이동되는 사이의 경계층을 전이영역(transition region)이라고 하며, 이 영역에서는 캐리어가 결핍되므로 공핍 층이라고 한다.

PN 접합면의 특징으로서 정류작용 이외에도 트랜지스터 작용, 발광 현상, 항복 현상, 제너 현상, 터널 효과 등이 있다.

반도체 내에 전장을 가하거나 빛을 조사하여 소수의 캐리어를 주입하는 것을 캐리어 주입(carrier injection)이라고 한다. 만일 n형 영역이 p형 영역에 대해 음이 되도록 전장을 가하면, 즉 n형 영역에 마이너스가 되도록 전장을 가하면, 전자는 n에서 p로, 정공은 p에서 n으로 확산된다. 확산된 캐리어는 원래의 캐리어에 비하여 소수이며, 재결합에 소멸되는 시간까지는 캐리어의 총 수가 증가하여 전기전도도를 증가시킬 수 있다. 이와 같이 전도도를 변화시킬 수 있는 것이 PN 접합의 특징으로 이 현상을 이용하면 약한 전류를 강한 전류로 증폭시킬 수 있다. 이 전류 증폭 작용을 트랜지스터 작용이라고 한다. 트랜지스터는 2개 보다는 NPN, PNP 등 3개 이상의 전극을 갖고 전류를 증폭시키는 작용을 한다. 3극 진공관의 음극에 해당하는 이미터, 양극에 해당하는 콜렉터, 격자에 해당하는 베이스의 3부분으로 구성되어 있다.

PN 접합에 역방향으로 전압을 가하면 초기에는 전류가 조금씩 증가하다가 일정한 포화전류 값이 되면 전류는 그 이상 증가하지 않는다. 그러나 더욱 전압을 상승시켜 일정한 임계전압을 넘으면 전류가 급증하는데, 이와 같은 현상을 항복 현상이라고 한다. PN 접합면에서의 항복 현상에 의해 제너 현상과 터널 효과가 일어날 수 있다. 제너(Zener effect) 현상은, PN 접합에 강한 전압을 가하면

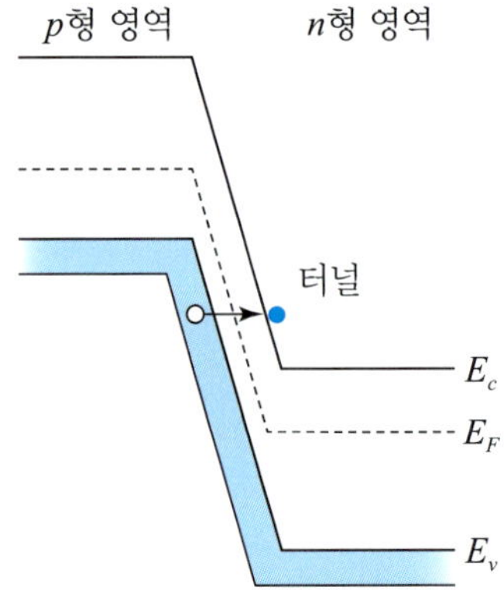

그림 10.5 반도체에서의 터널효과

원자가 전도 띠로 직접 옮겨가는 확률이 증가하여 전자-정공의 쌍이 생기고 이들이 역방향의 전류를 증가시키는 현상을 말한다. 제너 현상에 의해서 다음 그림 10.5와 같이 에너지 밴드 모형이 변하게 된다. 역방향의 전압을 증가하면 PN 접합부의 퍼텐셜 장벽은 높아지고, 접합부의 폭은 수평 방향에 비해 매우 좁아지게 된다. 이 좁아진 밴드를 전자가 쉽게 뛰어넘게 되고, 가전자대에는 정공이 생성되어 역방향의 전류가 증대하게 된다. 이와 같은 현상은 마치 전자가 터널을 통하여 흐르는 것과 같다고 하여 터널 효과(tunnel effect)라고 한다.

반도체 공정에서는 금속 전극을 붙이는 등 금속과 접촉하여 사용하게 되므로 반도체와 금속의 접촉 및 특성을 살펴보는 것이 중요하다. 반도체와 금속의 접촉에는 정류 접촉과 오옴 접촉이 있는데 정류 작용을 갖는 접합을 정류 접촉, 정류 작용을 갖지 않는 접촉을 오옴 접촉이라고 한다. 정류 접촉에는 p형 반도체와 금속간의 접촉 및 n형 반도체와 금속간의 접촉 두 종류가 있다. 즉, 일반적으로 반도체와 금속을 접촉시키면 두 재료 사이에는 전자의 이동이 일어나 페르미 준위가 같아지면서 접합면에서 퍼텐셜 장벽이 형성된다. 반도체-금속간 접합은 반도체의 유형(p 또는 n)과 반도체-금속간의 일함수 ϕ에 의존한다.

광전 현상이란 빛의 에너지를 전기에너지로 또는 역으로 전기에너지를 빛으로 변화시키는 현상을 말한다. 반도체에는 이와 같은 광전 효과를 일으키는 특성이 있다. 또 금속 및 반도체에 자장을 가하면 호올 기전력이 일어나며 기전력은 전류나 자장에 비례한다. 전기저항도 변하게 되는데 이를 자기저항 효과라고 한다.

10

마찬가지로 열전변환 작용은 열에너지를 전기에너지로 또는 그 역으로 변환시키는데 사용되는 반도체 재료의 특징이다. 열에 의해 캐리어의 농도가 지수함수 적으로 커져서 전기저항이 급격하게 감소되는 현상을 이용하여 써미스터(thermistor)라는 온도계를 만들 수 있다.

반도체 재료는 소자로 만들어져 여러 전자 부품용 재료로 사용된다. 반도체 소자로는 다이오우드, 트랜지스터, 광전변환 소자, 열전변환 소자, 집적회로 등 다양하다. 다이오우드는 2극 진공관, 반도체의 PN 접합, 금속과 반도체의 접합면과 같이 양극, 음극의 2 단자 소자로 구성되어 정류, 검파 등의 작용을 하는 소자를 총칭한다. 정류 현상을 이용한 반도체는 정류용 다이오우드에 사용된다. 발광 현상을 이용한 소자로는 발광다이오우드 및 레이저가 있다. PN 접합의 정전 용량이 변화되는 소자로는 바리스터가 있다. 트랜지스터는 반도체의 PN 접합을 기초로 하여 전류의 증폭 등의 작용을 하는 소자로서 그 도전율은 전류와 광조사 등으로 변화한다. PNP, NPN트랜지스터 및 금속산화물 전계효과 트랜지스터(MOSFET)등이 있다. 광전 현상은 광조사로 반도체의 도전율이 증가하는 광전도 소자에 응용되고, 광기전력 효과는 광조사로 반도체의 기전력이 생기는 것을 응용하여 광전지로 활용된다. 광전자 방출 현상은 광조사로 반도체 표면으로부터 전자가 방출되는 현상이다. 전장을 가하면 빛을 발생하거나, 광 조사 시 입사광과는 다른 파장의 빛을 내는 전기 루미네선스 현상도 소자에 이용된다. 전기를 통한 상태에서 자장을 적용하면 기전력이 생기는 현상을 이용해 호올 발전기의 소자를 만들며 자장에 의해 전기저항이 변하는 성질을 이용해 자기 정류체나 자장 측정 소자에 활용된다. 이밖에도 열전변환 소자는 제벡 효과를 이용한 열전 재료, 열전자 방출 재료 등으로 활용된다. 메모리 소자로는 D램(DRAM), 플래시 메모리(flash memory), 플렉서블 메모리(flexible memory) 등이 있으며, 발광소자로는 발광다이오우드(LED), 유기 발광다이오우드(OLED), 디스플레이 장치 등이 있다.

반도체를 제조하는 데 있어서는 먼저 웨이퍼를 제조하고 가공하며, 회로를 설계하고 조립 및 검사하는 공정을 거친다. 반도체를 제조하는 공정의 일례를 보면 단결정 성장 단계, 웨이퍼 절단 단계, 웨이퍼 연마 단계, 회로 설계 단계, 마스크 제작 단계, 산화공정 단계, 감광액 도포 단계, 노광단계, 현상공정 단계, 식각공정 단계, 포토리소그래피 공정 단계, 이온주입 단계, 화학기상 증착 단계, 금속배선 단계, 웨이퍼 절단 단계, 칩 접착 단계, 금속 연결 단계, 외형 성형 단계, 최종 검사

단계 등 수많은 복잡한 공정을 거쳐 제조된다. 집적회로는 회로소자가 기판 위에 결합된 초소형의 전자회로를 말한다. 집적회로(integrated circuit)는 회로 소자가 1개의 기판 위 또는 기판 내에 분리하기 어려울 정도로 밀착되어 결합시킨 초소형의 전자회로를 발한다. 반도체 집적회로는 반도체 웨이퍼 위에 저항, 다이오우드, 트랜지스터, 콘덴서와 같은 소자를 형성시키고 이들 소자들은 전극, 도선, 배선 등에 의해 접속되어 하나의 회로를 구성한다.

반도체 장비란 웨이퍼를 가공하여, 반도체 소자를 생산하는 데 필요한 공정용 장비를 말하며 칩을 제조하는 전 공정 장비, 조립을 수행하는 후 공정 장비, 검사 및 기타 장비로 구분한다. 전 공정 장비 로는 노광 장비(photolithography), 화학연마 장비(CMP), 식각(etching) 장비, 증착 장비, 세정 장비 등이 있다. 후 공정 장비로는 다이싱(dicing, sawing) 장비, 다이 본더(die bonder) 장비, 와이어 본더(wire bonder) 장비 등이 있다. 반도체 장비는 많은 첨단 부품들로 구성되어 있는 시스템으로서 고정밀도의 통합 기술이 요구되며, 초미세, 고집적, 극저온, 고진공 극한 기술이 필요한 기술 집약적 장치이다.

10.2 자기적 특성

10.2.1 자성 재료의 분류

10 지구가 북극과 남극을 갖고 있음으로써 발생하는 자석은 N극 또는 S극이 지구의 자극과의 인력으로 발생하는 자성을 띄게 되며, 이러한 자성의 차이에 의해 다양한 자성 재료로 구분된다. 자석의 극(pole) 간에는 쿨롱의 인력이 작용하게 되며 다음 식으로 표현된다.

$$F = [m_1 \cdot m_2]/[\mu \cdot d^2]$$

윗 식에서 m_1과 m_2는 각 극의 강도이고, d는 극 간의 거리, μ는 투자율(permeability)이다. 한편 투자율은 다음과 같이 자장 H와 유도자기 B와의 관계로 정의된다.

$$\mu = B/H$$

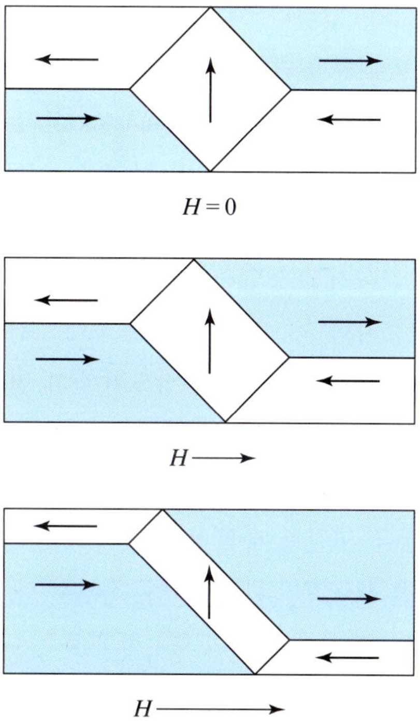

그림 10.6 자성 재료의 도메인 영역과 자극의 방향

이들 재료 내부에는 도메인(domain)이라고 하는 자성에 의해 구분되는 영역이 존재하게 된다. 다음 그림 10.6은 자성의 도메인을 정의하는 그림이다.

자극이 있는 근처에 다른 자극을 놓으면 힘이 작용하며, 이 힘을 자기력(magnetic force)이라고 하며 이 자기력이 미치는 공간을 자장(magnetic field)이라고 한다. 이러한 자장 중에서 재료가 자극을 띠는 현상, 즉 자화가 일어나는 현상을 자기유도(magnetic induction)라고 한다. 자화의 세기 I는 자장강도 H에 비례하여 $I = xH$의 식으로 쓸 수 있으며, I는 재료의 단위 체적이 갖는 자기 모멘트로 정의된다.

10

자성을 갖거나 자장에 의해 자화되는 물질을 자성체라고 한다. 강자성체(ferromagnetic magnet)는 자장의 방향으로 강하게 자화가 일어나는 재료를 말하며, 상자성체(paramagnetic magnet)는 자석에 이끌릴 정도는 아니나 자장 방향으로 약하게 자화되는 재료를 말한다. 반자성체(diamagnetic magnet)는 자장의 반대방향으로 자화되는 재료를 말한다. 페리자성체는 반자성체와 같이 자장의 반대방향으로 자화되기는 하지만 크기가 달라 그 차이에 상당하는 자기 모멘트를 갖는 재료를 말한다. 자성체 중에 원자가 갖고 있는 자기 모멘트가 강자성의 원인으로 알려져 있다.

자성체는 경질 자석(hard magnet)과 연질 자석(soft magnet)으로도 구분되는데 이는 자장에 의해 자화가 일어나는 정도로 구분한다. 연질 자석은 잔류자기가 크고 보자력이 작아서 전자석의 철심 재료로서 적당하며, 경질 자석은 잔류자기는 그다지 크지 않아도 보자력이 커서 영구자석 재료에 적당하다. 영구자석이란 잔류자화 및 보자력이 커서 외부로부터 자장을 가하거나 제거하는 등의 변화에 대해서도 잔류자화의 강도가 쉽게 변화되지 않는 강자성체를 말한다. 연질자성 재료는 자심 재료로의 응용이 크며, 규소 강판, 퍼말로이(permalloy), 연질 페라이트의 재료가 사용되고, 경질자성재료는 알니코(AlNiCo)자석, 경질 페라이트, 백금-코발트 자석 등이 있다. 연질 자성 중에 특히 투자율이 높은 재료를 고투자율 재료라고 한다.

금속재료 중의 자성이 우수한 재료는 니켈, 철, 코발트 등이 있다. 금속합금으로는 철-실리콘, 철-니켈(퍼말로이, Permalloy, 79%Ni-21%Fe) 등이 있다. 세라믹스 중 자성이 우수한 재료는 페라이트(ferrite)라는 재료가 있다. 페라이트는 산화철(Fe_2O_3)을 한 성분으로 갖고 있는 MFe_2O_4 또는 $MO \cdot nFe_2O_3$로 표시되는 금속산화물을 말한다. 페라이트는 금속에 비해 고유 저항이 높고 고주파 영역에서도 사용이 가능한 특징이 있다.

10.2.2 자기 이력 곡선

자장 H에 의해 강자성체 재료가 유도(induction)되어 자화(magnetization)가 일어난 정도 B를 그래프로 표시한 곡선을 자기 이력 곡선(magnetic hysteresis curve) 또는 자화 곡선이라고 한다. 다음 그림 10.7에 일반적인 자기 이력 곡선 그래프를 나타내었다.

10

자장이 걸리지 않으면 자화되지 않는다(원점). 자장이 플러스 방향으로 걸리면 초기에는 서서히 자화가 일어나다가 자장 강도가 어느 정도에 이르면 자화의 세기는 급속히 증가하며, 보다 센 자장에 이르면 자화의 세기는 다시 완만하게 되어서 포화 상태에 도달하게 된다. 그림에서 초기의 증가 곡선에 접선을 그을 수 있으며 초기의 선형 기울기를 초기 투자율(initial permeability), 최대 선형 기울기를 최대 투자율(maximum permeability)이라고 한다.

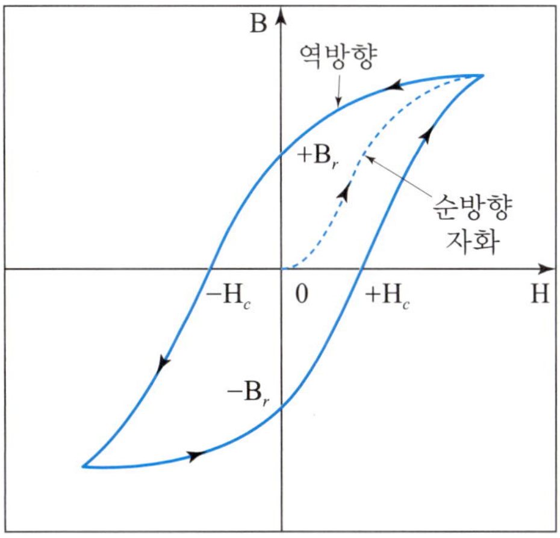

그림 10.7 자장에 의한 자화정도를 나타내는 자기이력곡선

포화 상태에서 자장강도를 감소시켜 가면 자장이 0이 되어도 자력 선속 밀도가 남게 된다. 이와 같이 강자성체를 자하시킨 후 자하력을 제거하여두 자성이 남아있는 현상을 잔류자기(remnance magnet)라고 한다.

자장강도를 역방향으로 계속 증가시키면 자력 선속 밀도가 0이 되는 점과 교차하게 되며 이때의 값을 보자력(coercive force)이라고 한다. 자장을 역방향으로 계속 증가시키면 역방향이 포화점에 이르게 된다.

역방향의 포화점에서 다시 정방향으로 자장을 증가시키면 자화 정도가 비선형적으로 증가하여 폐곡선을 이루며 자화가 일어나게 된다. 이렇게 완성한 곡선을 자기 이력 곡선이라고 한다.

10.3 열적 특성

10.3.1 열용량 및 열팽창 특성

열용량은 주위로부터 열을 흡수할 수 있는 재료의 능력이다. 다음 식과 같이 온도의 차이 ΔT를 일으키는 데 필요한 열량 Q로 정의한다.

$$C = Q/\Delta T$$

10

여기서 C는 열용량이며 따라서 열용량은 온도를 1°C를 상승시키는 데 필요한 열량이라고 정의할 수 있다. 즉 일정 온도만큼 상승시키는 데 열량을 더 많이 보유하면 할수록 그 재료는 열용량이 크다고 말할 수 있다.

열용량 곡선의 온도에 대한 모양은 일반적으로 다음과 같은 경험식에 의존한다.

$$C = a + 2bT - eT^{-2}$$

윗 식에서 a, b, e는 상수이다. 만약 열용량에 있어서 질량을 고려한다면 다음과 같이 비열(specific heat) c를 정의할 수 있다.

$$c = q/[m\Delta T]$$

즉 비열은 1g의 질량 또는 1몰을 1°C 상승시키는 데 필요한 열량이다.

한편 열용량은 일정 체적에서의 열용량 C_v와 일정 압력에서의 열용량 C_p가 있다. 일정 체적에서의 열용량은 온도의 세제곱에 비례한다.

$$C_v = AT^3$$

온도의 세제곱에 따라 열용량은 증가하다가 그림 10.8에서와 같이 온도가 높은 고온에서는 기체상수의 세 배인 3R에 근사한다.

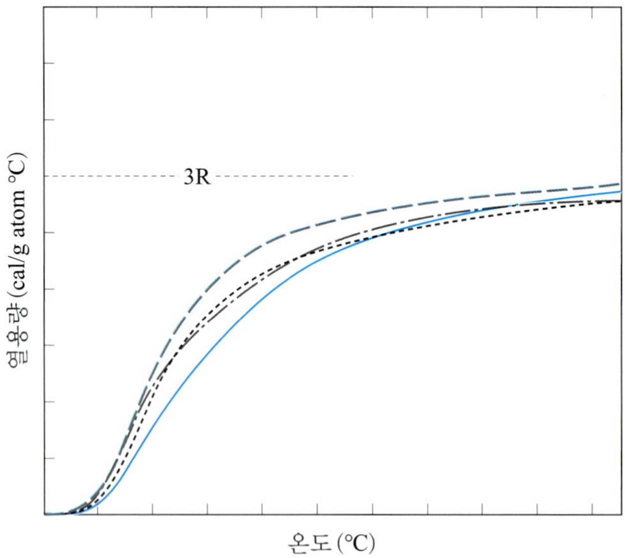

그림 10.8 일정 체적에서 온도에 따른 열용량의 변화

한편 재료는 열에 의해 온도가 상승하면 체적이 팽창하는데 이를 열팽창(thermal expansion)이라고 한다. 이는 온도가 증가하면 열진동에 의해 원자가 진동하기 때문이다. 재료는 절대온도 0K에서도 진동을 하며, 이 진동폭이 온도가 증가하면 증가하게 된다(그림 10.9).

그림 10.9에서와 같이 원자 간 평균거리 L이 온도 T에 따라 증가함을 알 수 있으며 이러한 열팽창은 다음 식과 같이 선팽창계수 α_l과 열팽창계수 α로 정의된다.

재료의 열에 의한 선팽창계수는 다음 식과 같이 온도의 함수이다.

$$\alpha_l = f + gT + hT^2$$

$$\alpha = dL/\{LdT\}$$

f, g, h는 상수이고, 열팽창계수는 길이 변화를 온도 변화로 나눈 것이며 이때 처음 길이 L로 보정해 준 값이다.

열팽창은 포텐셜 우물이 비대칭일 때 일어난다. 즉 포텐셜 우물이 깊고 대칭적일수록 열에 의한 녹는점이 높아진다. 열팽창계수는 온도가 고온일수록 더 크고, 결합강도가 큰 결정은 작은 열팽창계수 값을 나타낸다.

열팽창계수는 일반적으로 폴리머가 가장 크고, 금속이 중간범위이며 세라믹스가 가장 작다. 다음 표 10.1에 대표적인 금속, 세라믹, 폴리머의 열팽창계수를 나타내었다.

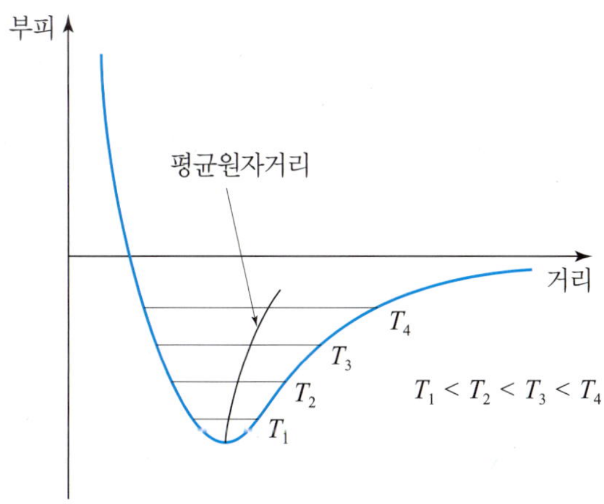

그림 10.9 온도에 따른 열팽창의 변화

10

표 10.1 기계재료의 열팽창계수

재료	열팽창계수(thermal expansion coefficient)	재료	열팽창계수(thermal expansion coefficient)
철, 강	$12 \times 10^{-6}/°C$	알루미나(Al_2O_3)	$8.5 \times 10^{-6}/°C$
고합금강	$10\sim18 \times 10^{-6}/°C$	지르코니아(ZrO_2)	$3.2 \times 10^{-6}/°C$
구리(Cu) 및 합금	$17\sim20 \times 10^{-6}/°C$	질화규소(Si_3N_4)	$3.2 \times 10^{-6}/°C$
니켈(Ni) 및 합금	$12\sim14 \times 10^{-6}/°C$	탄화규소(SiC)	$4.3 \times 10^{-6}/°C$
알루미늄(Al) 및 합금	$20\sim24 \times 10^{-6}/°C$	콘크리트	$10\sim14 \times 10^{-6}/°C$
티타늄(Ti) 및 합금	$8\sim9 \times 10^{-6}/°C$	폴리에틸렌(PE)	$150\sim300 \times 10^{-6}/°C$
아연(Zn)	$31 \times 10^{-6}/°C$	폴리프로필렌(PP)	$100\sim300 \times 10^{-6}/°C$
소다유리(soda glass)	$8.5 \times 10^{-6}/°C$	폴리메틸 메타크릴레이트 (PMMA)	$54\sim72 \times 10^{-6}/°C$
붕규산 유리 (borosilicate glass)	$4 \times 10-6/°C$	에폭시(epoxy)	$55\sim90 \times 10^{-6}/°C$

10.3.2 열전도 특성

열전도는 재료 내부의 위치에 따른 온도 차이에 의해 발생한다. 즉 온도 기울기 dT/dx 때문에 생기는 면적 A를 통과하는 이동 속도를 열전도도라고 한다.

열전도도 k는 다음 식과 같이 시간에 따른 열량변화 dQ/dt를 온도 기울기 dT/dx로 나눈 것을 말하며, 이때 면적 A로 보정한 다음 식으로 정의된다.

$$k = (dQ/dt)/[A(dT/dx)]$$

즉 위치에 따른 온도 기울기 dT/dx의 온도 구배 하에서 면적 A를 통과하는 시간에 따른 열량이 그림 10.10과 같을 때 열전도도는 윗 식과 같이 정의된다.

열전도도 k는 다음 식에 의하여 결정되기도 한다.

$$k = sv\lambda/3$$

윗 식에서 k는 열전도도(단위: cal/{sec · °C · cm}), s는 에너지 캐리어의 부피 비열(cal/{cm^3 · °C}), v는 캐리어의 속도(cm/sec), λ는 캐리어의 평균 자유 행정(mean free path, 움직일 수 있는 거리의 평균 값)이다. 열의 캐리어는 전자

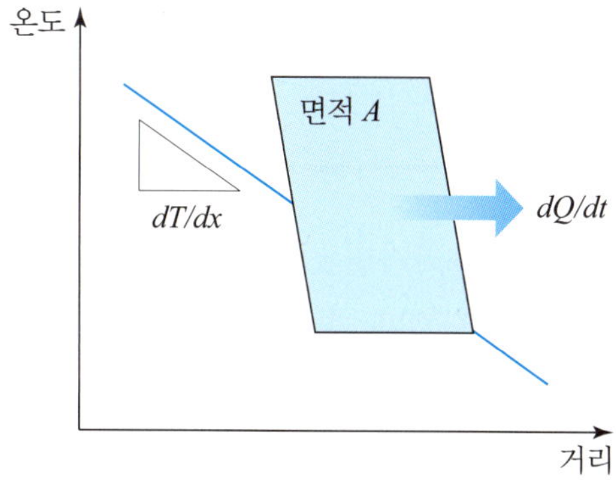

그림 10.10 온도 구배에 따른 열량의 변화

또는 탄성 진동에 의해 발생하는 포논(phonon) 이다. 즉 열전도도는 원자의 진동과 자유전자의 열전도에 의해 일어난다. 일반적으로 원자의 진동이 커지면 열전도도는 감소한다. 따라서 원자의 진동이 커지는 고온에서는 열전도가 적게 일어난다. 이러한 열전도도는 구조적인 무질서도(structure disorder)에 의해서도 감소시킬 수 있다. 예를 들면 기공(pore)이 많은 소재는 열전도도가 감소한다. 한편 자유전자는 많을수록 열전도도가 증가하게 된다. 자유전자는 금속이 가장 많으므로 열전도도는 다음 표 10.2와 같이 금속이 가장 높고, 폴리머가 가장 낮은 값을 갖는다.

표 10.2 재료의 열전도도

재료	열전도도(thermal conductivity)	재료	열전도도(thermal conductivity)
철, 강	60~78W/mk	알루미나(Al_2O_3)	25.6W/mk
고합금강	12~30W/mk	지르코니아(ZrO_2)	1.5W/mk
구리(Cu) 및 합금	85~397W/mk	질화규소(Si_3N_4)	17W/mk
니켈(Ni) 및 합금	11~89W/mk	탄화규소(SiC)	84W/mk
알루미늄(Al) 및 합금	140~240W/mk	콘크리트	2W/mk
티타늄(Ti) 및 합금	6~22W/mk	폴리에틸렌(PE)	0.35~0.52W/mK
아연(Zn)	110~120W/mk	폴리프로필렌(PP)	0.2W/mk
소다유리(Soda glass)	1W/mk	폴리메틸 메타크릴레이트(PMMA)	0.2W/mk
붕규산 유리(Borosilicate glass)	1W/mk	에폭시(epoxy)	0.2~0.5W/mk

열을 운반하는 에너지 캐리어의 평균 자유 행정 λ는 다음 식과 같이 온도의 함수이다.

$$\lambda \sim 1/T$$

즉 온도가 올라가면 진동에 의해 평균 자유 행정은 감소하게 되고, k와 λ의 관계식으로 볼 때 온도가 증가하면 열전도도가 감소하게 된다.

10.3.3 열충격 특성

열충격은 재료 내면의 온도와 외면의 온도가 크게 차이가 날 때, 급속한 온도기울기에 의해, 열팽창의 차이에 의해, 그리고 열전도도의 차이에 의해 발생한다. 또 다른 예로서 온도 변화에 의해 야기되는 재료 내 크기 변화가 국부적으로 일정하지 않게 되어 그 결과 변위에 차이가 발생하고 이는 응력 차이를 일으킬 수 있다. 온도 변화에 따른 크기 변화의 사례로는 열충격 상황 이외에도 상변화에 의한 크기 변화, 불균질한 재료에 의한 열팽창 차이, 방향성에 따른 열팽창의 차이 등도 있을 수 있다. 만약 재료가 움직이지 못하는 구속 상태라면 잔류 응력을 야기하게 되므로, 큰 온도 구배(temperature gradient)하에서 취성 재료의 경우 쉽게 파괴가 일어나 문제가 된다.

기계의 많은 부품들은 구속 상태(constraint condition)하에서 운동하는 경우가 많다. 예를 들면 자동차 부품들은 피스톤은 실린더 내를 왕복운동하면서 피스톤에 연결된 커넥팅로드를 통해 크랭크축을 회전시키게 되는데 각 부품들은 맞물려서 운동하게 된다. 따라서 한 부품의 열팽창은 다른 부품에 영향을 주게 되는데 특히 이와 같이 구속된 상태에서의 열팽창은 잔류응력을 일으켜 열충격에 영향을 미칠 수 있다.

다음 그림 10.11과 같이 (a)의 경우는 재료의 한쪽이 자유롭게 운동할 수 있는 상태로서 구속되지 않은 상태의 예이며, (b)와 같은 경우가 막대의 양쪽의 운동이 제한되어 구속되어 있는 상태의 예이다. 열이 가해질 경우 (a)의 경우는 열에 의한 변형이 중요하게 되며 열에 의한 변위 δ는

$$\delta = \alpha \cdot \Delta T \cdot L$$

로 계산할 수 있으며, 여기서 α는 재료의 열팽창계수, ΔT는 온도가 가해졌을 때

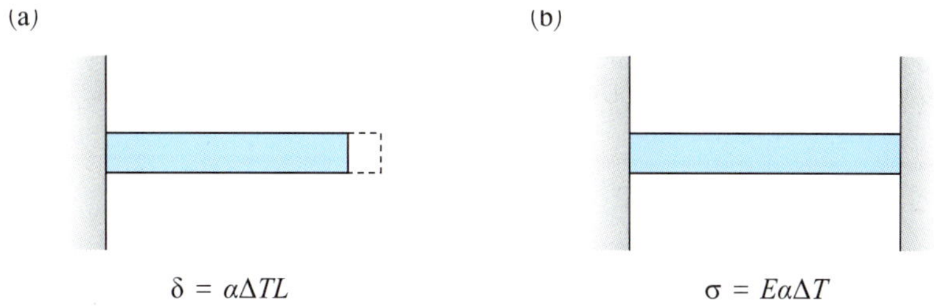

그림 10.11 재료의 구속 여부, (a) 구속되지 않은 상태 및 (b) 구속된 상태

처음 온도와의 차이, L은 막대의 길이이다.

반면 재료가 구속된 상태에서는 열에 의한 변형이 있을 수 없으므로 $\delta = 0$이며, 그 대신 열에 의한 응력(thermal stress), σ_{TH}가 발생한다. 그 때의 응력 값은 다음 식에 의해 계산할 수 있다.

$$\sigma_{TH} = E \cdot \alpha \cdot \Delta T$$

윗 식에서 E는 재료의 탄성계수이다.

열충격의 저항성을 나타내는데는 다음 식들과 같이 열충격 지수 R_1과 R_2가 많이 사용된다.

$$R_1 = [\sigma_f(1 - \nu)]/[\alpha E]$$

여기서 α는 열팽창계수, E는 탄성 계수, σ_f는 재료의 강도, ν는 포아슨비(Poisson's ratio)이다.

윗 식에 의하면 열팽창계수가 작고 재료의 강도가 높을수록 열충격에 대한 저항성이 높음을 알 수 있다. 탄성 계수가 클수록 취성이 있어서 열충격에 약하다.

$$R_2 = R_1 \times k$$

이며 k는 열전도도이다. 이 식에 의하면 열전도도가 클수록 열충격에 강함을 알 수 있다.

따라서 두 식에 의해 열팽창계수가 낮고, 열전도도가 높을수록 열충격에는 강한 소재가 된다.

10.4 기타 특성

10.4.1 광학적 특성

재료의 광학적 특성은 그림 10.12와 같이 빛과 재료의 다양한 상호작용에 의해 결정된다.

투과(transmission)는 빛이 재료를 통과하는 특성이다. 재료가 투명하면 재료는 쉽게 투과한다. 유리와 같이 소재는 빛이 쉽게 투과되기 때문에 투명한 것이다.

만약 빛이 반사(reflection)되거나 굴절(refraction), 또는 반사된 빛이 산란(scattering)되면 재료는 불투명해진다.

빛의 굴절은 다음과 같이 굴절율 n에 의해 정의된다.

$$n = \sin\theta_i / \sin\theta_r$$

윗 식에서 θ_i는 입사각, θ_r는 그림 10.12와 같이 굴절에 의해 생긴 각도를 의미한다.

빛의 반사(reflectance) 정도는 R로 표시하며, 굴절율 n과의 관계식은 다음과 같다.

$$R = \{(n - 1)/(n + 1)\}^2$$

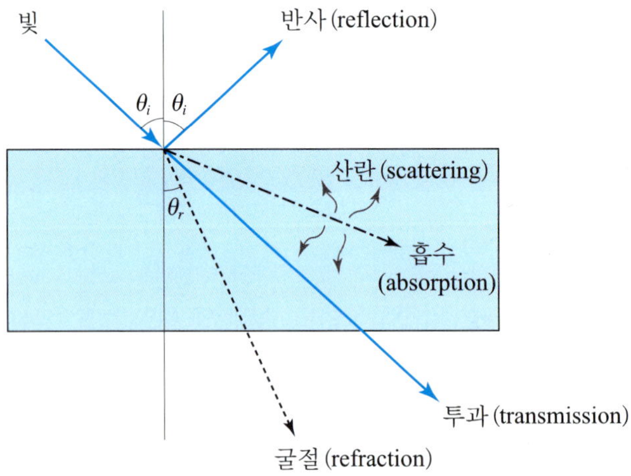

그림 10.12 재료와 빛과의 상호작용

10

재료의 광학적 성질은 대부분 재료 내 전자들과 전자기적 방사선(electromagnetic radiation)의 상호작용의 결과이다. 전자기적 방사선에는 파장의 길이에 따라 라디오 파($\lambda \sim 10^4 \geq 10^2$), 마이크로 파($10^2 \sim 10^{-2}$), 적외선($\sim 10^{-2} \sim 10^{-4}$), 가시광선($\sim 10^{-4} \sim 10^{-5}$), 자외선($\sim 10^{-5} \sim 10^{-7}$), X-선($\sim 10^{-8} \sim 10^{-10}$), γ 선($\lambda \leq 10^{-10}$) 등이 있다. 재료의 모든 원자나 분자들은 전자기적 방사선을 흡수했다가 방출할 수 있다. 일반적으로 금속은 방사선들을 반사하거나 흡수하고, 세라믹은 전자들이 원자핵의 구속을 받아 빛을 흡수하지 못하나 공유결합을 갖는 유리는 에너지 밴드 갭이 커서 투명하다. 폴리머는 큰 에너지 밴드 갭에 의해 초기에는 투명하지만 긴 고분자 사슬에 의해 빛이 산란되어 불투명해진다.

재료가 빛을 내는 데에는 온도 복사와 발광(luminescence)이 있다. 온도 복사(temperature radiation)는 물체의 온도가 높아짐에 따라 일정한 온도 이상에서 빛을 내는 현상을 말한다. 백열등의 필라멘트에 의한 발광, 촛불, 숯불 등은 모두 온도복사에 해당한다. 온도복사 이외에 빛을 내는 현상을 발광(luminescence)이라고 한다. 여기에는 크게 형광(fluorescence)과 인광(phosphorescence)이 있다.

재료의 색깔은 에너지를 흡수하여 전도대(conduction band)로 여기된 전자들이 다시 가전대(valence band)로 돌아오면서 흡수된 에너지를 내놓게 되면서 광자(photon)를 방출하여 색을 발현한다. 재료 내에 다양한 색을 발현시키기 위해 다양한 첨가제를 섞어주게 되면 다음 그림 10.13과 같이 가전대 영역과 전도대 영역 사이의 에너지 갭 안에 다양한 에너지 준위(energy level)의 트랩(trap)이 생기게 된다. 전도대로 여기된 전자들이 가전대로 내려오기 전에 이 트랩에 존재할 수 있고, 어느 트랩에서 가전대로 내려오는가에 따라 다양한 색이 발현된다.

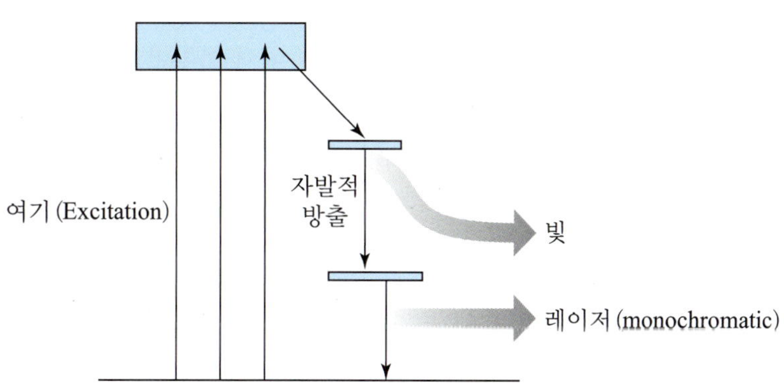

그림 10.13 재료가 색을 띄는 이유

만약 가전대로 돌아올 때의 파장이 모두 같으면 단파장의 레이저가 만들어진다.

광전효과에 의해 빛을 조사하면 전도율이 증가하는 반도체를 광전도체(photoconductor)라고 하며, 이 전류의 증가분을 광전류(photocurrent)라고 한다. 태양 빛을 조사하면 전도도가 증가하는 태양전지가 그 한 예이다.

10.4.2 내방사성 특성

재료가 방사선(radiation)을 쬐이면 일반적으로 재료의 원자 단위에서 영향을 받게 된다. 즉 재료에 중성자 등의 방사선이 유입되면 에너지 증가에 의해 원자의 점결함(vacancy), 공극(void), 기포(bubble) 등이 발생한다. 에너지가 더욱 증가하면 점결함이 부풀어 올라 부피가 증가하게 되며(swelling), 따라서 하중에 의한 크리프(creep)가 쉽게 발생하여 파손이 빨리 일어난다. 이와 같이 점결함이 증가하게 되면 재료의 인성 등 기계적 특성이 감소하게 되므로 내방사성을 향상시키는 것이 매우 중요하다.

재료가 방사선(radiation)을 쬐이면 방사선 노출에 의해 취성이 발생할 수 있다. 예를 들어 핵융합로에 사용되는 재료의 경우, 반응로 내의 핵분열에 의해 높은 에너지의 중성자에 노출될 수 있다. 재료가 중성자에 노출되면 중성자와 재료를 구성하는 원자들 간에 충돌이 일어나 방사선에 의한 손상(damage)을 일으킬 수 있다. 그 손상은 중성자의 에너지가 높을수록 크게 일어나게 된다. 고에너지 중성자의 충돌로 원자간 거리에 변화를 일으켜서 공공이나 침입형 결함(interstitial)들이 쉽게 존재하도록 하는 원인이 되기 때문이다. 중성자에 노출된 재료를 관찰해보면 많은 점결함들과 공공들이 발견된다. 이러한 결함들이 어느 정도의 고온($0.3 \sim 0.55T_m$) 에 노출되면 점결함이 부풀어 올라 공극(void) 등이 형성되게 한다.

한편 이러한 충돌은 금속에 있어서 반복적인 가공에 의해 가공경화 메커니즘이 일어나는 것과 마찬가지의 원리로, 재료의 경화를 일으켜서 취성의 특성을 변하도록 만든다. 중성자의 반복적인 충돌에 의해 재료의 항복강도가 증가하여 파괴인성을 감소시키므로, 취성이 증가하게 된다. 방사선 조사에 의해 연성-취성 전이를 일으킨다.

핵분열의 부산물들 역시 재료 내에 용융되지 못하고 고압의 기포들로 침전되어져 부풀어 오르는 현상(swelling)이 생기기도 하므로 파괴에 대한 저항성이 낮아진다.

10.5 연습문제

10.5.1 도선의 단면적 $1cm^2$, 길이 1m의 흐르는 전류가 10A, 전압이 220V 이었다. 이 도선의 비저항을 구하시오.

10.5.2 다음 그림과 같은 에너지 밴드(energy band)에서 일반적인 금속, 반도체, 절연체의 에너지 갭(energy gap)의 크기를 비교하시오. (예: A재료 > B재료 > C재료)

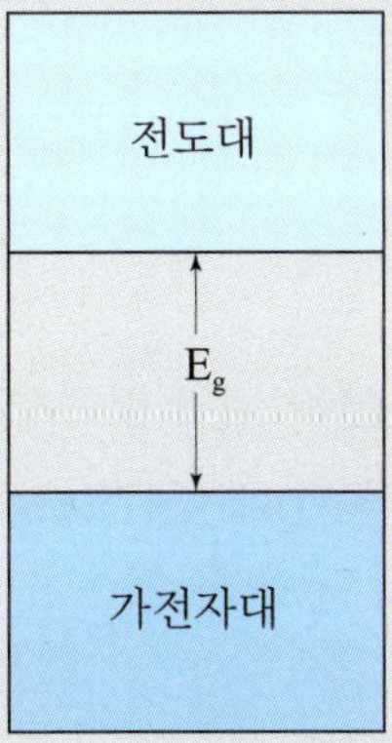

10.5.3 다음 중 반도체의 비저항 범위에 해당하는 것은?

① $10^{-4} \sim 10^{4}\ \Omega \cdot m$

② $10^{-2} \sim 10^{2}\ \Omega \cdot m$

③ $10^{-4} \sim 10^{4}\ \Omega^{-1} \cdot cm^{-1}$

④ $10^{-2} \sim 10^{2}\ \Omega^{-1} \cdot cm^{-1}$

10.5.4 반도체의 다음 현상에 대해 토의하시오.

(1) 호올효과

(2) 정류작용

(3) 증폭작용

(4) 터널효과

10.5.5 자기 이력곡선 그래프를 그리고 그 위에 다음을 그려 넣으시오.

(a) 초기 투자율, (b) 최대 투자율, (c) 잔류 자기, (d) 보자력

10.5.6 다음 열적 성질에 중요한 재료변수는 무엇인지 각각 답하시오.

(1) 열전도 (   )

(2) 열팽창 (   )

(3) 열충격저항성 (   ) (   )

10.5.7 열팽창계수에 대한 다음 물음에 답하시오.

(1) 금속, 세라믹스, 폴리머의 열팽창계수를 비교하시오.

(2) 열팽창이 크다면 무슨 문제가 일어날지 논하시오.

10.5.8 열변형에 대한 다음 물음에 답하시오.

(1) 열변형식을 유도하시오.

(2) 열팽창계수가 20×10^{-6}, 탄성계수가 70GPa인 AB막대와 열팽창계수가 10×10^{-6}, 탄성계수가 40GPa인 CD막대가 상온(25°C)에서 1.5mm의 갭을 사이에 두고 마주하고 있다. 온도가 몇 °C가 될 때 갭이 닫혀질 수 있을지 계산하시오.

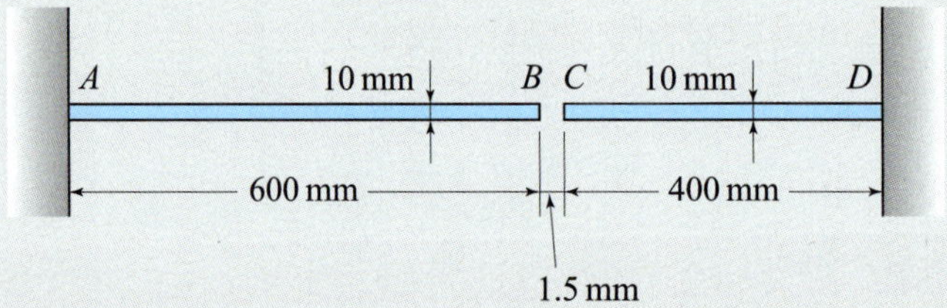

10.5.9 구속 상태에서의 열응력에 대한 다음 물음에 답하시오.

(1) 구속 상태에서의 열응력 식을 유도하시오.

(2) 다음 그림과 같이 막대가 온도 $T_1 = 30°C$에서 두 고정 지점 사이에 꼭 맞도록 구속된다. 온도가 $T_2 = 100°C$까지 상승하였을 때, 막대에 발생한 평균 수직 열응력을 구하여라. 막대 소재의 탄성계수 $E = 200GPa$, 열팽창계수 $\alpha = 10 \times 10^{-6}/°C$이다.

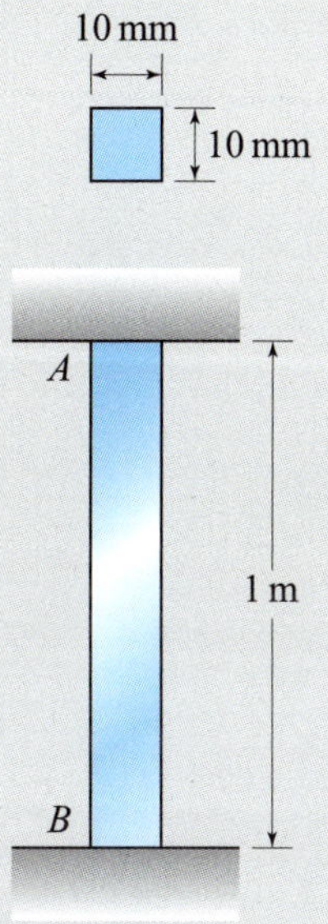

10.5.10 재료의 밀도(density), 열확산도(thermal diffusivity), 비열(specific heat)을 알 때 열전도도(thermal conductivity)를 구하는 식을 제시하시오.

10.5.11 열팽창계수, 열전도도, 열충격 저항성의 관계를 설명하시오.

10.5.12 재료가 색을 띄는 이유에 대해서 논하시오.

APPENDIX A

재료 시험

A.1 _ 강도 시험

A.2 _ 경도 시험

A.3 _ 파괴인성 시험

A.4 _ 변형률 시험

A.5 _ 비파괴 시험 및 미세조직 관찰

재료 시험에는 물리적 성질과 화학적 성질을 시험하는 방법도 많으나, 여기서는 기계적 성질의 시험에 대하여 살펴보고자 한다.

A.1 강도 시험

강도(strength)란, 재료가 변형 또는 파괴될 때까지의 얼마나 큰 힘이 필요한가에 의해 결정된다. 즉, 금속재료나 폴리머재료를 항복이 일어날 때까지 변형시킬 때 큰 힘이 들수록 그 재료의 강도가 높다고 하며, 세라믹재료가 파괴될 때까지 큰 힘이 들수록 그 재료의 강도가 높다고 한다.

강도에는 힘이 작용하는 방법에 따라 인장강도, 압축강도, 전단강도 등이 있고 인장강도의 다른 시험법으로 굽힘강도 시험법이 있다. 여기서는 전단강도를 제외하고 살펴보고자 한다.

A.1.1 인장강도 시험

인장강도 시험(tensile strength test)은 시험 재료에 당기는 힘, 즉 인장력을 가하여 재료의 중앙 부위의 변형이나 파단을 시키고, 변형이나 파괴에 필요한 힘을 측정하는 시험이다. 인장강도 시험은 힘을 측정할 수 있는 로드셀(load cell)이 장착되어 있는 그림 A.1의 (a)와 같은 만능 시험기(universal testing machine)에 시험 재료를 고정시키고 인장력을 가해 시험한다. 시험 재료는 다음 그림 A.1(b)와 같은 모양으로 양쪽은 A.1(a)의 만능 시험기에 잘 고정시키도록 지름이 큰 부분으로 이루어져 있고, 중앙 부위 부터 평행한 부분의 길이가 적어도 50mm이상은 되도록 표준화되어 있다.

시험 재료의 변형 정도를 측정할 수 있는 스트레인 게이지(strain gauge)를 부착하거나, 변형 정도를 알아낼 수 있는 전기적 장치가 있는 시험기로 힘과 함께 변위를 측정하면 시험 도중 응력-변형률 곡선의 모양과 비슷한 기계적 거동을 알아낼 수 있다. 이러한 곡선을 분석하면 탄성한도, 항복강도, 인장강도, 연신율 등의 계산이 가능하다. 인장강도는 일반적으로 응력-변형률 곡선의 최대점에

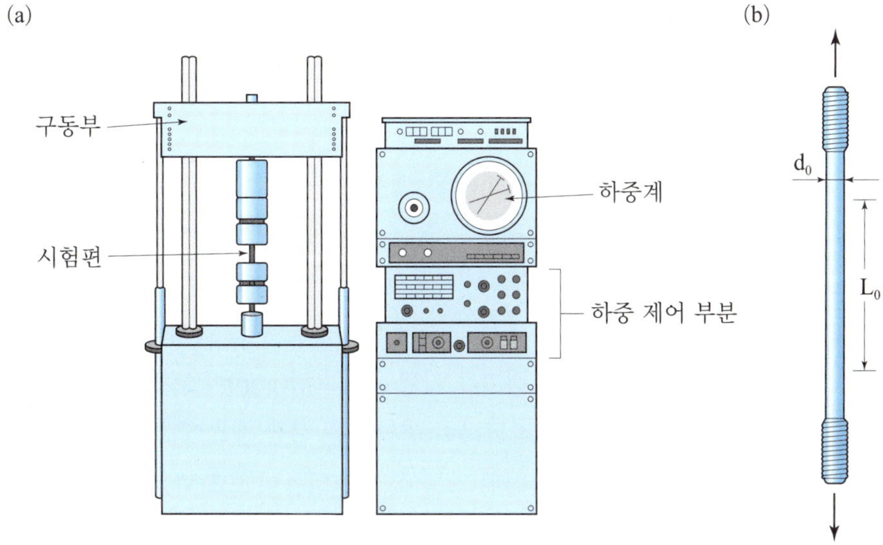

그림 A.1 인장강도 시험을 위한 (a) 만능 시험기와 (b) 인장시험 재료

해당하는 힘(P_{max})을 시험 재료의 원 단면적(A_o)으로 나눈 값으로 계산한다.

$$\text{T.S. (tensile strength)} = P_{max}/A_o$$

항복강도는 항복 시의 힘을 고려하며, 파괴강도는 파단 시의 힘을 고려한다는 점에서 인장강도 값과 차이가 있다.

다음 그림 A.2에 실험실에서 사용 가능한 인장시험기의 사진과 인장 시험으로부터 얻어진 응력-변형률 곡선, 그리고 곡선의 각 점에서의 재료의 상태에 대한 모식도를 나타내었다.

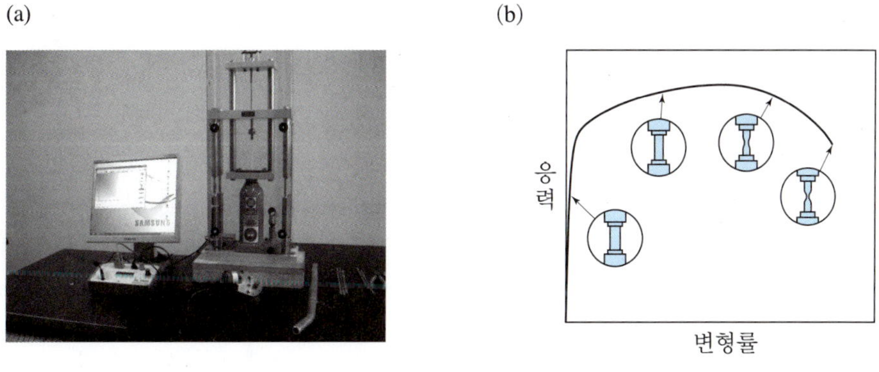

그림 A.2 실험실용 (a) 인장 시험기와 (b) 인장 시험으로부터 얻어진 응력-변형률 곡선

인장강도의 실험 절차는 다음과 같다.

1) 인장 시험 재료를 가공하여 준비하며, 시험 직전에 필요한 치수, 단면적을 측정한다.
2) 장비의 전원과 하중-변위의 곡선을 얻기 위한 소프트웨어를 구동시킨다.
3) 인장 시험 재료의 중앙 부위에 변위량을 측정하기 위해 스트레인 게이지를 부착한다.
4) 압축 개방 밸브를 시계 방향으로 잠그고 유압펌프의 핸들을 상하로 움직여 인장 시험편을 시험기의 그립(grip)에 고정시킨다.
5) 시험기를 작동하여 인장력을 시험 재료에 가한다. 컴퓨터 모니터의 그래프에 힘과 변위 또는 힘과 변형률이 도시되는지 관찰한다.
6) 시험 재료가 변형 또는 파괴될 때까지 힘을 증가시킨다.
7) 시험 재료가 변형 또는 파괴되면 시험을 종료하고 모니터의 그래프를 저장한다.
8) 압축 개방 밸브를 반시계 방향으로 풀고 유압펌프를 제자리로 위치시킨 후 시험 재료를 분리한다.
9) 인장강도를 계산하고, 그래프를 분석한다.
10) 시험 결과를 정리하고 보고서의 양식에 기입한다.

시간(sec)	변위	힘(하중)	단면적	응력	변형률
0.0	0	0			

A.1.2 압축강도 시험

압축강도 시험(compressive strength test) 은 인장강도를 측정할 수 없는 모양의 재료나 압축응력이 중요하게 작용하는 재료를 평가하기 위해 시험한다. 압축 시험은 그림 A.3과 같이 인장력과는 반대 방향의 힘을 재료 표면 부위에 가하여 변형과 파괴 시까지 힘을 가하고, 인장 시험과 마찬가지로 응력-변형률 곡선으로부터 분석한다. 다음 그림 A.3에 압축강도 시험의 모식도를 나타내었다.

압축 시험 역시 인장 시험과 마찬가지로 변형을 측정할 수 있는 스트레인 게이지나 신장계(extensometer)를 이용하여, 힘에 따른 변위를 측정한다. 압축강도는 변형에 필요한 최대 힘, 또는 재료를 파손시키는 데 필요한 최대의 힘을 시험편의 단면적으로 나누어서 구한다.

$$\text{C.S. (compressive strength)} = P_{\max}/A_o$$

강도의 단위는 kgf/cm^2 또는 Pa의 단위로 구한다. 압축강도의 실험 절차는 다음과 같다.

1) 시험 재료를 가공하여 준비하며, 시험 직전에 필요한 치수, 단면적을 측정한다. 특히 시험 재료의 상, 하면이 서로 평행이 이루도록 가공을 수행한다.
2) 장비의 전원과 하중-변위의 곡선을 얻기 위한 소프트웨어를 구동시킨다.
3) 시험 재료의 중앙 부위에 변위량을 측정하기 위해 스트레인 게이지를 부착한다.

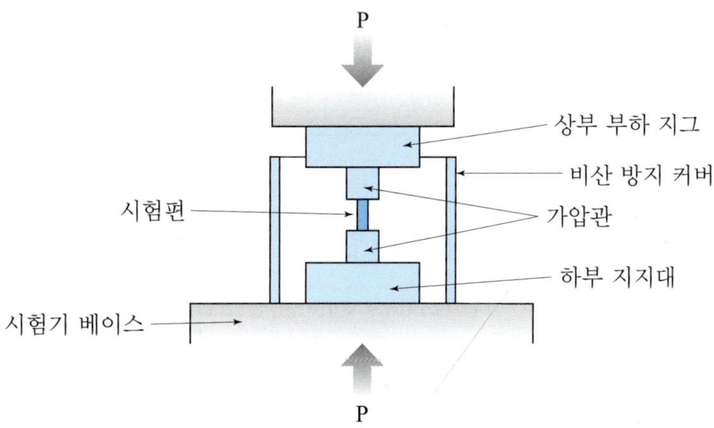

그림 A.3 압축강도 시험의 모식도

A

4) 시험 재료를 시험기의 가운데 부분에 위치시킨다. 압축 개방 밸브를 시계 방향으로 잠그고 유압펌프의 핸들을 상하로 움직여 압축 시험편의 일정한 면적이 시험기의 지그(jig)와 닿을 수 있도록 한다.
5) 시험하는 동안 힘의 크기를 증가시켜 압축력을 시험 재료에 가한다. 컴퓨터 모니터의 그래프에 힘과 변위 또는 힘과 변형률이 도시되는지 관찰한다.
6) 시험 재료가 변형 또는 파괴될 때까지 힘을 증가시킨다.
7) 시험 재료가 변형 또는 파괴되면 시험을 종료하고 모니터의 그래프를 저장한다.
8) 압축 개방 밸브를 반시계 방향으로 풀고 유압펌프를 제자리로 위치시킨 후 시험 재료를 분리한다.
9) 압축강도를 계산하고, 그래프를 분석한다.
10) 시험 결과를 정리하고 보고서의 양식에 기입한다.

시간(sec)	변위	힘(하중)	단면적	응력	변형률
0.0	0	0			

A.1.3 굽힘강도 시험

굽힘강도 시험(bending strength test 또는 flexural strength test)은 굽힘응력이 중요하게 작용하는 환경 하에서 재료를 평가하기 위해 시험한다. 한편, 인장강도 시험편을 만들기는 어렵지만 인장강도를 측정해야 할 때, 인장강도 시험을 대체하여 측정하기 위해서도 시험한다. 예를 들면 세라믹스의 인장강도를 측정하고

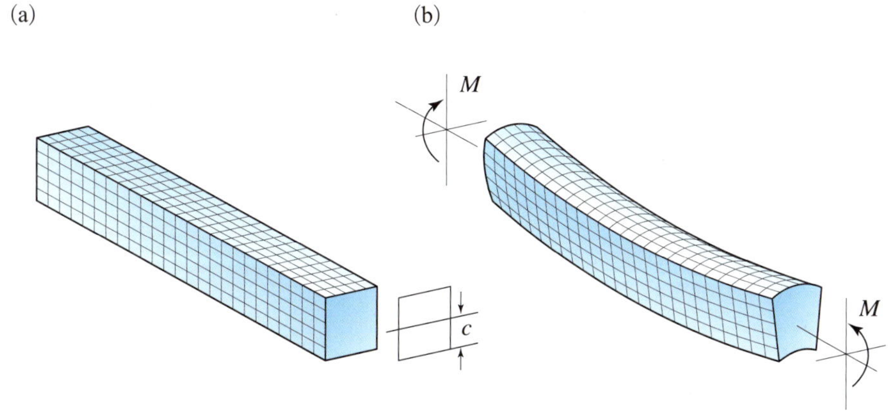

그림 A.4 굽힘응력이 (a)작용하기 전과 (b) 작용할 때의 모식도

자 할 때 세라믹스는 단단하고 가공이 어려워 인장강도 시험편을 만들기가 어려우므로, 일반적으로 직육면체의 사각형 모양으로 절단, 가공한 후 굽힘 시험을 통해 막대의 아랫면 중앙 부위에 최대 인장력을 가하여 강도를 계산하여 평가한다. 굽힘 시험 시 위 중앙 부위에 압축하중을 가하여 시험하며, 지그(jig) 설계 등을 통해 시험 재료 막대의 양쪽 면에 굽힘 모멘트 M이 발생하도록 하는 것이 특징이다. 다음 그림 A.4에 굽힘응력에 의해 변형되기 전의 시험 재료와, 모멘트에 의해 재료에 굽힘이 발생하고 이에 의해 변형된 모습의 모식도를 나타내었다.

굽힘 시험에서 작용하는 최대 응력 σ_{max}는 다음 식과 같이 주어진다.

$$\sigma_{max} = (M \times c)/I$$

윗 식에서 M은 굽힘에 작용된 굽힘 모멘트이고, c는 중심축으로부터 최대 인장 응력이 작용하는 재료의 아랫면까지의 거리, I는 재료의 관성 모멘트(moment of inertia)이다. 굽힘 모멘트 M은 다음 식과 같다.

$$M = W \times L$$

여기서, W는 하중, L은 막대의 길이이다.

시험 재료의 높이가 h이면 $c = 1/2 \times h$이고, 직사각형의 관성 모멘트는 $1/12 \times b$(폭) $\times$ h(높이)^{3}이므로,

$$\sigma_{max} = 6WL/bh^2$$

의 식이 된다.

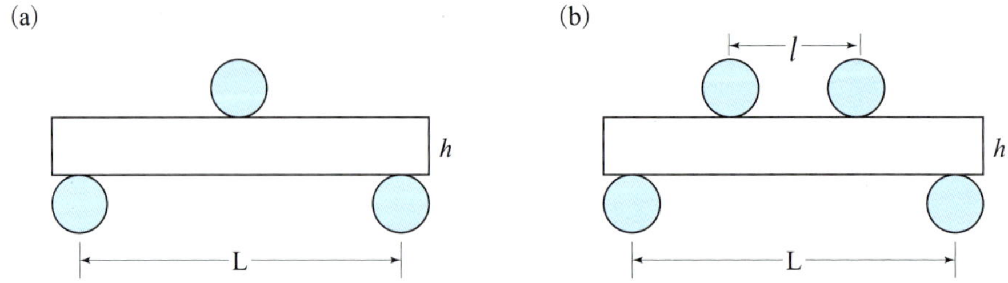

그림 A.5 굽힘 시험의 모식도, (a) 3점 굽힘 시험법, (b) 4점 굽힘 시험법

굽힘 시험에는 다음 그림 A.5와 같이 3점 굽힘 시험법과 4점 굽힘 시험법이 많이 사용된다. 세라믹스의 경우 3점 굽힘 시험 방법에 의해 강도 값이 약간 높게 나오므로, 일반적으로 강도 값이 낮은 재료의 시험에 3점 굽힘 시험법을 사용한다.

3점 굽힘강도는 다음 식에 의해 계산되고,

$$\sigma = 3WL/2bh^2$$

4점 굽힘강도는 다음 식에 의해 계산된다.

$$\sigma = 3W(L - l)/2bh^2$$

또는 윗 스팬(span)과 아래 스팬 간의 거리가 $L/4$라면,

$$\sigma = 3WL/4bh^2$$

의 식으로 계산된다.

굽힘강도의 시험 절차는 다음과 같다.

1) 시험 재료를 직육면체 형상으로 가공하여 준비하며, 시험 직전에 필요한 치수와 단면적을 측정한다. 특히 시험 재료의 상, 하면 간 또 두 측면 간 평행이 이루도록 가공을 수행한다. 폭 b가 4mm, 높이 h가 3mm, 길이 L이 36mm 이상 45mm가 되도록 준비하면 좋다. 필요한 경우 모서리 부분의 모따기를 행한다. 또는 반경 0.15mm정도의 R로 가공한다. 가공 방향은 시편 길이 축에 평행하게 가공한다.
2) 시험편 지그를 준비하고, 윗 스팬과 아랫 스팬의 길이를 측정한다.
3) 윗 스팬과 아랫 스팬의 사이에 가공한 직사각형 시험 재료를 위치시키고 정렬시킨다.
4) 장비의 전원과 하중-변위의 곡선을 얻기 위한 소프트웨어를 구동시킨다.

5) 압축 개방 밸브를 시계 방향으로 잠그고 유압펌프의 핸들을 상하로 움직여 시험기의 지그(jig)가 시험기와 닿을 수 있도록 한다.
6) 시험하는 동안 힘의 크기를 증가시켜 압축력을 시험 재료에 가한다. 컴퓨터 모니터의 그래프에 힘과 변위 또는 힘과 변형률이 도시되는지 관찰한다.
7) 시험 재료가 변형 또는 파괴될 때까지 힘을 증가시킨다.
8) 시험 재료가 변형 또는 파괴되면 시험을 종료하고 모니터의 그래프를 저장한다. 변형 또는 파괴에 필요한 최대 힘을 기입한다.
9) 압축 개방 밸브를 반시계 방향으로 풀고 유압펌프를 제자리로 위치시킨 후 시험 재료를 분리한다.
10) 식으로부터 굽힘강도를 계산하고, 그래프를 분석한다.
11) 시험 결과를 정리하고 보고서의 양식에 기입한다.

시간(sec)	폭	높이	힘(하중)	변위	굽힘강도
0.0			0		

A.2 경도 시험

경도(hardness)란, 재료가 단단하거나 무른 정도의 성질을 말하며 표면으로부터의 소성변형에 대해 저항하는 성질을 일컫는다. 경도는 시험 재료보다 기계적 특성이 우수한 압자(indenter)를 이용해 표면에 압축 하중을 가하여 형성된 손상을 관찰하거나, 압입 깊이 등을 측정하여 평가한다. 경도 시험 방법으로는 브리넬 경도, 로크웰 경도, 비이커스 경도 등 다양한 방법이 이용되고 있으며, 기계 부품이 소형화, 미세화됨에 따라 나노 압입시험에 의한 경도시험도 폭넓게 사용되고 있다.

A.2.1 브리넬 경도 시험

브리넬(Brinell) 경도 시험은 일정한 지름을 갖는 구형의 볼(ball)을 이용하여 일정한 하중으로 시험편 표면에 압축력을 가하여 손상을 일으킨 후, 손상 부위의 표면적을 측정하여 경도를 계산한다. 다음 그림 A.6에 브리넬 경도시험의 모식도를 나타내었다.

그림 A.6에서 D는 구형 볼의 직경이고, P의 하중에 의해 형성된 d는 손상 부위의 지름이다. 그림 (b)의 기하학적 관계로부터,

$$(D/2 - h)^2 + (d/2)^2 = (D/2)^2$$

의 식이 형성되며, 이 식을 정리하면

$$h = 1/2\,[D - \sqrt{D^2 - d^2}\,]$$

이 된다. 경도는 하중 P를 단면적 $A = 2\pi rh = 2\pi(D/2)h$이므로

$$H = P/[2\pi(D/2)h] = 2P/\ [\pi D\{D - \sqrt{D^2 - d^2}\}] = P/(\pi Dh)$$

과 같이 구하면 된다. 단위는 kg/mm^2이며, h는 압입 깊이이다. 브리넬 경도 시험의 시험절차는 다음과 같다.

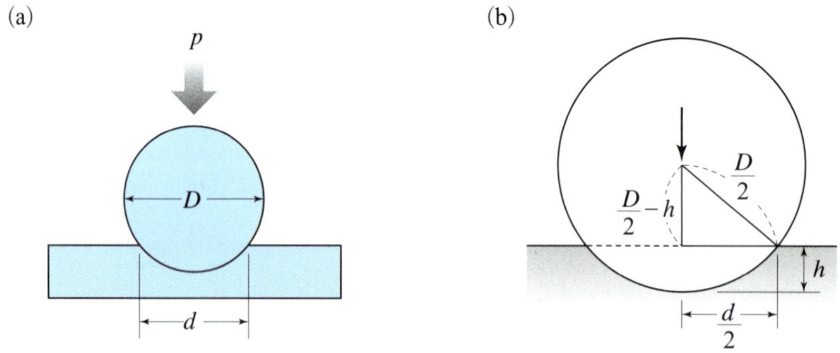

그림 A.6 브리넬 경도시험의 (a) 모식도 및 (b) 기하학적 관계

1) 시험 재료를 가공하여 준비하며, 특히 시험 재료의 상, 하면 간 평행이 이루도록 가공을 수행한다.
2) 시험 재료의 표면을 연마재 또는 연마용 분말을 이용하여 표면이 거울 면이 될 때까지 경면 연마(polishing) 한다.
3) 경도 시험기에 경면 연마한 시험 재료를 위치시키고 정렬시킨다.
4) 장비의 전원을 켜고 측정하고자 하는 부가장치들의 전원을 켠다.
5) 하중 조건과 시간 등을 세팅한다.
6) 현미경을 통해 압입하고자 하는 재료 표면 부위를 결정한다.
7) 시험 재료의 표면 손상 영역이 잘 형성될 때까지 힘의 크기를 제어하거나, 재료의 표면 부위를 바꾸어 본다.
8) 시험 재료의 손상 영역의 크기를 측정한 후, 시험을 종료하고 모니터의 이미지를 저장한다. 측정한 직경과 하중을 기입한다.
9) 시험 재료를 장치로부터 분리하고 정리한다.
10) 식으로부터 경도 값을 계산하고, 이미지를 분석한다.
11) 시험 결과를 정리하고 보고서의 양식에 기입한다.

시간(sec)	힘(하중)	유지시간	직경크기	경도
0.0	0	0	0	

A

A.2.2 비이커스 경도 시험

비이커스(Vickers) 경도 시험은 구형의 볼이 아닌, 위아래가 뒤집힌 피라미드 형상의 정사면체의 날카로운 압입자(sharp indenter)를 이용하여 경도를 측정하는

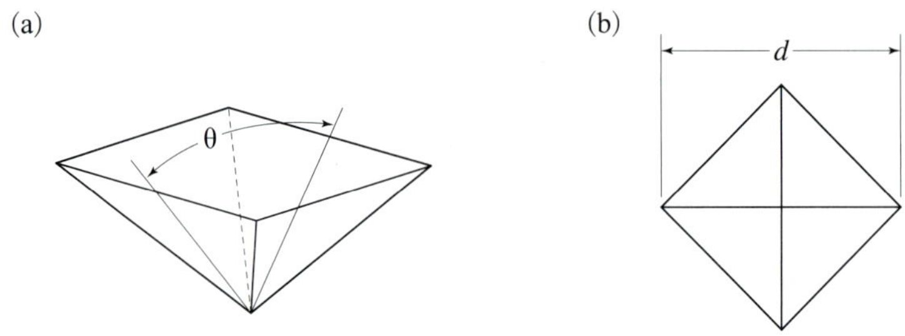

그림 A.7 비이커스 경도 시험의 (a) 압입자 및 (b) 압입에 의해 발생한 재료표면의 손상된 자국의 모식도

것으로, 브리넬 경도 시험보다 상대적으로 경도가 높은 재료의 경도를 시험한다. 일반적으로 대면하는 각이 136°이며 압입자의 재료는 경도가 매우 높은 다이아몬드를 사용한다. 다음 그림 A.7에 비이커스 경도 시험에 사용되는 압입자 및 압입에 의해 형성되는 손상에 대한 모식도를 나타내었다.

압입하중 P에 의해 형성된 손상 자국의 직경을 d, 표면적을 A라고 하면,

$$A \times \sin(\theta/2) = (d/\sqrt{2}) \times (d/\sqrt{2}) = d^2/2$$

따라서 표면적은

$$A = d^2/[2\sin(\theta/2)]$$

이 되고, 구하고자 하는 경도는

$$Hv = (2\sin(136/2))(P/d^2) = 1.85(P/d^2)$$

의 식으로 계산된다.

일반적으로 금속의 경도를 측정할 경우는 위의 식을 사용하나, 세라믹스의 경우는 다음 식과 같이 실험적으로 구해진 식을 활용하여 계산한다.

$$Hv = P/2a^2 = P/[2 \times (d/2)^2]$$

비이커스 경도 시험의 시험 절차는 브리넬 경도 시험의 시험 절차와 같으나, 손상의 모양이 사각형이므로 직경을 가로, 세로 두 번 측정하여 평균값을 계산한다는 점이 차이가 있다.

시간(sec)	힘(하중)	유지시간	직경크기1	직경크기2	경도
0.0	0	0	0	0	

A.2.3 나노 압입 시험

재료가 소형화, 미세화되고, 전자부품의 경우 박판 형으로 바뀌면서 매우 얇거나 작은 소자의 기계적 특성 또한 중요하게 되었다. 나노 압입시험은 매우 작은 마이크로(μm) 또는 나노(nm) 크기의 압입자를 사용하며, 변위 센서를 사용하여 얻어진 하중-변위의 곡선으로부터 경도를 계산하거나, 원자현미경 기술의 발달로 AFM(atomic force microscope)으로 손상 부위를 이미지화하여 시험하는 기술이다. 다음 그림 A.8에 나노 압입시험에 의해 얻어진 하중-변위곡선과 나노 압입에 의해 형성된 손상을 원자현미경으로 이미지화한 모식도를 나타내었다.

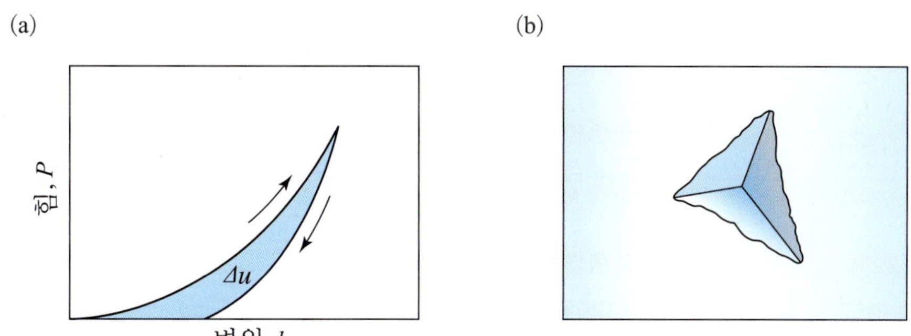

그림 A.8 나노 압입시험에 의해 얻어진 (a) 하중-변위곡선 및 (b) 나노 압입에 의해 재료표면에 손상된 자국

나노 압입시험에 의한 경도는 그림 A.8의 (a)와 같은 곡선에서 하중을 올렸다가 내리면 발생하는 초기 변위와 최종 변위의 차이와 관계하며, 손상자국으로부터 경도를 계산한다. 나노 압입 시험은 표면에 삼각형의 모양으로 압입되는 Berkovich 압입자를 사용하여 시험하는 것이 일반적이며 이때의 단면적 A는 압입 깊이(변위) h와 관련된다.

한편, 나노 압입시험으로 탄성계수를 구할 수 있는데 탄성계수 E는 최대 하중 P를 제거할 때의 기울기 dP/dh 및 h와 관계된다.

A.3 파괴인성 시험

파괴인성(fracture toughness)이란, 재료가 파괴될 때까지 얼마나 큰 에너지가 필요한가에 의해 결정된다. 즉, 앞 8.3.3절에서 살펴본 바와 같이 응력-변형률 곡선이 얻어지면 그 밑의 면적이 클수록 파괴에 필요한 에너지가 많이 소모되므로 재료의 인성이 높다고 할 수 있다. 파괴인성은 재료 강도와 함께 반드시 같이 평가되어야 할 중요한 항목이며, 특히 취성재료나 저온에서의 연성재료의 평가에 중요하다. 아무리 재료가 강하다고 할지라도 재료 내에 포함된 결함에 의해 쉽게 파손된다면, 즉 파괴인성이 낮다면, 쓸모없는 재료나 부품이 될 수 있기 때문이다. Griffith 식에 의하면 재료의 파괴인성 K_{IC}은 재료의 강도 σ_f와, 균열의 크기 a 등과 관계된다.

$$K_{IC} = Y \times \sigma_f \times (\pi a)^{1/2}$$

윗 식에서 Y는 시험 재료 및 균열의 형상에 의존하는 기하학적 상수이다. 재료의 파괴인성이나 파괴 시의 에너지를 측정하는 방법에는 다음과 같이 여러 가지 방법이 있다.

- 압입시험 방법(indentation method)
- 노치 빔 방법(notched beam method)
- 이중 외팔보 방법(double cantilever method)
- 이중 비틀림 방법(double torsion method)

- 선균열 도입 방법(single edge precracked beam method)

위와 같이 노치(notch)나 선균열(precrack) 등을 일부러 시험 재료에 도입하여 국부적인 파괴가 일어나게 하고, 파괴에 필요한 하중을 측정하여 인성을 계산하는 방법도 많이 사용되고 있지만 여기서는 경금속이나 세라믹스에서 쉽고 폭넓게 사용하고 있는 압입 시험(indentation method)과 금속, 폴리머에서 파괴 시의 에너지를 측정하는 충격 시험법에 대해 살펴보기로 한다.

A.3.1 비이커스 파괴인성 시험

비이커스(Vickers) 압입시험에 의한 파괴인성 측정법은 앞에서 살펴본 경도 시험법과 동일한 장비와 방법을 사용한다. 단, 경도 시험은 균열이 형성되지 않는 범위 내의 하중에서 손상(압입자국)을 유도한다면, 파괴인성 시험은 압입 자국뿐만 아니라, 다이아몬드 형의 네 모서리에서 방사형 모양의 균열(radial cracks)이 형성되도록 하중을 증가시켜 충분한 균열이 발생하도록 한 후, 인성 값을 측정한다는 데 차이가 있다. 다음 그림 A.9에 비이커스 압입시험에 의해 표면에 의해 형성된 손상 및 균열이 진전된 모습과 단면에서 관찰한 균열이 진전된 모습을 그림으로 나타내었다.

파괴인성 값은 형성된 균열의 길이가 작을수록 높게 된다. 세라믹스의 경우, K_{IC}의 값은 균열 크기 a의 1.5승에 반비례하며, 탄성계수에는 비례하고 경도 값에 반비례한다. 즉 세라믹스의 파괴인성 $K_{IC} = T_o$은 다음 식으로 구할 수 있으며, 이 식은 실험적(경험적)으로 구해진 것이다.

$$K_{IC} = \chi \times (P/a^{1.5}) = T_o(\text{MPa} \cdot \text{m}^{1/2})$$

윗 식에서 P는 재료에 가해진 압입하중, a는 압입에 의해 형성된 균열의 한 방향의 길이이며, χ는 재료의 탄성계수와 경도에 의해 결정되는 재료상수이다.

$$\chi = \xi(E/H)^{1/2}$$

윗 식에서 ξ 역시 재료상수로서, 다양한 재료에 대한 T_o와 $(E/H)^{1/2}P/a^{3/2}$의 관계식으로부터 얻어진 기울기 값을 실험적으로 얻은 데이터로부터 0.016이라는 상수 값을 이용할 수 있다.

파괴인성 시험의 절차는 다음과 같다.

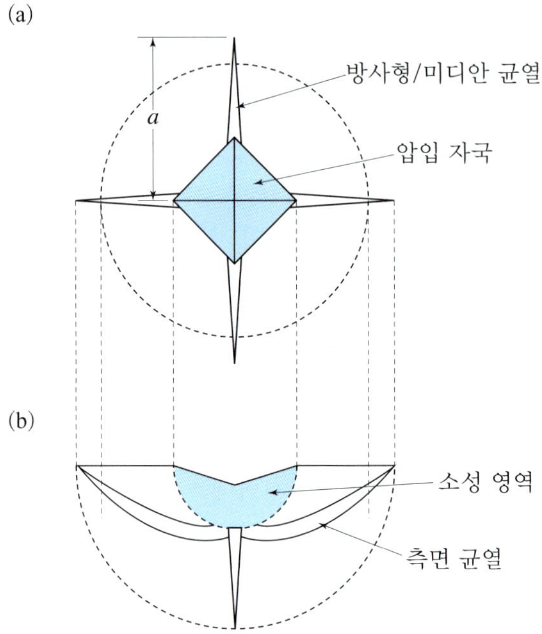

그림 A.9 비이커스 압입시험에 의해 얻어진 (a) 표면 및 (b) 단면에서 균열이 전진된 모습의 모식도

1) 시험 재료를 가공하여 준비하며, 특히 시험 재료의 상, 하면 간 평행이 이루도록 가공을 수행한다.
2) 시험 재료의 표면을 연마재 또는 연마용 분말을 이용하여 표면이 거울 면이 될 때까지 경면 연마(polishing) 한다.
3) 비이커스 시험기에 시험 재료의 경면 연마한 부분이 상면이 되도록 위치시키고 정렬시킨다.
4) 장비의 전원을 켜고 측정하고자 하는 부가장치들의 전원을 켠다.
5) 하중 조건과 시간 등을 세팅한다.
6) 현미경을 통해 압입하고자 하는 재료 표면 부위를 결정한다.
7) 시험 재료의 표면 손상 영역 및 방사형 균열들이 잘 형성될 때까지 힘을 조절하거나, 재료의 표면 부위를 바꾸어 본다.
8) 시험 재료에 형성된 균열의 크기들을 측정한 후, 시험을 종료하고 모니터의 이미지를 저장한다. 측정한 직경과 하중을 기입한다.
9) 시험 재료를 장치로부터 분리하고 정리한다.

10) 식으로부터 파괴인성 값을 계산하고, 이미지를 분석한다.

11) 시험 결과를 정리하고 보고서의 양식에 기입한다.

시간(sec)	힘(하중)	유지시간	균열크기1	균열크기2	인성
0.0	0	0	0	0	

A.3.2 충격 시험

충격 시험은 시험 재료에 충격을 가하고 충격량과 에너지를 계산하는 시험법이다. 충격 시험법으로 재료의 인성과 취성을 알 수 있다. 이 시험법은 가해지는 속도에 따라 저속, 중속, 고속 시험법이 있으며, 샤르피(Charpy) 시험법, 아이조드(Izod) 시험법, 충격자가 낙하하는 낙하식 시험법이 있다.

샤르피 시험법은 직사각형 막대의 하단에 노치(notch)를 만들고 굽힘 시험법의 3단 곡강도 시험법과 같은 지그위에 올려놓고, 노치를 만든 충격 시편의 반대쪽, 즉 노치가 없는 위 상단의 중앙 부위를 그림 A.10처럼 내리쳐 충격을 가하여 시험하는 것으로, 파괴하는 데 필요한 에너지를 시험편 전단부의 단면적으로 나눈 값으로 계산한다. 충격시험 재료는 양 끝단이 지지되어 있기 때문에 노치가 있는 부분의 반대쪽 상단 중앙을 내리치면 충격 시험편은 노치에 에너지가 집중되어 파손이 일어나게 된다. 내리치는 속도가 10m/sec이면 저속 충격이고, 그 이상은 중속 이상의 충격이 된다. 충격자의 처음 위치와 시험 재료가 완전파단 시킨후 최종 위치와의 각도 차이를 기준하여 시험 재료가 흡수한 에너지를 비교 분석할 수 있다. 만약 중앙의 수직선을 기준으로 충격자의 처음 위치와의 각도가 충격 후 감소하게 되면, 재료가 충격에 의한 에너지를 흡수하였다고 가정한

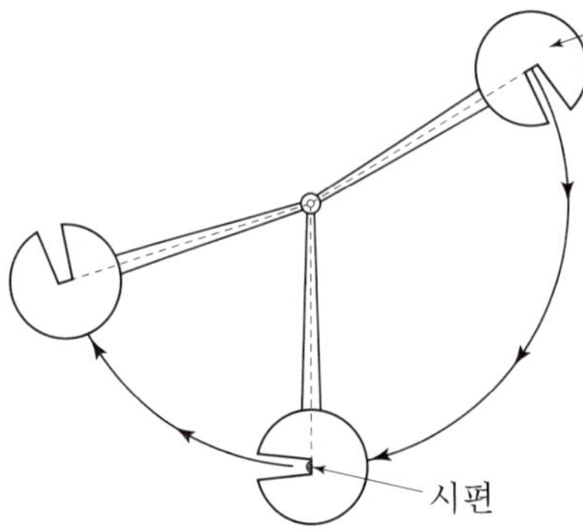

그림 A.10 샤르피 충격 시험의 모식도

다. 즉 최종 위치와 수직선과의 각도가 작을수록 그만큼 많은 에너지를 흡수하였다고 가정한다.

아이조드 시험편은 샤르피와 유사하지만, 노치의 위치가 충격을 받는 쪽에 위치한다는 점이 다르며, 파괴 에너지로 충격의 정도를 표시한다. 낙하식 충격 시험법은 중력에 의해 레일을 따라 충격을 가하는 물체가 하강하면서 시험편에 충격을 가하게 된다.

단순한 진자의 진동이 아닌 유압을 이용하면 충격을 가하는 물체의 속도를 높일 수 있고 큰 에너지를 가할 수 있다.

A.4 변형률 시험

변형률(strain)이란, 재료가 힘을 받을 때 늘어나거나 변화된 정도, 즉 변위를 초기의 치수로 나누어 준 값으로 연성이 있는 경우 항복강도 이상에서 하중이 증가함에 따라 변형률도 증가한다. 단, 힘에 의해 변형률이 직선적으로 비례하여 증가하는 구간을 탄성 구간, 비례의 관계가 아닐 경우 소성 구간이라고 구분된다. 재료에 항복이 일어나더라도 재료 내에는 전위가 형성되고 밀도가 증가하여 가공경화가 일어나므로 변형시키는 데 필요한 힘도 증가한다.

재료의 변형 정도는 스트레인 게이지(strain gauge)의 원리에 의해 평가될 수

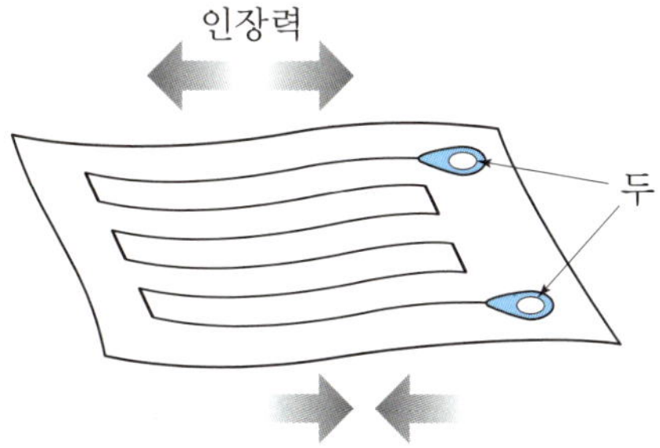

그림 A.11 스트레인 게이지의 모식도와 원리

있는데, 그림 A.11과 같이 일정한 단면적 A를 갖는 길이 L의 도선이 설계된 게이지에서 힘(하중)에 의해 변화된 저항 값으로 평가된다. 이는 게이지의 도선에 힘이 작용하면 전자가 흐르는 단면적이 감소되고 따라서 저항이 변화되는데 착안한 것이다.

전기의 저항 R은 도선 재료의 단면적 A, 길이 L, 비저항 ρ와 다음 식과 같이 관계된다.

$$R = \rho(L/A)$$

즉 전기의 저항은 길이가 길수록, 단면적이 작을수록 증가한다. 만약 도선에 힘(하중)이 가해져 저항이 변화된다면 저항의 변화율은,

$$\Delta R/R = \Delta L/L - \Delta A/A + \Delta\rho/\rho$$

가 된다.

윗 식에서 $\Delta L/L = \epsilon$, Vol. $= A \times L$이므로,

$$\Delta R/R = 2\epsilon + (\Delta\rho/\rho - \Delta \text{Vol}/\text{Vol})$$

$\Delta\rho/\rho$은 체적과 관계가 있으므로, $\Delta\rho/\rho = \Delta\text{Vol}/\text{Vol}$라고 가정하면,

$$\Delta R/R \sim 2\epsilon$$

이 되고, $\Delta R/R = GF \times 2\epsilon$으로 쓸 수 있다. 여기서 GF는 게이지 팩터(gauge factor)라고 부르며, 보정상수 값이다.

윗 식을 활용하면 도선의 저항 값의 변화로부터 재료의 변형률 ϵ값을 알아낼 수 있다.

실제의 스트레인 게이지는 휘스톤 브릿지(wheastone bridge)에 의한 회로를 갖고 있고, 휘스톤 브릿지의 저항변화로부터 출력 전압의 변화를 측정할 수 있다. 이 출력 전압의 변화로부터 변형률을 계산한다.

스트레인 게이지는 크기가 작고 도선이 얇아 끊어지기 쉬우므로 주의를 요한다. 다음에 스트레인 게이지를 시험 재료에 부착하는 절차를 정리하였다.

1) 이물질 제거/정화 작업: 용제(degreaser/solvent)로 스트레인 게이지를 부착할 영역의 이물질을 제거한다, 사포(sand paper)로 녹이나 코팅된 부분을 제거한 후 약산성 용액(conditioner)을 거즈에 묻혀 시험 재료의 표면에 묻은 이물질을 제거하고 정화한다.
2) 선 긋기 작업: 연필로 스트레인 게이지 부분에 선을 긋고, 면봉이나 거즈를 사용하여 conditioner를 닦아낸다.
3) 중화 작업: 시험 재료의 표면에 남아 있는 약산성 용액(conditioner)을 중화시키기 위해 약염기 용액(neutralizer) 중화제를 면봉에 묻혀 문지른다.
4) 스트레인 게이지 테이프 부착: 유리판이나 움직일 수 있는 간이 작업대에 스트레인 게이지를 올려놓고 테이프를 길이 방향으로 붙인다. 이때 납땜 부위가 위로 오도록 부착한다. 이후 45도 각도를 유지하면서 스트레인 게이지가 부착된 테이프를 주의하면서 천천히 떼어낸다.
5) 스트레인 게이지 부착: 시험 재료의 표면에 그어둔 선에 맞추어 스트레인 게이지가 부착된 테이프를 부착한다.
6) 테이프 부분 탈착: 스트레인 게이지 하면에 접착제를 바르기 위해 테이프를 평평하게 잡아당겨 살짝 떼어놓는다(도선 쪽은 떼지 않음에 유의).
7) 촉매재 도포: 스트레인 게이지 밑면에 촉매제(catalyst)를 스트레인 게이지에 얇게 바른다.
8) 접착제 도포: 접착제를 시험 재료와 테이프 접속 지점, 게이지의 밑면에 한, 두 방울 떨어뜨린다.
9) 스트레인 게이지 접착: 테이프를 시편과 약 30도가 되게 잡고 한쪽 방향으로 밀어 기포가 발생하지 않도록 하면서 시험 재료에 게이지를 접착시킨다. 접착제가 잘 접착되도록 엄지손가락으로 접착 부위를 약 2~5분 가량 눌러준다. 이후 20분간 접착제가 접착되도록 시간을 보낸다.
10) 테이프 탈착: 스트레인 게이지가 잘 접착되었는지 확인하기 위해 테이프

를 완전히 젖힌 다음 엄지손가락으로 조심스럽게 스트레인 게이지를 눌러주면서 테이프를 45도 각도를 유지하면서 천천히 떼어낸다.

11) 힘을 가했을 때 저항 변화에 의해 전압이 변화하는지를 시험한다.
12) 하중의 값을 변화시켜가면서 저항 및 전압 변화로부터 변형률 값을 계산한다.
13) 하중 값과 변형률 값을 도시한다. 직선적인 탄성 구간이라면 기울기 값으로부터 탄성계수 값도 구해본다.

힘(하중)	저항 변화	전압 변화	변형률	응력	탄성률
0	0	0	0	0	

A.5 비파괴 시험 및 미세조직 관찰

앞에서 살펴본 강도, 경도, 인성 시험은 재료 전체 또는 일부를 국소적으로 파괴시키면서 시험하는 방법이다. 재료가 파손되면 그 재료는 시험 재료로 더 이상 사용할 수 없다. 특히 큰 크기의 재료나 부품, 시스템은 시험을 하기 위해서 많은 비용이 소모된다.

따라서 시험 재료를 파손시키지 않고 결함 등을 관찰하는 비파괴 시험이나 미세조직을 관찰할 수 있는 기술이 함께 발전되어 오고 있다.

비파괴 시험에는 다음과 같은 방법들이 있다.

- 침투 탐상법: 재료의 표면의 균열, 흠집, 결함 등을 눈으로 관찰하기 위해 표면에 침투제를 용액 형태로 침투시킨 후 결함을 검출한다.
- 자기분말 탐상법: 자화된 재료에 강자성체의 분말을 뿌리거나, 자화된 재료를 강자성체의 용액에 담그면 그 분말이 결함이 있는 곳에 모이게 되는데 이를 통해 결함을 검출한다.
- 초음파 탐상법: 1 ~ 5Hz의 초음파를 사용하여 결함의 위치 및 크기를 알 수 있는 방법이다.
- 방사선 탐상법: X-선, γ 선을 시험 재료에 투과시켜 투과 정도로부터 사진의 명암차를 일으키고 이로부터 결함의 위치 및 크기를 찾아내는 방법이다.

미세조직은 1m를 백만분의 1로 쪼갰을 때의 구조로서 10^{-6}m의 크기 이하범위를 주로 관찰한다. 이 범위에서는 재료들의 입자나 입계들이 관찰되고 기공 등의 형상과 균열의 크기 등이 구분된다. 금속의 전위들도 관찰할 수 있다. 표면을 연마하면 광학현미경으로 관찰이 가능하다.

- 광학현미경 조직검사: 시험 재료를 거울 면처럼 빛을 반사하도록 연마한 후 표면의 미세조직을 검사한다. 연마면을 화학적으로 부식시켜 에칭(etching)에 의해 재료 내의 미세한 입자들을 구분하는 방법도 사용된다. 대략 50배에서 500배까지 확대하여 관찰하며, 최대 수천배까지 관찰할 수 있다.

주사전자현미경(SEM)이나 투과전자현미경(TEM)을 이용하면 재료 내부의 미세 조직을 마이크로 단위 크기로 관찰할 수 있다. 미세 조직은 최종 부품이나 소재의 기계적 특성에 큰 영향을 주므로 미세 조직을 제어하게 되는데, 미세조직은 재료를 제조할 때의 조건을 제어하여 변화시킬 수 있다. 초기의 첨가상, 합성조건, 용융 조건, 혼합 조건, 열처리 조건 등을 제어함으로써 미세 조직을 바꿀 수 있고, 금속의 열처리 등을 통해 냉각 속도나 온도 유지 시간 등을 제어하여 미세조직을 변화시킬 수 있다.

- 전자현미경 조직 검사: 시험 재료에서 방출되는 전자 또는 2차 전자를 이용하여 조직의 보다 미세한 부분을 관찰한다. 시료에서 방출되어 나오는

전자를 이용하는 주사전자현미경(SEM, scanning electron microscope)과 전자선의 투과를 이용하는 투과전자현미경(TEM, transmission electron microscope)을 이용하여 재료의 미세 조직을 수백 배 ~ 수십만 배까지 확대하여 관찰하거나 결정구조를 분석한다.

위와 같은 재료의 미세조직의 관찰이나 제어는 1m의 십억 분의 1로 쪼갰을 때의 단위인 10^{-9}m의 나노 구조의 범위까지로 더욱 미세화되고 있다. 나노 구조를 형성시키는 방법에는 top-down, bottom-up 의 방법이 있는데, 전자의 예는 에칭(etching)이나 빛, 자외선(UV), 레이저 등을 이용한 리소그래피(lithography) 등에 의해 나노 구조를 만드는 것이고, 후자의 예는 기체나 액체로부터 고체를 차곡차곡 쌓아서 나노 구조를 만드는 것이다. 재료 내 입자를 더욱 미세하게 하여 나노미터의 크기를 갖도록 하면 예를 들면 10에서 20nm의 크기를 갖는 입자로 구성된 재료를 만들면 부피비의 50% 정도가 계면상이 형성되어 전위밀도 증가에 의해 강도는 더욱 크게 증가된다. 한편 나노입자에서 초소성이 일어나 쉽게 가공하는 데 응용될 수도 있다. 나노 기술이 발전한 이유는 나노 크기를 관찰할 수 있는 현미경 기술이 같이 발전하였기 때문이며 원자 간 힘을 측정하여 나노 구조를 관찰하는 AFM(atomic force microscope)의 개발이 그 한 예이다.

- 원자현미경 조직 검사: 보다 미세한 미세조직을 관찰할 수 있는 현미경 기술이 발달하여, 최대 수천만배까지 확대하여 원자 크기 정도까지 관찰할 수 있는 원자현미경이 개발되어 활용되고 있다.

반도체의 개발로 속도가 빠르고 저장 용량이 많은 컴퓨터가 지속 개발되어 왔는데 나노 크기 제어의 한계를 극복하기 위해 카노나노튜브(CNT), 그래핀(graphene) 등의 나노 소재가 개발되고 있다. 이들은 강보다 수백 배 이상 강하고 전기전도성이 높아 초고속 반도체, 저장 용량이 큰 정보용 소재, 구부릴 수 있는 전자소자(flexible electronics) 등에 응용 가능성이 높다.

APPENDIX B

토론 과제

B.1 _ 기계시스템의 재료설계 토론
B.2 _ 재료설계 토론 주제

B.1 기계시스템의 재료설계 토론

B.1.1 팀워크와 팀 과제 수행

1.1.3절에서 설계의 중요성에 대해 기술하였듯이 작금의 공학은 개인의 능력보다는 팀워크의 능력에 의존하는 경우가 대부분이다. 예를 들어 자동차는 기계공학, 신소재공학, 화학공학, 전기전자 및 IT공학, 산업공학, 인간공학, 산업디자인 등뿐만 아니라 경영, 경제 등과 연관된 다양한 전공자들의 창의성과 능력이 집대성된 작품이며, 휴대폰 역시 모든 공학뿐만 아니라 다양한 산업의 팀들이 노력한 작품들로 발전이 계속 이루어지고 있다. 물론 천재성 있는 과학, 공학자들의 리더십으로 출중한 개인 능력도 중요하지만, 대부분은 팀 활동에 의해 파생된 결과들이 현재의 시장을 주도하고 지배하고 있다고 하여도 과언이 아니다.

대학에서 순수한 학문도 중요하지만 취업과 연관된 산업체에 필요한 교육에 대한 요구가 증가하고 있으며, 이러한 요구는 공학일수록 더욱 뚜렷하다. 따라서 대학에서도 주입식 교육보다는 팀 활동을 통해 창의성과 설계 능력을 함양하는 수업들이 이루어지고 있다.

팀을 구성하여 어떤 목표를 향해 함께 협력하여 의미 있는 결과를 창출하기 위한 일을 하는 것을 팀워크라고 한다. 특히 팀워크는 각 개인이라면 발휘할 수 없는 큰 목표를 달성하기 위한 팀원 간의 노력을 말하며, 이를 위하여 공학 분야에서는 기존보다 개선사항이 있는 진보성이나 기존에는 없던 신규성을 갖는 제품을 창출하기 위해 각자의 창의성을 집대성하고 배가하는 일을 수행하여야 한다.

팀은 2명 이상의 구성원으로 이루어지는데, 너무 적은 구성원으로 이루어지거나 너무 많은 구성원으로 이루어지면 그 목표를 달성할 수 없을 수도 있으므로 경우에 따라 다르겠지만 대략 4명 ~ 6명 정도의 팀을 구성하는 것이 바람직하다. 팀 효과를 극대화하기 위해서 팀원 간에는 리더, 부 리더, 서기, 일반 팀원 등 역할을 부여하는 것이 좋으며, 팀 간에 규칙을 정하는 것이 중요하다. 다음 그림 B.1에 팀장, 부 팀장, 서기, 촉진자, 과정 관찰자의 5명으로 이루어진 팀의 조직 및 구성원의 역할의 한 예를 나타내었다.

표 B.1에는 팀규칙을 제정한 하나의 예를 나타내었다.

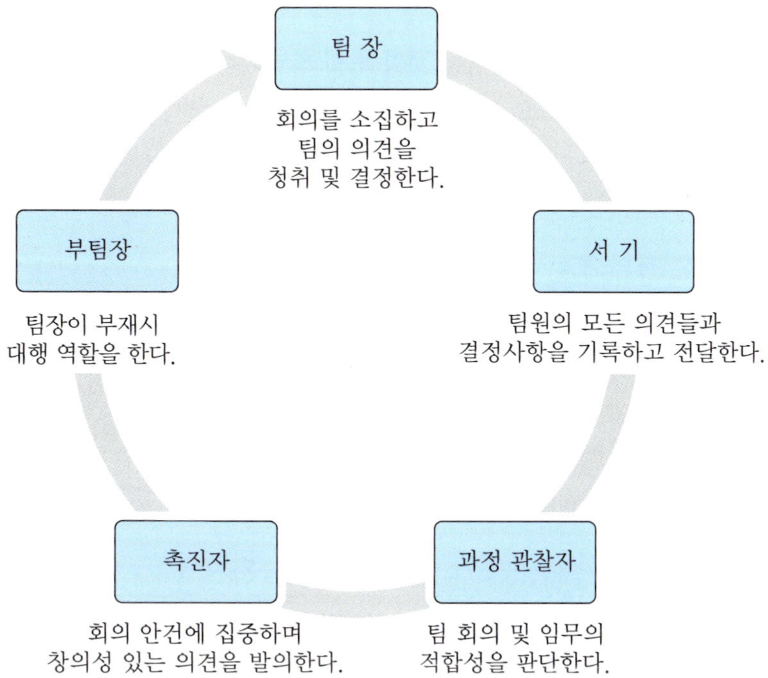

그림 B.1 팀의 조직 및 구성원의 역할의 예

표 B.1 팀 규칙의 예

팀 규칙 팀원: 김○○, 이○○, 박○○, 최○○, 정○○
우리 팀은 창의적 아이디어를 내어 공학 활동을 하고자 다음의 규칙을 준수한다. 1. 우리는 상호의견을 존중하며 무시하지 않는다. 2. 우리는 다양한 안건을 모두 수용하는 방안을 찾는다. 3. 팀 의견이 상호 충돌할 경우에는 과반수 이상 참석, 과반수 이상 의결로 팀의 의견을 결정한다. 팀 참석의 수가 과반수가 되지 않을 경우 회의를 다시 소집한다. 4. 우리는 정기회의를 수업시간의 회의시간을 포함하여, 매주 수요일 4시에 공학관 123호에서 개최하고 참석하는데 동의한다. 5. 회의시간에 절대 늦지 않을 것을 약속하며, 피치 못한 사정이 있는 경우는 미리 팀장에게 알린다. 6. 우리는 팀원들에게 맡겨진 임무를 최선을 다해 수행하며, 일정에 비해 늦어질 경우 추가 회의를 소집하여 일정 계획을 수정, 추진하도록 한다.

현대의 기업들은 팀 운영을 매우 중요하게 여기며, 팀과제를 수행하기 위한 절차로서 철저한 계획과 회의 결과를 중요시한다. 이를 위해 회의 후에는 회의 결과를 잊지 않도록 회의록을 작성해 보관하는 것을 필수로 하고 있으며, 업무의 계획을 구체적으로 작성하기 위해서 일정별 계획서(일명 간트 차트, Gantt chart)를 작성하여 보관한다. 다음 표 B.2와 B.3에 회의록 양식의 한 예와, 간트차트의 예를 나타내었다.

회의록에는 회의를 실시한 날자, 장소, 참석자 명단을 기재하고, 회의안건과 토의안건, 그 안건에 대한 결정사항과 향후 대책 및 일정 등을 기입한다. 간트 차트는 일정별로 계획서를 구체적으로 기안함으로써 향후 업무추진이 효율적으로

표 B.2 회의록 양식의 예

회의록			
회의 목적:			
일시: 년 월 일 시 분~ 년 월 일 시 분 장소:			
회의 구성원 의장: 서기: 촉진자: 과정 관찰자:			
참석자: 불참자:			
안건	논의사항	담당	비고
결정사항(의결사항)	결과	담당	비고
향후 대책	계획	담당	기한

이루어지도록 돕는다.

팀워크의 장점은 내가 생각하지 못했던 다양한 생각들을 접할 수 있다는 것이다. 여러 사람들의 생각을 듣다보면 새로운 아이디어가 떠오르기도 하고, 많은 아이디어가 창출되기도 한다. 단순히 다양한 의견을 교환한 후 각 의견 중 회의를 통해 좋은 의견을 결정하기도 하지만, 말 그대로 폭풍(storm)이 이는 것처럼 결정을 보류한 채 다양한 아이디어를 쏟아 넣고 제시된 아이디어들을 목록을 통해 정리한 후, 이로부터 새로운 아이디어를 창출하는 브레인 스토밍(brain storming) 과정을 많이 활용한다. 또한 A의 특성을 향상시키기 위해서는 B의 특성이 감소하는 모순을 해결하기 위하여 40가지 창의적인 해결 방법을 제시한 트

표 B.3 간트 챠트(Gantt chart)의 예

번호	추진내용	담당	추진일정(월별)																			
			1월				2월				3월				4월				5월			
			1주	2	3	4	1	2	3	4	1	2	3	4	1	2	3	4	1	2	3	4
1	자료수집 및 검토	000																				
2	공학설계 개발	000																				
3	장치 제작	000																				
4	실험 및 평가	000																				
5	최종 보고서 작성	000																				

리츠(TRIZ)라는 방법을 활용하여 새로운 아이디어를 창출할 수 있다.

팀워크의 단점은 팀에 기여하지 못하는 팀원들에 대한 문제가 발생할 수 있다는 것이다. 팀 내에서 소외되는 사람이 없이 상호 다양한 정보를 발의하도록 유도하고 그 정보들을 공유한 후, 의기투합하여 해결책을 찾아낸다면 단점을 해결할 수 있을 것이다.

무엇보다 팀원 간에는 의사소통이 중요하며 창의적 과제를 수행하기 위해서 발표와 문서작업 등 팀업 협력이 매우 중요하다. 의사소통 능력이란 자신의 아이디어를 상대방에게 최대한 전달하고 이해시키기 위한 능력을 말하며 예를 들면 의사소통은 말로도 표현되지만 교과목을 수강하면서 레포트(보고서)를 작성하거나, 업무용 서신(이메일)이나 업무계획서 뿐만 아니라 취업을 위한 이력서와 자기소개서 등 글로 표현되는 것도 모두 의사소통의 한 예이다. 구술에 의한 의사소통을 할 때는 먼저 의사소통의 대상을 잘 파악하고, 의사소통의 목적과 주제를 필터링 없이 잘 전달되도록 내용과 순서를 논리적으로 잘 전달하여야 하며, 명확하고 간결하게 진실성을 갖고 전달하는 것이 중요하다. 또한 들을 때도 소음이 없는 장소에서 언어, 문화, 가치관, 편견, 감정, 고정관념 등의 내적요인의 방해를 받지 않고 완벽히 이해하고, 상대방의 의견을 존중하는 마음을 가져야 의사소통이 원활히 이루어지게 된다.

발표(presentation)는 일대일이 아닌 일대 다로 의사소통이 이루어지는 특징이 있으며, 팀별 아이디어 회의의 결과를 요약하여 발표한다. 발표자는 발표를 하게 된 배경, 기존의 방법 등에 대해 발표한 후, 팀의 아이디어를 창출하게 된 목표, 그리고 그 목표를 이루기 위한 방법과 결과, 결과에 대한 토론, 최종 결론 순으로 발표를 하는 것이 좋다. 발표 태도로서 발표 시에는 몸은 항상 청중을 향해 있어야 하고 눈은 청중의 반응을 항상 살피도록 청중들의 눈과 1~2초 정도씩 마주치도록 하는 것이 좋다. 발표 초기 및 끝난 후에는 인사를 하는 것이 좋은 인상을 남긴다. 발표 자료는 장황한 문장보다는 그래프나 그림을 삽입해 의사소통기술을 향상시키는 것이 좋고, 문장을 그대로 읽는 것보다 이야기하고자 하는 핵심 내용을 장당 최대 100초가 넘지 않도록 발표하는 것이 좋다.

보고서(report)는 아이디어 창출부터 결론에 이르기까지 모든 팀 수행 과정을 문서로 작성하는 것이므로 매우 중요하다. 공학용 보고서는 주로 논문 형식을 따르는데 다음과 같은 형식을 참조하여 작성하면 의사소통을 높일 수 있다.

- 목차(contents): 논문의 전체를 볼 수 있도록 구성한 차례이다.
- 요약(abstract): 요약문만 보고도 팀원의 활동을 쉽게 파악할 수 있도록 작성한 일종의 요지이다.
- 서론(introduction): 기존의 방법을 소개하고 문제점이 무엇이었는지를 통해 팀 활동의 배경을 설명하고, 팀 연구 활동의 목표를 제시한다. 즉 왜 팀 활동을 하게 되었는지를 이해할 수 있는 부분이다.
- 본론(main text): 팀 활동을 위한 이론 정리, 실험, 평가 및 분석, 설명 및 고찰부분이 포함되며 그래프, 그림 등이 삽입된다. 이때 팀 활동의 목표를 염두에 두고 목표를 이루기 위한 방법과 결과, 고찰 등을 논리적으로 전개하는 것이 일반적이다.
- 결론(conclusion): 보고서의 마무리 부분으로 본론 전체를 요약하고 중요한 결과 중심으로 최종 판단을 제시한다.
- 참고문헌(reference): 논문을 작성하는 데 참고하거나 인용한 문헌들을 동일한 양식에 따라 인용한 순서대로 리스트를 작성한다. 자신의 아이디어가 아닌 다른 사람의 아이디어나 모든 문헌들을 인용하는 것이 윤리적이다.

B.1.2 재료설계 과정

재료를 활용하여 기계를 설계하는 과정에 있어서는 설계 프로세스에 대한 개념을 갖고 설계하는 것이 좋다. 그림 B.2에는 설계 프로세스(design process)에 의한 개념도를 나타내었다.

설계는 시장의 요구가 있으면 개념설계-구체설계-상세설계를 통하여 제품을 창출하게 되며, 이때 디자인 관점에서는 기능 모델링(function modeling), 실행 가능성 연구(viability study), 가상 모델링(approximate modeling), 기하학적 모델링(geometrical modeling), 최적화 방법(optimization method), 코스트 모델링(cost modeling), 부품(성분) 모델링(component modeling), 유한요소 해석(finite element analysis) 등의 기법이 사용된다.

반면 재료 선택에 의한 관점에서는 개념설계의 경우 모든 재료 데이터를 고려하여야 하며, 구체설계에서는 후보 재료 군을 선택하는 것이 중요하고, 상세설계를 통해 최종적으로는 한 가지 재료가 선택되는데 이러한 일련의 설계 과정을 재료설계라고 한다.

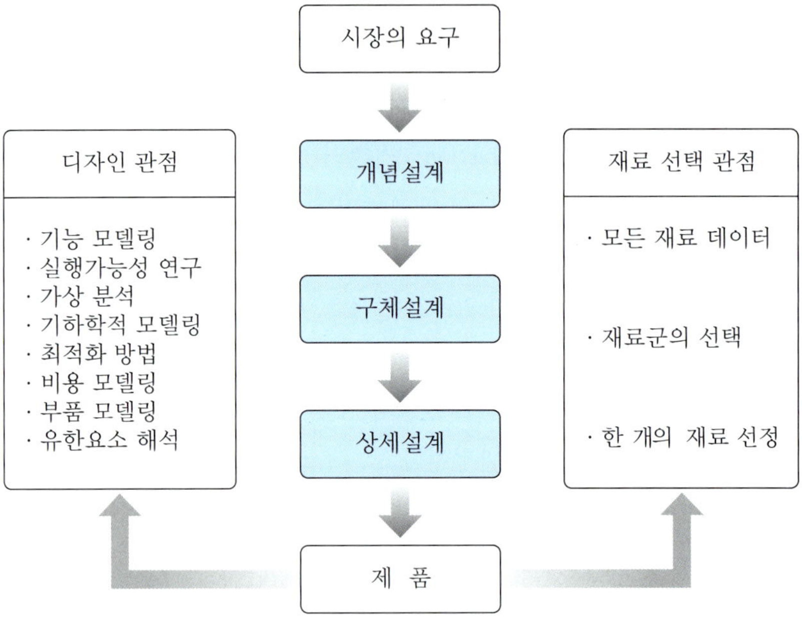

그림 B.2 설계 프로세스

한편 재료설계(material design)를 함에 있어서의 개념 프로세스(concept process)를 그림 B.3에 나타내었다. 시장의 요구 또는 제품 성능의 개선을 위해서 설계를 해야 할 목적이 확립되면 재료설계를 수행하게 되는데, 가장 먼저 고려해야 할 것이 설계 제한요소이다. 통상 현재까지 사용되는 제품을 대체하는 것이 설계의 목적이라고 한다면, 기존 제품의 제한요소를 고려하여 그대로 유지하거나, 변경이 가능한 것은 효율적으로 변경하는 설계 과정이 요구된다. 예를 들면 자동차의 경우 성능이 좋다고 해서 무조건적으로 크기를 크게 하거나 무게를 무겁게 하면 성능은 좋아지겠지만 연비는 감소하게 되므로 경제성이 없다. 따라서 승용차의 경우 기존의 승용차 크기를 크게 벗어나지 않는 한도 하에서 설계하여야 할 것이고, 무게를 줄이게 되면 연비는 좋아지지만 성능은 떨어질 수 있으므로, 성능을 감소시키지 않는 범위 내에서 설계하여야 한다. 이러한 제한조건을 설계 제한요소라고 한다. 설계 제한요소가 확립되고 나면 적용 가능한 재료를 모든 공업 재료의 데이터를 대상으로 적절한 후보 재료 군 또는 후보 재료를 선정하여 리스트를 작성한다. 그리고 적용 재료를 대상으로 컴퓨터로 시뮬레이션을 해보거나 역학적인 계산을 고려하여 부품/시스템을 설계하는 과정을 통해 기계의 성능을 예측한다. 성능이 좋지 않다면 설계 제한요소와 재료 목록을

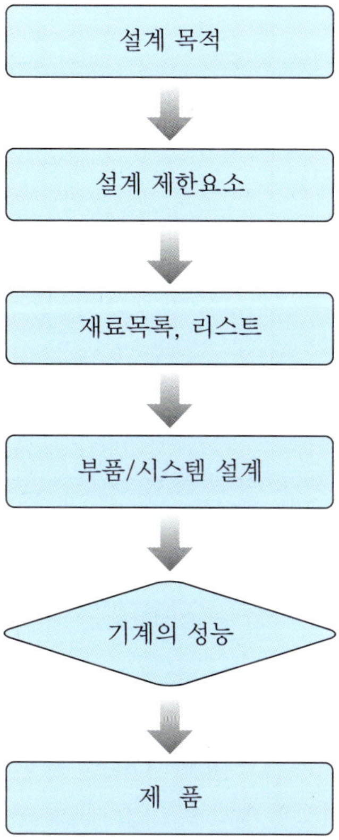

그림 B.3 재료설계의 개념 프로세스

재점검하고, 바람직한 성능이 창출되면 제품을 제작하도록 한다. 이러한 일련의 과정을 재료설계 과정이라 한다.

B.1.3 재료설계에 고려해야 할 재료 변수

재료설계에 있어서 고려해야 할 재료 변수는 제 1장 3절에서 살펴본 바와 같이 무게(weight), 가격(cost), 특성(property)이다. 구동하는 기계에 사용되는 재료들은 가벼워야 에너지 적으로 유리하므로 무게가 가벼운 재료가 유리하고, 경제성 있는 제품을 생산하기 위해서는 가격이 저렴한 것이 유리하며, 반면 동일 무게, 동일 가격 대비 성능은 우수한 것이 바람직하다.

그림 B.4와 같이 성능을 제외한 무게-비용 그래프를 생각해 보자. A, B, C, D, E의 5개의 점 중에서 재료 선택에 있어서 가장 유리한 것은 무엇일까? B는 무게

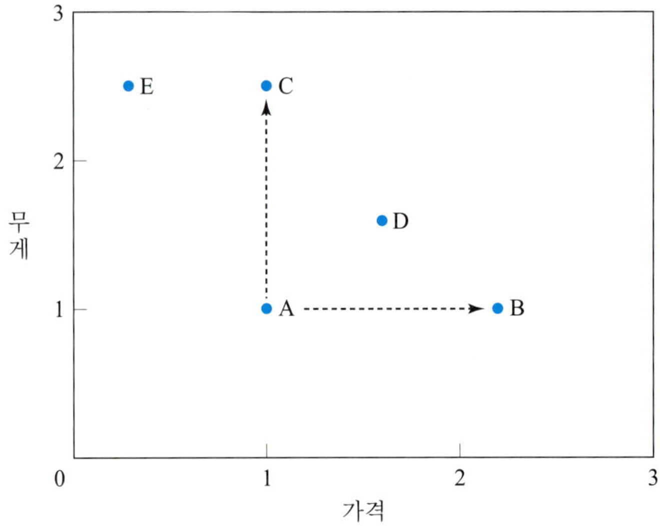

그림 B.4 재료 선택의 기준

는 적지만 비용이 크고, E는 비용은 적게 들지만 무게가 무거우므로 제외시킬 수 있다. D는 A보다 비용과 무게가 모두 크게 되므로 제외 가능하다. 그리고 동일한 비용에서 C가 A보다 무거우므로 우리는 결국 A를 선택할 수 있다. 그러나 이는 성능을 고려하지 않은 결과이다. 만약 어느 정도의 비용과 무거운 무게를 허락한다면, 만약 D나 C가 성능이 A보다 월등히 뛰어나다면 C나 D를 A대신 선택할 수도 있다. 또 그다지 움직이지 않아서 무거운 무게도 허용한다면 비용이 가장 낮은 E가 선택될 수도 있다.

재료의 성능은 그림 B.5의 개념도에 나타낸 바와 같이 근본적으로는 우리가 3장에서 살펴본 바와 같이 원자결합(atomic bonding), 결정구조(crystal structure), 결함구조(defect structure), 미세구조(microstructure), 거시구

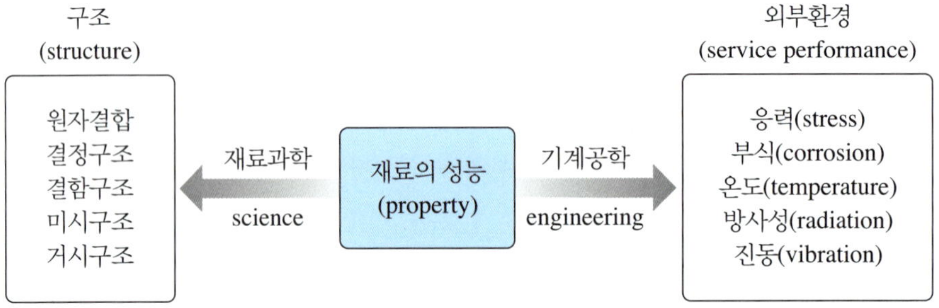

그림 B.5 재료의 성능

구분	재료 변수	기호(단위)
무게 및 비용	비용(cost) 무게(weight or density)	c (won/kg) ρ (g/cm^3)
기계적 특성	탄성계수 강도(항복, 인장, 파괴) 인성(에너지) 감쇄 능력 피로내구한도	E, G, K (GPa) $\sigma_Y, \sigma_{T,S}, \sigma_f$ (MPa) K_{IC}, G_c (J/m^2) η σ_e (MPa)
열적 특성	열전도도 열팽창계수 비열 녹는점 유리화 온도 열충격 저항성 크립 저항성	k (W/m·K) α (×10^{-6}/°C) C_p (J/kg·K) T_m (°C) T_g (°C) ΔT (°C) t_f
기타 특성	마모 속도 부식 속도 포물선 상수	K_A(MPa^{-1}) K (mm/year) k_p(m^2/s)

그림 B.6 재료설계를 위한 재료변수들

조(macrostructure)에 의해 결정되며, 힘이나 압력(force or pressure), 온도(temperature), 화학적 환경(chemical environment), 기타 방사성이나 진동 등의 외부 환경에 대해 저항성이 얼마나 있는가에 의해 결정된다.

이러한 구조와 외부 환경을 고려하여 평가하는 재료의 특성 변수들을 그림 B.6에 정리하여 나타내었다. 외부 환경에 의해 무게, 비용 이외에도 기계적 특성, 열적 특성, 기타 마모/부식/산화 특성에 대해 고려하여야 할 다양한 재료 변수들이 있다.

다양한 재료 변수들 중에서도 기계재료로 사용되기 위해서는 힘과의 상호작용을 살펴보고 이에 대해 중요한 변수들을 고려하는 것이 매우 중요하다. 따라서 다음 장에서는 탄성, 소성, 파괴가 중요한 설계 사례들을 살펴보고 이에 대한 토론과제를 수행하기로 한다. 그림 B.7에는 설계에 있어 고려하여야 할 재료 변수들을 전형적인 응력-변형률 곡선에 정리하여 나타내었다. 탄성에 중요한 재료 설계 변수는 탄성계수(elastic modulus, E), 소성에 고려해야 할 변수는 항복강도(yield stress, σ_{yy})이다. 또한 재료파손에 반드시 고려해야 할 변수는 파괴인성(fracture toughness, K_{IC})이며, 그림의 인성계수와 관련이 있다.

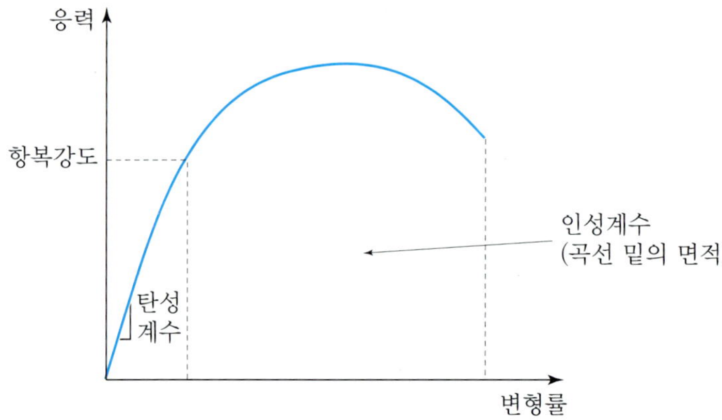

그림 B.7 탄성, 소성영역, 파괴 지점에서 고려하여야 할 재료 변수

B.2 재료설계 토론 주제

인간은 예로부터 과학과 공학을 활용하여 편하고 쾌적한 삶을 추구해 왔고 지금도 보다 나은 환경과 제품을 위해 연구하고 노력하고 있다. 이러한 가운데 기계공학의 발전 역시 큰 기여를 해왔다. 섬유를 직조하는 기계나 세탁기의 발명이 없었다면 쾌적하게 옷을 입고 지내기 어려웠을 것이고, 냉장고가 없었다면 신선한 음식을 맛보기 어려웠을 것이며 에어컨이나 난방기, 공기청정기의 개발이 없었다면 쾌적한 주거생활이 어려웠을 것이다.

인류는 기계공학을 발전시켜 왔으며 그 전에 도구를 이용해 힘을 들이지 않고 물건을 운반하거나 농사를 짓는 지혜를 발휘하여 왔다. 돌이나 나무, 동물의 뼈나 뿔, 이빨을 사용해 도구를 만들고 힘을 작용시켜서 사람의 힘을 덜 사용하였다. 그러다가 모터 등의 구동기를 발명하면서, 인간을 대신할 동력을 발생시키는 기계의 역할이 크게 대두되었다. 즉 기계는 힘의 전달과 변환, 제어가 가능하도록 다양한 기능의 여러 기계요소로 이루어져 조합되어져 있다는 점에서 도구와 차이가 있다.

1장 1절에서 정의한 바와 같이 기계(machine)는 두 개 이상의 부품이 상호작용하여 일(work)을 한다. 따라서 도구를 기계로 볼 수도 있으나, 좁은 의미의 기계는 모터 등의 구동기를 갖고 움직인다는 차이가 있다. 즉 기계는 다양한 기능을 발휘하고 목적을 수행하기 위해 다양한 기계 요소로 구성되어 있는데 몇 가지 예를 들면 기계를 움직이는 구동원, 토크/회전수/동력을 전달하는 요소, 움직임을 변환하는 요소나 기구, 충격과 에너지를 흡수하는 요소, 기계 요소 등을 상호 고정하고 체결하는 요소, 유체를 전달하고 제어하는 요소, 유체를 밀봉하는 요소, 기계 요소를 지지하는 구조체, 기계를 제어하는 요소 등이 있다. 기계를 움직이는 구동원으로서는 모터, 엔진, 유압실린더 등이 있고, 토크/회전수/동력을 전달하는 요소로는 기어, 벨트, 체인 등을 들 수 있다. 움직임을 변환하는 요소는 캠, 나사, 링크 등이며, 충격과 에너지를 흡수하는 요소는 브레이크와 댐퍼 등이 있다. 볼트, 너트, 리벳, 핀 등은 기계요소를 고정, 체결하는 요소이며 밸브, 관 등은 유체를 전달하고 제어하고, 링, 씰(seal) 등은 밀봉 요소로 쓰인다. 이와 같이 좁은 의미로서의 기계란, 서너 가지의 부품과 요소가 결합되어 있는 도구에 비하여, 운동과 에너지를 전달하기 위해 필요한 모든 요소들을 결합하여 구성되는 시스템으로서 힘, 운동, 에너지 모두 중요하고 기계에 사용하는 재료와 재료역학 또한 매우 중요하다고 하겠다. 특히 재료역학적 측면에서 탄성, 소성, 파괴가 중요한 분야라는 것은 본 교재에서 상세히 기술한 바와 같다.

그럼에도 도구를 이용한 힘의 작용과 변환, 제어는 기계를 쉽게 이해하는데 도움이 되므로, 본 설계 사례에서는 탄성, 소성, 파괴가 각각 중요한 사례에 대하여 도구의 예와 함께 기계 부품이나 시스템에 적용한 사례들을 살펴보고자 한다.

B.2.1 탄성이 중요한 설계 사례

탄성(elasticity)은 힘이 가해지면 변형이 일어나다가도 힘이 제거되면 원래의 상태로 회복되는 성질을 의미한다. 3장과 5장에서 살펴본바와 같이 탄성의 원인은 근본적으로 원자의 화학결합과 높은 충전율에 근거하며, 거시적으로 응력-변형률 곡선의 직선 부분의 거동을 나타낸다. 즉 후크의 법칙을 따라 변형률은 응력이 증가함에 따라 선형적으로 증가하게 되다가, 응력이 감소하면 변형률도 감소하여 변형이 없는 처음 지점으로 회복되게 된다.

탄성이 중요한 설계로는 우주관측용 망원경의 거울 지지대, 다이빙 다이, 스프링, 누수를 방지하는 원형의 링(O-ring) 등 여러 가지 부품이 있다. 여기서는 활대라는 도구와 점핑슈즈(jumping shoes) 기계부품의 재료설계의 사례를 살펴보기로 한다.

B

활대

활은 우리나라 역사에서 사냥이나 전쟁에서 무사들이 사용해온 도구이다. 양궁은 4년마다 열리는 올림픽의 경기 종목 중 하나이며, 이때 활이 사용된다. 활은 활대와 활 시위(줄)의 2개 이상의 부품으로 이루어져 있고, 화살 등과 상호작용하며 화살을 발사하는 일을 한다. 화살이 과녁에 조준되고 발사될 때 도구의 파손이 일어나서는 안될 것이다.

활은 영어 C자의 모양, 혹은 원 모양의 링을 반으로 잘라 어느 한 쪽을 취한 후 탄성이 높은 줄을 위아래 양쪽 끝에 고정시킨 후, 팽팽한 장력을 갖도록 유지시킨 형태를 취한다. 사람이 활 시위를 당기면 이때의 운동에너지가 활의 줄 및 활대에 저장되고, 활 시위를 놓으면 탄성을 갖고 있는 활의 줄이 원래의 상태로 복원되면서 저장되었던 에너지와 함께 화살이 앞으로 투사된다.

활은 길이가 약 66cm부터 300cm까지 다양하며, 무게는 부가되는 도구들을 모두 합할 때 약 4 ~ 6kg정도가 된다고 한다. 활의 장력은 활 시위의 재질, 궁사에 따라 다르므로 15 ~ 30kg 까지 다양하다. 발사된 활은 50여m/sec 정도의 속도로 날아가며, 활의 재질, 궁사, 바람 등의 영향에 따라 다르지만 최대 약 1km의 거리까지도 보낼 수 있다. 화살은 두랄루민이나 유리섬유 재질이 사용된다. 활대는 나무 등의 재질이 사용되어져 오다가, 현재는 엔지니어링 플라스틱 제품이 사용되고 있다. 활의 양단에 고정시키는 줄인 활 시위는 모시, 삼 등 천연섬유가 사용되어지다가 현재는 폴리아미드인 케블라 섬유(Kevlar fiber)가 많이 사용되고 있다.

활대의 재료 선정에 있어서 중요한 사항은 무엇보다 가벼워야 할 것이고, 질량대비 탄성계수가 높아야 할 것이다. 활 시위가 원래의 상태로 복원될 때의 탄성도 중요하지만, 활 시위가 당겨질 때 활대도 같이 당겨지는 인장력을 받고 어느 정도 변형이 일어났다가, 궁사가 활을 손에서 놓은 순간 활대가 원래의 상태로 복원되므로 탄성이 높아야 에너지의 상호 전달이 높아 화살을 멀리 보낼 수 있다. 활대 재질의 탄성계수가 높아야 이러한 역할을 훌륭히 수행해 낼 것이므로 높은 탄성계수의 활대 재료를 선정하여야 유리하다. 또한 활대와 활 시위가 늘어나는 동안 항복응력 이상의 과도한 힘이 가해지면 안될 것이므로, 항복응력에 대한 정보도 조사하여야 하며, 파손이 일어나서는 안될 것이므로 파괴강도에 대한 정보도 조사하는 것이 좋다.

탄성계수는 응력과 변형률의 비로서 일반적으로 가해진 하중을 초기 단면적으로 나눈 응력 값을, 변형률(변위/변형전의 치수) 값으로 나누어 그 값을 얻을 수 있다. 탄성계수는 이와 같이 가해준 힘에 대한 재료의 반응으로 얻을 수 있는 결과이다. 힘에 대한 저항성이 높다면 가해준 힘에 대한 변형률이 작을 것이므로 탄성계수가 높게 된다. 따라서 탄성계수는 가해준 힘에 대해 변형이 일어나는데 대한 저항성의 척도로서 사용될 수 있다. 이를 수식으로 나타내면 다음과 같다.

$$E = \sigma/\epsilon = (F/A_o) \times (\Delta l/l_o) = (F \cdot \Delta l)/(A_o \cdot l_o)$$

만약 활 시위의 양 끝단에 인장응력이 작용하여 그 결과 단면이 원형 모양인 활대에 굽힘변형이 일어나게 되면 그 변위는 다음과 같다.

$$\delta = (PL^3)/(3EI) = (PL^3)/\{3E \times (1/4)\pi r^4\}$$

이므로,

$$\text{탄성계수 } E = (4/3) \times (PL^3)/(\delta\pi r^4)$$

윗 식에서 I는 관성 모멘트이고, δ는 활대의 최대 변위이다. 다음 그림 B.8의 모식도에 활대에서 인장응력에 의한 변위를 나타내었다.

활이 휘어질 때 항복응력 이상의 하중이 가해지게 되면 활대의 재료에는 소성변형이 발생하게 되므로, 가해지는 하중은 재료의 항복응력보다 작아야 한다. 또한 다음과 같은 재료 지수(material index)를 고려하여 무게(같은 부피를 생각한다면 밀도 ρ)와 함께 탄성계수를 동시에 고려하여야 한다.

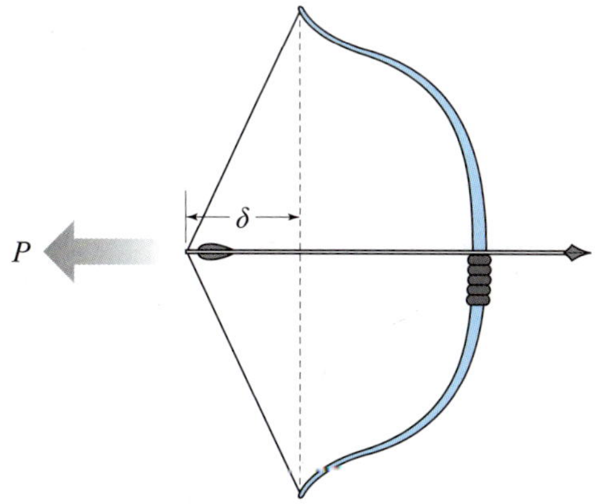

그림 B.8 활대에서 인장력에 의한 변위를 나타내는 모식도

B

$$E_1 = (E/\rho)$$

재료선정 시 반드시 탄성계수 등의 물성, 무게 등을 고려하여야 함과 동시에 가격을 고려하여야 한다. 아래 식에 윗의 E_1지수에 가격지수 c(cost)를 나눈 값을 나타내었다. c가 적을수록 가격이 저렴하므로 E_2 지수는 높은 것이 좋다. 즉 무게는 가볍고(같은 부피를 생각한다면 밀도가 작고), 가격은 저렴하며, 탄성계수는 큰 것이 바람직하다. 따라서 E_1, E_2 지수를 고려하여 높은 값을 나타내는 재료가 바람직 할 것이다.

$$E_2 = (\mathrm{E}/\rho \mathrm{c})$$

활대의 현재 사용되는 재료 및 탄성계수 물성을 우선 고려하여 다음 표 B.4와 같이 활대의 후보재료를 선정하였다.

표 B.4 활대 재료로 고려한 재료 후보 군

재료	밀도 (g/cm^3)	탄성계수 (E, GPa)	항복응력 (MPa)	파괴강도 (MPa)	가격$/톤
알루미나 (Al_2O_3)	3.9	390	5000	550	15000
알루미늄(Al) 합금	2.7	69	40	200	3000
티타늄(Ti) 합금	4.5	116	180	1290	10000
탄소강	8	210	1000	1820	1000
목재(wood)	0.6	12	-	30	750
PP	0.91	0.9	28	35	1000
GFRP	1.9	45	-	300	5000
CFRP	1.56	200	-	640	100000

알루미나는 세라믹스로서 탄성계수는 매우 높고 항복응력이 크지만, 충격에 약한 편이고 가격이 높은 편이라 제외한다. 목재는 활대로서 많이 사용되어온 소재이나 탄성계수가 작고 인장강도 역시 낮으므로 제외한다. 알루미늄, 목재, PP 역시 탄성계수 낮은 편이라 제외한다.

남은 Ti, 탄소강, GFRP, CFRP 중에서 궁사가 지지해야 하는 무게를 고려하여, 밀도(무게)가 큰 티타늄 및 탄소강을 제하면 GFRP와 CFRP가 남는다. 이들은 밀도가 목재보다는 무겁지만 다른 후보재료들에 비하여 가볍다. 탄성계수와 파괴강도가 상대적으로 낮은 GFRP를 제하면 최종적으로 CFRP를 선택한다. CFRP는 가격이 다소 높은 것이 단점이지만 가볍고, 탄성계수가 높으며, 항복응력과 파괴강도가 높아 활대로서 적합하다고 판정된다. 가격을 고려한 차선책은 GFRP가 될 것이다.

앞에서 식으로 나타내었던 재료지수 E_1과 E_2를 계산하여 다음 표 B.5에 나타내었다.

표 B.5 활대에 고려한 후보재료들의 재료지수 값

재료	E_1 지수 (GPa · cm^3/g)	E_2 지수 ($\times 10^{-3}$ GPa · cm^3 · ton/g · \$)
알루미나(Al_2O_3)	100	6.67
알루미늄(Al)	25.56	8.52
티타늄(Ti)	25.78	2.58
탄소강	26.25	26.25
목재(wood)	20	26.67
PP	0.99	0.99
GFRP	23.68	4.74
CFRP	128.20	1.28

E_2 지수를 고려한다면 기존에 활대의 재료로 많이 사용하고 있는 목재가 가장 높은 값을 나타내어, 왜 목재가 활대의 재료로서 많이 사용되고 있는지를 알 수 있다. 그러나 이 지수는 가격을 고려한 지수로서, 가격을 고려하지 않고 무게와 특성만을 고려한 E_1 지수를 살펴보면 앞에서 논리적으로 선정한 바와 같이 CFRP값이 가장 높은 값을 나타내었다. 이는 CFRP가 상대적으로 가볍고 우수한 탄성계수 값을 나타내었기 때문이다.

■ 점핑슈즈

점핑슈즈(jumping shoes)는 인간의 운동 및 그 활동을 증폭시키기 위한 슈즈이다. 그림 B.9와 같이 활과 같은 모양의 C자형의 슈즈와 신발의 밑 부분에 스프링 또는 인장밴드에 의해 지지되는 슈즈의 두 종류가 있다. C자형 슈즈는 사람이 올라탈 수 있는 발판과 활대와 같이 옆으로 휘어질 수 있는 부분이 연결체로 이루어져 있고, 신발의 밑 부분에 판지지대(support plate)와 스프링(T-spring) 또는 인장밴드(tensile band)에 의해 지지되는 슈즈는 사람이 올라타면 그 하중에 의하여 같은 방향으로 변형이 이루어지도록 설계되어 있다. C자형 슈즈의 무게는 대략 7 ~ 8kg이며, 치수는 길이가 840mm, 발길이에 해당하는 폭은 300~400mm, 가로 폭은 180mm 정도이다. 점핑슈즈는 종류에 관계없이 현실적 제한요소로서 사람의 키와 무게를 고려해야 한다. 여기서는 두 가지 모델 중 C자형 점핑슈즈에 대하여 생각하기로 한다.

점핑슈즈는 사람이 슈즈의 발판에 올라탐으로써 수직 압축하중이 가해지게 되고, 이 하중에 의해 옆 방향으로 변형이 일어나 좌굴(deflection)이 일어나게 된다. 그림 B.10과 같이 길이 L의 점핑슈즈에 사람의 무게에 의해 하중 P가 작용하게 되면, 슈즈가 지면에 닿는 부분에서는 크기는 같지만 방향이 다른 반력 P가 발생하게 된다.

이 때 압축하중 P에 의해 δ만큼의 변형이 일어나게 되는데, 그 변형량은 거리 x에 따라 달라진다. 즉 슈즈 부품의 위치에 따라 좌굴되는 양이 달라진다. 각 지점에서의 좌굴량을 결정하기 위해서는 슈즈의 내부 모멘트 M과 곡률 간의 관계

(a)

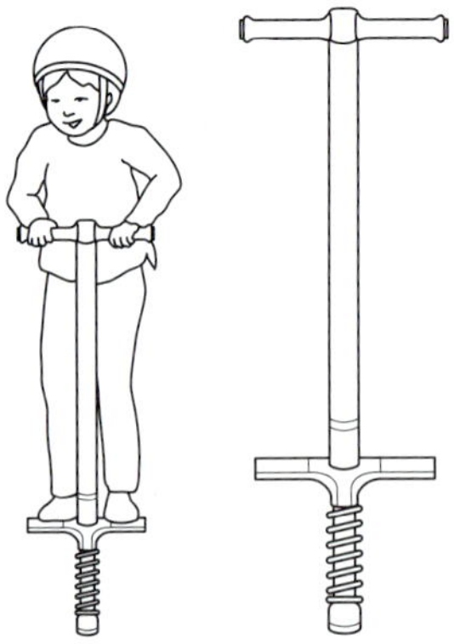

(b)

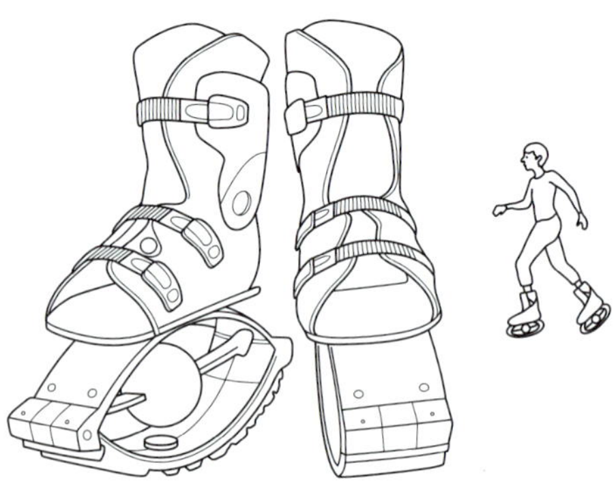

그림 B.9 점핑슈즈의 두 가지 모델

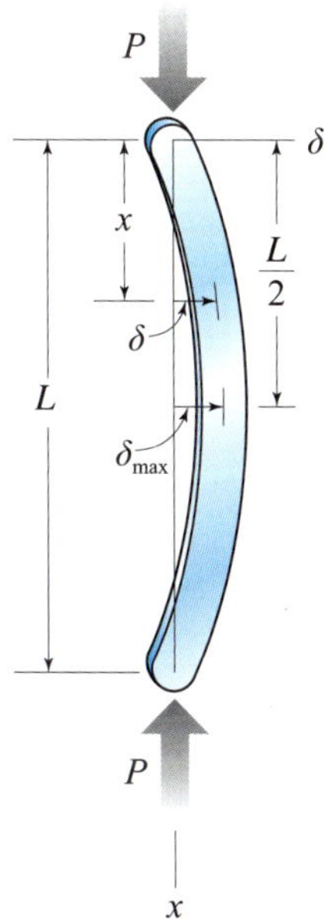

그림 B.10 점핑슈즈에서 일어나는 좌굴

식을 적용한다. 즉,

$$EI(d^2\delta / dx^2) = M$$

이다. 윗 식에서 E는 점핑슈즈 재료의 탄성계수, I는 관성모멘트이다.

한편 모멘트의 평형 식을 적용하면 $M = -\mathrm{P} \cdot \delta$가 되므로

$$EI(d^2\delta / dx^2) = -\mathrm{P} \cdot \delta$$

윗 식을 다시 정리하면,

$$(d^2\delta / dx^2) + (P / EI) \cdot \delta = 0$$

윗 식은 상수계수를 가진 2계 동차 선형 미분방정식이고, 이의 일반 해는 다음과 같이 구할 수 있다.

$$\delta = C_1 \cdot \sin\sqrt{\frac{P}{EI}} \cdot x + C_2 \cdot \cos\sqrt{\frac{P}{EI}} \cdot x$$

적분상수는 슈즈 양단의 경계조건에서 구해질 수 있다. $x = 0$ 및 $x = L$인 지점에서는 $\delta = 0$, 이므로 $C_2 = 0$이 되어 두 번째 항이 없어진다. $C_1 = 0$은 무의미하므로, 따라서 구하는 해는 $\sin\sqrt{\frac{P}{EI}} \cdot L = 0$으로부터

$\sqrt{\frac{P}{EI}} \cdot L = n\pi$가 될 때 해를 만족한다. 이를 P에 대해 나타나면,

$$P = (n^2\pi^2 EI)/L^2, n = \text{양의 정수}$$

가 된다. P의 최소값은 $n = 1$일 때이고, 이때의 임계하중은

$$P_{cr} = (\pi^2 EI)/L^2$$

이 되고, 이 하중에 상응하는 좌굴의 변형량은

$$\delta = C_1 \cdot \sin(\pi x/L)$$

이 된다. 임계하중이 클수록 좌굴이 늦게 일어나므로 탄성이 있는 소재라고 볼 수 있다. 따라서 임계하중이 크게 되려면 재료의 탄성계수와 재료의 내부 모멘트 값이 커야함을 알 수 있다.

한편 모델링 및 유한요소 해석에 의하여 분석한 결과 C자형 부품에서 중앙 부위의 좌굴량이 가장 크게 된다. 그림 B.11에 점핑슈즈의 좌굴 변형에 대한 유한요소 해석 결과의 예를 나타내었다.

앞에서 살펴본 바와 같이 좌굴 현상을 방지하고 점핑이 크게 일어나는 재료적 설계 방법에 있어서는 탄성계수가 큰 것이 유리하다. 한편 점핑 시 사람과 함께 슈즈가 부착되어 운동되므로 가벼운 것이 좋으며, 성능과 무게 대비 가격은

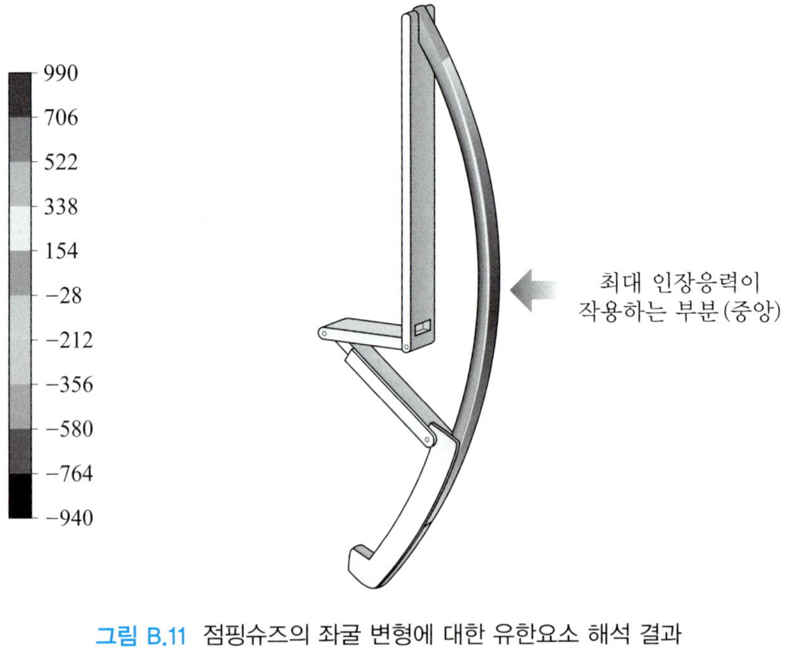

그림 B.11 점핑슈즈의 좌굴 변형에 대한 유한요소 해석 결과

저렴한 것이 좋다. 성능 중에서는 탄성계수를 특히 고려하여 재료를 선택하고자 한다. 탄성에서 중요한 재료 변수인 탄성계수 값을 무게의 지표인 밀도로 나눈 재료 변수를 다음과 같은 식으로 나타내어 이를 E_3지수라고 정의하여 보기로 한다. 이러한 지수는 비강성(specific rigidity)과도 관련된다.

$$E_3 = (E^{1/2}/\rho)$$

윗 식에서 ρ는 재료의 밀도, E는 재료의 탄성계수 값이다. 앞에서 살펴본 E_1, E_2지수와 마찬가지로 E_3지수는 높은 값이 바람직하다.

재료의 선택 시에는 재료의 가격 c도 고려하여야 한다. 탄성계수 E가 커야 변형량이 적고 밀도가 적어야 동일한 부피 내에 무게가 감소하므로, 즉 E_3지수는 크고 c가 적을수록 점핑슈즈의 재료로 적합하다.

밀도 대비 탄성계수의 비율인 E_3 지수와 가격을 고려하여 몇 가지 후보를 선정하여 다음의 표 B.6에 나타내었다.

표 B.6 점핑슈즈에 적합한 재료 후보 군

재료(material)	탄성계수 E, (GPa)	밀도 ρ, (g/cm^3)	E_3 지수 (GPa$^{1/2}$ · cm^3/g)	상대적 가격 c, ($/톤)
탄소강	200	7.8	1.81	1000
알루미늄 합금	69	2.7	3.08	3000
콘크리트	47	2.5	2.74	250
유리	70	2.5	3.35	2000
알루미나	390	3.9	5.06	15000
GFRP	40	2.0	3.16	5000
CFRP	200	1.5	9.43	100000

사람의 몸무게에 의해 지탱할 수 있는 탄성계수 값을 고려하여 200GPa이상을 선택하면 강(steel), 알루미나, CFRP가 적절하다고 판단된다. 그 중 강은 다른 두 재료에 비하여 밀도가 커서 무게가 무거워 후보 군에서 제외하면 알루미나와 CFRP로 선택재료의 후보를 압축시킬 수 있다. 알루미나는 충격에 깨지기 쉽다는 단점이 있어 이를 제외하고, E_3 지수를 고려하여 최종적으로, 밀도가 적어 가장 가볍고, 탄성계수가 상대적으로 우수하며, 제품의 수명 및 안선을 고려하여 가격이 비싼 제품을 허용함으로써, E_3지수가 가장 큰 CFRP를 최종재료로 선택하였다.

B.2.2 소성이 중요한 설계 사례

소성은 6장에서 살펴본 바와 같이 전위의 발생에 의해 소성이 일어나게 되며 전위가 존재하게 되면 전단강도가 감소하게 된다. 재료에 소성이 발생하면 힘을 제거하여도 원래의 상태로 되돌아가지 못하고 기하학적인 길이 차에 의한 변위에 의해 일정량의 변형량이 생기는데 이를 영구 변형량(permanent deformation)이라고 한다. 응력-변형률 곡선에서는 소성이 일어나면 직선 구간을 벗어나 곡선 구간에 도달하게 된다. 즉, 소성 구간에서는 후크의 법칙(Hooke's law)이 적용되지 못한다.

■ 보관용 선반

소성을 고려해야 할 도구로서 어느 공장에서 무거운 파이프들을 올려놓아야 할 선반과 샤프트 등에 적합한 재료를 선정해 보기로 한다. 선반은 철판재나 스테인리스강이 많이 사용된다. 그러나 무거운 파이프 등을 지지하기에는 철재의 선반을 사용할 경우 큰 하중에 의해 쉽게 항복현상이 일어나게 된다. 습한 곳에 보관된 선반은 더욱 쉽게 항복이 일어날 수 있으며 오래 보관될수록 변형이 크게 일어날 수 있다. 이러한 선반의 변형은 얇은 판으로 구성될수록 쉽게 일어난다. 가로가 700mm, 세로가 300mm, 높이가 20mm인 다음 그림과 같은 선반이 한쪽은 핀, 다른 쪽은 롤러로 지지되어 있다고 가정하고, 이 위에 분포하중 p가 작용한다고 가정할 때 분포하중은 직사각형 중앙 상면에 P의 집중하중이 작용한다고 바꿀 수 있으며 임계하중에서 그림 B.12의 상면에 집중하중에 의한 선반의 굽힘이 일어나고 변위 δ가 발생한다고 가정하면,

역학적으로 $EIv'' = M$의 식을 사용하고, 윗 식에서 E는 선반 재료의 탄성계수, I는 관성 모멘트, v는 처짐량을 각각 의미하며, M은 굽힘 모멘트이다.

길이 L인 선반이 핀과 로울러로 지지된 곳에는 지지되어 있는 힘에 의해 양 끝단에서 처짐이 없으므로 다음과 같이 경계 조건을 설정하고,

$$X = 0\text{일 때 } v = 0,$$
$$X = L\text{일 때 } v = 0,$$

좌우대칭이므로 $X = L/2$에서 $v' = 0$이므로 이로부터 처짐의 각도

$$\theta_A = \theta_B = [PL^3]/[24EI]$$

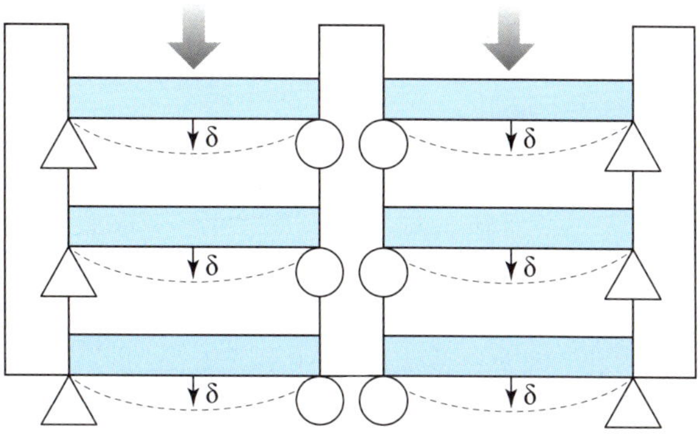

그림 B.12 선반에 작용하는 하중에 의한 소성

를 얻을 수 있고, 최대 처짐량은 $L/2$ 지점에서 발생하며 그 양은

$$v_{\max} = [5PL^4]/[384EI]$$

로 계산된다. 이와 같이 처짐량은 가해지는 하중과 직접적인 관계가 있게 되며, 탄성계수가 클수록 처짐량은 감소한다. 항복강도가 높을수록 허용되는 P가 클 것이므로 항복강도가 높은 소재가 처짐변위를 낮추는 데 유리할 것이다.

따라서 재료 선정에 있어서 선반의 무게의 지표가 되는 밀도, 선반재료의 가격, 소성변형이 일어나는 항복강도를 탄성계수와 함께 특성의 기준으로 삼고 다음 표 B.7과 같이 후보 재료군을 선정하였다.

표 B.7 선반의 후보 재료군.

재료	밀도 (g/cm^3)	항복강도 (MPa)	탄성계수 (GPa)	가격 ($/톤)
목재	0.6	-	12	750
스테인리스 합금	7.85	400	200	3000
알루미늄 합금	2.7	40	69	3000
티타늄 합금	4.5	180	116	10000
연강	7.83	220	200	500
구리	8.96	60	124	10000
주철	7.4	250	180	450

앞에서와 구분하기 위해 여기서는 E_4, E_5지수를 항복강도와의 비율로 정의하기로 하자. 다음 표 B.8에는 무게대비 항복강도 값인 $E_4 = (\sigma_Y{}^{2/3}/\rho)$과 가격대비 항복강도 값인 $E_5 = (\sigma_Y{}^{2/3}/\rho)(1/c)$ 를 계산하여 상호 비교하였다.

표 B.8 선반의 후보재료 군

재료	E_4 ($MPa^{2/3} \cdot cm^3/g$)	E_5 ($\times 10^{-3} MPa^{2/3} \cdot cm^3 \cdot ton/g \cdot \$$)
스테인리스 합금	6.92	2.31
알루미늄 합금	4.33	1.44
티타늄 합금	7.08	0.71
연강	4.65	9.31
구리	1.71	0.17
주철	5.36	11.92

표에서와 같이 목재 선반은 가격은 저렴하지만 탄성계수가 후보재료 군 중에서 가장 낮아 강로울러 보관용 선반으로는 적절하지 못하다. 티타늄합금과 구리는 상대적으로 가격이 가장 높으므로 바람직하지 못하다. 구리와 알루미늄은 항복강도가 낮아 제외될 수 있다. 따라서 스테인리스 합금, 연강, 주철이 선반에 적합한 재료로 압축될 수 있으며 이들의 E_4지수를 상호비교하면 그 값이 가장 높은 스테인리스 합금을 최종재료로 선정하였다. 가격을 고려하여 E_5지수가 가장 높은 값을 나타낸 주철도 최적의 재료가 될 수 있다. 그러나 부가적으로 습기가 있어 선반이 부식이 일어나는 환경에 사용되는 경우라면 스테인리스 합금이 최적의 재료로 선택될 수 있다.

우산 부품

다음 그림 B.13에 우산 천을 제외한 부품들과 그 명칭을 표시하였다. 우산의 샤프트는 중심 막대로서, 우산 전체의 무게를 지지하며 우산이 펼쳐지고 접혀질 때의 런너(runner)를 움직이도록 가드해주는 역할을 한다. 런너(runner)는 우산을 펼치고 접는 역할을 하며 샤프트를 따라 미끄러지는 부품이다. 립(rib) 부분은 우산이 펼쳐졌을 때의 모양을 좌우하는 부품으로 우산의 천 부분을 지지해주는 지지대 역할을 한다. 스트레처(stretcher)는 립의 지지를 보강해준다. 페룰(ferrule)은 샤프트를 잡가주는 탭의 역할을 한다. 이와 같이 우산은 2개 이상의

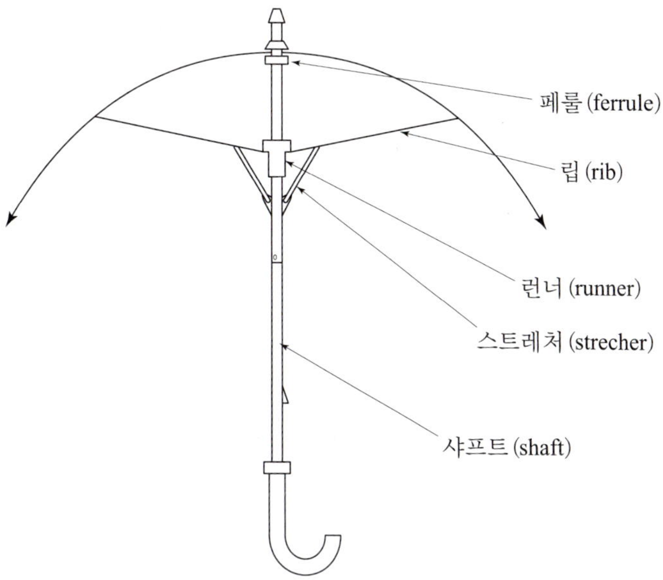

그림 B.13 우산을 구성하는 부품 및 명칭

부품이 상호 연결되어 있고 상호작용을 하면서 펼쳤다 접었다 하는 일을 하며, 일을 하는 동안 파손되지 않는다.

우산의 크기와 무게는 형상 등에 따라 다양하므로 따로 정량화하여 나타내지 않아도 우리의 생활에 친숙한 도구이다.

일반적으로 우산의 소재는 강(steel)이 많이 쓰이고 고가인 우산은 비와 접촉 시의 부식을 방지하기 위해 스테인리스강(stainless steel)이 사용된다. 이러한 우산을 소지하며 다니려면 가벼운 것이 유리할 것이고, 저렴한 가격의 우산을 구매하는 것이 경제적일 것이다. 그러나 저렴한 우산을 사용할 경우, 강한 바람이 부는 지역에서 우산의 립이 휘어져 버린 경험이 많이 있을 것이고, 비의 접촉에 의해 부식이 일어난 우산을 관찰한 경험도 많이 있을 것이다. 우산을 발로 밟거나 던졌을 때 샤프트가 휘어지는 경험도 있을 것이다.

특히 립이나 샤프트 부품은 앞에서의 선반과 다르게 옆으로 좌굴(bending)이 일어나고, 비와의 접촉으로 부식저항성이 우수한 소재를 생각해보아야 한다. 좌굴이나 굽힘 등에 대한 저항성이 높으려면 각 부품에 사용하는 재료의 항복강도가 높아야 하고, 부식저항성이 우수하려면 산화에너지를 고려하여야 한다. 또한 무엇보다 가볍고 가격이 저렴한 우산을 선택하는 방향이 유리할 것이다. 다음 표 B.9에 우산의 립(rib) 부품의 후보재료군을 나타내었다.

B

표 B.9 우산의 립 부품의 후보 재료군

재료	밀도 (g/cm^3)	가격 ($/톤)	항복 강도 (MPa)	산화 에너지 (kcal)	부식 퍼텐셜 (V)	산화 두께 안정성
스테인리스 합금	7.85	3000	400	-701	Cr -0.74	long
연강	7.83	500	220	-508	Fe -0.44	
탄소강 (carbon steel)	7.8	1000	1000	-500	Fe -0.44	
알루미늄 합금	2.6-2.9	3000	100-627	-1045	Al -1.66	very long
티타늄합금	4.3-5.1	10000	180-1320	-848	Ti -1.63	
주철	7.4	450	250	-500	-	
엔지니어링 플라스틱	1.2-1.3	3500-40000	55-85	0	-	good
GFRP 복합재료	1.9	5000	-	-200	-	good

스테인리스 합금은 녹슬지 않고 연강, 주철, 탄소강은 가격이 저렴하다는 장점이 있으나 우산으로 사용하기에는 밀도가 높으므로 제외한다. 티타늄 역시 무거운 편이고 가격이 비싸므로 제외한다. 재료 후보는 따라서 알루미늄 합금, 엔지니어링 플라스틱, GFRP로 압축시킬 수 있다. 이 중 항복강도가 적절하고, 산화에너지에 대한 저항성이 우수하며 상대적으로 가격이 저렴한 알루미늄 합금을 최종 재료로 선택한다.

스프링

소성이 중요한 설계가 필요한 기계부품으로서 중요한 기계요소 중 하나인 스프링(spring)을 들 수 있다. 스프링은 물체의 탄성을 이용하여 진동과 충격을 완화시켜주는 기계이다. 자동차 샤시 시스템에 사용되는 완충용 스프링, 힘을 측정하는 저울용 스프링, 시계 등에 사용하는 스프링은 에너지 저장용으로 쓰인다. 스프링의 종류로는 압축, 인장용 코일스프링, 자동차에 사용되는 판스프링, 스파이어럴 스프링 등이 있다. 스프링은 탄성을 유지하여야 하는 부품인데, 그 이유는 소성이 일어나면 탄성의 역할을 제대로 수행할 수 없기 때문이다.

소성에 있어서 가장 중요한 재료 변수는 항복강도(yield strength)이다. 스프링은 탄성적 특성, 즉 회복력이 우수하여야 하므로 사용 도중 영구변형을 일으키지 않아야 한다. 또한 그 주 기능은 탄성 구간에서 힘이 압축 또는 인장되는 동안 에너지가 저장되어져야 하며, 원상태로 회복되면서 에너지를 방출할 수 있어야 한다. 스프링의 단위부피당 저장 가능한 에너지는 다음 식과 같다.

$$U^{el} = 1/2 \times (\sigma^2/E)$$

윗 식에서 σ는 응력, E는 탄성계수, U^{el}은 탄성에너지 값이다.

스프링에 의해 최대로 저장할 수 있는 에너지는 항복응력 값까지가 최대이므로, 즉 $\sigma = \sigma_y$일 때까지이므로,

$$U^{el} = \sigma_y{}^2/2E$$

의 값이 된다.

즉 스프링의 모양이나 용도에 관계없이 $\sigma_y{}^2/E$의 값이 높을수록 스프링으로 사용되기에 바람직하다고 말할 수 있다.

E와 σ_y는 그림 B.14에서와 같이 스프링 재료의 응력-변형률 곡선에서 각각 직선 구간의 기울기 그리고 직선 구간과 곡선 구간의 경계치에 해당하는 응력 값이 된다. U^{el}은 탄성 구간에 해당하는 직선 밑의 면적에 해당한다.

스프링은 재료에 따라 항복강도, 탄성계수가 서로 다르게 되고 이에 따라 서로 다른 응력-변형률 곡선이 얻어진다. 또한 서로 다른 탄성 구간의 크기 및 변

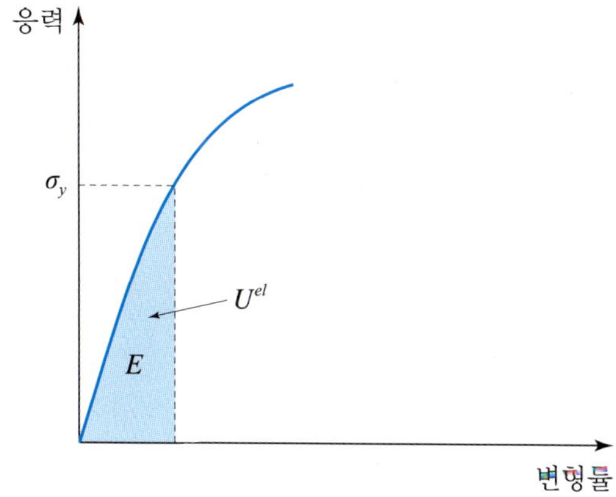

그림 B.14 스프링 재료의 응력-변형률 곡선에서 E, σ_y, 그리고 U^{el}

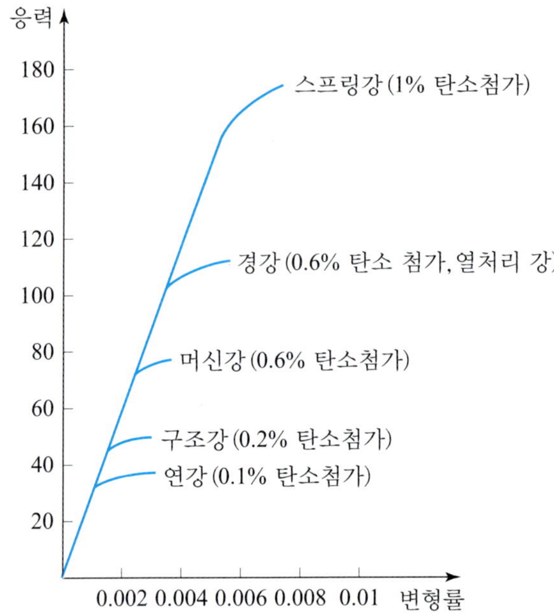

그림 B.15 스프링 재료의 서로 다른 응력-변형률 곡선

형량 정도에 따라 저장 가능한 탄성에너지 역시 달라진다. 다음 그림 B.15는 스프링에 사용 가능한 다양한 재료의 응력-변형률 곡선들을 나타낸다. 황동이나 탄소량이 적은 강에 비하여, 탄소량이 상대적으로 많은 강을 열처리할 경우, 탄성력이 증가하고, 항복강도 역시 상승함을 알 수 있다. 또한 소재의 선택 및 제어에 의해 성능의 변화가 가능하다는 것을 알 수 있다.

전위밀도의 향상에 의해 가공경화가 일어나면 소성 구간이라 하더라도 변형에 하중의 증가가 요구된다. 그러나 그 정도는 탄성 구간에 비하여는 크지 못하다. 즉 비록 가공경화가 변형에 대해 어느 정도 저항하지만, 원자나 결정구조에 있어서는 어느 정도의 변화를 야기한다. 따라서 소성 강도는 소성변형이 일어나서는 안 되는 부품을 설계하는 데 있어서 중요한 재료 변수가 된다. 사용 도중 하중을 지지하기 위해서는 소성변형이 일어나서는 안 되므로 항복강도가 높은 소재를 선택하여야 한다. 가해지는 힘 역시 재료가 견딜 수 있는 항복강도 이하의 응력이 부여될 수 있도록 설계되어져야 한다.

자동차의 직육면체 형상의 판스프링의 경우에 있어서 굽힘응력에 의하여 변형이 일어나는 경우를 생각해 보자. 그림 B.16과 같이 스프링 1개의 크기는 종류에 따라 다르지만 대략 130 × 50 × 2mm의 판스프링이 겹대어 있다.

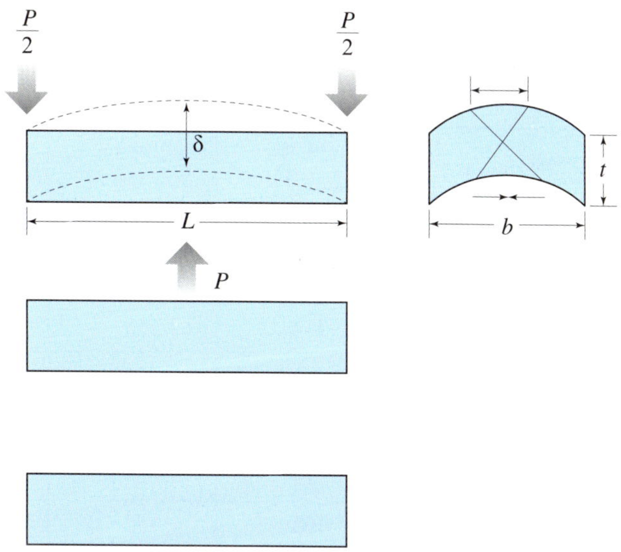

그림 B.16 자동차 판스프링 및 굽힘응력에 의한 변형의 모식도

굽힘응력이 작용하여 변형이 일어나게 되면 그 변위는

$$\delta = (PL^3)/(3EI) = (PL^3)/\{3E \times (1/12)bt^3\} = (PL^3)/(4Ebt^3)$$

이 된다. I는 단면적의 관성모멘트이고, E는 스프링의 탄성계수이다.

단위부피당 스프링에 저장되는 탄성에너지는 다음과 같다.

$$U^{el} = 1/2 \times (P\delta)/(btL) = (P^2L^2)/(8Eb^2t^4)$$

그림 B.16과 같이 휘어질 때 최대 굽힘응력은 스프링의 윗면에 작용하며 다음 식과 같이 계산된다.

$$\sigma = (Mc)/I = (P/2) \times (L/2) \times (t/2) \times 12/(bt^3) = (3PL)/(2bt^2)$$

굽힘응력이 항복강도보다 작은 값 이하의 값을 가져야 바람직하므로,

$$(3PL)/(2bt^2) \le \sigma_y$$

윗 식을 등식으로 놓고 앞의 U^{el} 식에 대입하면,

$$U^{el} = (1/18)(\sigma_y{}^2/E)$$

따라서 식 $\sigma_y{}^2/E$ 이 큰 값일수록 성능 면에서 스프링 재료로 유리하다.

판스프링에 적합한 재료의 후보군을 정리하여 다음 표 B.10에 나타내었다.

표 B.10 스프링에 적합한 재료 후보 군

재료(material)	탄성계수 E, (GPa)	항복강도 σ_y, (MPa)	σ_y^2/E $(\times 10^6)$
스테인리스 합금	200	400	0.80
베릴륨 합금	308	155	0.08
황동	114	355	1.11
주철	180	625	2.17
구리 합금	135	510	1.93
알루미늄 합금	74	364	1.79
티타늄 합금	105	750	5.36

표의 가장 우측 열에서 탄성계수와 항복강도의 비와의 관계를 비교하였다. 수치와 같이 티타늄 합금(Ti alloy)이나 주철이 스프링 재료로 적합한 것으로 판단할 수 있다. 한편 이들의 밀도와 가격을 비교하여 다음 표 B.11에 나타내었다.

표 B.11 스프링 재료의 밀도와 가격

재료 (material)	밀도 ρ, (g/cm^3)	가격 c, ($/ton)
스테인리스 합금	7.6	3000
베릴륨-구리합금	8.2	30000
황동	8.05	10000
주철	7.4	450
구리 합금	8.3	10000
알루미늄 합금	2.8	3000
티타늄 합금	4.7	10000

위의 표에서와 같이 티타늄 합금은 주철에 비하여 밀도가 낮아 가벼우나 가격이 비싼 것을 알 수 있다. 반면에 주철은 티타늄 대비 밀도가 높아 무거우나 가격은 1/2 수준임을 알 수 있다. 따라서 용도에 맞게 예를 들면 자동차와 같은 경우라면 무게가 가벼워 연비가 높아야 하고, 내열성이 있어야 하므로 높은 가격

B

을 감안해서라도 티타늄 합금재를 선택하는 것이 좋다. 일반 기계요소의 용도이고 상온에서 사용하는 스프링이라면 조금 무겁더라도 주철의 스프링을 사용하는 것이 좋다.

참고로 모든 기계요소나 부품들이 항상 항복강도가 높아야 하는 것은 아니다. 예를 들면 기계 가공을 하려면 전단력 부여에 의해 쉽게 형상을 만들려면 항복강도가 낮은 것이 유리하다. 재료에 소성을 부여하여 가공하는 것을 소성이라고 하는데, 소성가공은 재료의 항복강도가 낮을수록 소성이 쉽게 일어나 원하는 모양으로 가공할 수 있다.

B.2.3 파괴가 중요한 설계 사례

파괴가 중요한 설계 사례로서 파이프의 용접 부위, 자전거의 크랭크 부품과 가스터빈 소재의 터빈블레이드 등 내열 부품에 대해 살펴보기로 한다.

■ 파이프의 용접부

배수관, 열수관, 화학용 파이프 등은 물이나 화학용 유체를 한 곳에서 다른 곳으로 이동시키는 통로 역할을 한다. 파이프의 노화로 용접 부위의 덮개가 파손되어 안에 있던 열수가 쏟아져 나오는 사고가 있었다. 이와 같이 기계 부품의 파손이나 파괴는 부품 자체를 사용하지 못하게 하는 것을 너머 인류에게도 치명적인 사고를 일으키는 원인이 된다. 따라서 파괴를 일으키지 않도록 역학적인 설계를 하거나 파괴에 저항성이 높은 소재의 개발 및 적용으로 이러한 사고를 미연에 방지하여야 한다.

용접에 의한 기계 부품의 연결은 많이 활용되고 있으나, 용접 부위의 강도가 상대적으로 취약하다. 그 이유는 그림 B.17과 같이 용접 부위 근처에는 항상 용접 공정 도중의 열에 의해 열적 응력 차가 발생하며, 용접 시의 높은 열로 부터 냉각을 거쳐 균열 등 내부 결함이 형성될 가능성이 있기 때문이다.

예를 들면 파이프의 소재로서 항복강도 값이 700MPa이고 파괴인성 값이 80MPam$^{-1/2}$인 탄소강을 사용하였을 경우, 탄소강의 일부 부품을 용접할 경우는 용접에 의해 강도 값이 900MPa 이상으로 증가하는 반면 파괴인성은 약 40MPam$^{-1/2}$으로 50%나 감소할 수 있다.

만약 압력 용기가 구형이라면 용기에 작용하는 응력은 $\sigma = pr/2t$으로 계산

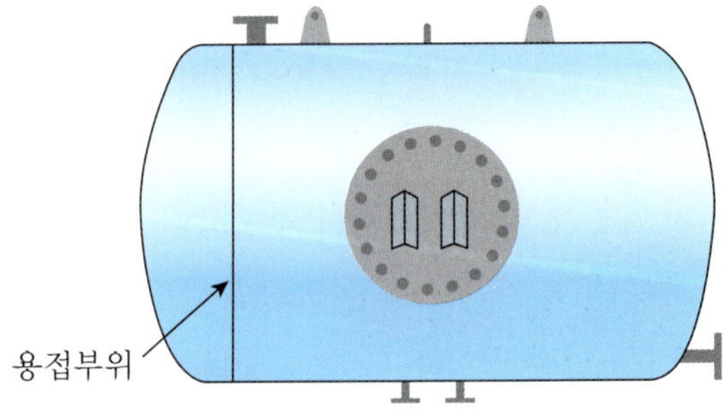

그림 B.17 원통형 용기의 용접 부위를 나타내는 모식도

되는데, 여기서 t는 용기의 두께, p는 내부압(internal pressure), r은 구의 반경이 된다.

용기가 원통형이라면 원주방향으로 작용하는 응력은 구형용기와 같지만, 길이방향 접합부에 작용하는 응력은 다음과 같이 변화된다.

$$\sigma = pr/t$$

만약 파이프의 내부반경이 1000mm 두께가 10mm라면, 그리고 내부압이 주어지면 작용하는 응력은 윗 식에 의해 계산 가능하고, Griffith 식에 의하면

$$Y\sigma(\pi a)^{1/2} = K_{IC}$$

이므로, 내부압에 의해 파손이 일어나는 임계응력과 사용된 소재의 물성 데이터로부터 파괴인성 값을 안다면 임계결함의 크기 a를 알 수 있고, 역으로 임계결함의 크기 a를 안다면 임계응력을 계산할 수 있다. 이러한 분석으로 내부압을 낮추거나 파괴인성이 높은 소재로 파이프를 대체하여 사용하면 급작스런 파괴에 대해 파손을 방지할 수 있다.

자전거 부품

자전거는 자연친화적인 교통수단으로서, 또 동력수단으로서 일반적으로 모터나 석유 등의 기름을 사용하지 않고 사람의 에너지로 운송한다. 자전거에는 수백 개의 부품이 있으며, 자전거의 핸들로 방향 제어를 하고, 바퀴(휠)의 움직임을 통해 한 지점으로부터 다른 지점으로 쉽게 움직여 사람이 걷는 속도보다 빠른 속도로 움직일 수 있다. 자전거의 부품들은 자전거를 탄 사람의 활동을 지면 위에서 자전거가 앞으로 나아가는 움직임으로 전환하는데 필수적인 도구들로 이루

B

어져 있다.

자전거를 오래 타다 보면 자동차 페달과 바퀴를 연결하고 있는 크랭크(crank) 부위가 파손되어 있는 것을 관찰해 본 경험이 있을 것이다. 자전거의 크랭크는 운동을 변환하는 핵심역할을 하며, 체인은 그 운동을 바퀴(휠)로 전달하는 역할을 한다. 즉 페달 위에서 운동자 무릎아래의 직선운동을 회전운동으로 바꾸어주는 역할을 한다. 이 때 크랭크 부품은 수직선을 기준으로 비틀림 하중을 받게 되며, 또한 지속적인 회전을 통해 인장과 압축응력이 반복되는 피로하중을 받게 된다.

자전거 부품들은 자전거의 크기 및 용도에 따라 그 크기와 중량도 다양하다. 크랭크는 앞에서 언급하였듯이 자전거를 타는 사람의 운동에너지를 회전운동으로 바꾸어 동력을 전달할 수 있게 하는 부품이다. 기어가 없이 직접 구동하는 자전거의 경우 바퀴의 직경이 약 70cm이고 크랭크의 길이가 약 17cm라면, 움직여서 나아가는 비율은 35/17 = 약 2정도이다. 즉 페달로 축을 돌리는 거리보다 2배를 멀리 나갈 수 있다.

자전거를 달리게 할 때 페달운동을 통해 그 힘을 체인을 거쳐 바퀴(힐)에 전달하게 되는데, 페달을 돌리게 되면 그림 B.18에서와 같이 바텀 브라켓(bottom bracket)에 연결된 프레임에 토크(torque)와 당겨지는 힘이 발생한다. 이는 브라켓, 튜브 등의 부품들이 비틀림응력을 받게 한다. 바텀 브라켓이 한 방향으로 뒤틀리면, 일부 에너지가 늘어난 스프링과 같이 에너지로 축적되었다가, 힘이 반대의 페달로 이동되면 완화되어 원래의 상태로 회복된다. 토오크 T에 의해 발생하는 최대 전단응력 τ_{max}은 다음 식과 같이 표현 될 수 있으며,

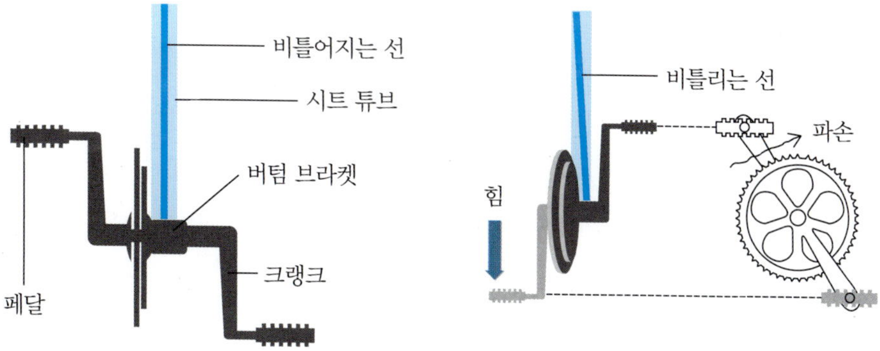

그림 B.18 자전거 부품에서의 비틀림

$$\tau_{max} = (T \cdot c)/J$$

비틀림 각 Φ는,

$$\Phi = (T \cdot L)/(J \cdot G)$$

이다. 윗 식에서 c는 원형 축의 반경, J는 횡단면적의 극관성 모멘트, G는 재료의 전단탄성계수이다.

만약 크랭크 부품 내에 균열 등 임계결함이 존재하고 그 크기가 $2a$라면, Griffith 방정식에 의해 응력확대계수(stress intensity factor) K는

$$K = Y\sigma(\pi a)^{1/2}$$

의 식과 같이 된다.

재료의 파괴인성 $K_{IC} = 23\text{MPa} \cdot \text{m}^{1/2}$이고, 임계결함의 크기가 $100\mu\text{m}$ 라면, 부품이 파손되기에 필요한 응력 값은 약 1.3GPa이 된다. 따라서 이 응력보다 작은 힘이 걸리도록 설계를 다시 하거나, 아니면 이 응력에 견디기 위해 파괴인성 값이 보다 높은 소재로 대체하여야 한다. 이 힘은 통상 사람이 자전거를 탈 때 충분히 견딜 수 있는 힘이 되므로 회전에 의한 피로를 고려해 보아야 한다.

자전거의 크랭크 부품은 페달운동에 의해 지속적인 회전력을 받는다. 한 바퀴 돌 때는 주기적으로 압축과 인장력이 반대로 작용하며 피로응력을 받게 된다. 따라서 장시간 자전거를 타다 보면 실제 부품의 강도보다 작은 응력이 걸릴 때도 피로응력에 의해 쉽게 파손되는 현상을 경험할 수 있다. 만약 언덕길을 오르는 경우를 생각하면 자전거의 크랭크에는 평지보다 더 큰 응력이 가해질 수 있으며, 특히 굴곡이 심한 지형에 의해 반복적인 진동응력이 가해질 수 있다. 만약 최대의 응력과 최소의 응력이 작용하며 반복된다면,

$$\Delta K = K_{max} - K_{min} = \text{Y}\Delta\sigma(\pi a)^{1/2}$$

의 식이 적용된다.

자전거 휠의 회전수 N에 따라 크랭크 부품 내에 만약 균열이 존재한다면 균열의 성장여부는 ΔK에 의존한다. 즉 다음 역학 식에 의해 균열의 직경 a여부가 지배된다.

$$da/dN = A(\Delta K)^m = AY^m\Delta\sigma^m\pi^{m/2}a^{m/2}$$

또한 윗 식으로부터 a를 성장시키는데 필요한 N값을 결정할 수도 있다.

본 설계과제에서는 가격이 조금 비싸더라도 산악자전거 등에 적용이 가능한 파손을 방지할 수 있는 크랭크의 재료후보를 선정하고 최적의 재료를 선택하고자 한다.

다음 표 B.12에 크랭크의 재료에 적절한 후보를 선정하였으며 이의 물성과 밀도를 비교하였다. 가격은 고려하지 않기로 하였으므로 가격지수는 표에 나타내지 아니하였다.

표 B.12 자전거 크랭크부품에 적절한 후보재료 군

재료	탄성계수 (GPa)	인장강도 (MPa)	항복강도 (MPa)	파괴인성 (MPa · $m^{1/2}$)	피로한계의 예 (ratio)	밀도 (g/cm^3)
탄소강	200	520	310	150-200	0.5	7.8
알루미늄 합금	68.9	310	276	23-45	0.31	2.8
마그네슘	44	248	200	330	0.37	1.79
티타늄 합금	120	1000	925	55-100	0.55	4.42
유리-에폭시 복합재	90	3750	3450	4	0.16	2.63

본 설계과제에서는 크랭크가 차지하는 무게는 자전거 전체 무게에 비교하면 큰 차이가 없을 것으로 먼저 생각하고 밀도 부분을 고려하지 않기로 한다. 즉 가격과 밀도 부분은 고려하지 않고 특성만 생각해 보기로 한다.

먼저 앞에서 살펴본 식과 같이 크랭크 부품에 비틀림 응력에 의해 파손되지 않으려면 높은 전단탄성계수를 갖는 소재가 바람직하다. 따라서 80GPa 이상의 탄성계수를 갖는 소재를 고른다면 탄소강, 티타늄합금, 에폭시 복합재가 남는다.

인장강도와 항복강도 역시 크랭크 부품의 수명에 중요한 역할을 한다. 반복적인 인장강도가 작용하고, 항복강도가 낮으면 변형을 수반하기 때문이다. 따라서 탄소강의 인장강도 및 항복강도가 상대적으로 낮은 값을 나타내므로 제외한다.

본 설계과제에서는 반복적인 피로응력이 작용하는 경우로서, 피로한계 및 파괴인성을 고려하는 것이 마지막으로 중요하다. 피로한계 값이 높은 (저항력이 있는) 소재 및 파괴인성이 높은 소재는 둘 중에 티타늄합금이므로 최종적으로 티타늄합금을 크랭크 부품의 재료로 선정한다.

B

가스터빈 고온 부품 코팅 소재

가스터빈(gas turbine) 소재는 압축된 공기와 연료와의 연소로 팽창된 기체로 터빈을 돌려 전기를 생산하는 기계이다. 자동차의 엔진 중 피스톤이 실린더 내로 왕복운동하면서 흡기-압축-팽창-배기의 4행정이 이루어지면서 엔진이 가동되듯이, 가스터빈 기계 역시 공기를 흡입시켜 압축기로 압축시키고, 연소의 힘으로 공기를 팽창시켜 터빈을 돌려준 후 배기를 시키는 연속 공정이 터빈의 기계를 통해 이루어진다. 이러한 가스터빈을 발전기와 연결시켜 전기를 생산하게 된다. 가스터빈은 정지형 발전 시스템에 사용되어 연료로부터 전기를 생산하는데, 전기 생산량/투입 연료량의 비, 즉 효율을 높이기 위해 1000°C 이상의 온도로 높이게 되므로 열에 강한 소재가 사용되어져야 한다.

한편 항공용 가스터빈 소재 역시 압축된 공기와 연료와의 연소로 팽창된 기체가 뒤로 보내지면서 터빈을 돌려주게 되고 그 힘으로 추진력을 얻게 된다. 그림 B.19에 항공용 제트엔진의 모식도를 나타내었다. 고속으로 운전되어져야 하는 항공기 역시 높은 온도가 요구되어 열과 기계적 특성이 우수한 소재가 사용되어져야 한다.

가스터빈은 고온에서 지속적으로 동작하는 기계이므로, 내열성뿐만 아니라 기계적 특성이 우수하여야 한다. 고온의 공기 중에서 작동하므로 산화 저항성이 높아야 하고, 고온에서의 변형 즉 크리프 저항성도 높아야 한다. 진동이나 열에 의한 가열과 냉각이 반복되므로 열응력 등에 의한 피로 저항성도 견뎌야 한다. 고온기체에 대한 부식 저항성도 우수하여야 한다. 무엇보다도 작동하는 도중 파손되지 않도록 충분한 파괴인성을 갖는 소재이어야 하므로 이러한 부품을 설계하는 데 있어서 반드시 파괴를 고려하여야 한다.

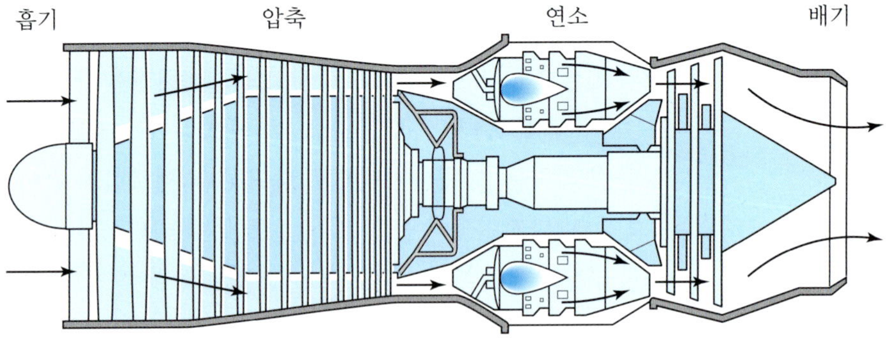

그림 B.19 비행기의 제트엔진 모식도

1000°C 이상의 온도로 작동하기 위해서는 내열성이 1000°C 이상의 온도에서도 우수하여야 하는데 이렇게 높은 온도에 견디는 금속이나 합금은 거의 없다. 따라서 터빈 소재의 온도를 낮추기 위해 냉각기술이 함께 발전되어져 왔으며, 내열성이 우수한 터빈 소재로서는 니켈계나 티타늄계 합금(Ni or Ti alloy)이 주로 사용된다.

지속적인 가스터빈 기계의 개발로 작동온도가 상승되고 있다. 1980년대에는 1100°C급에서, 1990-2000년대 1350°C급으로, 2010년대에 들어서는 1500 ~ 1600°C급까지 사용가능한 가스터빈이 개발되었는데, 이러한 기계의 개발에는 냉각 기술의 발전과 더불어 내열소재 개발이 뒷받침 되었다. 금속 모재(substrate)로는 크리프 저항성을 향상시키기 위하여 일방향으로 응고된 금속재가 개발되었다(DS alloy, directionally solidified alloy). 이는 입자의 직경대 길이비를 크게 하여 입계의 면적을 줄여 크리프 저항성을 높이는 방법이다. 입계의 면적이 없도록 단결정(single crystal)으로 주조하는 방법도 연구되고 있다. 또한 높은 온도를 차단하기 위해 세라믹 소재를 코팅하는 기술이 적용되었다. 다음 그림 B.20은 소재기술 개발이 작동 온도에 어떻게 기여하였는지를 보여주는 그림이다.

세라믹 코팅재의 개발, 적용에 의해 작동 온도가 1350°C급으로 상승 가능하게 되었고, 세라믹 섬유강화 복합재의 개발에 의해 작동 온도가 1500 ~ 1600°C급까지 상승할 수 있게 되었다.

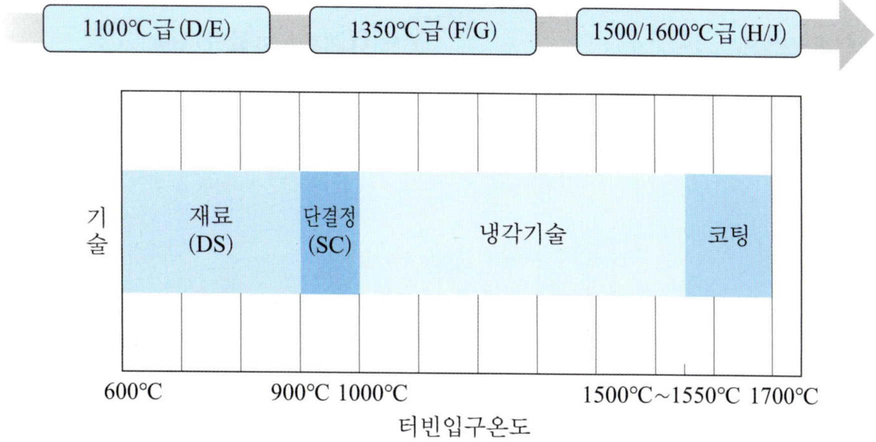

그림 B.20 가스터빈 소재의 재료 개발과 작동 온도

터빈 부품은 일반적으로 발전소 등에서 사용되는 큰 크기의 부품이므로, 결함을 완전히 없앨 수는 없다. 따라서 결함은 반드시 존재하게 되므로 균열의 개시(initiation)보다는 성장(growth)이 중요하다. 터빈블레이드와 같이 지속적으로 회전하는 동력 부품이고 진동에 의한 피로에 의해 균열이 성장을 한다면 다음 식을 따르게 된다.

$$da/dN = A(\Delta K)^m$$

여기서 da는 균열의 길이 변화이고, dN은 피로가 가해지는 싸이클 횟수(number of cycle)이다. K는 응력확대계수(stress intensity factor)이고, A와 m은 da/dN과 ΔK를 도시하였을 때 실험적으로 얻어지는 절대값과 기울기의 상수값이다.

그림 B.21에 시간에 따른 응력과 ΔK의 변화를 그래프로 나타내었다. 터빈 부품의 표면에 세라믹 코팅재가 사용되므로 Griffith 식을 적용할 수 있다면

$$\Delta K = \Delta\sigma(\pi a)^{1/2}$$

이 되며, 여기서 $\Delta\sigma$는 다음 그림 B.21과 같이 주기적으로 가해지는 인장응력의 범위 값이다. 피로응력에 의해 균열의 길이 a는 성장하게 되므로, ΔK 역시 점차 증가하는 값을 나타내게 된다.

Griffith 식을 $da/dN = A(\Delta K)^m$ 식에 대입하면, $(m = 4)$

$$da/dN = A\Delta\sigma^4\pi^2a^2$$

이 되고, 다시 정리하면

$$dN = \{1/(A\sigma^4\pi^2)\} \times (da/a^2)$$

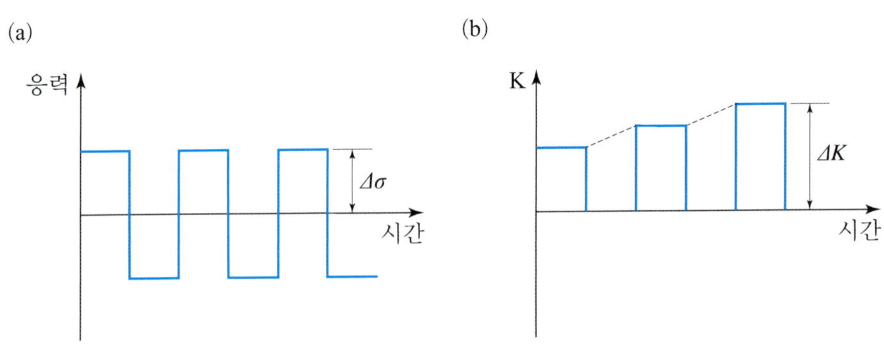

그림 B.21 회전하는 가스터빈 부품의 (a) 주기적인 응력과 (b) ΔK의 변화

윗 식의 양변을 적분하면,

$$N = \{1/(A\sigma^4\pi^2)\} \times \{(1/a_1) - (1/a_2)\}$$

만약 a_2가 급작파괴를 일으키는 임계균열에 해당한다면 N은 피로파괴를 일으키는 최대의 싸이클 수가 된다.

세라믹재가 금속 내열 합금 모재에 코팅될 때 코팅된 소재는 움직일 수 없는 구속의 상태(constrained condition)가 된다. 따라서 9.3절에서 살펴본 바와 같이 움직임이 구속된 상태에서는 열에 의한 변형이 있을 수 없으므로, 즉 $\delta = 0$이므로, 열에 의한 응력(thermal stress), σ가 발생한다. 그 때의 응력 값은 다음 식에 의해 계산할 수 있으므로,

$$\sigma = E \cdot \alpha \cdot \Delta T$$

윗 식에서 E는 재료의 탄성계수, α는 재료의 열팽창계수, ΔT는 시스템의 온도 차이이다.

코팅 소재는 모재와는 서로 다른 탄성계수 차이, 그리고 서로 다른 열팽창계수 차이에 의해 열응력 차이를 받게 된다. 특히 열팽창계수의 차이

$$\Delta\alpha = \alpha_{코팅재} - \alpha_{모재}$$

의 차이가 클수록 큰 열응력이 코팅재에 잔류하게 되며, 이러한 잔류 응력이 코팅재의 손상 및 수명에 영향을 미치게 된다.

코팅층의 두께와 각 소재의 포아슨비(Poisson's ratio), ν를 고려한 잔류 응력의 역학식은 다음 식과 같다.

$$\sigma_R = (\alpha_c - \alpha_s) \cdot \Delta T \cdot [E_c/\{(1 - \nu_c) + (2h_c/h_s)(E_c/E_s)(1 - \nu_s)\}]$$

윗 식에서 첨자의 c는 코팅층(coating), s는 모재(substrate)를 의미하며, h는 두께를 각각 의미한다. 즉 온도의 가열 및 냉각에 의해 시스템에 온도차 ΔT가 발생할 경우, 코팅층 내에 잔류 응력(residual stress)이 발생하는데 이는 코팅재와 모재의 열팽창계수 차이, 탄성계수, 포아슨 비에 의존하게 된다는 의미이다.

그림 B.22에 시간에 따른 회전 부품의 응력 변화와 모재와 코팅재의 열팽창계수 차이에 의한 잔류 응력 크기를 모식도로 나타내었다. 만약 잔류 인장응력(residual tensile stress)이 코팅재에 남게 되면 파괴를 빨리 일으킬 수 있으므로, 열팽창계수나 탄성계수, 포아슨비의 차이가 없는 재료를 선택하는 것이 바람직

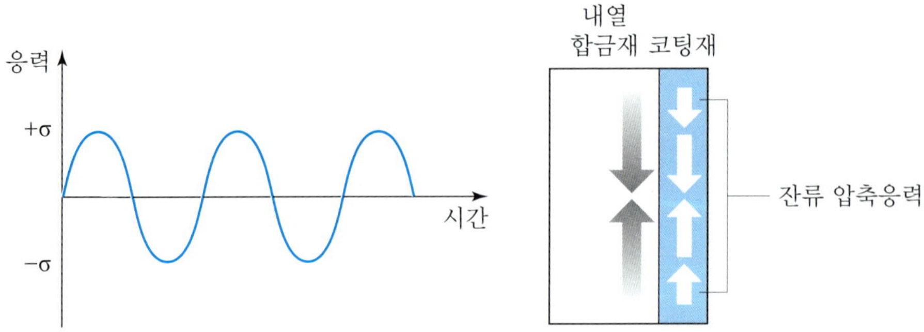

그림 B.22 가스터빈 부품의 회전에 의한 응력 변화와 잔류 응력을 나타내는 모식도

하다.

또한 가스터빈 코팅 소재는 고온의 열이 모재에 전달되지 않도록 차단하여야 하므로 열전도도가 낮은 것이 바람직하며, 고온에서 크리프가 발생하지 않으려면 녹는점(melting temperature)이 높은 것이 바람직하다.

가스터빈 코팅재에 적합한 재료의 후보군을 정리하여 다음 표 B.13에 나타내었다.

표 B.13 가스터빈 코팅 소재에 적합한 재료 후보군

재료 (material)	파괴인성 K_{IC} (MPa · $m^{1/2}$)	열팽창계수 α, (×10^{-6}/°C)	탄성계수 E(GPa)	밀도 ρ, (g/cm^3)	가격 c, ($/톤)
알루미나 (Al_2O_3)	5	8	360	4.0	15000
지르코니아 (ZrO_2, Y_2O_3 첨가)	4-12	11	200	5-6	20000
질화규소 (Si_3N_4)	5	3.1	310	3.1	30000
탄화규소 (SiC)	4	4.3	420	3.2	35000
니켈 합금, 모재 (Ni alloy)	100	16	200	8.0	30000

또한 각 재료의 녹는점과 열전도도를 다음 표 B.14에 나타내었다.

표 B.14 가스터빈 코팅 소재의 녹는점과 열전도도

재료(material)	녹는점 T_m(℃)	열전도도 k(W/m · K, 1000K)
알루미나(Al_2O_3)	2320	25.6
지르코니아(ZrO_2, Y_2O_3 첨가)	2700	2-3
질화규소(Si_3N_4)	2173	17
탄화규소(SiC)	3000	84
니켈 합금, 모재(Ni alloy)	1600	89

파괴인성 측면에서 살펴보면 Ni 모재 대비 세라믹 코팅재는 모두 취성이 있음을 알 수 있다. 그러나 그 중에서도 K_{IC} 값이 상대적으로 높은 소재가 지르코니아 소재이다. 지르코니아 소재는 제조 도중 자체적인 상변화에 의해 잔류 압축응력이 야기되고, 마이크로 균열 등이 형성됨으로써 인성이 상대적으로 높은 것으로 알려져 있다.

열팽창계수 측면에서 살펴보면 Ni 모재의 열팽창계수 16×10^{-6}/°C의 값과 가장 차이가 작은 것이 지르코니아임을 알 수 있다. 지르코니아는 탄성계수 측면에서도 그 차이가 가장 작다. 포아슨 비가 재료의 종류에 관계없이 대략 0.3-0.5인 점을 고려하면 온도차에 의한 열응력 측면에서 지르코니아가 가장 유리함을 알 수 있다.

밀도와 가격 측면에서는 상대적으로 알루미나 코팅재가 가장 유리하지만, 금속인 모재와 비교할 때 모든 세라믹스 소재가 모재보다는 가볍고, 부품 가격이 비싸다는 점, 코팅은 부품크기에 비해 적은 양이 사용된다는 점을 고려할 때 큰 차이가 나지 않는다고 할 수 있다.

크리프 특성과 열차폐 성능을 고려할 때 녹는점이 높을수록, 열전도도가 낮을수록 유리한데 이러한 측면에서도 B.14의 데이터로부터 지르코니아 소재가 단열 코팅재로 가장 적합함을 알 수 있다. 이상을 종합해 볼 때 가스터빈의 코팅 소재로는 지르코니아 소재가 가장 적합하다고 판단된다.

지르코니아 소재는 고인성 등 기계적 특성이 다른 세라믹스 소재에 비하여 우수하여, 단열의 열적 성능 뿐만 아니라 우수한 역학적 특성으로 터빈의 코팅소재에 상용적으로 사용되고 있다. 그러나 작동 온도가 보다 높아질 경우 고온에서 소결현상이 일어나고 냉각 시 상 변화에 의한 균열 발생 등으로 인하여 현재 열전도도가 보다 낮은 소재를 비롯하여 다양한 소재에 대한 연구가 진행 중이다.

참고문헌
References

금속의 과학 (일본서적), 德田昌則 외 공저, 나쭈메사, 2005.

기계재료, 국가기술시험연구회 편, 삼성북스, 2004.

기계재료학, 강기주 저, 북스힐, 2004.

세라믹스 선단재료(일본서적), 강도와 미구조, 사단법인 일본세라믹스협회편, 1979.

엔지니어링 세라믹스, 이홍림, 반도출판사, 1986.

엔지니어링 플라스틱, 김광웅, 겸지사, 1997.

자동차공학개론, 오영택, 박재림, 박상규, 이찬규, 미전사이언스, 2004.

자동차재료학, 송창엽, 김택, 채경수, 최문일, 골든벨, 2002.

자전거 과학, MAX GLASKIN 지음, 김계동 옮김, 명인문화사, 2013.

재료역학, 제8판, 한병기외 공역, 영출판사, 2012.

전자재료, 사단법인 한국과학기술연구소 기술정보실, 1977.

정역학, 제7판, 권진회외 공역, 시그마프레스, 2013.

최신 재료역학, 제2판, 이범성, 유택인, 동명사, 2004.

최신플라스틱(일본서적), 大原伸浩 외 공저, 秀和시스템, 2005.

플라스틱 재료, 김재원, 구민사, 2004.

현대인과 기계, 유헌일, 대광서림, 2002.

휴먼테크놀로지입문 I, 국민대학교 기계시스템공학부 융합기계전공, 체육학부 스포츠건강재활 전공 소속 교수진 공저, 위즈덤미디어, 2015.

Deformation and Fracture Mechanics of Engineering Materials, 4th Ed., Richard W. Hertzberg, Wiley & Sons, 1996.

Engineering Materials 1, 4th Ed., Michael F Ashby and David R H Jones, Elsevier, 2005.

Engineering Materials 2, 2nd Ed., Michael F Ashby and David R H Jones, Butterworth Heinemann, 2001.

Introduction to Ceramics, Kingery, Bowen and Uhlmann, John Wiley & Sons, 1976.

Introduction to the Principles of Ceramic Processing, James S. Reed, John Wiley & Sons, 1988.

Materials Selection in Mechanical Design, 5th Ed., M. F. Ashby, Butterworth Heinemann, 2017.

Mechanical Behavior of Materials, Thomas H. Courtney, McGraw-Hill, 2000.

Mechanical Behavior of Materials, Wiliam F. Hosford, Cambridge University Press, 2008.

The Principles of Engineering Materials, Craig R. Barrett, Willian D. Nix, Alan S. tetelman, Prentice Hall, 1973.

찾아보기
Index

ㄱ

가격 4, 11, 319
가공 36, 39, 52
가공경화 39, 166, 167
가단주철 26, 27
가스터빈 47, 113, 232, 346
가시광선 281
가전자대 262, 268
간트 차트 314
강괴 36, 38
강도 184
강성 90, 147
강자성체 24, 271
강화 34, 68, 131, 151, 166, 167
결정 20, 45, 94
결함 98, 108, 282, 308
경도 102, 168, 187, 295
경질 자석 272
계면 100, 101, 169
고급주철 26
고분자 54
고분자 사슬 54
고분자 사슬 구조 95
고상선 115
고속도강 33
고온취성 24
고용체 32, 99, 111
고장력강 14
고주기 피로 226
고주파 경화법 42
공공 282
공공결함 99
공공형 확산 127, 236
공구용 합금강, 공구용 특수강 7, 33
공동 238
공석합금 118
공석강 24
공유결합 44, 54, 86
공정합금 117
공칭변형률 177
공칭응력 177
공학변형률 177
공학응력 177
과공석강 24
과공정 합금 117
광전 현상 268, 269
구리 28, 261
구상화 27

구상화풀림 40
구상흑연주철 26
구속 상태 278
구조용 특수강 32
굴절 280
굽힘강도 292
귀금속 12, 21, 31
규소강 34
균열 102, 202, 208, 210
금속 간 화합물 119, 263
금속결합 20, 87
급작파괴 204, 212, 224, 229
기계 2, 317, 322
기계적 평형 109
기공 52, 209, 277, 308
기지상 68, 69, 151, 152
깁스 자유에너지 109

ㄴ

나노 5, 44, 89, 212, 299, 309
나노미터 170
나노 압입시험 296, 299
낙하식(충격) 시험법 303, 304
납 31, 34
내구한도 230, 231
내력 22, 82, 90, 98, 142, 148, 176
내부식성 34, 44
내부에너지 109, 110
내식강 7, 33
내열강 7, 33
내열충격성 46
냉간 가공 39, 166
냉간취성(저온취성) 24
냉경주철 26
네킹 177, 180, 202, 203
느린 균열 성장 227
니켈 30, 32, 34, 244, 253, 272
니크롬 30, 31

ㄷ

다결정 101
다이아몬드 48, 52, 253, 298, 301
다이오우드 265, 269, 270
다이캐스팅 31
단결정 102, 269, 347
단원자 분자 20
단위정 20, 22, 93, 94, 95, 100
단조 26, 167
담금질 40, 42, 131, 132
도구 322
도메인 101, 271
도우너 264
동적 피로 226
두랄루민 29
등온변태 130
땜납 31
뜨임 41

ㄹ

라우탈합금 29
레데뷰라이트 123
리프트(RIFT) 74

ㅁ

마그네슘 21, 29
마르템퍼 131
마르텐사이트 40, 41, 131, 132
마모 249, 252
마우러 조직도 26
마이크로 308
마이크로미터 170
마이크로 파 281
마찰 249
마찰계수 249, 250
마퀜칭 131, 132
메모리 소자 269
멜라민수지 55, 59
면결함 100
면심 입방 구조 21, 91, 163
면지수 96
모넬메탈 30, 31
모노머 54, 242
무게 9, 10, 60, 67, 69, 319, 326
무질서도(엔트로피) 109, 110, 277
무확산 변태 40, 131
미세구조, 미세조직 24, 26, 40, 117, 123, 132, 307, 308
밀도 10, 21, 28, 50, 87, 90, 95, 326

ㅂ

반데르 바알스 결합 54, 82, 88
반도체 44, 261, 263
반도체 소자 269, 270
반도체 장비 270
반사 20, 280, 281, 308
반자성체 271
발광 269, 281
발광 현상 267, 269
방사선 14, 281, 282, 308
방향지수 96
배위수 92
백금 21, 31
백심가단주철 27
백주철 26, 27
버거스 벡터 164
베어링 251, 253
베이나이트 131, 133
베이클라이트 59
변동응력 224
변위 142, 144, 178, 180, 190, 191, 232, 278, 288, 299, 304
변태점 24, 41, 122
변형 2, 82, 100, 124, 142, 150, 161, 164, 176, 178
변형률 144, 147, 152, 180, 183, 232, 234, 304
변형률 속도 237

변형률 속도 민감도 237
변형에너지 방출률 212, 224
보로나이징 43
보자력 272, 273
보통주철 26
복사 281
부식 33, 45, 246
부풀림 195, 242, 282
부품 2, 3, 6, 226, 317, 322
부피결함 102
부피 변형률 145
분극 88, 261, 262
분산상 68
불림 40, 42
불안정 상태 108
브리넬 경도 187, 296
비강도 67
비강성 67, 331
비결정 91
비결정 구조 55
비결정상 95
비열 24, 274
비이커스 경도 187, 188, 296, 298
비저항 14, 260, 305
비정질 구조 45, 54
비정질합금 34
비중 24, 29, 30
비철금속 7, 23, 28, 31
비틀림 300, 343
비파괴 시험 308

ㅅ

사출 65
산란 169, 280
산화물 44, 45, 242
산화에너지 243
상 110, 124
상변태 124
상온취성 24
상자성체 24, 271
상평형도 111, 112, 115, 117
샤르피 시험법 303
서멧 33
서브제로 132, 133
석출물 167, 209, 239, 240
선결함 100, 161, 164
선형적 산화거동 243
설계 4, 5, 312, 317
설계 프로세스 317
섬유강화 복합재료 69, 74, 151, 206
섬유상 68, 69, 151, 206
성분 32, 67, 111, 112, 115
성장 128, 132, 168, 169, 192, 202, 210
성형 공정 49, 66, 72
세라다이징 43
세라믹 코팅재 347, 348
셀룰로오스 195
소결 40, 44, 51
소결 초경 합금 34
소르바이트 41

소성가공 166
소성 가공법 39, 166
소성변형 39, 161, 162, 164, 167, 178, 180, 193, 203, 240, 295
소성변형률 178
소성영역 203, 204, 322
숏피닝법 43
수산화물 246
수소 결합 89
수직 변형률 144
수직응력 143
수축률 51
스크루 전위 162
스테인리스강 33
스텔라이트 34, 43
스텝 162, 164, 179
스트레인 게이지 288, 291, 304
스프링 142, 323, 328, 336
스프링강 35
슬립 164, 167, 170, 178, 179, 194, 228
슬립면 163, 188, 190
슬립면 거리 160
시멘타이트 24, 26, 41, 122, 124
시안화법 43
시효경화 39
실루민 29
실리코나이징 43
심랭 처리 133
싸이클 수 226, 227, 228, 230
쌍극자 88
쌍정 179
써미스터 269

ㅇ

아공석강 24
아공정 합금 117
아레니우스 방정식 126
아연 28, 31, 248
아이조드 시험 304
알니코 272
알루멜-크로멜 30, 31
알루미나 7, 29, 43, 47
알루미늄 21, 29, 248, 261
알민 29
압연 39, 167
압연강재 35
압전체 262
압축강도 25, 288, 291
압축성형 공정 72
압축응력 44, 143, 230, 291
압출 65, 167
액상선 115
억셉터 준위 264
에너지 갭 262, 281
에너지 장벽 125, 192, 193, 235, 236, 243
에폭시 55, 59, 205
엔지니어링 세라믹스 7, 47
엔지니어링 플라스틱 7, 54, 60
엔트로피 110, 126

엘린바 31, 34
연납 31
연마성 마모 252
연마재 47, 297, 302
연성 20, 23, 28, 29, 30, 168, 179, 184, 202, 234
연성-취성 전이 205, 282
연성파괴 203, 209
연신율 24, 25, 39, 288
연질 자석 272
연화 40, 168
열가소성 폴리머(수지) 7, 55
열간가공 39, 166
열경화성 폴리머(수지) 7, 59, 195
열용량 273
열적 평형 109
열전도도 20, 24, 47, 48, 276
열전변환 소자 269
열전 변환 작용 265, 269
열처리 39, 51, 124, 130, 131, 169, 308, 338
열충격 278
열팽창 275
열팽창계수 24, 47, 48, 275, 278, 279
영구 변형 163, 178, 203
영구 변형량 164, 332
영구자석 272
오스테나이트 40, 41, 42, 122, 131, 132
오스템퍼 131
오옴의 법칙 260
오옴 접촉 268
오토클레이브 74
오프셋 177
와이블계수 216, 217
용광로 36, 44
용융점 21, 25, 48, 122, 232, 237, 239
용체화 처리 29
우레아 수지 55, 59
운동마찰계수 250
원료 처리 공정 48
원자결합, 원자간 결합 82, 127, 142, 148, 150, 163, 191, 241, 251, 320
위크 링크 이론 207
유리 44, 45, 54, 59, 95, 151, 191, 202, 242, 280
유리섬유 68
유전상수 85, 89, 260
유전체 44, 261
육방 최밀 충진 22, 92
윤활제 50, 251, 253
응력 143, 152, 160, 165, 176, 177, 202, 206, 208, 224, 234
응력-변형률 곡선 71, 142, 146, 147, 149, 176, 177, 181, 209, 212, 288, 321
응력 부식 균열 28, 247
응력집중 206, 207, 227
응력집중계수 209
응력확대계수 212, 224
이론 강도 160, 206, 207
이상 강도 160, 161
이상결정 162

이온결합 44, 83
인공시효 29, 39
인광 281
인바 31, 34
인발 167
인성 24, 27, 32, 203, 209, 210, 282, 300, 303
인장강도 168, 184, 185, 228, 231, 288
인장-압축응력 225
인장응력 143, 190, 203, 224
인코넬 30
일 2, 9, 322
임계에너지 방출률 212
임계응력확대계수 212, 227
임계변형에너지 방출률 212
입계 101, 169, 209, 236, 308
입계 확산 236, 240
입도 33, 44
입자강화 복합재료 73, 153
입자크기 131, 170

ㅈ

자기 모멘트 271, 272
자기유도 271
자기 이력 곡선 272
자외선 57, 59, 281, 309
자유전자 87, 261, 264, 277
잔류자기 273
재결정 166, 168
재료 3, 6, 7, 317, 320
재료 선택 3, 4, 5, 6, 317, 319
재료설계 317
재료 지수 154, 196, 219, 325, 327
저주기 피로 227
저온취성 24
적열취성 24, 25
적외선 281
적층강화형 복합재료 68
전기로 제강법 37
전기전도도 20, 261, 267
전단강성계수 161, 164
전단 변형률 145, 164
전단응력(전단력) 100, 143, 163, 189, 252
전도도 261
전도체 261, 263
전로 제강법 37
전위 161, 163, 167
전위밀도 101, 165, 170, 177
전위 상승 239
전위의 이동 163, 164, 167
전위의 증식 164, 165
전위크리프 238
전자 20, 83, 87, 245, 247, 260, 262
전자현미경 161, 308
전하 260, 261
절연체 261, 263
점결함 99
점도 192
점착성 마모 252
점탄성 238, 240

정류현상 266
정적 피로 226
정전기적 인력 83, 84, 89
정전 용량 261, 269
정지마찰계수 250
제강 공정 36
제너 현상 267
제선 공정 36
주강 27, 40
주기적 피로 226
주물 26, 29, 30
주석 28, 31
주조 36, 38
주철 25, 123
준안정 상태 108, 110, 235, 243
지렛대의 법칙 115, 116
지르코니아 7, 47
진변형률 177
진응력 177
질화규소 7, 48
질화물 43, 44, 46, 253
질화법 32, 42
집적회로 265, 269, 270

ㅊ

천이온도 205
철 23, 243, 261
철강 재료 23
철계금속 7
청동 28
청열취성 24
체심 입방 구조 21, 91, 94, 163
초경 합금 33
초내열합금 34
초두랄루민 29
초불변강 34
최밀 충진 구조 21, 91
충격 시험 303
충진 밀도 91, 92, 170
충진율 92, 94
취성 24, 25, 39, 41, 150, 168, 184, 202, 204, 213, 246, 279, 282, 303
취성 재료 204, 209, 224, 278, 300
취성파괴 204, 209, 210, 224
침입형 확산 127, 236
침탄법 32, 42

ㅋ

칼날 전위 162
칼로라이징 43
캐리어 주입 267
컵과 콘 파괴 204
코 129
코엘린바 34
콘스탄탄 30
쾌삭강 34
큐프로 니켈 30
크로마이징 43

크롬 32, 43, 253
크리프 곡선 234, 238
크리프 수명 238, 242
크리프 파괴 232, 238
크리프 한도 237

ㅌ

탄성 82, 142, 147, 202
탄성계수 90, 147, 148, 151, 207, 300, 321
탄성률 24
탄성변형 194
탄성에너지 203, 209, 210
탄성중합체 195
탄성한도 25, 288
탄소강 24, 119, 123
탄소공구강 33
탄소섬유 67, 69, 151
탄화규소 7, 47, 263
탄화물 44, 46
탈지 공정 51
터널 효과 267, 268
투과 45, 95, 280
투자율 270, 272
트랜스퍼 성형 72
트랜지스터 265, 269, 270
트루스타이트 41
특성 4, 9, 14, 315, 319, 321
티타늄 30

ㅍ

파괴 180, 202, 203, 204, 209, 230, 234, 288, 300
파괴강도 72, 99, 184, 203, 289
파괴역학 7
파괴인성 209, 212, 213, 282, 300, 321
파손 184, 202
파인세라믹스 7, 44
퍼말로이 31, 272
펄라이트 24, 26, 40, 41, 123, 124, 131
페놀수지 55, 59
페라이트 24, 26, 33, 41, 122, 124, 272
페르미 함수 263
페리자성체 271
편정 반응 120
평로 제강법 37
평형 108, 110, 112, 116
포물선적 산화거동 244
포석합금 117, 118
포아슨 비 145
포정합금 117, 118
포텐셜 우물 85, 275
폴리머 7, 54, 55, 60
폴리메틸 메타크릴레이트 55, 59, 195
폴리부틸렌 테레프탈레이트 63
폴리스티렌 55, 57, 194
폴리아미드 61
폴리아세탈 61
폴리에스테르 195

폴리에테르 195
폴리에테르 설폰 63
폴리에테르 에테르케톤 64
폴리에틸렌 12, 55, 56
폴리에틸렌 테레프탈레이트 61
폴리우레탄 58, 195
폴리이미드 64
폴리카보네이트 60, 195
폴리 테트라플루오로에틸렌 63
폴리페닐렌옥사이드 62
폴리프로필렌 12, 55, 57, 195
표면 29, 31, 32, 33, 40, 42, 101, 124, 187, 202, 204, 210, 242, 246
표면 경화법 42
표면에너지 49, 101, 128, 203, 210
풀림 29, 40
프레스 가공 39
플라스틱 53, 54
플래티나이트 31, 34
피로파괴 7, 225, 227, 230
피로한계 230
피로한도 43, 230

ㅎ

하드페이싱 43
합금강 27, 32
합금 공구강 33
합금주철 26
항복 176, 184
항복강도 99, 102, 165, 168, 170, 184, 185, 188, 190, 202, 232, 237, 250, 253, 282, 304, 321
항복응력 146, 148, 176, 177, 227, 250, 253
항복 현상 267
항온 뜨임 133
항온변태 129, 131
해중합 242
핵 생성 128, 192
형광 281
호올계수 265
화염 경화법 42
화학적 평형 109
화합물 반도체 44, 263
확산 40, 41, 51, 124, 126, 128, 131, 192, 235, 243, 247
확산크리프 238
활성화 에너지 125, 126, 127, 234, 236
활성화엔트로피 126
황동 28
회복 147, 168, 176, 192, 193, 195, 323
회주철 26
후크의 법칙 147, 152, 207, 232, 323
흑심가단주철 27
흑연 27
흑연화 25, 27, 40

기타

ABS 수지 58

DMC 73
EVA 59
Griffith 식 210, 211, 212, 229, 300
Hall-Petch 방정식 170
*n*형 반도체 263, 264, 266
PMMA 59
PN 접합 265, 267
PVC 59
*p*형 반도체 263, 264, 266
SMC 73
S-N 곡선 230
swelling 282
T-T-T 곡선 129, 132
X-선 281, 308